XG新工科 自动化国家级特色专业系列教材

石油和化工行业“十四五”规划教材

大数据解析与应用导论

DASHUJU JIEXI
YU YINGYONG
DAOLUN

赵春晖 编著

化学工业出版社

·北京·

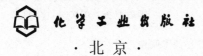

内容简介

信息时代，大数据的应用无处不在。手机中“淘宝”“抖音”的商品推送、短视频内容推送背后，是大数据用户画像及推荐算法；道路上的“一路绿灯”背后，是智能交通——交通管理部门分析、调整交通情况；新冠肺炎疫情不漏一人的流调背后，是智慧“战疫”——有关部门以“大数据+网格化”的方式识别和挖掘目标人群迁徙轨迹；智慧电厂“一键启停、无人值守”的背后，是以大数据为基础的工业级智能化应用。本书从大数据解析的基本概念讲起，“庖丁解牛”式地为大家讲解大数据解析中常用的基础算法，介绍不同算法的基本原理和适用场合，揭开大数据解析的神秘面纱。“纸上得来终觉浅，绝知此事要躬行。”本书结合研究实例，以问题为导向，深入浅出，引导大家“根据钉子选择锤子”，领略大数据的魅力。

本书是数据分析及相关课程的教学用书，适用于高等院校自动化、数据科学与大数据技术、人工智能等涉及数据挖掘相关的专业的本科生。

图书在版编目（CIP）数据

大数据解析与应用导论/赵春晖编著. —北京：化学工业出版社，2022.5（2024.9重印）
新工科自动化国家级特色专业系列教材
ISBN 978-7-122-40996-6

Ⅰ.①大… Ⅱ.①赵… Ⅲ.①数据处理-高等学校-教材 Ⅳ.①TP274

中国版本图书馆 CIP 数据核字（2022）第 046092 号

责任编辑：郝英华
责任校对：张茜越　　装帧设计：史利平

出版发行：化学工业出版社（北京市东城区青年湖南街 13 号　邮政编码 100011）
印　　装：北京天宇星印刷厂
787mm×1092mm　1/16　印张 18½　字数 457 千字　2024 年 9 月北京第 1 版第 3 次印刷

购书咨询：010-64518888　　售后服务：010-64518899
网　　址：http://www.cip.com.cn
凡购买本书，如有缺损质量问题，本社销售中心负责调换。

定　价：68.00 元

总序

随着工业化、信息化进程的不断加快，“以信息化带动工业化、以工业化促进信息化”已成为推动我国工业产业可持续发展、建立现代产业体系的战略举措，自动化正是承载两化融合乃至社会发展的核心。自动化既是工业化发展的技术支撑和根本保障，也是信息化发展的主要载体和发展目标，自动化的发展和应用水平在很大意义上成为一个国家和社会现代工业文明的重要标志之一。从传统的化工、炼油、冶金、制药、电力等产业，到能源、材料、环境、航天、国防等新兴战略发展领域，社会发展的各个方面均和自动化息息相关，自动化无处不在。

本系列教材是在建设浙江大学自动化国家级一流本科专业、国家级特色专业的过程中，围绕新工科自动化人才培养目标，针对新时期自动化专业的知识体系，为培养新一代的自动化创新人才而编写的，体现了在新工科专业建设过程中的一些新思考与新成果。

浙江大学控制科学与工程学院自动化专业在人才培养方面有着悠久的历史，其前身是浙江大学于 1956 年创立的化工自动化专业，这也是我国第一个化工自动化专业。 1961 年该专业开始培养研究生， 1981 年以浙江大学化工自动化专业为基础建立的“工业自动化”学科点，被国务院学位委员会批准为首批博士学位授予点， 1988 年被原国家教委批准为国家重点学科， 1989 年确定为博士后流动站，同年成立了工业控制技术国家重点实验室， 1992 年原国家计委批准成立了工业自动化国家工程研究中心， 2007 年启动了由国家教育部和国家外专局资助的高等学校学科创新引智计划（“111”引智计划）， 2013 年由国家发改委批准成立了工业控制系统安全技术国家工程实验室， 2016 年由国家科技部批准成立流程生产质量优化与控制国家级国际联合研究中心， 2017 年控制科学与工程学科入选国家“双一流”建设学科，同年在教育部第四轮学科评估中获评“A+ ”学科， 2020 年由教育部认定为国家级一流本科专业建设点。经过 50 多年的传承和发展，浙江大学自动化专业建立了完整的高等教育人才培养体系，沉积了深厚的文化底蕴，其高层次人才培养的整体实力在国内外享有盛誉。

作为知识传播和文化传承的重要载体，浙江大学自动化专业一贯重视教材的建设工作，历史上曾经出版过一系列优秀的教材和著作，对我国的自动化及相关专业的人才培养起到了引领作用。近年来，以新技术、新业态、新模式、新产业为代表的新经济蓬勃发展，对工程科技人才提出了更高要求，迫切需要加快工程教育改革创新。教育部积极推进新工科建设，发布了《关于开展新工科研究与实践的通知》《关于推进新工科研究与实践项目的通知》，全力探索形成领跑全球工程教育的中国模式、中国经验，助力高等教育强国建设。大力开展新工科专业建设、加强新工科人才培养是高等教育新时期的主要指导方针。浙江大学自动化专业正是在教育部

“加快建设新工科、实施卓越工程师教育培养计划 2.0”相关精神的指导下，以“一体两翼、创新驱动”为特色对新工科自动化专业的培养主线、知识体系和培养模式进行重新调整和优化，对传统核心课程的教学内容进行了新工科化改造，并新增多门智能自动化和创新实践类课程，突出了对学生创新能力和实践能力的培养，力求做到理论和实践相结合，知识目标和能力目标相统一，使该系列教材能和研讨式、探究式教学方法和手段相适应。

本系列教材涉及范围包括自动控制原理、控制工程、传感与检测、计算机控制、智能控制、人工智能、建模与仿真、系统工程、工业互联网、自动化综合创新实验等方面，所有成果都是在传承老一辈教育家智慧的基础上，结合当前的社会需求，经过长期的教学实践积累形成的。

大部分已出版教材和其前身在我国自动化及相关专业的培养中都具有较大的影响，其中既有国家“九五”重点教材，也有国家“十五”“十一五”“十二五”规划教材，多数教材或其前身曾获得过国家级教学成果奖或省部级优秀教材奖。

本系列教材主要面向控制科学与工程、计算机科学和技术、航空航天工程、电气工程、能源工程、化学工程、冶金工程、机械工程等学科和专业有关的高年级本科生和研究生，以及工作于相应领域和部门的科学工作者和工程技术人员。我希望，这套教材既能为在校本科生和研究生的知识拓展提供学习参考，也能为广大科技工作者的知识更新提供指导帮助。

本系列教材的出版得到了很多国内知名学者和专家的悉心指导和帮助，在此我代表系列教材的作者向他们表示诚挚的谢意。同时要感谢使用本系列教材的广大教师、学生和科技工作者的热情支持，并热忱欢迎提出批评和意见。

孙优贤

2022 年 10 月

前言

数据科学与大数据分析是当前的热点，如何更好地理解和运用数据，对海量数据进行分析、得出结论并做出智能决策是科研工作者面临的机遇与挑战。大数据的理论方法，更多的是从机器学习发展来的。大数据以海量多样数据为研究对象来提出全方位精确解决方案的过程，其中包括数据处理、数据分析和数据挖掘等步骤。虽然目前已有很多大数据分析相关书籍，但是，这些书籍多偏重计算机领域，以经典的机器学习算法的理论为重点。而与实际应用场景相结合，使用机器学习技术来解决实际工程问题，对前沿的机器学习进行系统性的分析，是目前不同领域的科研工作者以及不同工科专业的广大师生迫切需要的。

在此背景下，笔者根据十年讲述“大数据解析与应用导论”及“实用多元统计分析”的课程教学经验，结合在数据挖掘上的研究成果，编写而成本书。书中结合实际的应用场景，对各类经典的数据分析算法做了系统性的全面解析。全书内容以大数据的产生背景、特征和发展过程为起点，分析目前应用最为广泛的几种经典机器学习算法，并拓展至目前前沿的相关算法；在介绍算法时，侧重结合实际应用场景进行解析，以问题为导向，深入浅出介绍不同算法的基本原理和适用场合，充分体现这些知识具有的前沿性和实用性。

本书共分为 15 章。前两章概述数据挖掘相关的基础知识：第 1 章介绍了统计学相关的基础知识，人工智能的概念和发展历史，以及机器学习和深度学习的基本概念和基础知识；第 2 章聚焦于数据预处理及特征工程技术，对各种常用的数据清洗、数据变换、特征提取与特征选择方法进行了介绍。

第 3~9 章立足于经典实用的基于统计学的数据挖掘方法：第 3 章以数据降维为着眼点介绍两种经典的数据降维方法，从而引出了主成分分析和慢特征分析方法的分析与比较，通过两个例子详尽地展示了数据降维的过程和方法的使用场景；第 4 章面向线性回归问题，介绍了经典的线性回归分析技术，引出了对最小二乘回归、岭回归、 LASSO 回归、主元回归、偏最小二乘回归等常用回归模型的讨论与比较；第 5 章面向聚类问题，引出聚类分析技术，包括相似性度量、 K-means 聚类算法、高斯混合模型；第 6 章重点讲述判别分析技术——距离判别法、贝叶斯判别法、线性判别分析（也称 Fisher 判别）等经典的判别方法；第 7 章介绍一种经典的分类模型——支持向量机，由简入难主要包括线性可分支持向量机、软间隔支持向量机、非线性支持向量机以及支持向量回归；第 8 章面向一种针对变量组挖掘相关性的方法——典型相关分析，介绍其基本思想、算法求解过程和前沿变体算法，包括多视角典型相关分析、核典型相关分析、深度典型相关分析等；第 9 章重点介绍决策树技术，在此基础上拓展至随机森林算法。

第 10~14 章聚焦于当下流行的深度学习方法：第 10 章围绕目前十分流行的神经网络方法展开，介绍神经网络基本结构、深度神经网络等重要概念，并对新兴起的宽度学习方法进行讨论；第 11 章针对在计算机视觉等领域最为常见的卷积神经网络，介绍了其中的一些基本概念，分析了图像分类工作中的具体实例，并且展开介绍了不同形式的卷积核以及卷积神经网络发展过程中里程碑式的集中网络结构；第 12 章探讨了另一种经典的神经网络——循环神经网络 RNN，介绍了其结构及计算方式，并且引出了 RNN 的一些常见变种版本，例如长短期记忆网络、残差循环神经网络等；第 13 章介绍在降维、降噪、机器翻译、异常检测等领域具有广泛应用的自编码器算法，在此基础上介绍稀疏自编码器、降噪自编码器、变分自编码器等衍生算法，并结合实例对算法原理与效果进行了展示；第 14 章针对备受关注的集成学习，重点介绍 bagging 算法中模型数据的自助采样技巧、模型的结合策略， boosting 算法中的典型算法——AdaBoost 算法、 GBDT 算法，并用案例直观展示模型集成的效果。

在本书的最后——第 15 章，通过五个使用大数据技术解决商业、医疗、工业领域实际问题的案例，引导读者应用数据挖掘技术解决实际问题，感受大数据技术的魅力。

需要指出的是，本书不涉及数据隐私、数据库等内容。本书为中国大学慕课平台笔者讲授的“大数据解析与应用导论”课程的同步配套教材，相关线上课程和资源读者可在中国大学慕课平台观看。

本书涉及的研究成果得到了众多科研机构的支持。其中特别感谢国家杰出青年科学基金（No. 62125306）、国家重点研发计划（2019YFC1908100）等。本人在博士求学期间以及工作阶段，在浙江大学孙优贤院士，东北大学柴天佑院士、王福利教授，香港科技大学高福荣教授和加拿大阿尔伯塔大学 Biao Huang 教授的指导下，针对机器学习方法以及工业过程监测与故障诊断进行了许多深入的研究工作，受益匪浅，为本书理论结合实际风格的形成奠定了基础。研究生陈旭、赵健程、陈佳威、戴清阳、张建峰、荆华、李宝学、汪嘉业、姚家琪、王一航、段姝宇、周文浩、张圣淼、李盈萱、王应龙、付永鹏等做了内容搜集、整理等方面的工作。本书的责任编辑等为提高本书质量也付出了辛勤劳动。在本书付梓之际，谨向他们表示衷心的感谢！

“纸上得来终觉浅，绝知此事要躬行”。希望本书能帮助更多人在大数据时代找到自己的方向和定位，抓准具体对象本身的特点、特性，活用大数据分析方法，实现从“削足适履”到“量体裁衣”的转变。但是，由于笔者水平有限，书中难免存在不妥之处，恳请广大读者批评指正。

赵春晖

2021 年 12 月于浙江大学

目录

1 绪论 1
1.1 统计学基础 1
1.1.1 期望、方差、协方差 1
1.1.2 一元高斯分布 3
1.1.3 多元高斯分布 3
1.1.4 KL 散度 4
1.2 人工智能简介 4
1.2.1 人工智能的概念 5
1.2.2 人工智能的发展 5
1.2.3 人工智能的学派 7
1.3 机器学习 7
1.3.1 基本概念 8
1.3.2 机器学习的范式 8
1.3.3 机器学习的三要素 9
1.3.4 过拟合与正则化 11
1.3.5 偏差与方差 12
1.4 深度学习 14
1.4.1 生物神经网络 14
1.4.2 人工神经网络 15
1.4.3 主流的深度学习框架 16
本章小结 17
习题 1 17
参考文献 18
2 数据预处理与特征工程 20
2.1 数据预处理 20
2.1.1 数据清洗 21
2.1.2 数据变换 24
2.2 特征工程 27
2.2.1 特征提取 27
2.2.2 特征选择 27
2.3 应用实例 30
2.3.1 数据集简介与环境准备 30
2.3.2 数据集导入与字段理解 31
2.3.3 缺失值处理 31
2.3.4 异常值处理 32
2.3.5 数据变换 33
2.3.6 特征工程 34
2.3.7 案例小结 34
本章小结 34
习题 2 35
参考文献 36
3 数据降维 37
3.1 数据降维简介 37
3.2 主成分分析算法 38
3.2.1 主成分分析算法简介 38
3.2.2 主成分分析的数学原理 38
3.2.3 主成分分析的直观理解 40
3.3 慢特征分析算法 41
3.3.1 慢特征分析算法简介 41
3.3.2 慢特征分析的数学原理 41
3.3.3 慢特征分析的直观理解 43
3.4 应用实例 44
3.4.1 主成分分析的数值示例 44
3.4.2 主成分分析的应用示例 45
本章小结 47
习题 3 47
参考文献 48
4 回归分析 50
4.1 回归分析基本概念 50
4.1.1 回归的起源 50
4.1.2 回归模型的建立及应用 51

4.1.3 回归模型分类 52
4.1.4 回归模型效果评估 52
4.2▸ 最小二乘回归 53
4.2.1 最小二乘法拟合目标 53
4.2.2 最小二乘回归原理 54
4.2.3 最小二乘法的几何意义 56
4.2.4 最小二乘法的缺陷 57
4.3▸ 岭回归与LASSO回归 57
4.3.1 岭回归算法 58
4.3.2 LASSO回归算法 61
4.3.3 线性回归模型的正则化项 63
4.4▸ 主元回归 64
4.4.1 维数灾难 64
4.4.2 主元回归建模 65
4.4.3 主成分个数选取 65
4.4.4 主元回归与岭回归 66
4.5▸ 偏最小二乘回归 66
4.5.1 偏最小二乘建模 67
4.5.2 目标函数与算法推导 67
4.5.3 潜变量个数确定 69
4.6▸ 回归案例分析 70
本章小结 72
习题4 72
参考文献 73
5 聚类分析 75
5.1▸ 基本思想与概念 75
5.1.1 聚类的概念 75
5.1.2 聚类算法分类 76
5.2▸ 相似性度量 77
5.2.1 相似性度量的基本概念 77
5.2.2 距离度量 77
5.2.3 相关系数 81
5.2.4 选择相似性衡量手段的原则 82
5.3▸ K-均值聚类算法简介 83
5.3.1 算法思想 83
5.3.2 算法流程 84
5.3.3 算法关键影响因素 85
5.3.4 算法应用：图像压缩 86
5.4▸ 高斯混合模型简介 87
5.4.1 算法介绍 87
5.4.2 利用GMM算法进行聚类 88
5.4.3 算法示例 88
本章小结 91
习题5 91
参考文献 92
6 判别分析 93
6.1▸ 基本理论 93
6.1.1 判别的基本概念 93
6.1.2 判别的效果评估 94
6.2▸ 距离判别 94
6.3▸ 贝叶斯判别 95
6.3.1 贝叶斯的统计思想 96
6.3.2 贝叶斯最小错误率判别 96
6.3.3 贝叶斯最小风险判别 97
6.3.4 先验概率的选取 97
6.3.5 多总体贝叶斯判别准则 98
6.3.6 多总体贝叶斯判别函数 98
6.4▸ Fisher判别 100
6.4.1 Fisher判别的基本思想 100
6.4.2 Fisher判别的优化目标 100
6.4.3 多分类问题 101
6.4.4 Fisher判别的分析步骤 102
6.4.5 案例分析 103
本章小结 104
习题6 104
参考文献 105
7 支持向量机 107
7.1▸ 线性可分支持向量机 107
7.1.1 线性可分的概念 107
7.1.2 间隔最大化 108
7.1.3 支持向量机求解 109
7.2▸ 软间隔支持向量机 111
7.3▸ 非线性支持向量机 112
7.4▸ 支持向量回归 114
7.5▸ 支持向量机实例 116
7.5.1 线性可分支持向量机实例 116
7.5.2 非线性支持向量机实例 117
本章小结 118
习题7 118
参考文献 119
8 典型相关分析 120
8.1▸ 基本概念 120
8.1.1 CCA的历史及用途 120
8.1.2 CCA的思想 121

8.1.3 CCA的扩展方法 122
8.2 典型相关分析算法介绍 122
8.3 CCA算法拓展 125
8.3.1 多视角CCA 125
8.3.2 核CCA 127
8.3.3 深度CCA 128
8.3.4 判别CCA 128
8.3.5 局部保留CCA 130
8.4 典型相关分析案例分析 130
8.4.1 案例一：城市竞争力分析 130
8.4.2 案例二：多标签分类 132
本章小结 134
习题8 135
参考文献 136
9 决策树与随机森林 138
9.1 决策树基本内容 138
9.2 决策树算法介绍 139
9.2.1 信息熵和信息增益 140
9.2.2 剪枝算法 142
9.3 随机森林介绍 143
9.4 应用实例 145
9.4.1 Python实现决策树 145
9.4.2 Python实现随机森林 146
本章小结 148
习题9 149
参考文献 150
10 神经网络 151
10.1 基本概念 151
10.1.1 基本结构——神经元模型 151
10.1.2 感知机 152
10.1.3 多层前馈神经网络 153
10.1.4 激活函数 153
10.1.5 误差反向传播算法 155
10.2 深度神经网络 157
10.2.1 模型优化方法 157
10.2.2 参数初始化 160
10.2.3 数据预处理 161
10.2.4 防止过拟合 162
10.2.5 数据增强 162
10.3 宽度学习（BLS）简介 163
10.3.1 BLS产生背景 163
10.3.2 RVFLNN简介 164
10.3.3 BLS算法介绍 164
10.3.4 BLS实际应用案例 168
本章小结 169
习题10 169
参考文献 170
11 卷积神经网络 172
11.1 卷积神经网络基础 172
11.1.1 卷积 172
11.1.2 池化（pooling） 174
11.1.3 卷积神经网络的优点 175
11.1.4 LeNet 176
11.2 卷积网络进阶与实例 178
11.2.1 特殊的卷积核 178
11.2.2 卷积网络实例 181
本章小结 185
习题11 185
参考文献 186
12 循环神经网络 187
12.1 循环神经网络基础 187
12.1.1 RNN的用途 187
12.1.2 RNN的结构及工作方式 188
12.1.3 LSTM的结构及计算方式 189
12.2 循环神经网络进阶 191
12.2.1 残差循环神经网络 191
12.2.2 门控循环单元GRU 192
12.2.3 双向循环神经网络 193
12.2.4 堆叠循环神经网络 194
本章小结 194
习题12 195
参考文献 196
13 自编码器 197
13.1 自编码器简介 197
13.1.1 回顾：监督学习、半监督学习、无监督学习 197
13.1.2 生成模型与判别模型 198
13.1.3 自编码器的公式化表述 199
13.1.4 关于自编码器的讨论 199
13.1.5 常见的自编码器变体 200
13.2 稀疏自编码器 201
13.2.1 稀疏自编码器结构 201
13.2.2 堆栈自编码器结构 203
13.2.3 堆栈稀疏自编码器 206

13.3▸ 去噪自编码器 206
13.3.1 原理介绍 206
13.3.2 训练过程 207
13.3.3 堆栈去噪自编码器 208
13.3.4 稀疏去噪自编码器 209
13.3.5 流形学习角度看去噪自编码器 210
13.3.6 小结 211
13.4▸ 变分自编码器 211
13.4.1 变分自编码器的引出 212
13.4.2 变分自编码器的推导 212
13.4.3 变分自编码器的网络结构 214
13.4.4 变分自编码器的实例 214
13.4.5 变分自编码器的拓展 216
13.4.6 小结 217
本章小结 217
习题 13 217
参考文献 219
14 集成学习 221
14.1▸ 集成学习简介 221
14.1.1 基本概念与模型结合策略 221
14.1.2 小结 225
14.2▸ 集成学习：Bagging 225
14.2.1 算法简介 225
14.2.2 Bagging 算法的自助采样 226
14.2.3 Bagging 算法的结合策略 227
14.2.4 偏差与方差分析 230
14.3▸ 集成学习：Boosting 233
14.3.1 算法简介 233
14.3.2 AdaBoost 234
14.3.3 GBDT 238
14.4▸ 应用实例 240
14.4.1 Bagging 实例：Random Forest 240
14.4.2 Boosting 实例：AdaBoost 244
本章小结 245
习题 14 246
参考文献 247
15 案例分析 249
15.1▸ 二手车交易价格预测 249
15.1.1 案例背景 249
15.1.2 数据概览与评测标准 249
15.1.3 整体思路 251
15.1.4 数据分析与预处理 251
15.1.5 特征工程与特征筛选 253
15.1.6 平均值编码 253
15.1.7 数据建模与融合 255
15.1.8 小结 256
15.2▸ 糖尿病的血糖预测 256
15.2.1 背景介绍 257
15.2.2 数据获取 257
15.2.3 数据预处理 257
15.2.4 算法与实验结果 259
15.2.5 小结 263
15.3▸ 工业蒸汽量预测 263
15.3.1 数据集介绍 263
15.3.2 数据清洗与特征工程 263
15.3.3 基本回归模型训练与分析 264
15.3.4 XGBoost 模型训练与结果分析 266
15.3.5 小结 268
15.4▸ 双盲降噪自编码器实现降噪 268
15.4.1 软测量任务需求 268
15.4.2 问题分析 269
15.4.3 去噪算法概述 270
15.4.4 双盲降噪自编码器 271
15.4.5 DBDAE 降噪与软测量 272
15.4.6 小结 276
15.5▸ 心率异常检测 276
15.5.1 心电图数据 277
15.5.2 基于残差神经网络的心电诊断 277
15.5.3 基于知识+特征工程的心电诊断 279
15.5.4 小结 284
本章小结 284
习题 15 284
参考文献 286

1 绪论

人工智能（Artificial Intelligence，AI）是近年来发展迅猛的研究领域，成功应用于机器翻译、智慧医疗、智能仓储等领域，对人类的生活产生了巨大的影响。人工智能是在计算机、信息论、控制理论、数理统计等多学科相互融合的基础上发展起来的一门交叉学科。其中，统计学为人工智能的发展奠定了扎实的理论基础，是人工智能学者们必不可少的一项技能。本章首先介绍统计学相关的一些基础知识，然后介绍人工智能的发展历史以及机器学习（Machine Learning，ML）的基础知识，最后介绍机器学习中最流行的深度学习（Deep Learning，DL）和神经网络，并且列出当前一些主流的深度学习框架，为读者提供了动手实践的选择。

1.1 统计学基础

统计学是一种利用数学理论来进行数据分析的技术，是人工智能研究的基础，一些基本的降维、聚类、判别分析的算法都是建立在统计学理论推导之上的。本节将介绍统计学中的随机变量的一些重要特征以及一些重要分布。

1.1.1 期望、方差、协方差

（1）数学期望

数学期望（Mathematic Expectation），简称期望，是试验中每次可能结果的概率乘以其结果的总和，是最基本的统计学特征之一。它反映随机变量平均取值的大小，但是期望与均值是两个概念，不能混淆。根据大数定律，随着实验重复次数接近无穷大，随机变量的算术平均值收敛于期望值。

对于离散型随机变量 X，取值为 $x_1, x_2, x_3, \cdots, x_n$，$X$ 对应取值的概率为 $p(x_1), p(x_2), p(x_3), \cdots, p(x_n)$，也就是 $x_1, x_2, x_3, \cdots, x_n$ 出现的频率，则随机变量 X 的数学期望记作$\mathbb{E}(X)$

$$\mathbb{E}(X)=\sum_{k=1}^{n} x_k p(x_k) \tag{1-1}$$

对于连续型随机变量 X，假设其概率密度函数为 $f(x)$，若 $f(x)$ 是绝对可积的，则随机变量 X 的数学期望可以写成

$$\mathbb{E}(X)=\int_{-\infty}^{+\infty} x f(x) \mathrm{d} x \tag{1-2}$$

假设 C 是一个常数，X 和 Y 是两个随机变量，那么数学期望有以下几条性质：

$$\mathbb{E}(C)=C \tag{1-3}$$

$$\mathbb{E}(CX)=C\mathbb{E}(X) \tag{1-4}$$

$$\mathbb{E}(X+Y)=\mathbb{E}(X)+\mathbb{E}(Y) \tag{1-5}$$

当 X 和 Y 相互独立时，

$$\mathbb{E}(XY)=\mathbb{E}(X)\mathbb{E}(Y) \tag{1-6}$$

(2) 方差

上述的数学期望代表了随机变量的平均大小，但是仅有平均大小还不够，通常还要关心随机变量的分散程度，这便是方差（Variance）。在统计学中，方差是用来度量随机变量和其数学期望之间偏离程度的统计量。统计学中的方差是每个样本值与全体样本值的平均数之差的平方值的平均数。在许多实际问题中，研究数据的离散程度有着重要意义。总体方差的计算公式可以写成

$$\sigma^2=\frac{\sum(X-\mathbb{E}(X))^2}{N} \tag{1-7}$$

式中，σ^2 为总体方差；X 为随机变量；$\mathbb{E}(X)$ 为样本的期望；N 为总体个数。

但是，在实际中有些样本的期望求不出来，只能够通过样本均值去估计总体期望，所以经过校正后样本方差的无偏估计可以写成

$$S^2=\frac{\sum(X-\overline{X})^2}{n-1} \tag{1-8}$$

式中，S^2 为样本方差；X 为随机变量；$\overline{X}$ 为样本均值；n 为样本的个数。

假设 C 是一个常数，X 是随机变量，其方差记作 $D(X)$，那么方差有以下几条性质：

$$D(C)=0 \tag{1-9}$$

$$D(CX)=C^2 D(X) \tag{1-10}$$

$$D(X+C)=D(X) \tag{1-11}$$

(3) 协方差

上述的方差只能表示单个随机变量的分散程度，对于二维随机变量，通常用协方差（Covariance）来反映它们之间的相互关系。协方差，是统计学中用于衡量两个变量的总体误差的统计量。如果两个变量的变化趋势一致，也就是说如果其中一个大于自身的期望值时另外一个也大于自身的期望值，那么两个变量之间的协方差就是正值；如果两个变量的变化趋势相反，即其中一个变量大于自身的期望值时另外一个却小于自身的期望值，那么两个变量之间的协方差就是负值。方差则是协方差的一种特殊情况，即当两个变量是相同的情况。

当两个随机变量 X 和 Y 的期望分别为 $\mathbb{E}(X)$ 和 $\mathbb{E}(Y)$ 时，它们协方差可以写作

$$\begin{aligned}\operatorname{Cov}(X,Y)&=\mathbb{E}[(X-\mathbb{E}(X))(Y-\mathbb{E}(Y))]\\&=\mathbb{E}(XY)-2\mathbb{E}(Y)\mathbb{E}(X)+\mathbb{E}(X)\mathbb{E}(Y)\\&=\mathbb{E}(XY)-\mathbb{E}(X)\mathbb{E}(Y)\end{aligned} \tag{1-12}$$

协方差与方差之间有以下关系：

$$D(X+Y)=D(X)+D(Y)+2\operatorname{Cov}(X,Y) \tag{1-13}$$

$$D(X-Y)=D(X)+D(Y)-2\mathrm{Cov}(X,Y) \tag{1-14}$$

1.1.2 一元高斯分布

上一小节中，介绍了随机变量的一些统计学特征，本节将主要介绍统计学中的一些特殊概率分布。高斯分布（Gaussian Distribution），又称为正态分布（Normal Distribution）。一元高斯分布是针对单个随机变量而言的，如果随机变量 X 服从均值为 μ，方差为 σ 的一元高斯分布，则记作 $X\sim\mathcal{N}(\mu,\sigma^2)$，其概率密度函数（Probability Density Function）为

$$p(X)=\frac{1}{\sigma\sqrt{2\pi}}\mathrm{e}^{-\frac{1}{2}\left(\frac{x-\mu}{\sigma}\right)^2} \tag{1-15}$$

当 $\mu=0$，$\sigma=1$ 时，称为标准高斯分布，其概率密度函数为

$$p(X)=\frac{1}{\sqrt{2\pi}}\mathrm{e}^{\left(-\frac{x^2}{2}\right)} \tag{1-16}$$

标准高斯分布的概率密度函数如图 1-1 所示，形状像一个钟。

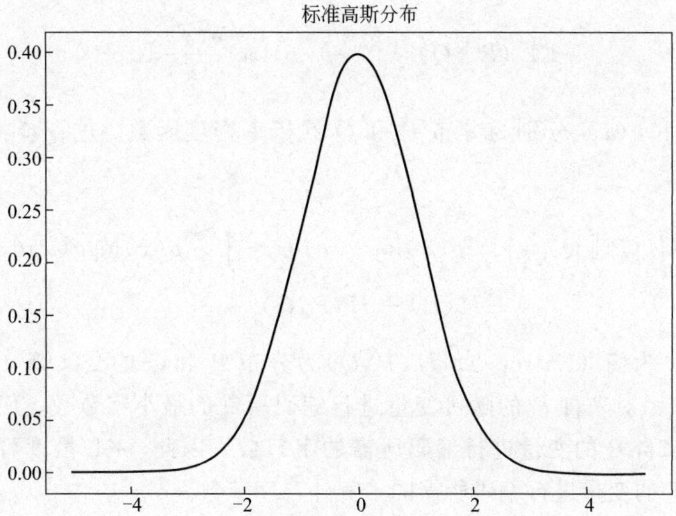

图 1-1 标准高斯分布的概率密度函数

假设 a 与 b 为实常数，随机变量 X 与 Y 分别服从高斯分布 $X\sim\mathcal{N}(\mu_X,{\sigma_X}^2)$ 和 $Y\sim\mathcal{N}(\mu_Y,{\sigma_Y}^2)$，高斯分布具有以下性质：

$$aX+b\sim\mathcal{N}(a\mu_X+b,(a\sigma_X)^2) \tag{1-17}$$

$$X+Y\sim\mathcal{N}(\mu_X+\mu_Y,\sigma_X^2+\sigma_Y^2) \tag{1-18}$$

$$X-Y\sim\mathcal{N}(\mu_X-\mu_Y,\sigma_X^2+\sigma_Y^2) \tag{1-19}$$

1.1.3 多元高斯分布

多元高斯分布是描述随机向量的分布，是一元高斯分布的推广，在统计学中有着广泛的应用。如果 n 维随机向量 $\boldsymbol{X}=[X_1,X_2,X_3,\cdots,X_n]^{\mathrm{T}}$ 服从 n 元高斯分布，其均值向量为 $\boldsymbol{\mu}$，协方差矩阵为 $\boldsymbol{\Sigma}$，则可以记作 $\boldsymbol{X}\sim\mathcal{N}(\boldsymbol{\mu},\ \boldsymbol{\Sigma})$，概率密度函数可以写成

$$p(\boldsymbol{X})=\frac{1}{(2\pi)^{n/2}|\boldsymbol{\Sigma}|^{1/2}}\exp\left(-\frac{1}{2}(\boldsymbol{X}-\boldsymbol{\mu})^{\mathrm{T}}\boldsymbol{\Sigma}^{-1}(\boldsymbol{X}-\boldsymbol{\mu})\right) \tag{1-20}$$

式中，$|\boldsymbol{\Sigma}|$表示协方差矩阵$\boldsymbol{\Sigma}$的行列式。

如果一个多元高斯分布的协方差矩阵简化为$\boldsymbol{\Sigma}=\sigma^2\boldsymbol{I}$，即每一个随机变量都相互独立并且方差相同，那么这个多元高斯分布称为各项同性高斯分布（Isotropic Gaussian Distribution）。

1.1.4 KL 散度

通过前面两小节的介绍，我们对概率分布有了大致的了解，在统计学中概率分布的种类及其变化数不胜数，但是这些概率分布有些比较相似有些却完全不同，如何来评估概率分布之间的差异是本小节要介绍的重点。

KL 散度（Kullback-Leibler Divergence），亦称相对熵（Relative Entropy），在统计学中用作度量两个概率分布之间的差异程度，给定两个概率分布 P 和Q，则二者之间的 KL 散度可以定义为

$$\mathrm{KL}(P\parallel Q)=\int_{-\infty}^{+\infty}p(x)\log\frac{p(x)}{q(x)}\mathrm{d}x \tag{1-21}$$

式中，$p(x)$ 和 $q(x)$ 分别为分布 P 和 Q 的概率密度函数。进一步将式(1-21) 展开，可得

$$\begin{aligned}\mathrm{KL}(P\parallel Q)&=\int_{-\infty}^{+\infty}p(x)\log p(x)\mathrm{d}x-\int_{-\infty}^{+\infty}p(x)\log q(x)\mathrm{d}x\\&=-H(P)+H(P,Q)\end{aligned} \tag{1-22}$$

式中，$H(P)$ 为熵（Entropy）；$H(P,Q)$为分布 P 和 Q 的交叉熵（Cross Entropy）。在信息论中，熵表示对来自 P 的随机变量进行编码所需的最小字节数，而交叉熵表示使用基于 Q 的编码对来自 P 的变量进行编码所需的字节数。因此，KL 散度可认为是使用基于 Q 的编码对来自 P 的变量进行编码所需的“额外”字节数。

KL 散度有两个重要性质，一是 KL 散度具有非负性，即

$$\mathrm{KL}(P\parallel Q)\geqslant 0 \tag{1-23}$$

二是 KL 散度具有非对称性，即

$$\mathrm{KL}(P\parallel Q)\neq\mathrm{KL}(Q\parallel P) \tag{1-24}$$

当且仅当 $P=Q$ 时，$\mathrm{KL}(P\parallel Q)=\mathrm{KL}(Q\parallel P)=0$，因此 KL 不是一个度量。

1.2 人工智能简介

人工智能是当今世界最热门的研究方向之一。它是计算机科学的一个分支，是一门关于知识的学科，是一门关于如何获取和表达知识并产生实际应用的科学技术。在本节中，将会具体介绍人工智能的概念、人工智能近几十年来的发展历程以及人工智能的主要学派。

1.2.1 人工智能的概念

对于人工智能的理解可以分为两部分："人工"和"智能"。"人工"一词比较容易理解，就是人造的意思；但是"智能"一词却争议颇多。1950 年，英国著名数学家、逻辑学家艾伦·麦席森·图灵（Alan Mathison Turing）在其论文 *Computing Machinery and Intelligence* 中提出了著名的图灵测试："一个人在不接触对方的情况下，通过一种特殊的方式，和对方进行一系列的问答。如果在相当长时间内，他无法根据这些问题判断对方是人还是机器，那么就可以认为这个机器是智能的"。这是早期对智能的定义，也正是图灵测试，使得人们对人工智能的探讨由哲学转向了计算机科学，并且为现代人工智能的发展奠定了基础。

计算机要想通过图灵测试获得智能，必须具备记忆、学习、推理、决策等能力。由此，衍生出了一系列人工智能的子学科，比如机器学习、模式识别、计算机视觉、自然语言处理、强化学习等。目前，人工智能的主要领域可分为以下三大部分：

① 感知：计算机借助一些传感器模拟人的感知能力，通过对外部的视觉、语音等信号加工处理获得一些本质的信息，主要研究领域包括计算机视觉和自然语言处理等。

② 学习：借助已有的样本或在环境的交互中进行学习，主要研究领域包括有监督学习、强化学习等。

③ 认知：通过学习形成人的认知、决策能力，主要研究方向包括知识表示、自然语言理解、因果推断、规划等。

1.2.2 人工智能的发展

"人工智能"一词最初出现在 1956 年举行的达特茅斯（Dartmouth）会议上。20 世纪 60 年代末到 70 年代初，专家系统的出现标志着人工智能发展的小高潮，如疾病诊断和治疗系统。到 20 世纪 80 到 90 年代，随着网络技术和神经网络的发展，人工智能潮流涌动，但是软硬件两方面的技术局限使其进入了低谷时期。到 21 世纪，随着大规模并行计算、大数据、深度学习算法和人脑芯片这四大"催化剂"的发展，以及计算成本的降低，人工智能技术突飞猛进，并且成功被应用在多个领域，如智能控制、计算机视觉、机器人学等。随着人工智能与人们生活的完美融合，人工智能技术研究的前景愈发明亮。人工智能技术的发展分为以下几个阶段：

① 萌芽阶段：1936 年，英国数学家、逻辑学家图灵在他的论文 *On Computable Numbers, with an Application to the Entscheidungsproblem* 提出图灵机模型以及 1950 年在他的论文 *Computing Machinery and Intelligence* 提出机器可以思考的论述（图灵测试）。从那以后，人工智能的思想开始萌芽，为人工智能的诞生奠定了基础。

② 第一次高峰：1956 年，美国达特茅斯大学举办了一场"侃谈会"，人工智能这个词语第一次被搬上台面，从而创立了人工智能这一研究方向和学科。人工智能也因此正式宣布诞生，并开始了它的起步阶段。此时人工智能的主要研究方向有博弈、翻译、定理的证明等。同年，美国的两个心理学家艾伦·纽厄尔（Allen Newell）和赫伯特·亚历山大·西蒙（Herbert Alexander Simon）也成功地在定理证明上取得突破，开启了通过计算机程序模拟人类思维的道路。

③ 第一次低谷：在 1967 年至 20 世纪 70 年代初期，科学家想对人工智能进行更深层次

的探索时，发现人工智能的研究遇到许多当代技术与理论无法解决的问题。因为当时计算机的处理速度和内存容量都不足以实现更智能化的发展，也没有人知道人工智能究竟能够智能化到何种程度。因此各界科研委员会开始停止对人工智能研究的资助，人工智能技术的发展也就此跌入低谷。

④ 人工智能崛起：1980 年，卡内基梅隆大学为美国数字设备公司（DEC）设计了一套名为 XCON 的“专家系统”。这是一种采用人工智能程序的系统，可以简单地理解为“知识库＋推理机”的组合，XCON 是一套具有完整专业知识和经验的计算机智能系统。这套系统在当时能为 DEC 公司每年节省下千万美元的生产成本。有了这种商业模式后，衍生出了像 Symbolics、LispMachines 等和 IntelliCorp、Aion 等这样的硬件、软件公司。这个时期，仅专家系统产业的价值就高达 5 亿美元。随后许多研究人工智能的技术人员们开发了各种 AI 实用系统尝试商业化并投入到市场，人工智能又激起了一股浪潮。

⑤ 第二次低谷：仅仅在维持了 7 年之后，命运的车轮再一次碾过人工智能，让其回到原点，曾经轰动一时的人工智能系统宣告结束历史进程。到 1987 年，苹果和 IBM 公司生产的台式机性能都超过了 Symbolics 等厂商生产的通用计算机。从此，专家系统风光不再。

⑥ 第二次崛起：20 世纪 90 年代中期开始，随着 AI 技术尤其是神经网络技术的逐步发展，以及人们对 AI 开始抱有客观理性的认知，人工智能技术开始进入平稳发展时期。1997 年，IBM 的计算机系统“深蓝”战胜了国际象棋世界冠军卡斯帕罗夫，又一次在公众领域引发了现象级的 AI 话题讨论。这是人工智能发展的一个重要里程碑。

⑦ 百花齐放：2006 年，Hinton 在神经网络的深度学习领域取得突破，人类又一次看到机器赶超人类的希望。随着算力的不断提升，大数据、云计算、互联网、物联网等信息技术在感知数据和图形处理器等计算平台推动以深度神经网络为代表的人工智能技术飞速发展，大幅跨越了科学与应用之间的“技术鸿沟”，诸如图像分类、语音识别、知识问答、人机对弈、无人驾驶等人工智能技术实现了从“不能用、不好用”到“可以用”的技术突破，AI 技术迎来了百花齐放的新格局。

图 1-2 是参考赵楠和谭惠文在《人工智能技术的发展及应用分析》一文中总结的人工智能发展历史上的标志性事件节点。尽管有了 60 多年的发展历史，当前的人工智能仍然是一种弱人工智能，要想真正让计算机拥有智能，通过图灵测试，科研工作者任重而道远！

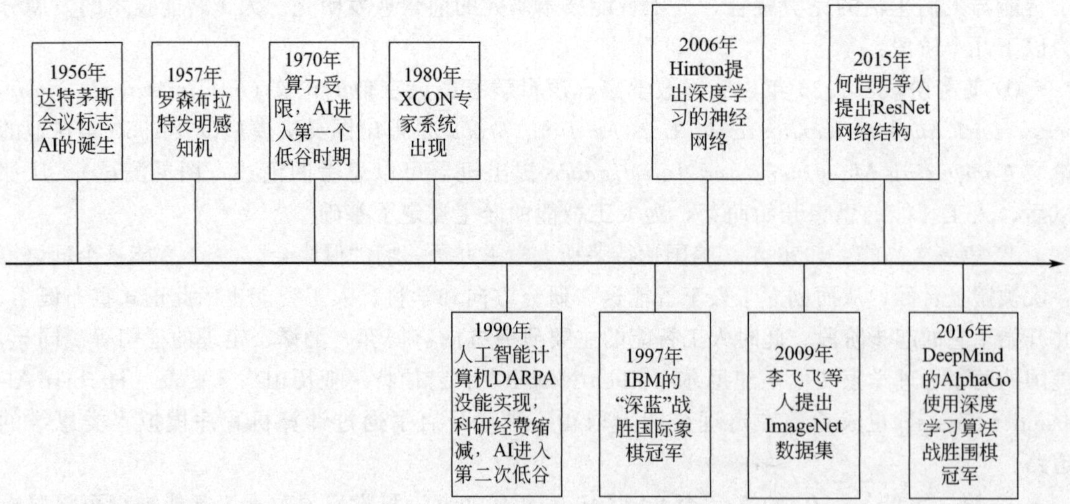

图 1-2　人工智能发展标志性事件

1.2.3 人工智能的学派

人工智能发展至今，不同学科背景的学者对人工智能做出了各自的理解，提出了不同的观点，由此产生了不同的学术流派。其间对人工智能研究影响较大的主要有符号主义、连接主义和行为主义三大学派。

① 符号主义（Symbolism），又称为逻辑主义（Logicism）、心理学派（Psychologism）或计算机学派（Computerism），是一种基于逻辑推理的智能模拟方法。其原理主要为物理符号系统假设和有限合理性原理，长期以来，一直在人工智能中处于主导地位。符号主义学派认为人工智能源于数学逻辑。数学逻辑从 19 世纪末起就获得迅速发展，到 20 世纪 30 年代开始用于描述智能行为。计算机出现后，又在计算机上实现了逻辑演绎系统。该学派认为人类认知和思维的基本单元是符号，而认知过程就是在符号表示上的一种运算。符号主义致力于用计算机的符号操作来模拟人的认知过程，其实质就是模拟人的左脑抽象逻辑思维，通过研究人类认知系统的功能机理，用某种符号来描述人类的认知过程，并把这种符号输入到能处理符号的计算机中，从而模拟人类的认知过程，实现人工智能。

② 连接主义（Connectionism），又称为仿生学派（Bionicsism）或生理学派（Physiologism），是一种基于神经网络及网络间的连接机制与学习算法的智能模拟方法。其原理主要为神经网络和神经网络间的连接机制和学习算法。这一学派认为人工智能源于仿生学，特别是人脑模型的研究。连接主义学派从神经生理学和认知科学的研究成果出发，把人的智能归结为人脑的高层活动的结果，强调智能活动是由大量简单的单元通过复杂的相互连接后并行运行的结果。其中人工神经网络就是其典型代表性技术。

③ 行为主义，又称进化主义（Evolutionism）或控制论学派（Cyberneticsism），是一种基于“感知——行动”的行为智能模拟方法。行为主义最早来源于 20 世纪初的一个心理学流派，认为行为是有机体用以适应环境变化的各种身体反应的组合，它的理论目标在于预见和控制行为。维纳和麦洛克等人提出的控制论和自组织系统以及钱学森等人提出的工程控制论和生物控制论，影响了许多领域。控制论把神经系统的工作原理与信息理论、控制理论、逻辑学以及计算机技术联系起来。早期行为主义的研究工作重点是模拟人在控制过程中的智能行为和作用，对自寻优、自适应、自校正、自镇定、自组织和自学习等控制论系统的研究，并进行“控制动物”的研制。到 20 世纪 60、70 年代，上述这些控制论系统的研究取得一定进展，并在 20 世纪 80 年代诞生了智能控制和智能机器人系统。

1.3 机器学习

人工智能是一个大的研究方向，机器学习则是实现人工智能的一种具体做法。机器学习与传统的特定任务下的自动化编程不同，其主要是通过大量的数据来“训练”，从数据中学习到一些内在的规律来完成具体的任务。本节将具体介绍机器学习的基本概念、基本范式、三要素和机器学习中的过拟合问题以及偏差与方差的区别。

1.3.1 基本概念

机器学习致力于研究如何通过计算的手段，利用经验来改善系统自身的性能。例如，曾经获得图灵奖的 MauricoV. wilkos 教授和其工作同事曾经尝试过去写一些学习的代码和程序，但在使用的过程中这些程序的局限性就表现出来了，机器只会去做程序里要求它们去做的事情，机器对程序里并没有要求的事情并不会去做，所以这就表现出其中的一个弊端：机器并不会去自主学习。直到如今，这个问题仍然没有得到有效解决。下面将介绍一些机器学习中的基本概念。

（1）输入空间、特征空间和输出空间

在监督学习中，输入与输出所有可能的取值集合称为输入空间与输出空间。输入与输出空间可以是有限元素集合也可以是无限元素集合，通常情况下输出空间会远小于输入空间。

对于每一个输入的样本，通常用特征向量来表示。特征空间就是特征向量存在的空间，特征向量的每一个属性特征对应特征空间的一个维度。有时输入空间与特征空间是一样的；有时会对输入样本进行浓缩提炼形成重要的特征，这时特征空间与输入空间就是不同的。通常，所说的模型都是定义在特征空间上的。

（2）训练数据集和测试数据集

在监督学习中，通常自变量写做 x，因变量（标签）写做 y，训练数据集是指用来输入给模型优化模型参数的数据集；测试数据集就是当模型训练好，参数固定后用来测试模型性能的数据集。训练数据集通常由一个个训练样本对组成，即

$$\text{Train}=\{(\boldsymbol{x}_1,\boldsymbol{y}_1),(\boldsymbol{x}_2,\boldsymbol{y}_2),\cdots,(\boldsymbol{x}_N,\boldsymbol{y}_N)\} \tag{1-25}$$

式中，$\boldsymbol{x}_i$ 表示第 i 个样本的自变量向量，$\boldsymbol{y}_i$ 表示第 i 个样本的标签向量。$\boldsymbol{x}_i$ 和 $\boldsymbol{y}_i$ 可以表示成

$$\boldsymbol{x}_i=(x_i^{(1)},x_i^{(2)},\cdots,x_i^{(n)})^{\mathrm{T}} \tag{1-26}$$

$$\boldsymbol{y}_i=(y_i^{(1)},y_i^{(2)},\cdots,y_i^{(m)})^{\mathrm{T}} \tag{1-27}$$

式中，$x_i^{(t)}$ 和 $y_i^{(t)}$ 分别表示 $\boldsymbol{x}_i$ 和 $\boldsymbol{y}_i$ 的第 t 个特征属性；n 和 m 分别代表自变量向量和标签向量的维度。

（3）模型和假设空间

监督学习的主要目标就是学习一个最优的由输入到输出的映射，像这样由输入到输出的一个映射就称为模型，输入到输出的映射可以有许多个，所有这些映射的集合称为假设空间。所以模型可以看作是假设空间的一个子集。模型和假设空间的关系如图 1-3 所示。用数学描述监督学习的目标，即为学习一个映射 $\hat{\boldsymbol{y}}=f(\boldsymbol{x}|\theta)$，$\theta$ 为映射 f 的参数，f 表示模型，它由参数 θ 所决定，我们需要在假设空间中找到一个 f 和 θ，使得 $\hat{\boldsymbol{y}}=f(\boldsymbol{x}|\theta)$ 尽可能逼近真实的 $\boldsymbol{y}$。

1.3.2 机器学习的范式

随着算力的发展和深度学习技术的兴起，机器学习算法出现了爆炸式的增长，按照学习方式来划分，这些算法大致可以被分为三大类：监督学习（Supervised Learning）、无监督学习（Unsupervised Learning）和强化学习（Reinforcement Learning）。机器学习三大范式的关系如图 1-4 所示。

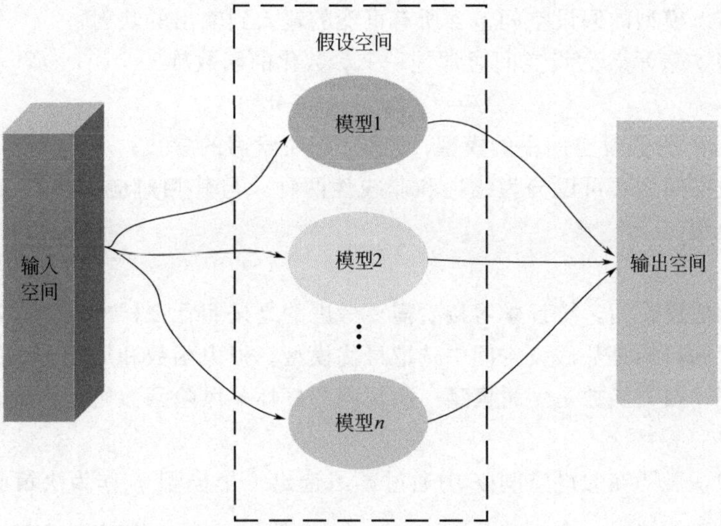

图 1-3　模型和假设空间的关系图

（1）监督学习

训练集数据标签已知，通过已有的训练样本（即已知数据以及其对应的输出）去训练得到一个最优模型，再利用这个模型将所有的输入映射为相应的输出，对输出进行简单的分析，也就具有了对未知数据进行预测的能力。监督学习典型的两大问题就是回归和分类。

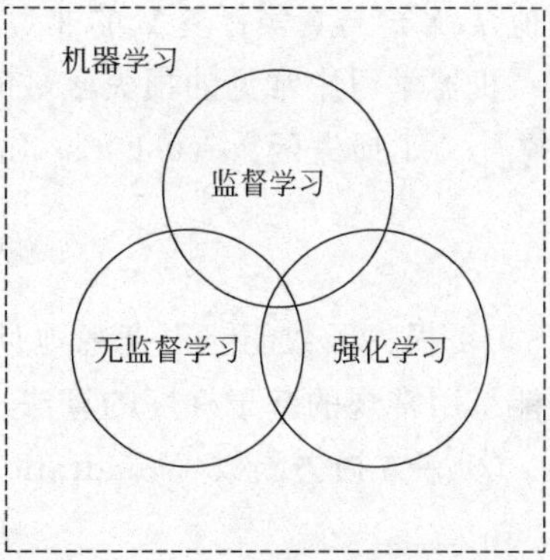

图 1-4　机器学习三大学习范式

（2）无监督学习

训练集数据无标签，即输入数据没有其对应的输出。它与监督学习的不同之处在于，无监督学习属于知识发现：事先没有任何训练样本，而需要直接对数据进行建模，寻找一些数据本质的性质。这听起来似乎有点不可思议，但是在人类认识世界的过程中很多地方都用到了无监督学习。无监督学习典型的问题是聚类和降维。

（3）强化学习

智能体不断与环境进行交互，通过试错的方式来获得最佳策略。在某些应用中，系统的输出是动作的序列。在这种情况下，单个的动作并不重要，重要的是策略，即达到目标的正确动作的序列。不存在中间状态中最好动作这种概念，如果一个动作是好的策略的组成部分，那么该动作就是好的。这种情况下，机器学习程序就应当能够评估策略的好坏程度，并从以往好的动作序列中学习，以便能够产生策略。2016 年，AlphaGo 战胜世界围棋冠军主要靠的就是强化学习算法。

1.3.3　机器学习的三要素

机器学习的核心要素包括模型、策略和算法，这三要素也可以看作是机器学习的方法论。

（1）模型

在监督学习中，模型就是由输入到输出的一个映射，可以是一个决策函数，也可以是一个条件概率分布。模型的假设空间包含所有可能的输入到输出的映射。

假设空间用 $\mathcal{F}$ 表示，假设空间通常是一个参数化的函数族

$$\mathcal{F}=\{f(\boldsymbol{x},\theta)\mid\theta\in\mathbf{R}^m\} \tag{1-28}$$

式中，$f(\boldsymbol{x},\theta)$ 为假设空间中的模型；θ 为一组可学习的参数；m 为参数的数量。

常见的假设空间主要可以分为线性和非线性两种，与其相对应的模型 f 分别称为线性模型和非线性模型。

（2）策略

有了模型的假设空间，统计学习接着需要考虑的是按照什么样的准则学习来选择最优的模型，机器学习的目标是从假设空间中选取最优模型。损失函数和风险函数的概念被引入来衡量模型的好坏，损失函数是度量模型一次预测的好坏，风险函数则是衡量平均意义下模型预测的好坏。

监督学习中，需要在假设空间 $\mathcal{F}$ 中通过学习选出一个模型 f 作为决策函数，对于给定的输入 $\boldsymbol{X}$，通过模型得到一个映射 $\hat{\boldsymbol{Y}}=f(\boldsymbol{X})$，这个输出的预测值要能尽可能地逼近真实的标签 $\boldsymbol{Y}$。评价输出预测值的对错程度可以用损失函数（Loss Function），损失函数是输出预测值 $f(\boldsymbol{X})$ 与真实标签 $\boldsymbol{Y}$ 的非负实函数，记为 $L(\boldsymbol{Y},f(\boldsymbol{X}))$。

机器学习中常见的损失函数有以下几种。

① 0-1 损失函数（0-1 loss function）

$$L(\boldsymbol{Y},f(\boldsymbol{X}))=\begin{cases}1, & \boldsymbol{Y}\neq f(\boldsymbol{X})\\ 0, & \boldsymbol{Y}=f(\boldsymbol{X})\end{cases} \tag{1-29}$$

0-1 损失函数能够很直观地反映模型预测的错误率，但其缺点是它不连续且导数为 0，不能采用常规的基于梯度的算法进行优化，所以经常被一些连续可微的损失函数替代。

② 平方损失函数（quadratic loss function）

$$L(\boldsymbol{Y},f(\boldsymbol{X}))=(\boldsymbol{Y}-f(\boldsymbol{X}))^2 \tag{1-30}$$

平方损失函数是预测值和真实标签之间的差值平方，通常用于回归问题，通过最小化平方损失来提升模型的预测能力。平方损失函数一般不用于分类问题中。

③ 对数损失函数（logarithmic loss function）

$$L(\boldsymbol{Y},P(\boldsymbol{Y}\mid\boldsymbol{X}))=-\log P(\boldsymbol{Y}\mid\boldsymbol{X}) \tag{1-31}$$

对数损失通常是用于最大似然估计的，它利用已知的样本分布，找到最有可能导致这种分布的参数值，或者说什么样的参数才能观测到目前这组数据的概率最大。

④ 铰链损失函数（hinge loss function）

$$L(\boldsymbol{Y},f(\boldsymbol{X}))=\max(0,1-yf(\boldsymbol{X})) \tag{1-32}$$

对于二分类问题，y 和 $f(\boldsymbol{X})$ 的取值为 $\{-1,+1\}$，铰链损失常被用作二分类支持向量机的损失函数。

通常在优化时希望损失函数能尽可能小，这样就代表模型的性能越好。由于模型的输入和输出 $(\boldsymbol{X},\boldsymbol{Y})$ 是随机变量，它们的联合可以记作 $P(\boldsymbol{X},\boldsymbol{Y})$，所以损失函数的期望可以写成

$$L_{\exp}=\mathbb{E}[L(\boldsymbol{Y},f(\boldsymbol{X}))]=\int L(y,f(x))P(x,y)\mathrm{d}x\mathrm{d}y \tag{1-33}$$

损失函数的期望 $L_{\exp}$ 也被称为风险函数（Risk Function）（或期望损失）。

（3）算法

在确定了训练数据集、假设空间和学习策略后，机器学习问题就转化成了如何找到最优

模型 $f(\boldsymbol{x}, \theta^*)$（其中，$\theta^*$ 是最优参数）的优化问题了。整个训练的过程也就是优化算法求解的过程。机器学习的优化问题往往不存在解析的最优解，需要通过一些数值计算的方法进行迭代求解，最常用的优化算法就是随机梯度下降（Stochastic Gradient Descent，SGD）法。但是如何保证能够高效地找到全局最优解，这也是一个重要且有意义的研究方向。统计学习方法之间的不同，主要来自其模型、策略、算法的不同，确定了模型、策略、算法，统计学习的方法也就确定了。这也就是将其称为统计学习三要素的原因。

1.3.4 过拟合与正则化

(1) 欠拟合、过拟合现象

欠拟合（Underfitting）就是模型没有很好地捕捉到数据特征，不能够很好地拟合数据，表现在模型的学习能力很差，预测值与真实值的偏差会较大。如图 1-5 用线性回归模型对数据进行拟合，模型预测的 y 与真实的 y 偏差较大，这就是欠拟合现象。

过拟合（Overfitting）就是模型把数据学习得太彻底，以至于把噪声数据的特征也学习到了，这样就会导致在后期测试的时候不能够很好地进行预测，模型泛化能力太差。如图 1-6 用高次多项式模型对数据进行拟合，虽然每个训练的数据点都能够被曲线穿过，但是很显然这条曲线是过度扭曲的，如果来一些新数据，模型可能还是不能很好地预测，这就是过拟合现象。

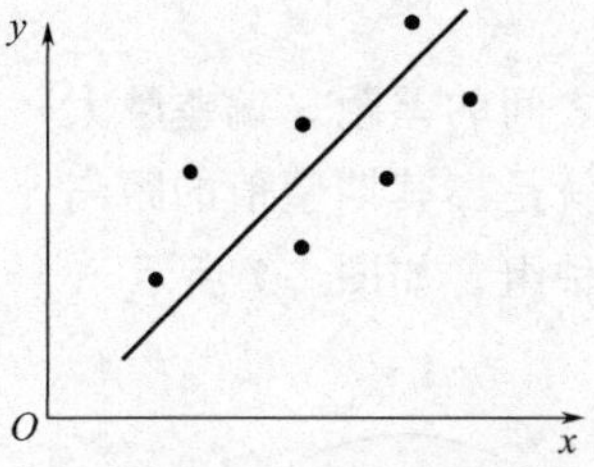

图 1-5　欠拟合示意图

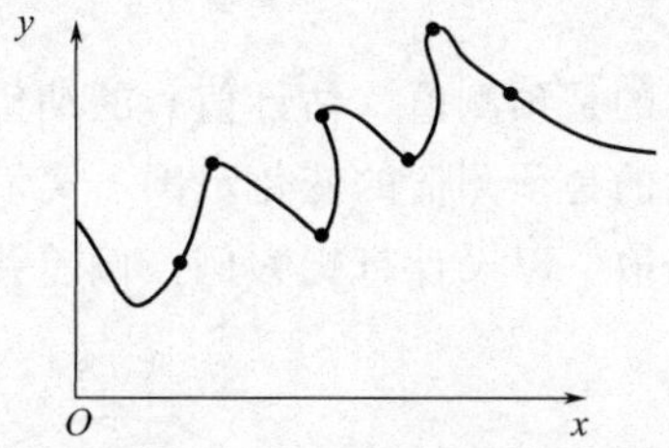

图 1-6　过拟合示意图

欠拟合和过拟合都是机器学习中经常出现的问题。欠拟合产生的主要原因是模型复杂度过低，无法很好地去拟合所有的训练数据，导致训练误差大。可以采用以下方法缓解：①增加模型复杂度；②增加新的特征，扩大假设空间；③损失函数中如果有正则化项，可以适当调小正则化项的系数。过拟合产生的主要原因恰与欠拟合相反，是因为模型复杂度过高，训练数据少，所以训练误差小，测试误差大。可以采用以下方法缓解：①降低模型的复杂度，采用一些简单的模型；②在训练时使用验证集，当验证集上发生过拟合现象时，及早停止训练；③采用一些正则化技术，如 L1、L2 正则化。

(2) 经验风险最小化与结构风险最小化

当给定一个训练数据集

$$D_{\text{tr}} = \{(\boldsymbol{x}_1, \boldsymbol{y}_1), (\boldsymbol{x}_2, \boldsymbol{y}_2), \cdots, (\boldsymbol{x}_N, \boldsymbol{y}_N)\} \tag{1-34}$$

模型 $f(\boldsymbol{X})$ 关于训练数据集的平均损失称为经验风险（或经验损失）记作 L_{risk}

$$L_{\text{risk}} = \frac{1}{N}\sum_{i=1}^{N} L(\boldsymbol{y}_i, f(\boldsymbol{x}_i)) \tag{1-35}$$

在 1.3.3 节中提到了期望损失 $L_{\exp}$ 是损失函数的期望，而经验损失 L_{risk} 是损失函数的均值，根据大数定律可知，如果当训练样本数趋向于无穷大时，经验损失就会等于期望损失。在训练模型尽可能提高模型的学习性能时，其实一直在优化经验损失，利用优化算法使其最小化。但是，当训练样本数量较少时，一味地减少经验损失就会产生过拟合现象。此时，就需要考虑对模型的结构加上约束，使其不要太复杂，这就需要引入结构风险的概念。

结构风险就是在经验损失的基础上加上了对模型复杂度的正则化项（Regularizer）或惩罚项（Penalty Term）。结构风险记作 L_{srm}

$$L_{\text{srm}}=\frac{1}{N}\sum_{i=1}^{N}L(\boldsymbol{y}_i,f(\boldsymbol{x}_i))+\lambda J(f) \tag{1-36}$$

式中，$J(f)$ 是模型复杂度的函数；$\lambda\geqslant 0$ 是正则化系数（或惩罚系数），是用来权衡经验损失和混合模型复杂度的。结构风险最小化的策略认为结构风险最小的模型是最优模型：

$$\min_{f\in\mathcal{F}}\left[\frac{1}{N}\sum_{i=1}^{N}L(\boldsymbol{y}_i,f(\boldsymbol{x}_i))+\lambda J(f)\right] \tag{1-37}$$

最小化结构风险需要经验风险和模型复杂度同时都小，结构风险小的模型往往对训练数据以及未知的测试数据都有较好的预测。这样，监督问题就转化成了最小化经验风险或结构风险的优化问题了。式(1-35)或式(1-36)即为优化的目标函数。

1.3.5 偏差与方差

偏差描述的是预测值（估计值）的期望与真实值之间的差距。偏差越大，越偏离真实数据。方差描述的是预测值的变化范围，离散程度，也就是离其期望值的距离。方差越大，数据的分布越分散。以设计打靶为例，偏差和方差的四种组合如图 1-7 所示。

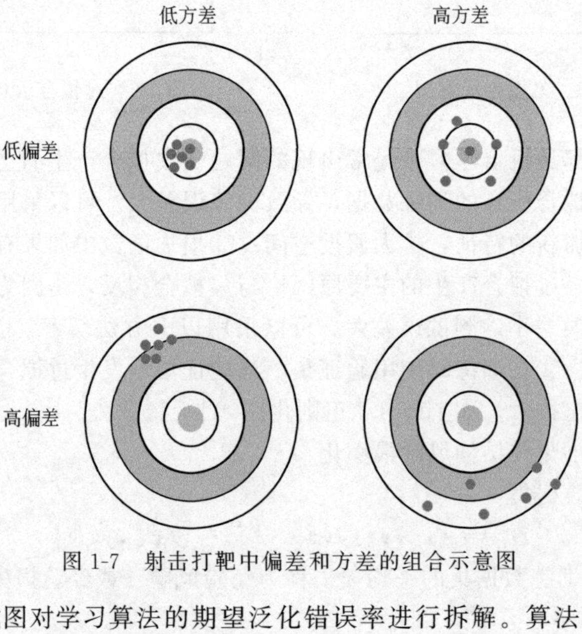

图 1-7　射击打靶中偏差和方差的组合示意图

偏差-方差分解试图对学习算法的期望泛化错误率进行拆解。算法在不同训练集上学得的结果很可能不同，即便这些训练集是来自同一个分布。以下将介绍如何对方差和偏差进行分解。

对测试样本 $\boldsymbol{x}$，令 y_D 为 $\boldsymbol{x}$ 在数据集中的标签，y 为 $\boldsymbol{x}$ 的真实标签，$f(\boldsymbol{x}|D)$ 表示在训练集 D 上学得模型 f 在 $\boldsymbol{x}$ 上的预测输出。以回归问题为例，算法的期望预测为

$$\overline{f}(\boldsymbol{x})=\mathbb{E}_D[f(\boldsymbol{x}|D)] \tag{1-38}$$

使用样本数相同的不同训练集产生的方差为

$$\mathrm{var}(\boldsymbol{x})=\mathbb{E}_D\left[(f(\boldsymbol{x}|D)-\overline{f}(\boldsymbol{x}))^2\right] \tag{1-39}$$

预测噪声为

$$\varepsilon^2=\mathbb{E}_D\left[(y_D-y)^2\right] \tag{1-40}$$

预测偏差可以写成期望输出与真实标签的差值

$$\mathrm{bias}^2(\boldsymbol{x})=(\overline{f}(\boldsymbol{x})-y)^2 \tag{1-41}$$

为了便于化简，这里假设噪声的期望为 0，即 $\mathbb{E}_D(y_D-y)=0$，下面对算法的泛化误差进行分解：

$$\begin{aligned}
\mathbb{E}(f|D)&=\mathbb{E}_D[(f(\boldsymbol{x}|D)-y_D)^2]\\
&=\mathbb{E}_D[(f(\boldsymbol{x}|D)-\overline{f}(\boldsymbol{x})+\overline{f}(\boldsymbol{x})-y_D)^2]\\
&=\mathbb{E}_D[(f(\boldsymbol{x}|D)-\overline{f}(\boldsymbol{x}))^2]+\mathbb{E}_D[(\overline{f}(\boldsymbol{x})-y_D)^2]+\mathbb{E}_D[2(f(\boldsymbol{x}|D)-\overline{f}(\boldsymbol{x}))(\overline{f}(\boldsymbol{x})-y_D)]\\
&=\mathbb{E}_D[(f(\boldsymbol{x}|D)-\overline{f}(\boldsymbol{x}))^2]+\mathbb{E}_D[(\overline{f}(\boldsymbol{x})-y_D)^2]\\
&=\mathbb{E}_D[(f(\boldsymbol{x}|D)-\overline{f}(\boldsymbol{x}))^2]+\mathbb{E}_D[(\overline{f}(\boldsymbol{x})-y+y-y_D)^2]\\
&=\mathbb{E}_D[(f(\boldsymbol{x}|D)-\overline{f}(\boldsymbol{x}))^2]+\mathbb{E}_D[(\overline{f}(\boldsymbol{x})-y)^2]+\mathbb{E}_D[(y-y_D)^2]+2\mathbb{E}_D[(\overline{f}(\boldsymbol{x})-y)(y-y_D)]\\
&=\mathbb{E}_D[(f(\boldsymbol{x}|D)-\overline{f}(\boldsymbol{x}))^2]+(\overline{f}(\boldsymbol{x})-y)^2+\mathbb{E}_D[(y_D-y)^2]
\end{aligned} \tag{1-42}$$

进一步，

$$\mathbb{E}(f|D)=\mathrm{bias}^2(\boldsymbol{x})+\mathrm{var}(\boldsymbol{x})+\varepsilon^2 \tag{1-43}$$

由上述推导可知，泛化误差可分解为偏差、方差与噪声之和。偏差代表了模型的输出期望值与真实标签的偏离程度，是由模型的拟合能力决定的；方差则代表了同样大小的训练集的变动所导致的学习性能的变化，即刻画了数据扰动所造成的影响；噪声为真实标签与数据集中的实际标签间的偏差，噪声表达了在当前任务上任何学习算法所能达到的期望泛化误差的下界，即刻画了学习问题本身的难度。所以，泛化误差是由学习任务的难易程度、数据的多少以及模型本身的学习能力共同决定的。

一般来说，偏差和方差是矛盾的存在，其关系如图 1-8 所示。当模型的学习能力还不够强时，模型的复杂度较小，此时训练数据的小扰动不足以改变模型，偏差主导着学习模型。但是随着学习迭代的次数增加，模型的复杂度越来越高，学习能力越来越强，此时模型对数据的扰动较为敏感，训练数据本身的小扰动也可能会使模型参数发生很大的改变，出现过拟合现象，这时，方差就主导着学习模型。这就是著名的偏差-方差窘境（Bias-Variance Dilemma），所以通常会训练到模型复杂度折中时就停止，此时，偏差和方差都不是很大。

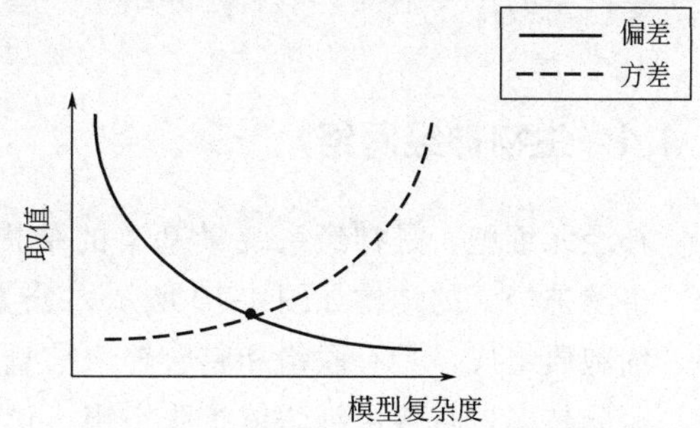

图 1-8　偏差、方差关系图

1.4 深度学习

深度学习的概念是由著名的人工智能先驱 Hinton 于 2006 年在国际顶级期刊 Science 上的论文中提出。他们利用对模型训练方法的改进打破了 BP 神经网络发展的瓶颈。文章中提出了一个深度自编码网络结构，通过反向传播算法进行训练，对原始数据进行特征提取与数据重构。论文说明了神经网络提取特征的有效性以及深度神经网络结构的强大之处。

近年来，由于计算机算力的不断提升并伴随着云计算、物联网、大数据等技术的飞速发展，深度学习成了机器学习皇冠上一颗璀璨的明珠，备受人们青睐。讲到这里，或许有不少人对人工智能、机器学习和深度学习这三个概念比较混淆，三者的关系如图 1-9 所示。人工智能是一个比较广泛的概念，只要是研究如何使机器（或者计算机）具备一定的智能的领域都可以称为人工智能，比如专家系统、多智能体系统、推荐系统等。机器学习只是人工智能的一种实现方法，是使用算法来解析数据、从中学习，然后对真实世界中的事件做出决策和预测。深度学习则又是机器学习众多方法中的一种方法，它是建立在人工神经网络基础上的一种“更深的”人工神经网络结构。随着深度学习的快速发展，模型的深度已经从早期的 5～10 层增加到目前的数百层。随着模型深度的不断增加，其特征表示能力越来越强，从而使后续的预测变得更加容易。

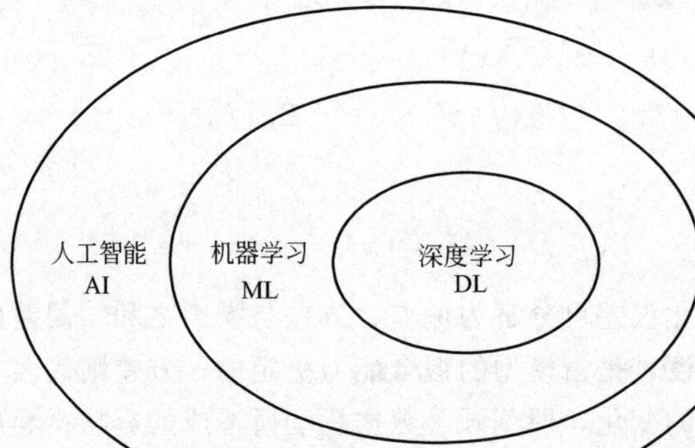

图 1-9　人工智能、机器学习、深度学习的关系

本节将主要介绍科学家们是如何从生物神经元中得到启发，发展出了人工神经网络、人工神经网络的主要结构，最后还介绍了一些当前主流的深度学习框架。

1.4.1 生物神经网络

神经元细胞，是神经系统最基本的结构和功能单位，是人类身体构造中最奇妙的一部分。生物神经元的结构如图 1-10 所示，分为细胞体和突起两部分。细胞体由细胞核、细胞膜、细胞质组成，具有联络和整合输入信息并传出信息的作用。突起有树突和轴突两种。树突短而分枝多，直接由细胞体扩张突出，形成树枝状，其作用是接受其他神经元轴突传来的冲动并传给细胞体。

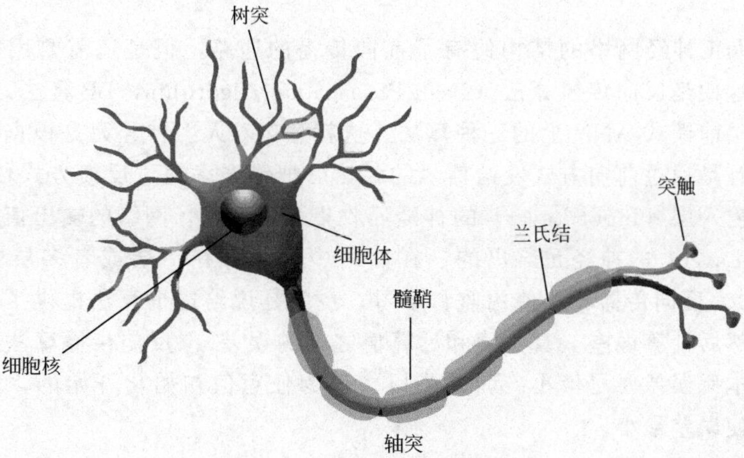

图 1-10　生物神经元结构

神经元可以接收其它神经元的信息，也可以发送信息给其它神经元。神经元之间没有物理连接，中间留有 20nm 左右的缝隙。神经元之间靠突触（Synapse）进行互联来传递信息，形成一个神经网络，即神经系统。突触可以理解为神经元之间的链接“接口”，将一个神经元的兴奋状态传到另一个神经元。一个神经元可被视为一种只有两种状态的细胞：兴奋和抑制。神经元的状态取决于从其它的神经细胞收到的输入信号量，及突触的强度（抑制或加强）。当信号量总和超过了某个阈值时，细胞体就会兴奋，产生电脉冲。电脉冲沿着轴突并通过突触传递到其它神经元。

1.4.2　人工神经网络

受到生物神经元的启发，人工神经元仿照生物神经元静息和动作电位的产生机制建立起运算模型。神经元通过位于细胞膜或树突上的突触接收信号。当接收到的信号足够大时（超过某个门限值），神经元被激活，然后通过轴突发射信号，发射的信号也许被另一个突触接收，并且可能激活别的神经元。

人工神经网络（Artificial Neural Network，ANN）与生物神经元类似，由多个节点（人工神经元）相互连接而成，可以用来对数据之间的复杂关系进行建模，其结构如图 1-11 所示。不同节点之间的连接被赋予了不同的权重，每个权重代表了一个节点对另一个节点的影响大小。每个节点代表一种特定函数，来自其它节点的信息经过其相应的权重综合计算，输入到一个激励函数中并得到一个新的活性值（兴奋或抑制）。从系统观点看，人工神经元网络是由大量神经元通过极其丰富和完善的连接而构成的自适应非线性

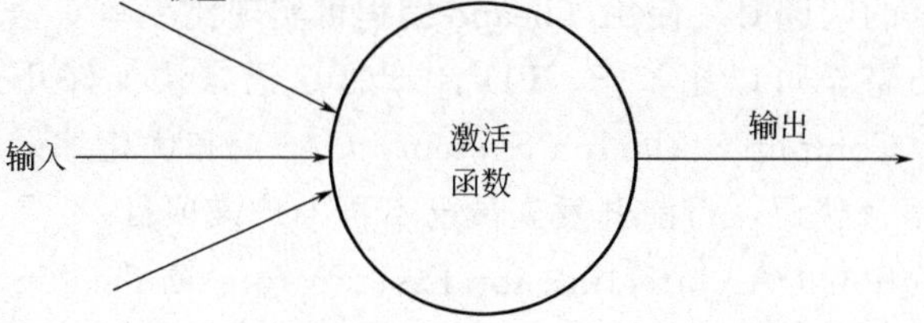

图 1-11　人工神经网络结构

动态系统。

有了以上人工神经网络的结构便有了前向传播的通路，但是还需要用智能算法来训练权重参数，这便是反向传播算法（Back Propagation Algorithm，BP 算法）。反向传播算法是应用在分层前馈式 ANN 上的一种算法。这就意味着人工神经元是根据不同层次来组织划分的，并且是通过前向方式发送信号的，然后把错误率通过反馈方式传播给神经元。网络通过位于输入层（Input Layer）的神经元收集输入信号，网络的输出值是通过位于输出层（Output Layer）的神经元给出的。在网络中可能存在一层或者多层的中间隐藏层（Hidden Layer）。反向传播算法使用监督学习，也就是说给这个算法提供了输入值让网络计算输出值，然后计算误差（真实值和计算值之间的误差）。反向传播算法的思想就在于学习完训练样本后误差要尽量小。训练是以权值为任意值初始化开始的，目的就是不停地调整权值，使误差最小。

1.4.3 主流的深度学习框架

深度神经网络的训练通常都是借助误差的反向传播算法来优化网络参数的，如果对深层神经网络进行手动求导并迭代，无疑是十分低效的。由于 Nvidia 公司的 GPU 技术的飞速发展，可以借助 GPU 快速进行一些矩阵运算，但是数据的读取和存储一般需要在 CPU 和 GPU 之间不断进行切换，开发难度也比较大。因此，一些支持自动梯度计算、无缝 CPU 和 GPU 切换等功能的深度学习框架就应运而生。当前比较主流的深度学习框架有 Pytorch、Tensorflow、Keras、Theano、Caffe 等。

Pytorch：是一个科学计算框架，为机器学习算法提供广泛的支持。这是一个基于 Lua 的深度学习框架，广泛应用于 Facebook，Twitter 和 Google 等行业巨头之中。它采用 CUDA 和 C/C＋＋库进行处理，基本上可以扩展生成模型的生产规模并提供全面的灵活性。

Tensorflow：是由 Google 公司 2015 年开发的 Python 工具包，主要用于进行机器学习和深度神经网络研究，但它是一个非常基础的系统，因此也可以应用于众多领域。由于 Google 在深度学习领域的巨大影响力和强大的推广能力，TensorFlow 一经推出就获得了极大的关注。

Keras：是一个高层神经网络 API，由纯 Python 编写而成并使用 TensorFlow、Theano 及 CNTK 作为后端。Keras 为支持快速实验而生，能够把想法迅速转换为结果。Keras 应该是深度学习框架之中最容易上手的一个，它提供了一致而简洁的 API，能够极大地减少一般应用下用户的工作量。

Theano：最初诞生于蒙特利尔大学 LISA 实验室，于 2008 年开始开发，是第一个有较大影响力的 Python 深度学习框架。其可用于定义、优化和计算数学表达式，特别是多维数组。在解决包含大量数据的问题时，使用 Theano 编程可实现比手写 C 语言更快的速度，而通过 GPU 加速，Theano 甚至可以比基于 CPU 计算的 C 语言快上好几个数量级。Theano 结合了计算机代数系统（Computer Algebra System，CAS）和优化编译器，还可以为多种数学运算生成定制的 C 语言代码。目前开发人员已不再维护该项目。

Caffe：全名 Convolutional Architecture for Fast Feature Embedding，支持 C/C＋＋，Python 和 MATLAB 等界面以及命令行界面。它以其速度和可移植性及其在卷积神经网络（Convolutional Neural Networks，CNN）建模中的适用性而闻名。使用 Caffe 的 C＋＋库

（带有 Python 接口）的最大好处是可以从深度网络库 Caffe Model Zoo 访问可用网络，这些网络是经过预先训练并可立即使用的，是解决图像问题的首选框架。

这些深度学习框架高度集成和封装了一些深度学习必备的模块，使得构建一个神经网络模型就像搭积木一样容易，大大降低了深度学习的编程门槛，为研究人员节约了时间成本。

本章小结

本章主要介绍了一些统计学的基础知识，并且对人工智能、机器学习和深度学习这三个概念有了初步认识。人工智能在数据分析、挖掘、学习方面有着超人的能力，能够大大提高工厂自动化的效率，节省不必要的人力成本，并且能给人类的生活带来巨大的便利。作为时代的产物，人工智能还代表着人类未来科技发展的方向，接下来的章节，将会具体介绍一些人工智能中的机器学习算法和一些典型的案例分析。

习题 1

一、选择题（单选）

1-1 “人工智能”一词最早是在什么会议被提出的？（　　）

A. ACM 大会　　B. 中国计算机大会　　C. 达特茅斯会议　　D. ICCV 会议

1-2 被称为人工智能之父的是（　　）。

A. 图灵　　B. 丘奇　　C. 香农　　D. 赫伯特 · 西蒙

1-3 下列不属于人工智能主流学派的是（　　）。

A. 符号主义　　B. 数字主义　　C. 连接主义　　D. 行为主义

1-4 下列不属于机器学习三要素的是（　　）。

A. 数据　　B. 模型　　C. 策略　　D. 算法

1-5 下列不属于机器学习范式的是（　　）。

A. 监督学习　　B. 无监督学习　　C. 强化学习　　D. 深度学习

二、填空题

1-6 ________是在统计学中用来度量随机变量和其数学期望之间偏离程度的统计量。

1-7 在各种人工智能的学派中，________学派的原理主要为神经网络及神经网络间的连接机制与学习算法。

三、判断题

1-8 假设有两个分布 P 和 Q，那么这两个分布之间的 KL 散度可以为 -1。（　　）

四、计算题与简答题

1-9 假设有两个多元高斯分布 P_1 和 P_2，其概率密度函数分别为 $p_1(\boldsymbol{x})=\mathcal{N}(\boldsymbol{\mu}_1,\boldsymbol{\Sigma}_1)$ 和 $p_2(\boldsymbol{x})=\mathcal{N}(\boldsymbol{\mu}_2,\boldsymbol{\Sigma}_2)$，试求两个分布的 KL 散度。

1-10 现有两个随机变量身高 X 和体重 Y，有以下样本：

序号	身高 X/cm	体重 Y/kg
1	153	44
2	181	64
3	170	70
4	172	57
5	174	61
6	168	67
7	189	84

试分别求 X 和 Y 的期望、方差以及两者的协方差。

1-11 请简述协方差与相关系数的区别。

1-12 试分析为什么平方损失函数不适用于分类。

1-13 什么是图灵测试？

1-14 人工智能有哪些学派？它们的认知观是什么？现在这些学派的关系如何？

参考答案

1-15 简单举例分析人工智能在工业 4.0 中的应用。

参考文献

[1] 邱锡鹏. 神经网络与深度学习 [M]. 北京：机械工业出版社，2020.

[2] 李航. 统计学习方法 [M]. 北京：清华大学出版社，2012.

[3] 周志华. 机器学习 [M]. 北京：清华大学出版社，2016.

[4] 冯天瑾. 智能学简史 [M]. 北京：科学出版社，2007.

[5] 赵楠，谭惠文. 人工智能技术的发展及应用分析 [J]. 中国电子科学研究院学报，2021，16 (07)：737-740.

[6] 张梓堃. 人工智能的历史与展望 [J]. 数字通信世界，2018，167 (11)：157-158.

[7] Goodfellow I，Bengio Y，Courville A，et al. Deep learning [M]. Cambridge：MIT press，2016.

[8] Turing A M. Computing machinery and intelligence [M] //Parsing the turing test. Springer，Dordrecht，2009：23-65.

[9] Turing A M. On computable numbers，with an application to the Entscheidungsproblem [J]. Proceedings of the London mathematical society，1937，2 (1)：230-265.

[10] Rosenblatt F . The perceptron -a perceiving and recognizing automaton. 1957.

[11] Newborn M. Deep Blue：An Artificial Intelligence Milestone [M]. Springer Science & Business Media，2013.

[12] Hinton G E，Salakhutdinov R R. Reducing the dimensionality of data with neural networks [J]. science，2006，313 (5786)：504-507.

[13] Deng J，Dong W，Socher R，et al. ImageNet：A large-scale hierarchical image database [C] //2009 IEEE Conference on Computer Vision and Pattern Recognition. 2009：248-255.

[14] He K，Zhang X，Ren S，et al. Deep Residual Learning for Image Recognition [J]. arXiv：1512. 03385 [cs]，2015.

[15] Marie，Lngberg，Cem，at al. Mastering the game of Go without human knowledge [J]. npj Materials Degradation，2019 (22. 0).

[16] Rumelhart D E，McClelland J L，the PDP Research Group，1986. Parallel Distributed Processing：

Explorations in the Microstructure of Cognition. Cambridge：MIT Press.
[17] Bishop C M. Pattern recognition and machine learning [M]. springer，2006.
[18] Alpaydin E. Introduction to machine learning [M]. MIT press，2020.
[19] Schmidhuber J. Deep learning in neural networks：An overview [J]. Neural networks，2015，61：85-117.
[20] Rumelhart D E，Hinton G E，Williams R J. Learning representations by back-propagating errors [J]. nature，1986，323 (6088)：533-536.
[21] LeCun Y，Bengio Y，Hinton G. Deep learning [J]. nature，2015，521 (7553)：436-444.
[22] Thomas G D. Machine learning research：Four current directions [J]. Artificial Intelligence，Magazine，1997，18 (4)：97-136.
[23] Flach P. Machine learning：the art and science of algorithms that make sense of data [M]. Cambridge University Press，2012.
[24] Dey A. Machine learning algorithms：a review [J]. International Journal of Computer Science and Information Technologies，2016，7 (3)：1174-1179.
[25] LeCun Y，Boser B，Denker J S，et al. Backpropagation applied to handwritten zip code recognition [J]. Neural computation，1989，1 (4)：541-551.
[26] Vapnik V N. An overview of statistical learning theory [J]. IEEE transactions on neural networks，1999，10 (5)：988-999.
[27] Zhou Z H. Three perspectives of data mining [J]. Artificial Intelligence，2003，143 (1)：139-146.
[28] Bradley A P. The use of the area under the ROC curve in the evaluation of machine learning algorithms [J]. Pattern recognition，1997，30 (7)：1145-1159.
[29] Fawcett T. An introduction to ROC analysis [J]. Pattern recognition letters，2006，27 (8)：861-874.
[30] Friedman J H. On bias，variance，0/1—loss，and the curse-of-dimensionality [J]. Data mining and knowledge discovery，1997，1 (1)：55-77.

2 数据预处理与特征工程

在现实环境中采集得到的数据，往往无法直接用于数据分析，其中可能包含着大量不完整、有异常的数据，同时也可能数据的类型并不适合直接输入模型，这些都会影响到数据分析所用到的模型的性能，因此需要通过一定的方法对这样的数据进行预处理，使之能够满足数据分析的要求。根据数据集的不同情况，可以通过数据清洗去处理数据中的缺失与异常以及不一致的情况；可以通过数据变换去使数据更适合基于距离度量的算法分析，有时也需要通过特征工程来减少数据维数，避免“维数灾难”的发生，同时提取更加有效的特征。本章首先介绍了数据预处理中常用的数据清洗与数据变换方法，包括缺失值与异常值处理、简单函数变换、数据归一化、连续数据离散化等，接着介绍了特征工程中重要的特征提取与特征选择方法，最后通过 Kaggle 平台中泰坦尼克号幸存者预测案例分析了数据预处理与特征工程在实际场景中的应用策略。

2.1 数据预处理

数据预处理主要分为数据清洗与数据变换两个步骤。现实场景中的数据，往往存在着数据缺失、数据异常等各种问题，这些问题将会显著影响数据分析结果的有效性与准确度。例如当需要利用人的当前的身高、体重、年龄与一些饮食习惯去预测其未来的身高变化时，若某个人的当前身高值缺失了，这个缺失值将会对未来身高预测造成极大的困难；另外当使用一些基于距离度量的模型进行预测时，数据量纲的选取也会对模型结果造成巨大的影响。

数据中常见的问题主要可以归纳为以下 5 点。

① 数据缺失：数据中存在缺失值，一般以 NULL 表示。

② 数据异常：数据的值是错误的或者明显偏离了其余样本的值。

③ 数据重复：数据库中存在 2 条以上完全一致的记录。

④ 数据不均衡：不同类别的样本数量差距过大。

⑤ 量纲差异：属性量纲不同导致值的范围差异过大。

其中前 3 个问题可以通过数据清洗解决，而问题④、⑤可以通过数据变换解决。此外，当数据的类型与分布不适于后续数据分析时，也需要通过数据变换将其变换为合适的形式。

本节将对常用的数据清洗与数据变换方法进行介绍。

2.1.1 数据清洗

数据清洗（data cleaning）指对脏数据（dirty data）进行处理，提高数据的可信度。脏数据即上述的数据缺失、异常与重复情况。数据重复的处理方法较为简单，将数据库中多余的记录删除即可，而更需要关注的是对缺失值与异常值的处理，本节将对缺失值处理与异常值处理常用的方法进行介绍。

（1）缺失值处理

针对缺失数据，数据集中不含缺失值的变量（属性）被称为完全变量，数据集中含有缺失值的变量被称为不完全变量。根据数据缺失的类型，可以将缺失值分为完全随机缺失（Missing Completely at Random，MCAR）、随机缺失（Missing at Random，MAR）和非随机缺失（Missing not at Random，MNAR）。完全随机缺失与不完全变量和完全变量都无关，随机缺失依赖于完全变量，最值得关注的是非随机缺失，这种缺失依赖于不完全变量本身，在处理时这种缺失是不可忽略的。

依据数据的情况以及模型需要，可以选择对缺失值采取不同的处理方法，一般的处理方法分为删除法与插补法。删除法顾名思义即直接删去包含有缺失值的样本，删去这些样本之后，剩下的数据就具有了完整性，是一种简单便捷的方法，但是由于删去了这些样本会导致数据量的减小。在某些领域中，数据采集的成本是十分高昂的，同时一条样本中除了缺失值以外的数据可能也包含了比较重要的信息，特别当缺失值为非随机缺失时，盲目删除含有缺失数据的样本会使数据发生偏离，对分析结果带来较大的影响，甚至可能得出完全错误的结论，因此删除法无法适应所有的应用场景，在使用时必须考虑缺失数据的类型、含有缺失数据的样本与总样本数量的占比以及数据量大小对模型性能的影响等各方面因素。

为了尽可能利用样本中除了缺失值以外的剩余数据，还可以利用插补法对缺失值进行插补，插补法包括替换法、最近邻插补法、回归法以及插值法等，下面对这些插补方法进行介绍。

① 替换法：替换法指利用含有缺失值属性中其他仍保留的值或者某个固定值对缺失值进行替换。对于数值型的数据，可以利用该属性其他所有样本的均值替换；对于非数值类型的数据，可以利用其他样本该属性下的众数进行替换，也就是用出现频率最高的值进行替换，或者可以依据经验知识与模型的应用场景，选择最大值、最小值、中值或其他某个固定值进行替换，但是这种方法一般适用于完全随机缺失与随机缺失，对于非随机缺失却并不适用。

② 最近邻插补法：最近邻插补法也叫热卡填充（Hotdecking）或就近补齐，指寻找数据集中与含有缺失值样本最相似的具有完整数据的样本，用这个相似样本的值对缺失值进行填充。这种方法需要对相似的条件进行定义，需要一定的经验知识。与之相似地，还可以利用聚类的思想，利用 K-means 的方法根据欧氏距离或相关分析来确定距离与含有缺失值样本最近的 K 个样本，用这些 K 个样本中的值进行加权平均来填补缺失值。

③ 回归法：回归法指利用完整的数据，建立回归模型，利用其他的变量中的数据，对缺失值进行回归预测。这种方法利用了变量间的相关关系对缺失值进行估计，但是当变量间非线性相关时，这种估计可能会具有偏差。

④ 插值法：对于时间序列数据，例如振动信号、某地区某段时间的温度值等，可以利用插值的方法对缺失值进行估计然后填补。插值法通过寻找一个函数，该函数能够经过已知所有的离散点，甚至其一阶导数也能经过这些离散点，寻找到满足条件的函数后，即可在这个函数上寻找需要的缺失值。常见的插值方法有样条插值、牛顿插值等。如图 2-1 所示，假设有对应 0～7 时刻的值，但是 1 时刻的值缺失，这时可以利用 0 与 2～7 时刻的值，进行样条插值，得到插值函数，其形状如图 2-1 所示，而标“★”的点正是想获取的 1 时刻的缺失值。但是在有些情况下，插值的方法并不能够准确地获取到缺失值，数学家龙格曾发现当利用的点数越多，插值所用的多项式的次数也增大时，可能会出现函数偏离真实值的情况，这种现象被称为龙格现象。

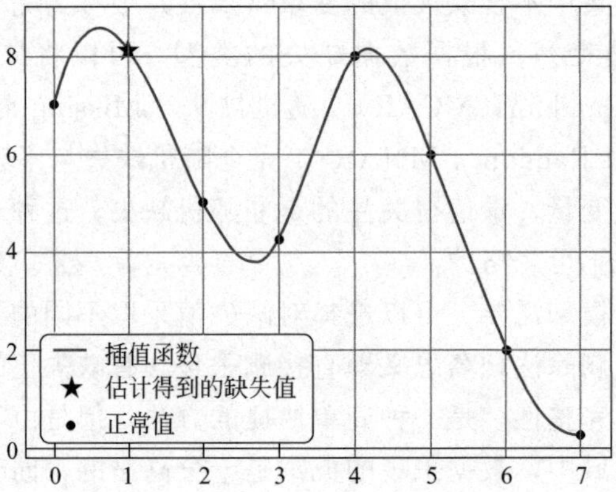

图 2-1　有理样条插值法插补缺失值

以上是数据填补中几种常用的方法，在实际使用时还需要具体问题具体分析，根据不同的应用场景采取不同的填补策略。同时如何更好地对缺失值进行填补，也是目前数据挖掘领域的一个研究方向，研究者们也提出了一些更有效的方法如 EM 算法等，感兴趣的读者可以进一步探究学习。

（2）异常值处理

异常值也是数据清洗中需要关注的对象，异常值指数据集中不合理的值，也可以称为离群点，例如在某个数据集中有人类身高的属性，若某个样本的身高属性值为 300cm，很显然这个值是异常的，需要被判定为异常值并进行处理。对异常值的处理与对缺失值的处理相似，而对于异常值，更应该关注如何判别数据集中的异常值，可以通过一些方法去寻找数据集中的异常值，这些方法也可以称为离群点检测。

异常值检测的方法通常有简单统计量分析、3σ 准则与箱型图分析等。

① 简单统计量分析：简单地对变量进行描述性的统计，设计一些简单的规则来判别值是否异常，如对于连续性的变量可以设定某个区间，超出区间范围的值即为异常值，对于离散型的变量则可以限定变量仅在某个集合范围内为正常值，例如人类身高，可以限定身高区间为 [50，250]，单位为厘米（cm），超出这个区间的数据则可视为异常。

② 3σ 准则：也称拉依达准则，使用 3σ 准则是一种常用的判别异常值的方法，在使用这种方法时，首先要求数据满足正态分布或近似正态分布，正态分布概率密度函数的图形如图 2-2 所示，它是一个关于均值 μ（或称数学期望）对称，且在 $x\rightarrow\infty$ 时以 x 轴为渐近线，所谓 3σ 准则中的 σ 即为正态分布中的标准差，通过计算可以得知：

$$P(\mu-3\sigma<X\leqslant\mu+3\sigma)=99.74\%$$

也就是说，正态分布在$(\mu-3\sigma,\mu+3\sigma]$外的取值概率小于 0.3%，为小概率事件，几乎没有发生的可能，因此可以认为超出这个范围的数值为异常值。从图 2-2 中也可以看出，当数值偏离均值超出 3 个标准差时，概率密度已经相当小了，大部分的数值都集中在距均值三个标准差之内。虽然正态分布是最常见的分布，但是需要注意的是，这种方法仍然需要在数据量充分大，数据分布近似正态分布时才可以使用。当数据不服从正态分布时，也可以考虑借鉴这样的思想，自定义标准差准则，根据数据集具体的情况选取偏离均值 N 倍标准差的数据作为异常值。

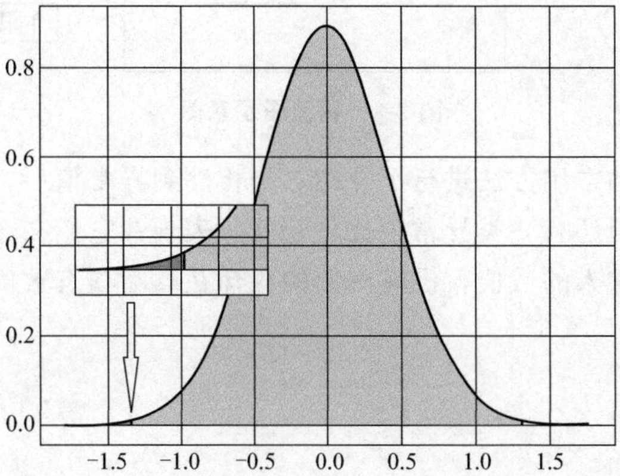

图 2-2 正态分布中偏离均值 3 个标准差内外概率密度对比图

③ 箱型图分析：箱型图，又称盒须图、盒式图或箱线图，可以用于显示数据分散情况。箱型图需要找出五个重要参数，分别为数据中的中位数、上四分位数 Q_3、下四分位数 Q_1、上限与下限。其中四分位数指将数值升序排序，再将数据均分为四等份，位于三个分割点上的数值即为四分位数，而上四分位数即排序后 75%位置上的值，也就是说数据中有 25%的数值不小于这个数值，下四分位数即为排序后 25%位置上的值，类比上四分位数，也就是数据中有 25%的数值不大于这个数值。箱型图的上限与下限需要根据上下四分位数计算得到，首先定义四分位距 IQR（Interquartile Range）：

$$\text{IQR}=Q_3-Q_1 \tag{2-1}$$

那么可以通过式(2-2）与式(2-3）计算得到箱型图的上限与下限：

$$\text{上限}=Q_3+1.5\times\text{IQR} \tag{2-2}$$

$$\text{下限}=Q_1-1.5\times\text{IQR} \tag{2-3}$$

以上四分位数 Q_3 与下四分位数 Q_1 分别作为矩形箱的上边与下边，在中位数处画一条线段作为中位线，同时在矩形上方上限处画一条线段作为上截断点，在矩形下方画一条线段为下截断点，那么在上下限之外的数值即为异常值，箱型图的图像如图 2-3 所示。

使用箱型图分析，一方面能够较为直观地观察到异常值，同时不像 3σ 准则要求数据服从正态分布，另一方面由于异常值本身会影响到数据的标准差与均值的计算，所以会对异常值判断标准本身产生较大的影响，而箱型图中上四分位数与下四分位数对异常值的耐抗性则较好。例如对于上四分位数，超过上四分位数的数值距离上四分位数可以是无限远的，它并不会影响上四分位数的计算，而数值巨大的异常值则会大大影响到均值与标准差的计算，因此箱型图分析在这方面具备 3σ 准则所不具有的优势。

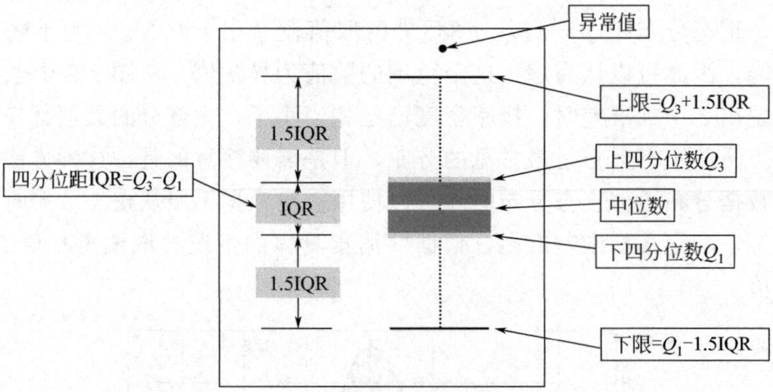

图 2-3　箱型图示意图

以上对异常值检测的常用方法进行了介绍，当检测到异常值后，就可以利用处理缺失值的方法对其进行处理。但还有一类异常值比较特殊，表现在它们在逻辑上是不合理的，比如盲人的视力项出现了正常人的数值，没有驾照的人却在驾龄项有数值，对这些数据也都需要进行进一步审核。

2.1.2　数据变换

上一节介绍了数据清洗，对原始数据集中的缺失与异常等情况进行了处理，但是依然需要经过数据变换（data transformation），对数据的类型、分布等进行一定的处理，使之满足所要使用的模型的要求，本节将对常见的数据变换方法进行介绍。

（1）简单函数变换

简单函数变换即利用简单的数学函数对数据进行变换，包括开方、平方、取对数或差分运算等，这是非常常用也非常简单的变换方法，在使用时需要考虑数据本身的特性选择合理的函数进行变换，这要求使用者具备一定的经验知识。例如对于非平稳的时间序列，大部分的模型都较难处理非平稳时间序列，而有时利用简单的对数变换或者差分运算，就可以将非平稳的时间序列，转换为平稳序列，方便后续分析，如图 2-4 所示，经过差分之后，原来的非平稳信号被变换成了平稳信号（关于平稳与非平稳信号的判别，可以通过 ADF 检验等方法来进行判别，本书不进行具体介绍）。

（2）数据归一化

数据归一化，也叫无量纲化，是数据变换中最常用的手段，旨在消除变量间由于量纲、取值范围的差异或数值本身带来的影响。比如当人的身高单位由米变成厘米，将会使数值产生巨大的变化，使得模型即便使用了具有同样现实意义的数据，也可能得出截然不同的结果；又比如人的年龄与人的年收入，取值范围差异巨大，一些基于距离度量的算法，可能会更多地受到方差较大的变量的影响，或者说赋予方差更大的变量以更高的“权重”，另外也对模型的训练造成了一定的困难，同时如果数值过大，可能也会直接带来梯度爆炸这样的后果。为了避免上述情况，数据需要被进行归一化，使其统一缩放至共同的区间，以下是几种常用的归一化方法。

① 最小-最大规范化法。新数值 x' 由式(2-4) 计算得到：

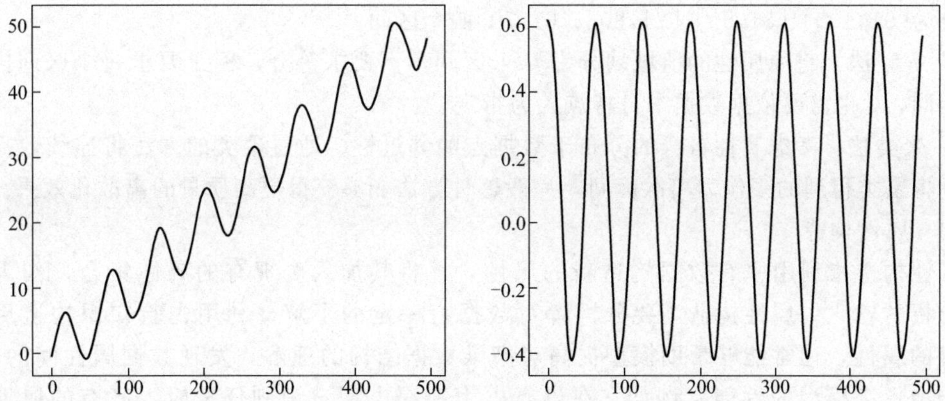

图 2-4　利用差分法将非平稳序列转化成平稳序列

$$x'=\frac{x-x_{\min}}{x_{\max}-x_{\min}} \tag{2-4}$$

式中，x 为原数值；$x_{\max}$ 与 $x_{\min}$ 分别为该变量中的最大值与最小值，通过该式能够将原变量中的值映射到区间[0,1]内。若想使变量的值域变换为(−1,1)，则可以利用式(2-5)得到：

$$x'=\frac{x-x_{\text{mean}}}{x_{\max}-x_{\min}} \tag{2-5}$$

即将式(2-4) 分子中的最小值替换为该变量内所有数值的均值 x_{mean}。这种方法有一个缺陷，当有新的数值超出原来数值的值域时，也就是引入了新的最大值或最小值，如果继续按照原来的最大值或最小值进行计算，会使计算得到的新值超出所期望的区间范围。

② Z-score 规范化法。Z-score 规范化，也称标准化或零均值标准化，新值 x' 可由式(2-6)得到：

$$x'=\frac{x-\mu}{\sigma} \tag{2-6}$$

式中，μ 为变量中所有数值的均值；σ 为该变量的标准差，通过 Z-score 规范化法，可以使该变量服从均值为 0、标准差为 1 的分布，但是不会改变分布类型，通过 Z-score 规范化法，可以使得不同度量之间的变量具有可比性，这种规范化方式更适合数据中存在极端的最大最小值或者要使用基于距离度量的算法如最近邻节点算法时的情况，而当模型对输入数据范围有要求时，使用最大-最小值规范化法可能更加适合。

(3) 连续数据离散化

对于某些要求输入数据为离散型的算法，如朴素贝叶斯算法等，需要将连续数据离散化，也就是将连续的数据映射到不同的区间内，或称将连续数据变换成分类属性，从而达到离散化的效果，例如在百分制的考试中，可以按照一定的标准，把分数转化成不同的等级，比如将 60 分以上的分数分别按标准归到优秀、良好、中、及格，这样就将原来连续的分数，划分到了 4 个区间内。

连续数据离散化中常用的方法如下。

① 等宽法：将原来属性的值域等分为 k 个区间，即这些区间宽度相同，区间个数 k 需

要依据数据本身的特点人为指定，如在上面的百分制考试的例子中，可将60分以上的分数，分别分为[91,100]、[81,90]、[71,80]、[61,70]四个区间。

② 等频法：将原属性的值域划分为 k 个区间，不要求等分，但是要求每个区间内数据个数相同，k 也需要依据数据本身特点人为指定。

③ 聚类法：考虑属性自身的分布于数据点的邻近性，通过聚类的方法将连续数据进行聚类，将聚类得到的簇作为离散区间，一般这种方法能够获得更高质量的离散化效果。

（4）属性构造

属性构造指利用原有数据构造新的属性，并将其加入至现有的属性集合，作为后续数据分析的输入。属性构造需要分析者对数据有一定的了解，利用先验知识构造更有利于模型的属性，通常能够帮助模型提高对高维数据结构的理解，发现数据属性间的联系，进一步地提高模型的性能。例如，在进行电力窃漏电用户识别任务时，已有的属性有供入电量（从电网中接收的电量）、供出电量（分配出去的电量）。电能在传输时是有损耗的，供入电量会稍多于供出电量，而当存在窃电行为时，供出电量会远小于供入电量。因此，可以定义线损率，即供入电量与供出电量的差值除以供入电量所得到的比值，通过这个比例关系，较原来两个属性能更方便地判断是否存在用户窃电行为，这时这个线损率就是构造的新属性。

（5）采样

采样指从特定的概率分布中抽取样本点，用于处理数据集不均衡问题。由于数据采集成本的不同，现实场景中不同类别的样本数量差异是比较巨大的。例如在设备故障诊断领域中，设备正常时采集到的样本量远大于各种故障状态下的样本，不同故障的易发生程度不同，因此不同故障样本的数量也是不均衡的。当使用不均衡的数据集对模型进行训练时，很容易使模型分类结果趋向训练集中样本占比较大的类别，因此需要通过采样来控制训练集中各类样本的占比。

常用的采样方法主要可以分为过采样与降采样。过采样指从少数类样本中有放回地随机重复抽取样本，而降采样则对应地从多数类样本中随机抽取少量样本。过采样会导致数据冗余，容易造成模型过拟合，而降采样也会造成部分有用信息的损失。因此可以采用SMOTE（Synthetic Minority Oversampling Technique）、Borderline-SMOTE、ADASYN等算法来生成样本以替代简单的随机过采样，也可以采用Informed Under-sampling来解决降采样下信息丢失的问题。

（6）类型转换

数据的类型包括数值型与非数值型，而其中非数值类型的数据又有很多以字符或字符串的形式表示，在进行数据分析时，需要将其转换成合适的编码以方便计算机与模型处理。对于含有顺序含义的数据，可以采用序号编码，比如将Bad、Average、Good分别编码为1、2、3，这样就将原来字符串型的数据转化成了数值型，并且保留了大小关系。

而对于一些包含类别信息的数据，可以采用独热（One-Hot）编码来进行转换，即使用 N 位状态寄存器来对 N 个状态进行编码，每个状态都有它独立的寄存器位，并且在任意时候，其中只有一位有效，例如将红黄蓝三原色分别编码为（0,0,1）、（0,1,0）与（1,0,0）。对于只有两个类别的数据，则只需要简单编码为0与1即可。

对于一些语料数据，也可以采用词袋模型（Bag of Words）、词嵌入模型（Word Embedding）等进行更有效的编码，感兴趣的读者可以自行查阅资料学习。

2.2 特征工程

之前的章节中将数据中的各种变量称为属性，属性包括了数据的所有维度，然而在对数据实际建模分析时，并不会用到所有的属性来进行训练与分析，当与分析任务不相关的冗余属性参与建模时，不仅会增加算法的复杂度，甚至会降低模型的性能，另一方面，已有的属性也不一定能够支撑训练一个满足预期的模型。实际上，在进行数据挖掘或机器学习任务时，真正适合输入模型训练或推理的属性被称为特征（feature），需要进行一系列特征工程，将原始的数据转化成最适合表达的形式。之前章节中的数据清洗、数据变换从广义上来说也都属于特征工程的一部分，都是为了能够使数据更好的表达，从而使模型算法发挥最大的效果，而特征工程也是在数据挖掘或分析的整个任务中工程量最大、最考验工程能力的环节，本节将介绍特征工程中常用的特征提取与特征选择方法。

2.2.1 特征提取

特征提取（feature extraction）是一种数据降维的手段，它一般通过将原始数据映射到低维空间以在信息缺失尽量小的情况下获得一系列新的特征，而这些特征数量将比提取前更少，但也能够表示原始数据中的大部分信息，能够有效避免“维数灾难”的问题，提高模型的效率。常见的特征提取方法包括有主成分分析（Principal Component Analysis，PCA）、线性判别分析（Linear Discriminant Analysis，LDA）、独立成分分析（Independent Component Analysis，ICA）等，对于图像类型的数据，常见的特征有边缘、角点、ORB 特征点、SIFT 特征点等，以上都是人工通过一些算法或先验知识来提取原始数据中的特征。而随着机器学习的进一步发展，更多的自动特征提取方法被提出，如卷积神经网络，通过卷积层的堆叠，能够自动地提取由低级到高级的特征，而一般用于处理时间序列的循环神经网络，也能够有效地提取时间序列中的时间相关特征。由于在机器学习任务中，数据降维是十分重要的一个环节，而 PCA 方法也是数据降维中最经典的方法，关于这部分内容，将会在本书第 3 章中进行深入阐述。

2.2.2 特征选择

特征选择（feature selection）也是一种数据降维的手段，它与特征提取的区别在于特征选择通过在原来的特征集合中，选出一组能够包含模型所需要的重要信息的特征子集，不会产生新的特征。针对任务的需要，并不是所有的特征都适合作为输入，有些特征本身与任务无关，被称为无关特征（irrelevant feature），有些特征可以由其他特征简单推算得到，可能会造成冗余，被称为冗余特征（redundant feature），这些无关或冗余的特征都有可能影响到模型的训练与推理，而特征选择的过程，也是在原始特征集中筛去这些无关或冗余的特征的过程。

特征选择包括两个过程：子集搜索（subset search）与子集评价（subset evaluation），子集搜索包括前向搜索、后向搜索以及双向搜索三种策略。

前向搜索：将每个特征作为一个候选特征子集，对这些特征子集进行评价，选出最优特征子集，再在该特征子集逐个添加一个上一轮余下的特征，继续选出最优特征子集，不断选代，直至最后的子集效果不如上一轮选出的最优特征子集，则该特征子集为最优特征子集。

后向搜索：与前向搜索相反，通过反复剔除特征与评价子集的过程来选择出最优子集。

双向搜索：将前向搜索与后向搜索策略结合，添加最优特征的同时剔除无关特征来选定最优特征子集。

而子集评价则是通过某种指标来评价子集对机器学习模型的影响，常见的有通过计算子集的信息增益 Gain 来表征子集中有助于模型学习的信息量，信息增益可以通过式(2-7) 计算：

$$\mathrm{Gain}(A)=\mathrm{Ent}(D)-\sum_{v=1}^{V}\frac{|D^v|}{|D|}\mathrm{Ent}(D^v) \tag{2-7}$$

式中，A 指子集；D 为数据集；而 $\mathrm{Ent}(D)$ 则为信息熵，通过式(2-8) 计算：

$$\mathrm{Ent}(D)=-\sum_{k=1}^{|y|}p_k\log_2 p_k \tag{2-8}$$

当子集的信息增益越大，则表示子集中包含的重要信息越多，其他常见的子集评价方法还有 AIC（Akaike Information Criterion）等。

通过子集搜索与子集评价，可以得到一系列特征选择方法，根据对机器学习模型的使用，常见的特征选择方法主要分为三种：过滤式方法（filter）、包裹式方法（wrapper）以及嵌入式方法（embedding），下面对这三种方法分别进行介绍。

（1）过滤式方法（filter）

过滤式方法与后续机器学习模型的选用无关，它通过设定一定的过滤条件，剔除数据集中的对于机器学习任务无关或冗余的特征。

对于二分类问题，最著名的是由 Kira 与 Rendell 提出的 Relief（Relevant Features）算法，该算法通过设计一个相关统计量赋予特征不同的权重，权重低于某个阈值的特征将被滤除。Relief 算法首先需要在数据集中找出与样本 $\boldsymbol{x}_i$ 同类的最近邻样本 $\boldsymbol{x}_{i,\mathrm{nh}}$，称为“猜中近邻”（near-hit），同时在与其不同类的样本中找出最近邻样本 $\boldsymbol{x}_{i,\mathrm{nm}}$，称为“猜错近邻”（near-miss），对于某个特征 j 的相关统计量 δ_j 计算如式(2-9) 所示：

$$\delta_j=\sum_i -\mathrm{diff}(x_i^j,x_{i,\mathrm{nh}}^j)^2+\mathrm{diff}(x_i^j,x_{i,\mathrm{nm}}^j)^2 \tag{2-9}$$

式中，x_i^j 指样本 $\boldsymbol{x}_i$ 在特征 j 上的取值；同样地，$x_{i,\mathrm{nh}}^j$ 指猜中样本 $\boldsymbol{x}_{i,\mathrm{nh}}$ 在特征 j 上的取值；$x_{i,\mathrm{nm}}^j$ 指猜错样本 $\boldsymbol{x}_{i,\mathrm{nm}}$ 在特征 j 上的取值；而对于 $\mathrm{diff}(x_a,x_b)$ 的计算则需要考虑到特征的数据类型，对于离散型的数据，$\mathrm{diff}(x_a,x_b)$ 为海明距离，即两数相同时为 1，不同时为 0，对于连续型的数据，则 $\mathrm{diff}(x_a,x_b)$ 为曼哈顿距离，即取两数之差的绝对值作为结果。从公式中可以看出，若使用某个特征进行度量，当样本与猜中样本间的距离大于与猜错样本的距离时，会使该相关统计量会减小，也就是说这个特征不利于对该样本进行分类，最终利用不同样本计算相关统计量并计算这些相关统计量的均值，即可得到该特征的相关统计量，当得到所有特征的相关统计量后，依据相关统计量的大小对这些特征进行排序，选定阈值 τ，删去所有相关统计量小于 τ 的特征，即可获得特征选择后的特征子集。对于多分类任务，后续也提出了基于 Relief 算法改进的 Relief-F 算法，它所使用所有与样本 $\boldsymbol{x}_i$ 不同类的最近邻样本以及不同类样本量在数据集中的占比来对相关统计量进行加权计算，使算法能够适应多分类任务。

对于分类任务，还可以考虑特征与类别之间的相关性来进行特征选择，常见的有卡方检验法与互信息法，这两种方法都能够评价自变量与因变量间的相关性，从而选择出与类别相关较大的特征。

卡方检验（Chi-Square Test）是一种假设检验方法，用于评价理论值与实际值之间的差异。而在特征选择中，卡方检验利用卡方值表示两变量间的关系，且一般用于离散变量，卡方值 χ^2 的计算如下：

$$\chi^2=\sum\frac{(A-E)^2}{E} \tag{2-10}$$

式中，A 为实际值；E 为理论值。例如当数据集中存在性别属性时，能够以数据集中某一种性别的样本数作为实际值，而假设性别与分类无关后，通过某类别样本数与样本总体数的比值计算理论上该性别的样本数，通过上面的公式计算卡方值，利用理论值与实际值偏离的程度来评估分类是否确实与性别有关，并且卡方值越大，关联程度越大，在特征选择时，能够计算各特征与标签变量间的卡方值并进行排序，删去卡方值较小的特征，从而实现特征选择。

互信息法通过互信息表征变量间的关联程度，互信息（mutual information）是信息论中的一种信息度量，用于度量随机变量间相互依赖的程度，是一种与卡方检验类似的特征选择方法，可以通过计算特征与标签变量之间的互信息，并排序，选择互信息较大的特征作为最优特征子集，互信息 I 的计算如下：

$$I(X;Y)=\sum_{y\in Y}\sum_{x\in X}p(x,y)\log\frac{p(x,y)}{p(x)p(y)} \tag{2-11}$$

式中，$p(x,y)$ 为随机变量 X，Y 的联合概率分布；$p(x)$ 与 $p(y)$ 分别为其对应的边缘概率分布。

除了度量特征与标签变量间的相关性来进行特征选择，还可以通过相关系数、方差法等一些方法删去一些无用特征或冗余特征。

方差法是一种简单的特征选择的方法，通过计算特征的方差，剔除方差较小的特征，一般来说方差较小的特征在机器学习中能够为模型提供的信息较少，甚至可能会影响模型的分析，因此可以通过这种方法剔除，例如要预测某个人对于电影类型的喜好，如果数据全部采集自高中生，其中的年龄特征方差较小，对模型分析结果不会有很大的影响，可以视为无用特征而进行删除。

存在冗余特征也是在特征选择时需要考虑的情况，可以通过 Pearson 相关系数（Pearson Correlation Coefficient）来衡量两个变量间的线性相关关系，如果两个特征相关系数较大，表明两个特征相关性较大，其中有一个特征是冗余的，可以删去。Pearson 相关系数 ρ 的计算如下：

$$\rho_{X,Y}=\frac{\mathrm{Cov}(X,Y)}{\sigma_X\sigma_Y} \tag{2-12}$$

从公式中可以看出，相关系数即为两个变量间协方差与标准差乘积的商，相关系数的计算结果的绝对值小于等于 1，当该值的绝对值大于 0.8 时，可以认为两个特征极度相关，存在冗余的情况。

（2）包裹式方法（wrapper）

包裹式方法需要与后续选用的机器学习模型相结合，从原始的特征集中，不断地选出特征子集，训练机器学习模型，并且基于模型的性能对选出的特征子集的进行评价，选出最优特征子集，由于通过最终机器学习的性能来评价选出最优特征子集，所以这种方法对比过滤式的方法能够使机器学习模型达到最优的性能，但是由于需要多次挑选子集与训练机器学习模型，因此这种方法的开销极大。

典型的包裹式特征选择方法有 LVW（Las Vegas Wrapper）与递归特征消除（Recursive Feature Elimination）。

LVW 通过随机搜索的方式生成特征子集，通过交叉验证法来估计模型的误差来评价子集，并进行循环，若通过本轮随机选择的子集训练得到的模型性能优于上一轮选择的子集训练得到的模型，则保留本轮选择的子集，由于 LVW 方法选择的子集是随机的且需要频繁训练模型，所以要找到最优子集的开销十分巨大，因此通常设定终止条件以及参数 T，当 T 轮误差都没有变小时，则算法终止，以最后选择出的子集作为最优特征子集。

RFE 递归特征消除需要指定期望的最优特征个数，并且需要机器学习模型能够反馈特征在模型中的权重，也就是特征对于模型的重要程度，如逻辑斯蒂（Logistic）回归中的模型系数，通过递归的方式剔除每轮中权重最小的特征，直到特征集中保留的特征数满足预期。

（3）嵌入式方法（embedding）

嵌入式方法将特征选择嵌入到机器学习模型训练的过程中，也就是在机器学习模型训练的过程中同时进行特征选择，嵌入式方法一般有基于树的模型以及模型正则化。

一些基于树的模型，例如决策树、随机森林、梯度提升决策树（Gradient Boosting Decision Tree，GBDT）等，本身就具有特征选择的能力，以决策树为例，决策树模型利用 ID3 算法在各个结点上应用信息增益来选择特征，从而递归地构建为决策树，因此构建模型的过程也是特征选择的过程，关于基于决策树的模型算法，将在本书第 9 章中详细介绍。

当模型参数较多时，模型很容易陷入过拟合，为了缓解过拟合的情况，可以在损失函数后加入正则化项，若引入权重的 L2 范数作为正则化项，则称为 L2 正则化，若引入 L1 范数作为正则化项时，则称为 L1 正则化。范数用于描述向量在空间中的大小，也可以理解为空间中两点之间的距离，L1 范数为向量中各个元素绝对值之和，L2 范数为向量中各个元素平方和的开方。使用 L1 正则化能够更易获得“稀疏解”，即使求得的权重中有更少的非零分量，而得到稀疏解也意味着，只有权重的非零分量对应的特征参与了模型的推理，而零分量对应的特征则在训练的过程中被剔除，因此使用 L1 正则化也是一种嵌入式的特征选择方法。关于 L2 与 L1 正则化相关的内容，也将在本书第 4 章中详细介绍。

2.3 应用实例

本节将以 Kaggle 经典入门赛题中的泰坦尼克号幸存者预测数据集为例，利用前两个小节介绍的内容实现数据预处理以及特征工程。

2.3.1 数据集简介与环境准备

泰坦尼克号幸存者预测是 Kaggle 平台上的练习赛，该数据集可以通过访问 Kaggle 官网并进入泰坦尼克号幸存者预测竞赛中的数据下载页面进行下载。该数据集提供了 891 个训练样本与 418 个测试样本，赛题要求参赛者利用这 891 个训练样本，训练机器学习模型，以预测另外 418 个测试样本中的船员幸存与否，也就是说，这是一个二分类任务，需要根据提供的数据将测试样本分为幸存与罹难两类。

案例分析在 Windows 操作系统下进行，所使用的编程语言为 Python（3.7），所使用到的软件包及其版本信息如下所示。

① Pandas 1.2.4：用于数据分析、数据清洗与数据变换等任务。

② Matplotlib 2.2.4：用于数据可视化。

③ Seaborn 0.11.1：用于热力图绘制。

2.3.2 数据集导入与字段理解

利用 Pandas 库，可以对数据集进行导入分析等操作，为了方便后续处理，首先将训练集与测试集同时导入，并观察数据。

数据中的字段以及相关说明如表 2-1 所示。

表 2-1 泰坦尼克号乘客幸存预测数据集字段及相关说明

字段名	中文释义	类型	说明
PassengerId	乘客 ID	离散型	
Pclass	舱位等级	离散型	1 表示舱位等级最高，3 表示舱位等级最低
Name	乘客姓名	离散型	
Sex	性别	离散型	以 Female 和 Male 字符串表示
Age	年龄	连续型	
SibSp	与乘客一起旅行的兄弟姐妹和配偶的数量	连续型	
Parch	与乘客一起旅行的父母和孩子的数量	连续型	
Ticket	船票号码	离散型	字符串表示
Fare	票价	连续型	
Cabin	客舱	离散型	
Embarked	登船港口	离散型	

2.3.3 缺失值处理

首先利用 pandas 中的 info 函数，统计数据集中数据的缺失情况，本次所用的数据集数据缺失情况如表 2-2 所示（仅展示有缺失的字段）。

表 2-2 数据缺失情况

字段名	缺失数量
Age	263
Cabin	1014
Embarked	2
Fare	1

可见只有四个字段有缺失情况，其中 Cabin 缺失情况较为严重，下面分别对这些缺失的字段进行分析并处理。

Fare，也就是票价，它是一个连续型的变量，并且只有一个缺失，考虑使用均值填充（由于只有一个样本缺失，也可以直接删去），利用其他样本的票价的均值，替换这个缺失值，同时票价可能与舱位、年龄等相关，因此结合最近邻插补法，寻找与含有缺失值的样本相似的样本，利用这些样本中 Fare 的均值对缺失值进行填充，这样使填充结果更加接近真实值，而通过对含有缺失值样本的分析，可以知道这是一位年龄为 60 岁以上的男性，舱位等级为 3，以 60 岁以上的男性，舱位等级为 3 为筛选条件，筛选出的样本就是与含有缺失值的样本较相似的样本。

Embarked 表示了登船港口，是一个离散型的变量，因此考虑使用众数填充，也就是使用出现最多的登船港口作为填充，通过统计不同登船港口的样本数，得出登船港口为 S 的样本数最多，所以此处将两个缺失的登船港口以 S 代替。

Cabin 字段缺失比较严重，一共只有 1309 个样本，而缺失的数量达到了 1014，占比达到 77%，很显然常用的缺失值处理方法难以应对这样的情况，而为了最大化利用数据，不妨将这个字段转化为新的特征，即将有无 Cabin 缺失作为一个新的特征，Cabin 缺失记为 0，未缺失记为 1，新的特征命名为 Has _ Cabin。

Age 字段缺失值也较多，画出 Age 的分布并进行观察，如图 2-5 所示。

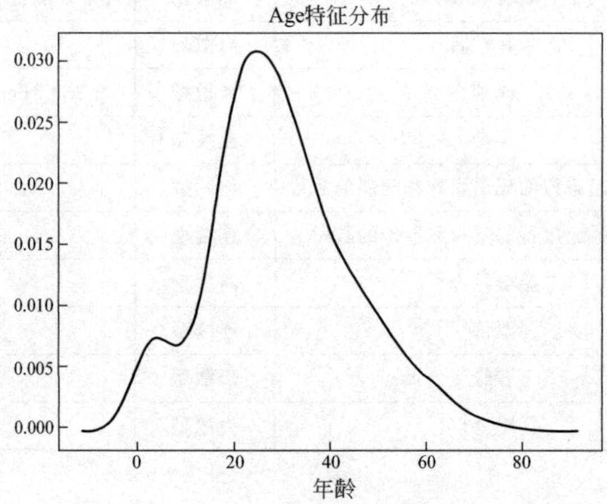

图 2-5　数据集中年龄分布

可以看到年龄分布近似为正态分布，因此可以考虑使用区间在离未缺失的年龄的均值一个标准差内的随机数来对缺失值进行填充。

2.3.4　异常值处理

异常值分析与处理针对数值型数据进行，首先通过描述性统计如均值、中位数、标准差等观察，判断是否存在异常值，可以通过 pandas 中的 describe 函数输出这些描述，本数据集的简单统计描述的输出情况如表 2-3 所示。

表 2-3 简单统计描述

字段名	Pclass	Age	SibSp	Parch	Fare
数量	1309	1046	1309	1309	1308
均值	2.29	29.88	0.49	0.385	33.295
标准差	0.8378	14.4134	1.0416	0.8655	51.75
最小值	1	0.17	0	0	0
最大值	3	80	8	9	512.329

结合之前的分析，年龄近似为正态分布，但是最大值 80 已经偏离在离均值 3 个标准差之外，因此可能为异常值，进一步为 Age 字段画出箱型图，如图 2-6 所示。

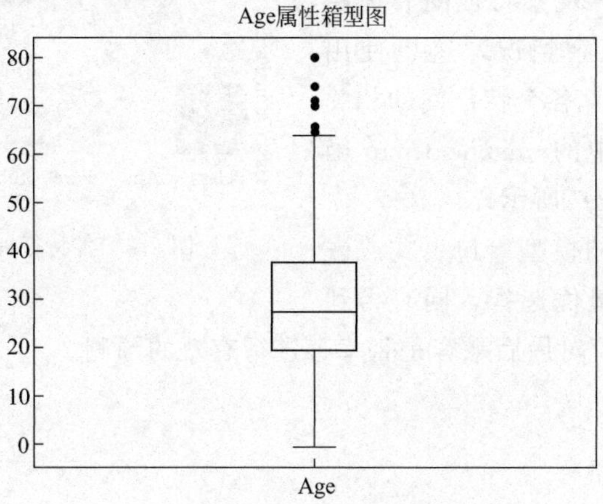

图 2-6 数据集中 Age 属性箱型图分析

可以看到，部分数值被判定为异常值，然而考虑到泰坦尼克号上的具体情况，可能这些数值确实是真实值，因此暂时对这些数值不做处理。

2.3.5 数据变换

为了适应机器学习模型，需要将一些用字符表示的数据转化成用数值表示，如性别中的 Female 与 Male，需要分别转换成 0 与 1 来表示，而 Embarked 中的 S、C、Q 三个港口也分别使用 0、1、2 来表示。另外两个用字符表示的属性还有姓名与船票号码，依据一般经验，船票号码与在事故中能否幸存关系不大，因此可以忽略这个特征（也就是剔除无关特征，属于特征选择的过程），而姓名中有一些如 Mr、Miss、Master 等前缀，可以在一定程度上表达一个人的社会地位或状态，而这种社会地位或状态可能会影响到乘客能否幸存，因此保留姓名属性，并对其进行变换。

对于姓名，主要关注其前缀，这里将前缀称为 Title，依据这些 Title 对姓名进行分类，在数据集中，常见的 Title 有 Mr、Miss、Mrs、Master，另外一些数量较少的如 Col、Capt 等可以归为一类，而一些如 Ms 等与 Miss 同义的则利用 Miss 替换，最后分别将含有 Mr、Miss、Mrs 等这些前缀的姓名类别分别转换成 1，2，3，…来表示，这样就将字符型的姓名数据转化成了可利用的数值型的数据。

2.3.6 特征工程

本次使用得到的数据集特征数较少，但也可以利用 PCA、特征选择等手段进行降维，也可以根据经验对数据集进行特征的构造，比如利用与乘客一起旅行的兄弟姐妹和配偶的数量以及与乘客一起旅行的父母和孩子的数量两个特征构造出同行家庭成员数量的特征。可以通过计算皮尔逊相关系数并绘制出热力图，观察特征间有无相关程度较高而造成的冗余情况，这里使用 pandas 中的 corr 函数计算各个特征间的相关系数，并使用 seaborn 中的 sns. heatmap 函数绘制出热力图，如图 2-7 所示。

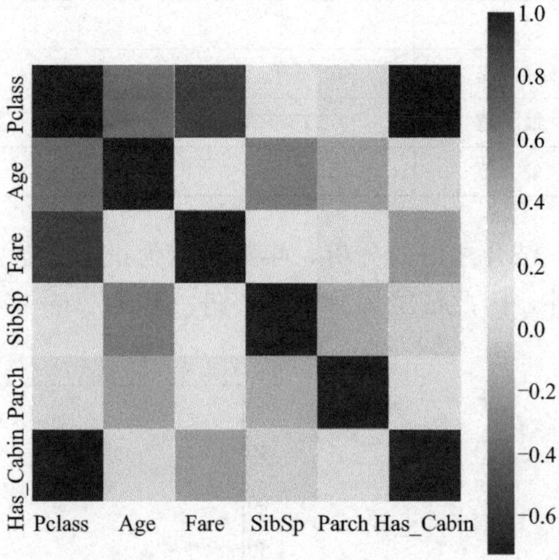

图 2-7　各特征间相关系数热力图

也可以利用 RFE、树模型等包裹式或嵌入式的方法对特征进行最优选择，同时得到高性能的机器学习模型，对最后乘客是否幸存进行有效的预测。

2.3.7 案例小结

通过以上案例的分析，可以看出数据预处理与特征工程是相当灵活的过程，掌握方法的同时也需要对任务与数据有一定的理解，针对不同的场景灵活地采取处理策略，才能使数据与模型发挥出最大的作用。需要指出的是上文中针对泰坦尼克号乘客幸存预测数据集的处理与特征工程，也并非一定获得了最优的特征组合或数据表达形式，也希望读者能够进一步拓展思路，按照自己的理解进行更优的特征工程。

本章小结

数据预处理与特征工程是进行数据分析前的必要步骤。数据预处理通过数据清洗与数据变换解决数据中存在的数据缺失、数据异常、数据重复、量纲差异以及数据类型或分布不适于作为模型输入等问题，提高数据的质量。而特征工程则是利用特征提取、特征选择等方法在数据可信可用的前提下使数据得到更好的表达。本章对数据预处理中常用的缺失值填充方法、异常值检测方法、数据变换方法以及特征工程中比较重要的特征提取与特征选择方法及其使用时的注意事项进行了介绍。需要指出的是，无论数据预处理还是特征工程，不同的方法都有其各自的适用范围，分析者需要依据具体的现实情况，选择合理的方法进行处理，才能使数据与模型发挥出最大的作用。

习题 2

一、选择题

2-1 ［多选题］一般常见的缺失值处理的方法有（　　）。

A. 替换法　　B. 最近邻插补　　C. 回归法　　D. 插值法

2-2 ［多选题］一般常见的数据归一化的方法有（　　）。

A. 替换法　　B. 最小-最大规范化

C. 零均值标准化　　D. 回归法

2-3 ［多选题］下面哪些选项为数据清洗中的“脏数据”?（　　）

A. 缺失数据　　B. 频繁出现的数据

C. 不一致的数据　　D. 异常数据

2-4 ［多选题］下面哪些选项属于异常值检查方法?（　　）

A. 变量分布图分析法　　B. 箱型图分析法

C. 简单统计量分析法　　D. 下采样分析法

2-5 ［多选题］下列哪些选项属于数据归一化的好处?（　　）

A. 加快梯度下降速度

B. 解决由于数据量纲和数值范围不同带来的影响

C. 数据降维，避免“维数灾难”

D. 缓解模型过拟合

2-6 ［单选题］以下哪个选项不是异常值处理的好处?（　　）

A. 减小数据噪声　　B. 提升分析结果准确性

C. 便于观察数据分布　　D. 降低模型应用时的危险性

2-7 ［单选题］异常值处理的 3σ 准则中，σ 的含义为（　　）。

A. 正态分布的方差　　B. 正态分布的标准差

C. 原始数据的方差　　D. 原始数据的标准差

2-8 ［单选题］利用正态分布拟合原始数据，处于 3σ 准则以外的数据占比为（　　）。

A. 4.56%　　B. 0.26%　　C. 0.46%　　D. 4.26%

2-9 ［单选题］数据挖掘的首要步骤是（　　）。

A. 数据标准化　　B. 数据清洗

C. 缺失值处理　　D. 异常值处理

2-10 ［单选题］下列不属于特征提取方法的是（　　）。

A. PCA　　B. RFE　　C. ICA　　D. LDA

二、判断题

2-11 对于收集的数据，应该先提取特征再做数据清洗。（　　）

2-12 数据清洗具有数据降维的作用。（　　）

2-13 数据归一化可以消除指标间量纲和取值范围的差异。（　　）

2-14 箱形图分析中的上下四分位数间包含有一半全体数据。（　　）

2-15 利用原有数据构造新的属性数据能够提升数据挖掘的效果。（　　）

参考答案

三、简答题

2-16 数据清洗有哪些方面？各有什么方法？为什么要进行数据清洗？

2-17 归一化为什么能够加快梯度下降求解速度？

2-18 思考 2.3.5 节数据变换中对字符进行数值编码的缺陷，是否有更好的编码方式？

2-19 列举 3 个以上用于机器视觉任务的特征提取方法，并阐述其各自的优势。

2-20 采用 RFE 递归特征消除方法进行特征选择时，对所用到的机器学习模型有怎样的要求？

参考文献

[1] 周志华. 机器学习 [M]. 北京：清华大学出版社，2016.

[2] 武森，冯小东，单志广. 基于不完备数据聚类的缺失数据填补方法 [J]. 计算机学报，2012，35 (08)：1726-1738.

[3] 郝爽，李国良，冯建华，等. 结构化数据清洗技术综述 [J]. 清华大学学报（自然科学版），2018，58 (12)：1037-1050.

[4] 熊中敏，郭怀宇，吴月欣. 缺失数据处理方法研究综述 [J]. 计算机工程与应用，2021，57 (14)：27-38.

[5] Little R J A，Rubin D B. Statistical analysis with missing data [M]. John Wiley & Sons，2019.

[6] Dempster A P，Laird N M，Rubin D B. Maximum likelihood from incomplete data via the EM algorithm [J]. Journal of the Royal Statistical Society：Series B (Methodological)，1977，39 (1)：1-22.

[7] Rublee E，Rabaud V，Konolige K，et al. ORB：An efficient alternative to SIFT or SURF [C]. 2011 International conference on computer vision. Ieee，2011：2564-2571.

[8] Lowe D G. Distinctive image features from scale-invariant keypoints [J]. International journal of computer vision，2004，60 (2)：91-110.

[9] Sakamoto Y，Ishiguro M，Kitagawa G. Akaike information criterion statistics [J]. Dordrecht，The Netherlands：D. Reidel，1986，81 (10. 5555)：26853.

[10] Kira K，Rendell L A. The feature selection problem：Traditional methods and a new algorithm [C]. Aaai. 1992，2 (1992a)：129-134.

[11] Kononenko I. Estimating attributes：Analysis and extensions of RELIEF [C]. European conference on machine learning. Springer，Berlin，Heidelberg，1994：171-182.

[12] Liu H，Setiono R. Feature selection and classification-a probabilistic wrapper approach [C]. Proceedings of 9th International Conference on Industrial and Engineering Applications of AI and ES. 1997：419-424.

[13] 李航. 统计学习方法 [M]. 北京：清华大学出版社，2012.

3 数据降维

在实际的生产生活中，有大量可以反映方方面面信息的数据用以参考，然而徜徉在数据的海洋中，很容易会被大量的数据所淹没。事实上，收集到的大量数据当中，有很大一部分的数据对于数据分析任务而言意义极小，如果把这些数据都参与到数据分析计算过程中，不仅将加重数据库的存储负担，影响到处理器的计算速度，还可能会对最终的分析结果产生不利影响。在这种情况下，数据降维方法应运而生，这些方法能够从特定任务所关心的着眼点出发，提取出大量原始数据中更为重要的少量特征，从而大大提高计算效率、优化存储负担。本章中将首先简单介绍数据降维方法的本质，而后通过两个典型的数据降维方法，主成分分析与慢特征分析，阐述具体的数据降维方式，最后通过两个主成分分析的实例，达到理解整章方法的效果。

3.1 数据降维简介

数据降维是一种通过某种数学变换把高维空间的数据投影到低维空间，从而使得数据结构在得到简化的同时损失的信息又不太多的方法。其本质是学习一个映射函数 $f: \boldsymbol{x} \rightarrow \boldsymbol{y}$，使得原始数据 $\boldsymbol{x}$ 通过映射 f 变换到低维向量 $\boldsymbol{y}$，如图 3-1 所示。通常而言 f 既可以是显式的表达，也可以是隐式的表达，且 $\boldsymbol{y}$ 的维度通常会小于 $\boldsymbol{x}$ 的维度。

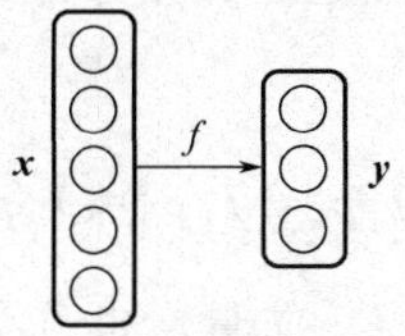

图 3-1　数据降维过程示意图

在实现数据降维效果的众多方法中，主成分分析（Principal Component Analysis，PCA）是最为简单且又广泛应用的线性降维方法。本章将着重介绍主成分分析算法，使读者对数据降维方法有一个直观的了解，然后将简单介绍近年来应用较为广泛的慢特征分析算法（Slow Feature Analysis，SFA），用以开阔眼界、举一反三。

3.2 主成分分析算法

3.2.1 主成分分析算法简介

主成分分析是一种多变量统计方法，其主要思想是通过线性空间变换求取主成分变量，将高维数据空间投影到低维主成分空间。由于低维主成分空间可以保留原始数据空间的大部分方差信息，并且主成分变量之间具有正交性，因此主成分分析可以去除原数据空间的冗余信息。主成分分析逐渐成为一种有效的数据压缩和信息提取方法，已在数据处理、模式识别、过程监测等领域得到了越来越广泛的应用。

可以通过理想弹簧运动规律的测定实验这个简单的例子对主成分分析有一个直观的了解。如图 3-2 所示，在这个实验中，小球连接在弹簧上，从平衡位置开始沿弹簧平行于 x 轴，拉开一定距离然后释放。显然，理想情况下，小球只会沿着 x 轴的方向进行运动。假设有三个不同位置与姿态的相机 A、B、C，这三个相机分别拍摄记录小球的位置信息。对于不同的相机来说，每个相机都会以自身为坐标系原点，收集到一系列二维的图像，那么通过三个不同的相机一共可以收集到六个维度的数据，这对于一个只沿弹簧朝向运动的小球来说实在是过于冗余。而主成分分析就能够对这六个维度的变量进行分析，剔除掉冗余变量，从而将主要关注信息划归到小球运动的 x 轴上，以达到减少数据冗余程度的降维效果。

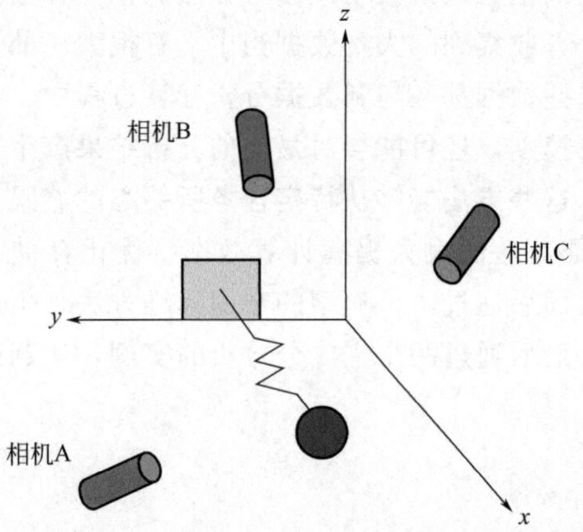

图 3-2 理想弹簧运动规律的测定实验示意图

3.2.2 主成分分析的数学原理

本小节将从主成分分析的数学推理出发，再结合一些直观的图例进行讲解，从而加深对主成分分析的认识。主成分分析的工作对象是一个二维数据矩阵 $\boldsymbol{X}(n\times m)$，其中 n 为数据样本的个数，m 为过程变量的个数。经过主成分分析，矩阵 $\boldsymbol{X}$ 被分解为 m 个子空间的外积和，即：

$$\boldsymbol{X}=\boldsymbol{T}\boldsymbol{P}^{\mathrm{T}}=\sum_{j=1}^{m}\boldsymbol{t}_j\boldsymbol{p}_j^{\mathrm{T}}=\boldsymbol{t}_1\boldsymbol{p}_1^{\mathrm{T}}+\boldsymbol{t}_2\boldsymbol{p}_2^{\mathrm{T}}+\cdots+\boldsymbol{t}_m\boldsymbol{p}_m^{\mathrm{T}} \tag{3-1}$$

式中，$\boldsymbol{t}_j$ 是 $(n\times1)$ 维得分（score）向量，也称为主成分向量；$\boldsymbol{p}_j$ 为 $(m\times1)$ 维负载（loading）向量，亦是主成分的投影方向；$\boldsymbol{T}$ 和 $\boldsymbol{P}$ 则分别是主成分得分矩阵和负载矩阵。我们要求主成分得分向量之间是正交的，即对任何 i 和 j，当 $i\neq j$ 时满足 $\boldsymbol{t}_i^{\mathrm{T}}\boldsymbol{t}_j=0$。与此同时，还需要保证负载向量之间也是正交的，并且为了保证计算出来的主成分向量具有唯一性，每个负载向量的长度都被归一化，即 $i\neq j$ 时 $\boldsymbol{p}_i^{\mathrm{T}}\boldsymbol{p}_j=0$，$i=j$ 时 $\boldsymbol{p}_i^{\mathrm{T}}\boldsymbol{p}_j=1$。

式(3-1) 通常被称为矩阵 $\boldsymbol{X}$ 的主成分分解，$\boldsymbol{t}_j\boldsymbol{p}_j^{\mathrm{T}}(j=1,2,\cdots,m)$ 实际上是 m 个直交的

主成分子空间，这些子空间的直和构成了如图 3-3 所示的原始数据空间 $\boldsymbol{X}$。若将式(3-1) 等号两侧同时右乘 $\boldsymbol{p}_j$，可以得到式(3-2)，称为主成分变换，也可称为主成分投影，即每一个主成分得分向量 $\boldsymbol{t}_j$ 实际上是矩阵 $\boldsymbol{X}$ 在负载向量 $\boldsymbol{p}_j$ 方向上的投影：

$$\begin{aligned} \boldsymbol{t}_j &= \boldsymbol{X}\boldsymbol{p}_j \\ \boldsymbol{T} &= \boldsymbol{X}\boldsymbol{P} \end{aligned} \tag{3-2}$$

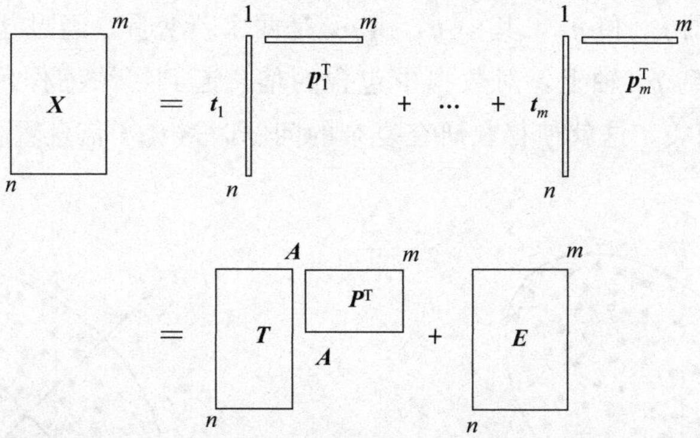

图 3-3　主成分分解示意图

在求取主成分的过程中，主成分得分向量 $\boldsymbol{t}_j$ 的内积 $\|\boldsymbol{t}_j\|$，实际上对应着 $\boldsymbol{X}$ 的协方差矩阵 $\boldsymbol{\Sigma}=\boldsymbol{X}^{\mathrm{T}}\boldsymbol{X}$ 的特征值 λ_j；而负载向量 $\boldsymbol{p}_j$ 是 λ_j 对应的特征向量。由于主成分得分需要满足长度递减约束，即 $\|\boldsymbol{t}_1\|>\cdots>\|\boldsymbol{t}_m\|$，$\lambda_1>\cdots>\lambda_m$，以使得每个主成分具有独特的统计意义。第一主成分提取了 $\boldsymbol{X}$ 中最大的方差信息，第一负载向量 $\boldsymbol{p}_1$ 则是矩阵 $\boldsymbol{X}$ 的最大方差变异方向；第二主成分提取了残差空间 $\boldsymbol{E}$ 中最大的方差信息，其中 $\boldsymbol{E}=\boldsymbol{X}-\boldsymbol{t}_1\boldsymbol{p}_1^{\mathrm{T}}$，第二负载向量 $\boldsymbol{p}_2$ 则是 $\boldsymbol{X}$ 中方差变异第二大方向，依此类推。当矩阵 $\boldsymbol{X}$ 中的变量存在一定程度的线性相关时，$\boldsymbol{X}$ 的方差信息实际上集中在前面几个主成分中；而最后的几个主成分的方差通常是由测量噪声引起的，因此一般情况下可以忽略不计，但在特定任务中可能有着对应的重要意义而需要保留，这里不做过多介绍。因此，主成分分析具有了保留最大方差信息的同时显著降低数据维度的功能。

综上所述，将主成分分析的数学模型总结为式(3-3)：

$$\begin{aligned} &\max \boldsymbol{t}_i^{\mathrm{T}}\boldsymbol{t}_i \\ &\text{s. t.}\begin{cases} \boldsymbol{t}_i=\boldsymbol{X}\boldsymbol{p}_i \\ \boldsymbol{p}_i^{\mathrm{T}}\boldsymbol{p}_i=1 \\ \boldsymbol{p}_i^{\mathrm{T}}\boldsymbol{p}_j=0 \end{cases} \end{aligned} \tag{3-3}$$

对于主成分分析数学模型的求解，可以采用拉格朗日乘子法，从而得到式(3-4)。由此，对于负载矩阵 $\boldsymbol{P}$ 的求解就转化为了对 $\boldsymbol{X}$ 的协方差矩阵 $\boldsymbol{\Sigma}=\boldsymbol{X}^{\mathrm{T}}\boldsymbol{X}$ 的特征值分解，而 $\boldsymbol{\Sigma}$ 的每一个特征向量即为待求的负载矩阵 $\boldsymbol{P}$ 的每一列向量。

$$\begin{aligned} \frac{\partial(\boldsymbol{p}_i^{\mathrm{T}}\boldsymbol{X}^{\mathrm{T}}\boldsymbol{X}\boldsymbol{p}_i-\lambda(\boldsymbol{p}_i^{\mathrm{T}}\boldsymbol{p}_i-1))}{\partial\boldsymbol{p}_i}&=2\boldsymbol{X}^{\mathrm{T}}\boldsymbol{X}\boldsymbol{p}_i-2\lambda\boldsymbol{p}_i=0 \\ \boldsymbol{X}^{\mathrm{T}}\boldsymbol{X}\boldsymbol{p}_i&=\lambda\boldsymbol{p}_i \end{aligned} \tag{3-4}$$

3.2.3 主成分分析的直观理解

为了直观地理解 PCA 的作用，以及负载向量和主成分的实际意义，我们考虑一群二维平面中的观测点。设有 n 个样本，每个样本有两个观测变量 $\boldsymbol{x}_1$ 和 $\boldsymbol{x}_2$，在由变量 $\boldsymbol{x}_1$ 和 $\boldsymbol{x}_2$ 所确定的二维平面中，n 个样本点所散布的情况如图 3-4 所示。显然这些样本点分布的轮廓呈椭圆状，用实线标记。如果将 $\boldsymbol{x}_1$ 轴和 $\boldsymbol{x}_2$ 轴先平移，再同时按逆时针方向旋转，得到如图 3-5 所示的新坐标轴 $\boldsymbol{p}_1$ 和 $\boldsymbol{p}_2$，其中 $\boldsymbol{p}_1$ 和 $\boldsymbol{p}_2$ 是两个新变量。经过这样的旋转变换原始数据的大部分信息集中到 $\boldsymbol{p}_1$ 轴上，对数据中包含的信息起到了浓缩作用，同时保证了 $\boldsymbol{p}_1$ 和 $\boldsymbol{p}_2$ 在统计意义上不相关，这就使得在研究复杂的问题时避免了信息重叠所带来的虚假性。

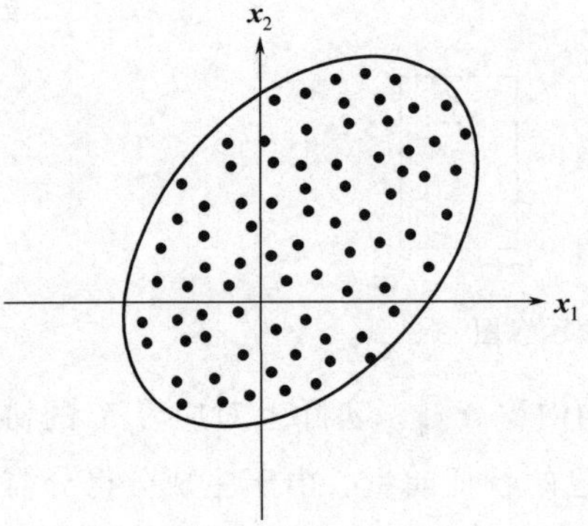

图 3-4　二维平面的观测样本分布图

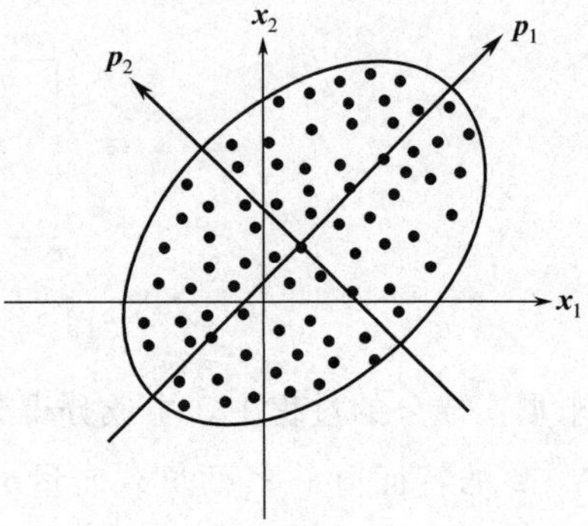

图 3-5　主成分分析的负载向量示意图

事实上，如果对图 3-4 所示的二维观测样本进行主成分分析，就会得到如图 3-5 中粗实线所示的负载向量 $\boldsymbol{p}_1$ 和 $\boldsymbol{p}_2$。从图中可以看出，样本在负载向量 $\boldsymbol{p}_1$ 方向上的方差明显大于 $\boldsymbol{p}_2$，如果将样本分别向 $\boldsymbol{p}_1$ 和 $\boldsymbol{p}_2$ 方向投影，则可以得到主成分 $\boldsymbol{t}_1$ 与 $\boldsymbol{t}_2$。

现在考虑两个极端的情况：

① 图 3-6(a) 中的样本分布使得椭圆扁平到了极限，变成 $\boldsymbol{p}_1$ 轴上的一条线，此时 $\boldsymbol{p}_1$ 轴包含了二维平面点的全部信息。此时，如果只用 $\boldsymbol{t}_1$ 主成分来代替原始数据分布将不会有信息损失，可以将原来 $\boldsymbol{x}_1$ 和 $\boldsymbol{x}_2$ 描述的坐标系转换到 $\boldsymbol{p}_1$ 轴上，即进行了降维。

② 图 3-6(b) 中的样本分布使得椭圆的长轴与短轴相等了，样本整体的分布从椭圆变成了圆，$\boldsymbol{x}_1$ 和 $\boldsymbol{x}_2$ 两个轴都包含了大量原始数据分布的信息，如果只用某个轴来代替数据分布，将损失大量信息，这显然是不可取的，那么在这种情况下盲目降维将损失大量原始信息。

如何知道保留多少个主成分能够使得降维过程能够不损失过多的信息呢？在此介绍一种常用且容易理解的方法：通过累计方差百分比（Cumulative Percent Variance，CPV）确定保留主元的个数。由上可知，原始数据矩阵 $\boldsymbol{X}$ 的协方差矩阵 $\boldsymbol{\Sigma}$ 的特征值 λ_i（$1 \leqslant i \leqslant m$）从大到小排序后，特征值越大代表所对应列的方差越大，对应的主元向量所包含的信息越多，因此，我们倾向于选择包含信息更多的主元。因此，只要从第一个特征值所对应的特征向量开始保留，直到保留的主元能够尽可能涵盖原始数据的信息即可。

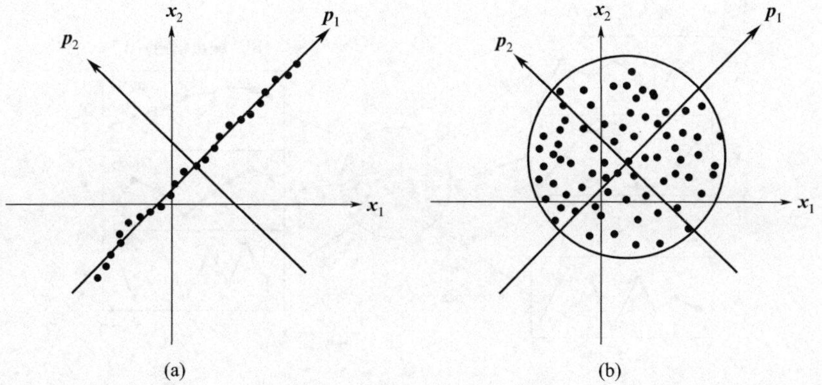

图 3-6　两种极端的分布情况

$$\mathrm{CPV}_k=\frac{\sum_{i=1}^{k}\lambda_i}{\sum_{i=1}^{m}\lambda_i}>\text{threshold} \tag{3-5}$$

累计方差百分比 CPV，就是通过计算前 k 个主元的累计贡献率来确定主元个数的方法，如式(3-5) 所示。在计算贡献率时，利用各主元所包含的方差作为其在所有主元中的话语权、贡献率，计算前 k 个主元的贡献率之和，如果能达到预先定义的阈值（threshold），那么就保留前 k 个主元，从而将原始 m 个变量降维成了 k 个主元。

以上就是关于主成分分析的全部内容，下面简单介绍比较类似的另一种降维方法：慢特征分析算法，用作比较。

3.3　慢特征分析算法

3.3.1　慢特征分析算法简介

感知在动物及人类与环境的互动中起着至关重要的作用，其中感知信息的处理由神经系统直接完成。随着研究的发展，人们发现来自环境感知的相关抽象信息在时间尺度上的变化通常比个体感官输入的变化要慢得多，这一观察对慢度原则的提出起到了启发作用，即慢速特征通常能够体现感知信息的本质。慢特征分析是 Wiskott 等人于 2002 年提出的一种基于慢度原则的无监督学习算法。如图 3-7 所示，SFA 的目的为找到一组映射函数，使得输入的信号经过该映射函数得到变化较慢的输出，并将提取出的变化较慢的输出称为慢特征。SFA 可以层次化地应用于高维输入信号处理和复杂特征提取的任务中，通常用于信号处理、特征提取、运动捕捉、语义识别等领域。

3.3.2　慢特征分析的数学原理

假设给定一组 p 维输入信号 $\boldsymbol{x}(t)=[x_1(t),x_2(t),\cdots,x_p(t)]^{\mathrm{T}}$，定义 SFA 算法中的转

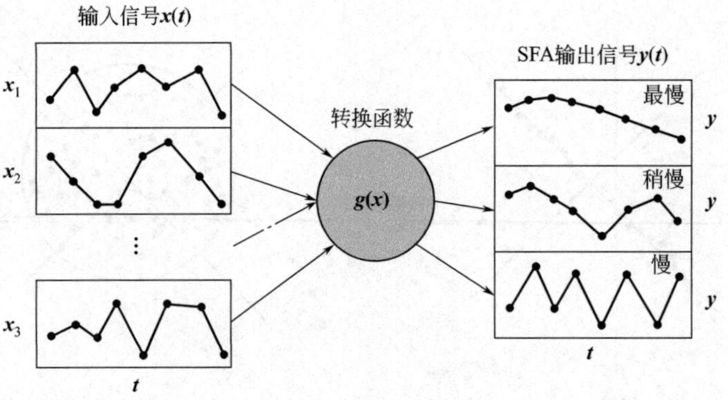

图 3-7　慢特征分析过程示意图

换映射函数为$\{g_j(\cdot)\}_{j=1}^{p}$，则可以得到第 j 维输出信号为：

$$s_j(t)=g_j(\boldsymbol{x}(t)) \tag{3-6}$$

为找到变化最慢的输出，SFA 中映射函数的目标函数如下

$$\min_{g_j(\cdot)} \Delta(\cdot) \tag{3-7}$$

式中，$\Delta(\cdot)=\langle \dot{s}_j^2 \rangle_t$，为慢特征一阶变化量的模长在时间上取的均值。为约束得到的输出不是零信号，信号间不相关，有以下约束：

$$\langle s_j \rangle_t=0 \tag{3-8}$$

$$\langle s_j^2 \rangle_t=1 \tag{3-9}$$

$$\forall i \neq j:\ \ \langle s_i s_j \rangle_t=0 \tag{3-10}$$

其中，式(3-7) 中的目标函数使得提取出的慢特征在时间上的变化最小，即慢特征变化越慢越好。式(3-8) 约束了提取出的慢特征均值为 0，用以简化优化问题。式(3-9) 约束了慢特征的方差为 1，从而避免得到零信号。式(3-10) 表示不同慢特征之间正交，使得不同的慢特征携带了原始数据中的不同信息分量。其中，$\langle s \rangle_t$ 代表了 s 在时间上的平均。

假设映射函数为线性，如 $g_j(\boldsymbol{x})=\boldsymbol{w}_j^{\mathrm{T}}\boldsymbol{x}$，其中 $\boldsymbol{w}_j$ 为第 j 个函数的权重。通常情况下，输入信号 $\boldsymbol{x}$ 已被处理为零均值。因此约束式(3-8) 总是满足，如下式所示：

$$\langle s_j \rangle_t=\langle \boldsymbol{w}_j^{\mathrm{T}}\boldsymbol{x} \rangle_t=\boldsymbol{w}_j^{\mathrm{T}}\langle \boldsymbol{x} \rangle_t=0 \tag{3-11}$$

则目标函数式(3-7) 可以写为：

$$\langle \dot{s}_j^2 \rangle_t=\langle (\boldsymbol{w}_j^{\mathrm{T}}\dot{\boldsymbol{x}})^2 \rangle_t=\boldsymbol{w}_j^{\mathrm{T}}\langle \dot{\boldsymbol{x}}\dot{\boldsymbol{x}}^{\mathrm{T}} \rangle_t \boldsymbol{w}_j=\boldsymbol{w}_j^{\mathrm{T}}\boldsymbol{A}\boldsymbol{w}_j \tag{3-12}$$

式中，$\boldsymbol{A}=\langle \dot{\boldsymbol{x}}\dot{\boldsymbol{x}}^{\mathrm{T}} \rangle_t$，代表信号变化量 $\dot{\boldsymbol{x}}$ 的模长在时间上的平均。

约束式(3-9) 与式(3-10) 可以被下式替换：

$$\langle s_i s_j \rangle_t=\langle (\boldsymbol{w}_i^{\mathrm{T}}\boldsymbol{x})(\boldsymbol{w}_j^{\mathrm{T}}\boldsymbol{x}) \rangle_t=\boldsymbol{w}_i^{\mathrm{T}}\langle \boldsymbol{x}\boldsymbol{x}^{\mathrm{T}} \rangle_t \boldsymbol{w}_j=\boldsymbol{w}_i^{\mathrm{T}}\boldsymbol{B}\boldsymbol{w}_j \tag{3-13}$$

式中，$\boldsymbol{B}=\langle \boldsymbol{x}\boldsymbol{x}^{\mathrm{T}} \rangle_t$，代表信号的模长在时间上的平均，且满足：

$$\boldsymbol{w}_i^{\mathrm{T}}\boldsymbol{B}\boldsymbol{w}_j=\begin{cases}1, i=j\\0, \forall i \neq j\end{cases} \tag{3-14}$$

因此，SFA 算法的优化问题可以转化为如下：

$$\min_{w_j} \frac{\boldsymbol{w}_i^{\mathrm{T}} \boldsymbol{A} \boldsymbol{w}_i}{\boldsymbol{w}_i^{\mathrm{T}} \boldsymbol{B} \boldsymbol{w}_i} \tag{3-15}$$

$$\text{s. t. } \boldsymbol{w}_i^{\mathrm{T}} \boldsymbol{B} \boldsymbol{w}_j = 0, \forall i \neq j$$

这样，SFA 优化问题就可以转化为一个广义特征根分解问题，利用拉格朗日乘子法得到结果：

$$\boldsymbol{AW} = \boldsymbol{BW\Omega} \tag{3-16}$$

式中，$\boldsymbol{W}$ 为线性权值向量；$\boldsymbol{\Omega}$ 是一个由 $\boldsymbol{B}^{-1}\boldsymbol{A}$ 的奇异值组成的对角矩阵。则 SFA 提取出的慢特征可写为：

$$\boldsymbol{s} = \boldsymbol{W}^{\mathrm{T}} \boldsymbol{x} \tag{3-17}$$

得到的慢特征由变化慢到变化快依次排序，并可通过适合的选取策略，选取所需要的变化足够慢的特征，以满足各种应用需求。

3.3.3 慢特征分析的直观理解

为了直观理解 SFA 的应用效果，在此引入一个简单的信号处理例子。假设当前有两个快速变化的输入信号源 $\boldsymbol{x}(t) = [x_1(t); x_2(t)]$，其中两个信号源分别如下。

输入信号源 1：$x_1(t) = \sin(t) + \cos(11t)$，如图 3-8 所示。

输入信号源 2：$x_2(t) = \cos(11t)$，如图 3-9 所示。

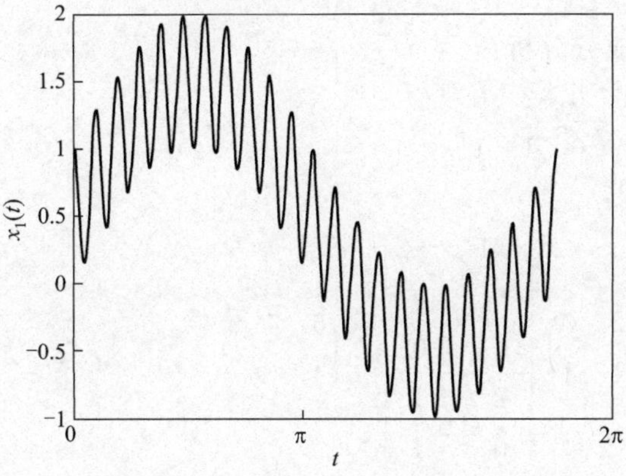

图 3-8 快速变化的输入信号源 1 示意图

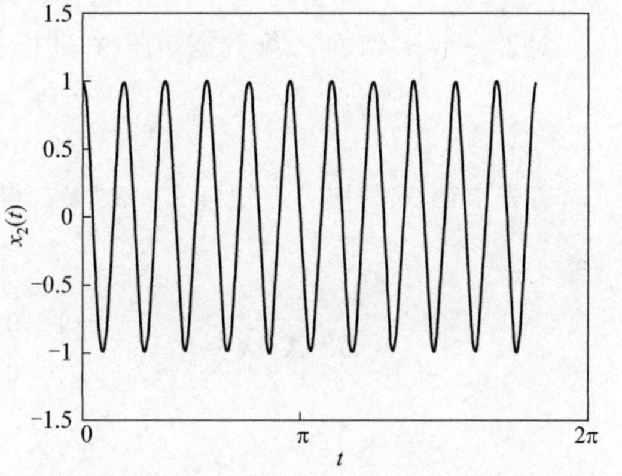

图 3-9 快速变化的输入信号源 2 示意图

现在对于这两个输入信号源，希望通过一种映射找到一个变化最慢的输出。事实上，也可以观察得到，当输出 $y(t) = x_1(t) - x_2(t) = \sin(t)$时，输出的变化最慢。现在分别应用线性映射的 SFA 和非线性映射的 SFA 对两个输入源进行变换，从而找到映射框架下最慢的输出。如图 3-10 所示，实线“——”代表线性 SFA 提取出的最慢的输出，点画线“-·—·-”代表实际最慢的输出真值，虚线“- - -”代表通过二次型非线性映射后 SFA 提取出的最慢输出。由图中的对比结果可以发现，线性 SFA 和非线性 SFA 方法都还是不能够完全提取出最慢的输出特征，它们只能在自己有限的映射框架下找到对应最慢的映射。事实上，可以通过将输入信号扩展到高阶多项式映射，这样可以更加准确地重构出最真实的慢特征。通过这个例子可以看到，SFA 方法的效果取决于如何应用 SFA，并不能每次应用都提取出最慢的特征。

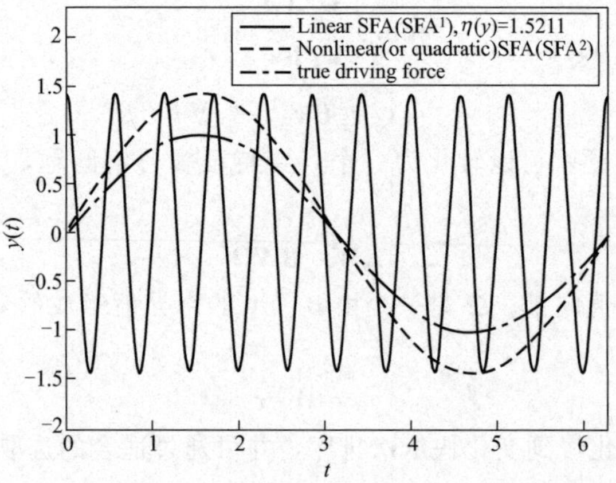

图 3-10　基于慢度原则分析的 SFA 结果与真值结果对比图

3.4 应用实例

下面通过一个数值示例和一个应用示例来展示主成分分析的数据降维应用。

3.4.1 主成分分析的数值示例

对于一个 5×2 的二维数据矩阵 $\boldsymbol{X}$ 进行主成分分析：

$$\boldsymbol{X}=\begin{pmatrix}-1 & -1 & 0 & 2 & 0\\ -2 & 0 & 0 & 1 & 1\end{pmatrix}^{\mathrm{T}}$$

首先求得 $\boldsymbol{X}$ 的协方差矩阵 $\boldsymbol{\Sigma}=\boldsymbol{X}^{\mathrm{T}}\boldsymbol{X}$，得到：

$$\boldsymbol{\Sigma}=\boldsymbol{X}^{\mathrm{T}}\boldsymbol{X}=\begin{pmatrix}-1 & -1 & 0 & 2 & 0\\ -2 & 0 & 0 & 1 & 1\end{pmatrix}\begin{bmatrix}-1 & -2\\ -1 & 0\\ 0 & 0\\ 2 & 1\\ 0 & 1\end{bmatrix}=\begin{pmatrix}6 & 4\\ 4 & 6\end{pmatrix}$$

对协方差阵 $\boldsymbol{\Sigma}$ 进行特征根分解 $\boldsymbol{\Sigma\Phi}=\boldsymbol{\Phi\Lambda}$，可以得到：

$$\begin{pmatrix}6 & 4\\ 4 & 6\end{pmatrix}\begin{bmatrix}-\frac{\sqrt{2}}{2} & -\frac{\sqrt{2}}{2}\\ -\frac{\sqrt{2}}{2} & \frac{\sqrt{2}}{2}\end{bmatrix}=\begin{pmatrix}10 & 0\\ 0 & 2\end{pmatrix}\begin{bmatrix}-\frac{\sqrt{2}}{2} & -\frac{\sqrt{2}}{2}\\ -\frac{\sqrt{2}}{2} & \frac{\sqrt{2}}{2}\end{bmatrix}$$

可知，协方差阵 $\boldsymbol{\Sigma}$ 的特征值为 $\lambda_1=10$，$\lambda_2=2$，对应的特征向量为 $\boldsymbol{c}_1=\left(-\frac{\sqrt{2}}{2}\quad -\frac{\sqrt{2}}{2}\right)^{\mathrm{T}}$ 和 $\boldsymbol{c}_2=\left(-\frac{\sqrt{2}}{2}\quad \frac{\sqrt{2}}{2}\right)^{\mathrm{T}}$。假设选取累计方差百分比 CPV 的阈值 threshold=0.8，则可知 $\frac{\lambda_1}{\lambda_1+\lambda_2}=\frac{5}{6}>0.8$，因此在此条件下只用保留第一个主元即可，其对应的负载向量 $\boldsymbol{p}_1=\boldsymbol{c}_1=\left(-\frac{\sqrt{2}}{2}\quad -\frac{\sqrt{2}}{2}\right)^{\mathrm{T}}$，因此可以得到降维后的主成分：

$$t_1 = Xp_1 = \begin{pmatrix} -1 & -1 & 0 & 2 & 0 \\ -2 & 0 & 0 & 1 & 1 \end{pmatrix}^{\mathrm{T}} \begin{pmatrix} -\frac{\sqrt{2}}{2} & -\frac{\sqrt{2}}{2} \end{pmatrix}^{\mathrm{T}} = \begin{pmatrix} \frac{3\sqrt{2}}{2} & \frac{\sqrt{2}}{2} & 0 & -\frac{3\sqrt{2}}{2} & -\frac{\sqrt{2}}{2} \end{pmatrix}^{\mathrm{T}}$$

可视化后的结果如图 3-11 所示，其中黑色直线表示保留主元对应的负载向量 p_1 的方向，五个点“*”表示数据降维前的原始样本位置，实直线表示原始样本向负载向量 p_1 的投影方向，降维后的数据即实线与虚线的交点。

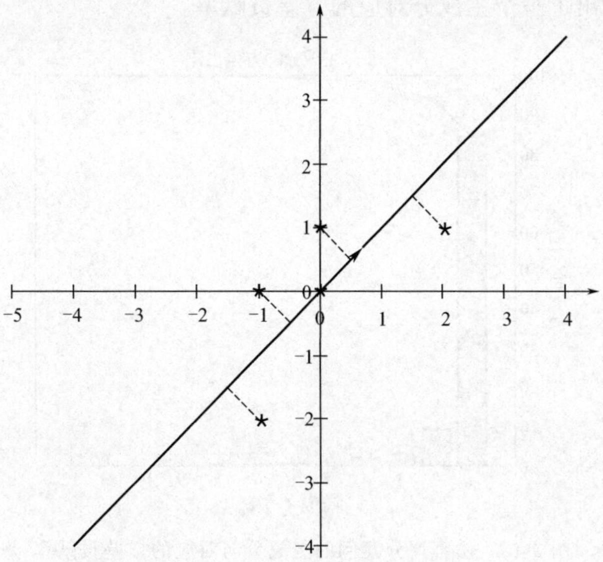

图 3-11　数值示例可视化结果

由图 3-11 可以看到，选取的新的坐标轴 p_1 囊括了原始数据分布的大部分方差信息，使得经过投影后的特征的信息更加集中。

3.4.2　主成分分析的应用示例

让我们来看一个经典的主成分分析案例：USJudgeRatings 法官评分案例。该案例包含 M 国律师对于 43 个 M 国高等法院的法官评分，从 12 个角度，如法官的正直程度、法官的风度、勤勉度等方面，对不同法官从不同角度进行了打分。其中各个变量及其描述如表 3-1 所示。

表 3-1　高度线性相关的拟合数据

变量	描述	变量	描述
CONT	律师与法官的接触次数	PREP	审理前的准备工作
INTG	法官正直程度	FAMI	对法律的熟稔程度
DMNR	风度	ORAL	口头裁决的可靠度
DILG	勤勉度	WRIT	书面裁决的可靠度
CFMG	案例流程管理水平	PHYS	体能
DECI	决策效率	RTEN	是否值得保留

可以看到，该案例对于法官的打分是比较全面客观的，然而这些变量对于分析一个法官的实际情况而言有些过于冗余了。能否用较少的变量来总结这 12 个变量？如果可以的话，需要用多少个变量就可以很好地描述原来的这些评分结果？

对此，将 USJudgeRatings 数据集记作数据矩阵 $\boldsymbol{X}(43\times12)$，对其进行主成分分析，可以得到各个主成分的方差贡献率如图 3-12 所示，其中曲线标记出了主成分的累计方差贡献率变化，柱状图标记出了每个主成分对应的方差贡献率。

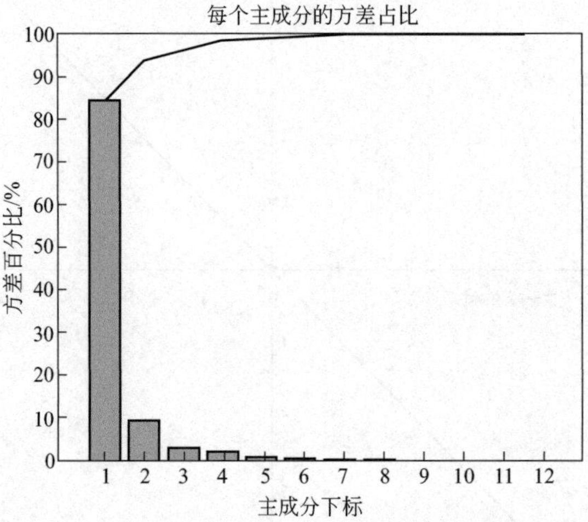

图 3-12　法官评分案例的主成分与对应的方差贡献率

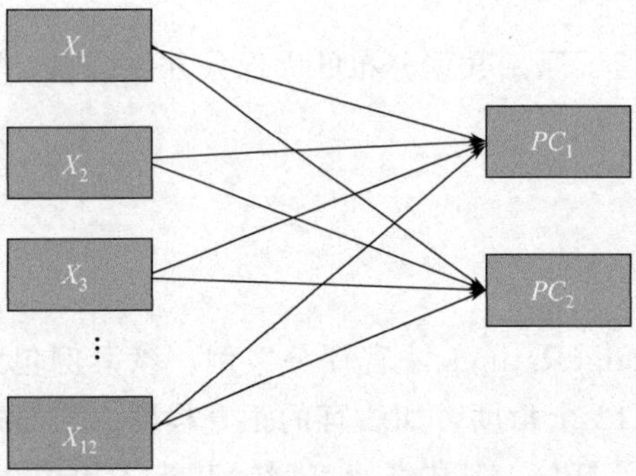

图 3-13　法官评分案例的原始变量与主成分对应关系图

由此可知，事实上只需要前两个主成分就可以涵盖超过 90%的原数据的信息，因此可将原始数据中的 12 个变量向着前两个负载方向映射，即可将 12 维的原始数据降至 2 维，如图 3-13 所示。

通过主成分分析，可将 12 个法官评分变量转化为 2 个变量，大大简化了评价法官时的复杂度。然而，通过主成分分析映射后的变量损失掉了其对应的实际意义，比如在映射前可以通过不同变量反映出法官在不同方面的分数程度，而从映射后的主成分中并不能够得到任何具体化的信息，这对于有特殊要求的任务而言也是不能够达到目的的。因此主成分分析并不万能，需要结合实际的使用场景来应用。

类似地，对于日常生活中的一些其他案例，也可以通过以主成分分析为代表的降维方法予以降维，从而大大简化数据的表示，并且不损失太多原始数据的信息。比如人脸识别任务，该任务不关心每张人脸照片各个像素对应的含义，只关心如何做到能够根据人脸照片识别不同的人脸。因此可以将人脸照片展开成一个向量并输入到主成分分析算法中，从而提取出每张人脸照片最关键的一些特征，通过对比这些特征的相似程度来进行判别，大大简化了数据的表示并减小了数据库的存储压力。

又比如中学生体质情况打分任务，可以首先通过一系列体育健康测试得到大量中学生的体质信息，其中每项测试的结果都可以作为一个变量维度来考虑。为了得到一个综合的分数，可以取一些体质健康比较标准的中学生进行人为打分作为参考标准，而后对于他们的体质健康测试的结果进行主成分分析，提取特征后建立特征与人为打分之间的回归关系（第4章将会详细展开），对于其他的中学生，可以按照相同的规则提取主成分，并计算得到在参考标准下的体质得分。这又被称为主成分回归（Principal Component Regression，PCR），即通过主成分分析提取特征，再建立主成分与预测值之间的回归关系，从而达到简化表示的同时又能够进行预测的效果。

本章小结

数据降维通过某种数学变换将高维空间的数据投影到低维空间，以达到简化数据结构、节省存储空间、减少下游任务计算量的效果。主成分分析算法是最简单与最通用的数据降维算法之一，它通过线性变换找到一组能够最大程度反映原始数据方差的正交基，从而最大程度地保留原始数据中的信息。与此同时，慢特征分析算法的重点在于找到一组变换使得变换后的特征的速度足够小，相比于主成分分析算法而言，二者关注的方面不同，因而应用场景各异。本章通过介绍主成分分析算法与慢特征分析算法，为读者建立了数据降维方法的基本范式，感兴趣的读者可以以此为基础进行深入探索与研究。

习题3

一、选择题

3-1 ［单选题］下列场景不能使用PCA进行分析的是（　　）。

A. 法官评价　　B. 过程监测　　C. 房价预测　　D. 人脸识别

3-2 ［单选题］主成分分析的第一步为（　　）。

A. 特征根分解　　B. 特征向量求取

C. 选取主元个数　　D. 数据标准化

3-3 ［单选题］主成分分析中保留主元个数的选取方法为（　　）。

A. 依照累计方差百分比选取

B. 人为指定主元个数

C. 根据负载矩阵系数向量选取

D. 依照求取主元与原始数据的相关性选取

3-4 ［多选题］下面哪些选项为主成分分析中的约束条件？（　　）

A. 负载矩阵系数向量模长为1

B. 提取出的主成分间线性无关

C. 主成分按照标准差大小依次降序排列

D. 提取出的主成分能够反变换为原始数据

3-5 ［多选题］下面哪些选项可以是主成分分析的实例应用？（　　）

A. 图像目标识别　　B. 工业过程监测

C. 产品质量评价　　　　　　　　　D. 多指标客观赋权

3-6 [多选题] 以下关于主成分分析的描述，哪些选项是正确的？(　　)

A. 主成分是原始变量的线性组合

B. 利用拉格朗日乘子法求解主成分分析优化问题

C. 主成分依照与原始变量间的相关性从大到小依次选取

D. 提取出主成分后可抛弃原始数据

二、判断题

3-7 利用主成分分析提取出的主成分间线性无关。(　　)

3-8 利用慢特征分析提取出的慢特征间线性无关。(　　)

3-9 慢特征分析提取出的特征，其变化都是慢的。(　　)

三、简答题

3-10 主成分分析是数据降维中最基础的方法之一，同时也存在一些局限性。试分析主成分分析存在何种局限性及其处理方法。

3-11 降维中涉及的投影矩阵通常约束为正交矩阵，试分析正交投影矩阵用于降维的优点。

3-12 试阐述主成分分析与慢特征分析的区别。

3-13 试阐述主成分分析的约束条件。

3-14 试阐述数据降维的目的。

3-15 试设想主成分分析一些可能的应用场景。

参考答案

参考文献

[1] Wold S, Esbensen K, Geladi P. Principal component analysis [J]. Chemometrics and intelligent laboratory systems, Elsevier, 1987, 2 (1-3): 37-52.

[2] Jackson J E. A user's guide to principal components [M]. John Wiley & Sons, 2005, 587.

[3] 陈佩. 主成分分析法研究及其在特征提取中的应用 [D]. 西安：陕西师范大学，2014.

[4] Wise B M, Ricker N L, Veltkamp D F, et al. A theoretical basis for the use of principal component models for monitoring multivariate processes [J]. Process control and quality, 1990, 1 (1): 41-51.

[5] Kourti T, MacGregor J F. Process analysis, monitoring and diagnosis, using multivariate projection methods [J]. Chemometrics and intelligent laboratory systems, Elsevier, 1995, 28 (1): 3-21.

[6] Raich A, Cinar A. Statistical process monitoring and disturbance diagnosis in multivariable continuous processes [J]. AIChE Journal, Wiley Online Library, 1996, 42 (4): 995-1009.

[7] Chen G, Mcavoy T J. Process control utilizing data based multivariate statistical models [J]. The Canadian Journal of Chemical Engineering, Wiley Online Library, 1996, 74 (6): 1010-1024.

[8] Kosanovich K A, Piovoso M J. PCA of wavelet transformed process data for monitoring [J]. Intelligent Data Analysis, Elsevier, 1997, 1 (1-4): 85-99.

[9] Wachs A, Lewin D R. Improved PCA methods for process disturbance and failure identification [J]. AIChE journal, Wiley Online Library, 1999, 45 (8): 1688-1700.

[10] Singhal A, Seborg D E. Pattern matching in historical batch data using PCA [J]. IEEE control systems magazine, IEEE, 2002, 22 (5): 53-63.

[11] Lu N, Wang F, Gao F. Combination method of principal component and wavelet analysis for multivariate process monitoring and fault diagnosis [J]. Industrial & engineering chemistry research, ACS Publications, 2003, 42 (18): 4198-4207.

[12] Wold S. Cross-validatory estimation of the number of components in factor and principal components

models [J]. Technometrics，Taylor & Francis，1978，20 (4)：397-405.
[13] Wiskott L，Sejnowski T J. Slow feature analysis：Unsupervised learning of invariances [J]. Neural computation，MIT Press，2002，14 (4)：715-770.
[14] Konen W，Koch P. How slow is slow? SFA detects signals that are slower than the driving force [J]. arXiv preprint arXiv：0911. 4397，2009.
[15] 黄文珂. 多元回归建模过程中共线性的诊断与解决方法 [D]. 哈尔滨：哈尔滨工业大学，2012.
[16] 孙婷蔚. 统计回归模型中的主成分分析 [J]. 通讯世界，2019，26 (03)：169-170.

4 回归分析

作为现代统计学的重要分支，回归分析（Regression Analysis）是人们对自然世界的数据背后揭示的规律最早的探索。人们通过搜集数据，将想要分析的变量放在一起建立模型，实现对关注结果的预测与分析。在统计学建模中，回归分析是一组统计过程，用于估计因变量和一个或多个自变量之间的关系。区别于相关分析只考虑变量间的相关程度，回归分析通过构建数学模型，不仅可以量化描述变量的相互影响，同样能进行变量间的相互预测表示。对回归分析的建模方法的研究也逐渐成为现代统计学研究中最为丰富、活跃的一派。本章首先介绍回归分析的基本概念，再着重介绍经典的线性回归方法，包括最小二乘回归、岭回归、LASSO 回归、主元回归和偏最小二乘回归，最后通过案例分析来比较各类回归方法的效果。

4.1 回归分析基本概念

回归分析最常见的形式是线性回归，根据特定的数学标准找到最符合数据的线或更复杂的线性组合。例如，在线性最小二乘法中，期望计算唯一线或超平面，最小化真实数据和该线或超平面之间的偏差平方和。在特定的数学条件下，当自变量取给定的一组值时，利用回归分析即可估计因变量的条件期望或总体平均值。本节从回归概念的起源开始介绍，进而引出回归模型的建立，最后将说明回归模型的分类和效果评估。

4.1.1 回归的起源

回归分析的基本思想和方法以及“回归”（Regression）名称的由来归功于英国统计学家 F. 高尔顿（F. Galton，1822—1911）。高尔顿和他的学生、现代统计学的奠基者之一 K. 皮尔逊（K. Pearson，1856—1936）在研究父母身高与其子女身高的遗传问题时，观察了 1078 对夫妇，以每对夫妇的平均身高作为自变量 x，而取他们的一个成年儿子的身高作为 y，将结果在平面直角坐标系上绘成散点图，发现趋势近乎一条直线，如图 4-1 所示。计算

出的回归直线方程为

$$\hat{y}=C+0.516x \tag{4-1}$$

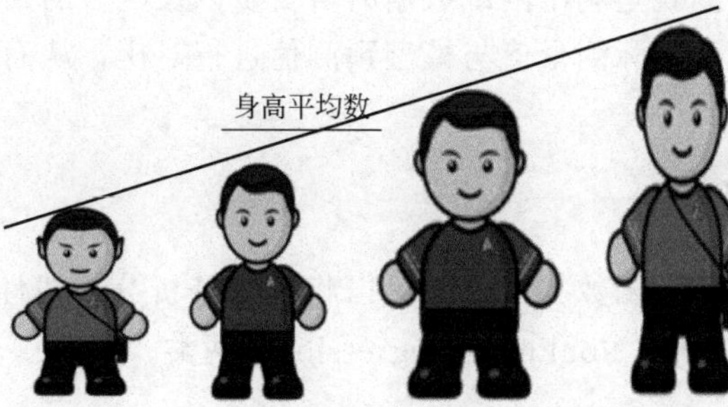

图 4-1　父子身高的回归现象

式中，C 表示身高基数，受地区、父母平均身高、营养程度等综合因素影响。这个方程表明，身高更高的父母确实会生出身高较高的儿子，但父母的平均身高每高 1cm，儿子的身高只能增加大约 0.5cm，反之亦然，这说明父子代的身高遗传效果并不显著，人类的身高总趋向于种群的平均值，如图 4-1 所示。高尔顿将这个现象称为回归。尽管后来人们研究内容中的自变量与因变量并非都具有这种趋中性质，但是统计学上对寻找自变量 X 与因变量 Y 之间的数学关系并建模的过程仍然沿用这一称呼，算作是对发现者的一种纪念。

在统计领域，从输入变量到输出变量之间的映射函数定义为回归模型，回归分析就是寻找合适的回归模型并确定模型参数的过程，等价于函数拟合过程。

4.1.2　回归模型的建立及应用

上一小节介绍了回归概念的起源，这一小节重点介绍回归模型的建立与应用。回归模型的建立主要分为两个部分，第一部分称为拟合，第二部分称为预测。拟合部分主要针对待解决问题建立回归模型，预测部分主要是作为应用的前序工作检验回归模型建立的是否符合现实情况。

如图 4-2 所示，第一部分是对于训练数据（包含自变量与因变量）进行拟合，通过训练数据建立最佳的拟合模型。学习得到的模型在训练集上利用自变量做出的预测 $f(\boldsymbol{x})$ 与因变量 y 实际值尽可能接近，其误差 e_i 尽可能小。在处理实际的统计学问题过程中，我们首先需要构建相关问题的模型，然后根据模型使用各种方法（如最小二乘法）来估计该模型的参数。大多数回归模型给出了因变量 y_i 关于自变量 $\boldsymbol{x}_i$ 和待估计参数 $\boldsymbol{w}$ 的函数关系，并用一个附加误差项来表示非模型决定因素或随机统计噪声：

$$y_i=f(\boldsymbol{x}_i,\boldsymbol{w})+e_i \tag{4-2}$$

回归模型的建立需要确定两个关键点：一个是模型的选择，即确定 $f(*)$ 的形式；另外一个就是在确定了模型后根据数据间的关系求解合适的参数。$f(*)$ 的形式受变量之间的先验知识影响，而参数由具体数据决定。一旦我们确定了它们合适的回归模型，就可以采用不同形式的回归分析方法来确定

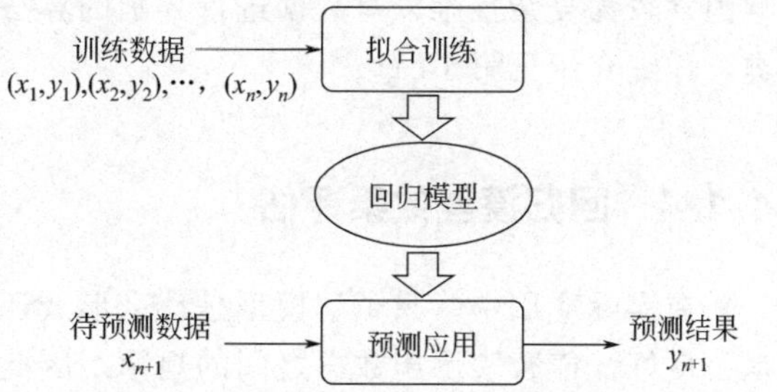

图 4-2　回归模型的基本架构与验证

估计参数，从而可以进行数据预测或者评估拟合模型在解释数据特征时的准确性。

回归模型的第二部分则是预测，是将此模型应用到新的测试数据上，测试数据只包含自变量而不包含因变量。预测就是利用测试数据的自变量以及建立的回归模型获得其对应的因变量的预测值。同时也能将实际测量值与模型预测值进行对比，从而评估建立模型的效果。

4.1.3 回归模型分类

按照自变量和因变量间的函数关系形式可以将回归分析分为线性回归分析（Linear Regression）和非线性回归分析（Nonlinear Regression）两类。

（1）线性回归分析

线性回归分析模型是将因变量 y_i 用自变量 $\boldsymbol{x}_i=[x_{i1},x_{i2},\cdots,x_{im}]^{\mathrm{T}}$ 的线性组合来进行描述，而自变量的权值为待估计系数 $\boldsymbol{w}$，一般表达形式为：

$$y_i=w_1x_{i1}+w_2x_{i2}+\cdots+w_mx_{im}+e_i \tag{4-3}$$

式中，x_{ij} 表示对第 j 个自变量的第 i 次观察。如果第一个自变量 x_{i1} 取值 1，则 w_1 称为回归截距。线性回归示意如图 4-3 所示。本节中主要讨论线性回归分析。

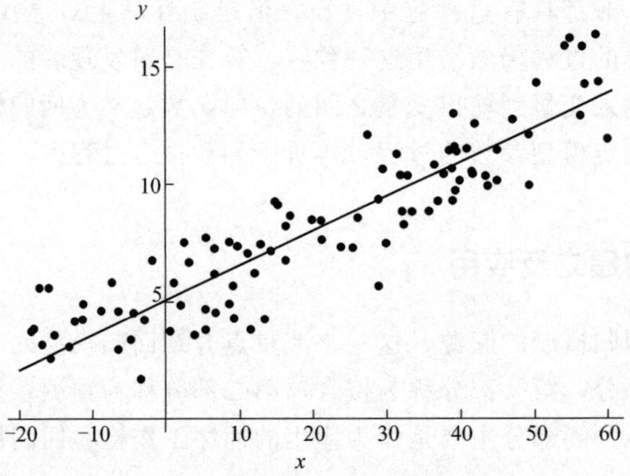

图 4-3 线性回归示意图

（2）非线性回归分析

如果回归模型的因变量是自变量的一次以上函数形式，回归规律在图形上表现为形态各异的各种曲线或不规则超平面，称为非线性回归，这类模型称为非线性回归模型。在许多实际问题中，回归函数往往是较复杂的非线性函数。根据非线性函数是否可分段变换，非线性函数的求解一般可分为两大类。一类的代表算法有支持向量机回归算法等，另一类通常为影响因素较为复杂且难以对数据进行分割的算法，目前常用的神经网络回归方法多数属于这一类，详细介绍见第 10 章。

4.1.4 回归模型效果评估

在实际应用中，只了解模型是什么形式还不足以解决问题，还需要知道模型的拟合效果是否良好，能否表示出数据之间的规律。因此，本小节介绍模型的两个评价指标。

第一个评价指标是由模型在拟合训练样本过程中产生的训练误差 $R_{\text{train}}(\hat{f})$：

$$R_{\text{train}}(\hat{f})=\frac{1}{n}\sum_{i=1}^{n}L(y_i,\hat{f}(\boldsymbol{x}_i)) \tag{4-4}$$

式中，n 代表训练集样本个数；y_i 表示实际值；$\hat{f}(\boldsymbol{x}_i)$表示模型的预测值；$L(\cdot)$代表用于评价实际值与预测值误差的评价准则。

训练误差 $R_{\text{train}}(\hat{f})$ 可以反映模型对训练样本的拟合程度，越小意味着模型对训练数据的拟合越好。在模型训练阶段，主要关注训练误差，我们希望它尽可能较小，但训练误差与模型的应用效果关系不大。

第二个评价指标也是在模型评估时需要关注的重要指标——测试误差，计算公式如下：

$$e_{\text{test}}=\frac{1}{n'}\sum_{i=1}^{n'}L(y_i,\hat{f}(\boldsymbol{x}_i)) \tag{4-5}$$

式中，n'代表测试集中的样本个数。

测试误差是预测系统利用新来的输入数据对输出数据做出的预测与输出数据真实值之间的误差，反映回归模型对于未知测试数据集的预测能力。测试误差越小说明模型的泛化能力越强，对问题的适应性越好。这两个指标的异常会直接导致拟合效果出现较大偏差，最为典型的两种拟合不佳情况就是欠拟合与过拟合。欠拟合是由于选择的模型过于简单而导致模型对训练数据的拟合效果差，其表现为训练误差和测试误差都很大，模型出现较大偏差。这种情况下可以选择更为复杂的模型。而过拟合则是因为在训练过程中，模型过于复杂或训练样本过少，导致模型对训练数据进行了完美拟合，因此，虽然训练误差很低，但是在测试集上的预测效果却很差，测试误差大。在保证一定预测精度的基础上减少过拟合的影响，是非常值得深入研究的问题。

4.2 最小二乘回归

最小二乘法（Least Squares Method）是一种数学优化技术。它通过最小化误差的平方和来寻找数据的最佳函数匹配。将最小二乘法应用到线性回归中，即最小二乘回归。最小二乘回归具有显著的优点：在自变量满足非多重共线性的情况下，最小二乘回归的最优解唯一；且由于误差项处处可导且导数连续，可以直接写出求解的等式；此外，最小二乘回归还具有较好的解析性质，在误差正态分布假设下可以用极大似然估计解释，并且可以证明解是最优线性无偏估计。本节着重介绍了最小二乘回归的拟合目标和原理，并给出了几何解释，最后对最小二乘回归的缺陷进行了探讨。

4.2.1 最小二乘法拟合目标

如图 4-4 所示，图中有 9 个样本点，分布在 xOy 平面上，如果现在想要利用一个函数来拟合这 9 个样本点，以描述 x 与 y 之间的关系，即回归分析。现在，假设 x，y 之间是最简单的关系，只考虑线性函数，表现为一条直线，图中画出了四条不同的直线，分别表示四个线性模型，那么哪一条直线最能够表示 x 与 y 之间的关系呢？换句话说，哪一个线性模型对这 9 个样本点的拟合效果最好？从直观上看线 3 对样本拟合的最好。那么，究竟线 3 好在哪里？从哪个角度来说它是最好的呢？这就涉及衡量模型拟合好坏的量化指标了。

现在的问题是，用什么方法来定义这个衡量拟合程度的指标呢？一个简单的想法是，将模型根据自变量 x 所得出的因变量 y 的预测值与因变量 y 的实际值作差得到预测残差，这个残差的值越小，说明模型拟合的程度越好。但是，当存在多个样本时，残差值可能在有些样本上是正数，而在另一些样本上是负数，这就导致求残差和时正负可能相互抵消，以至于虽然残差和很小，但模型实际上的拟合效果并不好。一种很自然的解决办法是将残差取绝对值再求和，以此作为模型拟合程度的衡量方式，另一种思路是将残差平方之后再求和。这两种方式都是可行的，但优化目标为二次函数是光滑且处处可导的，会更利于后续模型参数的求解。而这种利用残差平方和作为模型拟合程度衡量指标的回归分析方法就是最早的线性回归模型求解方法——最小二乘回归。

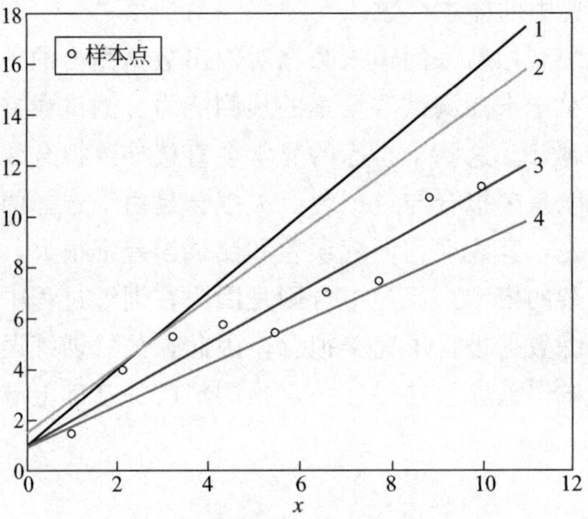

图 4-4　不同线性模型拟合效果

4.2.2　最小二乘回归原理

给定 m 个属性描述的数据 $\boldsymbol{x}=[x_1,x_2,\cdots,x_m]$，线性模型学得一个通过属性的线性组合来进行预测的函数，即

$$f(\boldsymbol{x})=w_1x_1+w_2x_2+\cdots+w_mx_m+b \tag{4-6}$$

用向量形式写成

$$f(\boldsymbol{x})=\boldsymbol{xw}+b \tag{4-7}$$

式中，$\boldsymbol{w}=(w_1,w_2,\cdots,w_m)^{\mathrm{T}}$，表示各个属性所占的权重。

最小二乘法使用均方误差作为性能度量，来衡量 $f(\boldsymbol{x})$ 和 y 之间的差别，有

$$E_{(w,b)}=\sum_{i=1}^{n}(f(x_i)-y_i)^2 \tag{4-8}$$

几何意义上，最小二乘回归就是试图找到一条直线 $f(\boldsymbol{x})=\boldsymbol{xw}+b$，使所有样本到直线的欧氏距离之和最小。下面按照单变量情况和多变量情况分别进行阐述。

(1) 单变量情况

对于最简单的情况，输入属性的数目为 1。即 $D=\{(x_i,y_i)\}_{i=1}^{n}$。使均方误差最小化，即

$$(w^*,b^*)=\underset{(w,b)}{\operatorname{argmin}}\sum_{i=1}^{n}(f(x_i)-y_i)^2=\underset{(w,b)}{\operatorname{argmin}}\sum_{i=1}^{n}(y_i-wx_i-b)^2 \tag{4-9}$$

要求解 w 和 b 使均方误差和 $E_{(w,b)}=\sum_{i=1}^{n}(y_i-wx_i-b)^2$ 最小，由于 $E_{(w,b)}$ 对于 w 和 b 是凸函数，可以将 $E_{(w,b)}$ 分别对 w 和 b 求导，得到

$$\frac{\partial E_{(w,b)}}{\partial w}=2\left(w\sum_{i=1}^{n}x_i^2-\sum_{i=1}^{n}(y_i-b)x_i\right) \tag{4-10}$$

$$\frac{\partial E_{(w,b)}}{\partial b}=2\left(nb-\sum_{i=1}^{n}(y_i-wx_i)\right) \tag{4-11}$$

令导数为零，可以得到 w 和 b 的最优闭式解：

$$w=\frac{\sum_{i=1}^{n}y_i(x_i-\overline{x})}{\sum_{i=1}^{n}x_i^2-\frac{1}{n}\left(\sum_{i=1}^{n}x_i\right)^2} \tag{4-12}$$

$$b=\frac{1}{n}\sum_{i=1}^{n}(y_i-wx_i) \tag{4-13}$$

式中，$\overline{x}=\frac{1}{n}\sum_{i=1}^{n}x_i$ 为 x 的均值。

(2) 多变量情况

对于有多个变量的数据集 D，样本由 m 个属性共同描述。为方便讨论，把 $\boldsymbol{w}$ 和 b 写成向量形式 $\hat{\boldsymbol{w}}=(\boldsymbol{w},b)^{\mathrm{T}}$，相应地，把数据集 D 表示为一个 $n\times(m+1)$ 大小的矩阵 $\boldsymbol{X}$，其中每行对应一个样本，该行前 m 个元素对应于样本的 m 个属性值，最后一个元素恒置为 1，对应于最小二乘的常数偏置项，即

$$\boldsymbol{X}=\begin{pmatrix} x_{11} & x_{12} & \cdots & x_{1m} & 1\\ x_{21} & x_{22} & \cdots & x_{2m} & 1\\ \vdots & \vdots & \ddots & \vdots & \vdots\\ x_{n1} & x_{n2} & \cdots & x_{nm} & 1 \end{pmatrix}=\begin{pmatrix} \boldsymbol{x}_1^{\mathrm{T}} & 1\\ \boldsymbol{x}_2^{\mathrm{T}} & 1\\ \vdots & \vdots\\ \boldsymbol{x}_n^{\mathrm{T}} & 1 \end{pmatrix} \tag{4-14}$$

将标记写成向量形式 $\boldsymbol{y}=(y_1,y_2,\cdots,y_m)^{\mathrm{T}}$，则有

$$\hat{\boldsymbol{w}}^*=\underset{\hat{\boldsymbol{w}}}{\operatorname{argmin}}(\boldsymbol{y}-\boldsymbol{X}\hat{\boldsymbol{w}})^{\mathrm{T}}(\boldsymbol{y}-\boldsymbol{X}\hat{\boldsymbol{w}}) \tag{4-15}$$

令 $\boldsymbol{E}_{\hat{\boldsymbol{w}}}=(\boldsymbol{y}-\boldsymbol{X}\hat{\boldsymbol{w}})^{\mathrm{T}}(\boldsymbol{y}-\boldsymbol{X}\hat{\boldsymbol{w}})$，对 $\hat{\boldsymbol{w}}$ 求导得到

$$\frac{\partial E_{\hat{\boldsymbol{w}}}}{\partial \hat{\boldsymbol{w}}}=2\boldsymbol{X}^{\mathrm{T}}(\boldsymbol{X}\hat{\boldsymbol{w}}-\boldsymbol{y}) \tag{4-16}$$

当 $\boldsymbol{X}^{\mathrm{T}}\boldsymbol{X}$ 可逆时，令上式为零可得

$$\hat{\boldsymbol{w}}^*=(\boldsymbol{X}^{\mathrm{T}}\boldsymbol{X})^{-1}\boldsymbol{X}^{\mathrm{T}}\boldsymbol{y} \tag{4-17}$$

令 $\hat{\boldsymbol{x}}_i=(\boldsymbol{x}_i,1)^{\mathrm{T}}$，与解出的系数向量对应相乘得

$$f(\hat{\boldsymbol{x}}_i)=\hat{\boldsymbol{x}}_i^{\mathrm{T}}(\boldsymbol{X}^{\mathrm{T}}\boldsymbol{X})^{-1}\boldsymbol{X}^{\mathrm{T}}\boldsymbol{y} \tag{4-18}$$

4.2.3 最小二乘法的几何意义

最小二乘法的几何意义是高维空间中的一个向量在低维子空间的投影。根据图 4-5 的单变量最小二乘法在三维空间中的投影可以看出，其中线 1 表示 $\boldsymbol{X}$ 的第一个行向量，线 2 表示 $\boldsymbol{X}$ 的第二个行向量，线 3 表示向量 $\boldsymbol{Y}$，xOy 平面即为 $\boldsymbol{X}$ 的行空间。现需在这个行空间内找到一个向量使得其与 $\boldsymbol{Y}$ 的距离最小，可以看到，$\boldsymbol{Y}-\tilde{\boldsymbol{Y}}$ 是 $\boldsymbol{Y}$ 与 $\tilde{\boldsymbol{Y}}$（$\boldsymbol{Y}$ 在 $\boldsymbol{X}$ 的行空间内的投影）之间的差，这个向量是垂直于 xOy 平面（即 $\boldsymbol{X}$ 的行空间）的，因此这个距离是最短的，即 $\boldsymbol{Y}$ 在 $\boldsymbol{X}$ 的行空间内的投影 $\tilde{\boldsymbol{Y}}$ 是 $\boldsymbol{X}$ 的行空间内到 $\boldsymbol{Y}$ 的距离最小的向量。由于 $\tilde{\boldsymbol{Y}}$ 是位于 $\boldsymbol{X}$ 的行空间内的，因此可以写为 $\boldsymbol{X}$ 的两个行向量的线性组合，此时，便可以利用 $\boldsymbol{Y}-\tilde{\boldsymbol{Y}}$ 是垂直于 $\boldsymbol{X}$ 的行空间的这个性质，来求取线性组合系数。

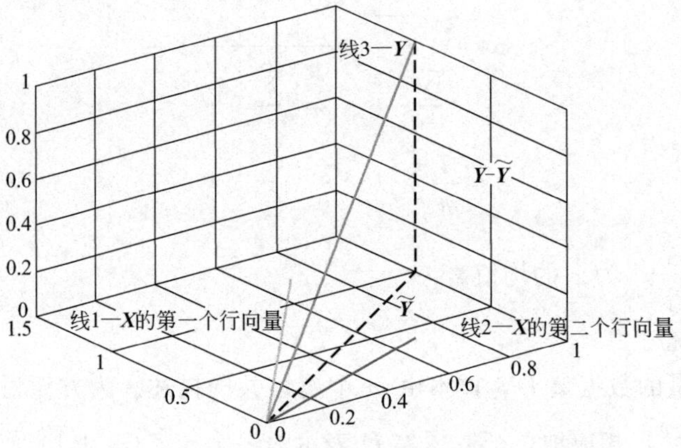

图 4-5 最小二乘法几何示意图

从多变量回归的模型角度来看，求解 $\boldsymbol{X}\hat{\boldsymbol{w}}=\boldsymbol{y}$，展开得

$$\begin{pmatrix} x_{11} \\ x_{21} \\ \vdots \\ x_{n1} \end{pmatrix} w_1 + \begin{pmatrix} x_{12} \\ x_{22} \\ \vdots \\ x_{n2} \end{pmatrix} w_2 + \cdots + \begin{pmatrix} 1 \\ 1 \\ \vdots \\ 1 \end{pmatrix} b = \begin{pmatrix} y_1 \\ y_2 \\ \vdots \\ y_n \end{pmatrix} \tag{4-19}$$

式中，m 为属性数量，也表示变量的个数。这里将回归方程中的偏置当作一个扩展的维度。因此，在式(4-19) 中，需要求解的系数向量是 $m+1$ 维。

当 $n \leqslant m+1$ 时方程有解，直接求解即可。这里讨论 $n > m+1$ 且回归模型不存在共线性的情况。此时 $m+1$ 个向量通过线性组合，张成 n 维空间中的 $m+1$ 维子空间，$\boldsymbol{X}\hat{\boldsymbol{w}}$ 为 $m+1$ 维子空间中的向量，$\boldsymbol{y}$ 是 n 维空间向量，因此方程无解。线性回归的目标是要寻找一个近似解 $\hat{\boldsymbol{w}}^*$ 使得 $\boldsymbol{X}\hat{\boldsymbol{w}}^*$ 最接近 $\boldsymbol{y}$。

最小二乘法使用欧氏距离作为接近程度的度量，因此目标函数为 $\min(\boldsymbol{y}-\boldsymbol{X}\hat{\boldsymbol{w}})^{\mathrm{T}}(\boldsymbol{y}-\boldsymbol{X}\hat{\boldsymbol{w}})$，其几何意义是要使向量 $\boldsymbol{y}-\boldsymbol{X}\hat{\boldsymbol{w}}$ 的长度最短。由几何知识可知，当向量 $\boldsymbol{X}\hat{\boldsymbol{w}}$ 为向量 $\boldsymbol{y}$ 在 $m+1$ 维子空间的投影时，满足 $\boldsymbol{y}-\boldsymbol{X}\hat{\boldsymbol{w}}$ 长度最短条件，由投影的性质，$\boldsymbol{y}-\boldsymbol{X}\hat{\boldsymbol{w}}$ 与向量 $[\boldsymbol{x}_1, \boldsymbol{x}_2, \cdots, \boldsymbol{x}_{m+1}]$ 正交，因此有 $\boldsymbol{X}^{\mathrm{T}}(\boldsymbol{y}-\boldsymbol{X}\hat{\boldsymbol{w}})=0$，可得 $\hat{\boldsymbol{w}}^*=(\boldsymbol{X}^{\mathrm{T}}\boldsymbol{X})^{-1}\boldsymbol{X}^{\mathrm{T}}\boldsymbol{y}$，与求导解算得到的结果一致。

4.2.4 最小二乘法的缺陷

尽管最小二乘法能够方便快捷地求解出线性回归模型的各项回归系数，但是在实际应用中仍然存在许多缺陷，最为严重的两个就是数据异常值干扰导致的回归系数偏差和变量多重共线性引发的回归估计失误现象，下面将具体介绍这两种缺陷。

（1）异常值干扰

最小二乘法将拟合误差进行平方处理，因此当某个预测值与实际值差别过大时，最小二乘会“牺牲”原本较好的数据点，调节原有模型使得全局误差更小一些。所以当数据品质较低，数据集中混有异常值或者采集时受到较大噪声影响时，最小二乘会产生较大的偏差，出现少数影响多数的现象。

要解决异常值干扰问题，可以预先清洗训练数据，根据分布规律去除一些明显异常的数据点或者使用具有更好“稳健性”的主元回归、偏最小二乘等算法。

（2）多重共线性问题

当回归模型存在完全共线性时，$\boldsymbol{X}^{\mathrm{T}}\boldsymbol{X}$ 不满秩，$(\boldsymbol{X}^{\mathrm{T}}\boldsymbol{X})^{-1}$ 不存在，因此回归系数的最小二乘估计不存在。尤其当回归模型存在复共线性，即自变量个数很多，相互之间相关度很高时，$\boldsymbol{X}^{\mathrm{T}}\boldsymbol{X}$ 至少有一个特征根接近 0，回归系数估计的方差很大，导致估计值很不稳定。

要解决共线性问题，常用的做法是引入正则化项，如岭回归，也可以选择少数几个主成分作为回归自变量，如主元回归或偏最小二乘回归。相关具体内容将在本章后续介绍。

4.3 岭回归与 LASSO 回归

在最小二乘一节中，我们推导出：

$$\boldsymbol{w}=(\boldsymbol{X}^{\mathrm{T}}\boldsymbol{X})^{-1}\boldsymbol{X}^{\mathrm{T}}\boldsymbol{y} \tag{4-20}$$

但这隐含了 $\boldsymbol{X}^{\mathrm{T}}\boldsymbol{X}$ 可逆的前提条件，如下面的例子，真实的数据模型如下：

$$y=10+2x_1+3x_2+e \tag{4-21}$$

但是由于给出的训练数据（表 4-1）中，x_1 与 x_2 高度线性相关，e 是正态分布噪声。

表 4-1 高度线性相关的拟合数据

训练数据	1	2	3	4	5
x_1	1.1	1.4	1.7	1.7	1.8
x_2	1.1	1.5	1.8	1.7	1.9
e	0.8	−0.5	0.4	−0.5	0.2
y	16.3	16.8	19.2	18	19.5

由最小二乘法得到的拟合函数为

$$y=11.27+0.5x_1+3.7x_2 \tag{4-22}$$

可以看出，由于 x_1 与 x_2 高度线性相关，此时用最小二乘法拟合得到的参数与原模型参数有很大出入。所以，在数据存在多重共线性情况时，最小二乘法将不再适合。人们发挥聪明才智找到了很多替代、改进的方法，其中岭回归算法与 LASSO 回归算法因其巧妙的构思成为最经典的解决方法。

4.3.1 岭回归算法

岭估计是由 Hoerl 和 Kennard 于 1970 年提出的。自 1970 年以来，这种估计的研究和应用得到了广泛重视，也是目前十分有影响力的一种有偏估计方法。下面将介绍岭回归的基本原理、几何解释、相关性质和参数选取，最后讨论了岭回归方法的局限性。

（1）岭回归基本原理

岭回归在保证结构的简洁性下，在最小二乘估计的基础上，在损失函数中增加了一项，其中新增的最后一项称为惩罚函数，被称为这个名字是由于该项的存在可以对前文提出的诸如多重共线性问题等种种瑕疵情况做出“惩罚”，避免病态不可逆矩阵的影响，具体含义在后文中即可体现出来。

$$\begin{aligned} J(\boldsymbol{w}) &= \sum_{i=1}^{n}(y_i - \boldsymbol{x}_i\boldsymbol{w})^2 + \lambda\sum_{i=1}^{m}\boldsymbol{w}_i^2 \\ &= (\boldsymbol{y}_{n\times 1} - \boldsymbol{x}_{n\times m}\boldsymbol{w}_{m\times 1})^{\mathrm{T}}(\boldsymbol{y}_{n\times 1} - \boldsymbol{x}_{n\times m}\boldsymbol{w}_{m\times 1}) + \lambda\boldsymbol{w}_{m\times 1}^{\mathrm{T}}\boldsymbol{w}_{m\times 1} \end{aligned} \tag{4-23}$$

式中，n 为样本个数；m 为样本属性个数；λ 为岭回归的超参数，简称岭参数；$\boldsymbol{w}$ 为岭回归系数。与最小二乘类似，上式对 $\boldsymbol{w}_{m\times 1}$ 求导，并令导数为 0 得到

$$\hat{\boldsymbol{w}} = (\boldsymbol{X}^{\mathrm{T}}\boldsymbol{X} + \lambda\boldsymbol{I})^{-1}\boldsymbol{X}^{\mathrm{T}}\boldsymbol{y} \tag{4-24}$$

L2 范数的惩罚项的加入使得在 $\boldsymbol{X}^{\mathrm{T}}\boldsymbol{X}$ 不可逆的某些情况下 $\boldsymbol{X}^{\mathrm{T}}\boldsymbol{X}+\lambda\boldsymbol{I}$ 可逆，保证了 $\hat{\boldsymbol{w}}$ 值不会变得很大，可以继续进行参数计算，但是也由于惩罚项的加入，使得回归系数的估计不再是无偏估计。所以岭回归是以放弃无偏性、降低精度为代价解决病态矩阵问题的回归方法。

岭参数 λ 不同，岭回归系数也会不同，可以通过调节 λ 值来权衡经验风险和结构风险。随着模型复杂度的提升，拟合结果在训练集上的效果就越好，即模型的偏差就越小；但是同时模型的方差就越大。对于岭回归的 λ 而言，随着 λ 的增大，$|\boldsymbol{X}^{\mathrm{T}}\boldsymbol{X}+\lambda\boldsymbol{I}|$ 就越大，$(\boldsymbol{X}^{\mathrm{T}}\boldsymbol{X}+\lambda\boldsymbol{I})^{-1}$ 就越小，模型的方差越小（$\hat{\boldsymbol{w}}$ 越稳定）；而 λ 越大使得 $\hat{\boldsymbol{w}}$ 更加偏离真实值，模型的偏差就越大。所以岭回归的关键是找到一个合理的 λ 值来平衡模型的方差和偏差。

这个方法之所以被称为岭回归，是由于单位矩阵 $\boldsymbol{I}$ 的对角线上全是 1，像一座山岭一样。

综上，岭回归的基本优化模型可以写为如下形式：

$$\min_{\boldsymbol{w}} J(\boldsymbol{w}) = \min_{\boldsymbol{w}} \sum_{i=1}^{n}(y_i - \boldsymbol{x}_i\boldsymbol{w})^2 + \lambda\sum_{i=1}^{m}\boldsymbol{w}_i^2 \tag{4-25}$$

上面的优化模型表示岭回归的求解是在保证所有系数 $\boldsymbol{w}_i$ 平方和较小的条件下，使得模型的残差平方和尽可能小。

（2）岭回归的几何意义

假设现在自变量有两维，当没有约束项时，即按照普通最小二乘的方法进行计算，损失函数即残差平方和 RSS 可以表示为关于 $\boldsymbol{w}_1$ 和 $\boldsymbol{w}_2$ 的一个二元二次函数，该函数可以用一个

抛物面表示，而目的则是要找到该抛物面的最低点，在该点可以取得损失函数的最小值，即最小二乘的最优值，如图 4-6(a) 所示圆点就是最小二乘的解。

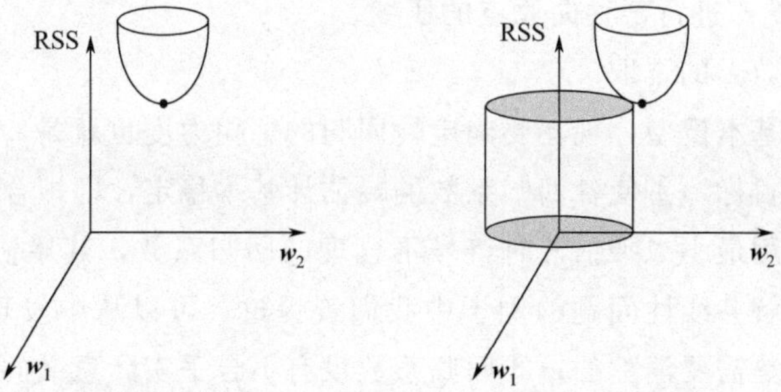

(a) 岭回归残差变化图　　(b) 岭回归约束表示

图 4-6　岭回归几何表示

在使用岭回归时，由于添加了约束条件 $w_1^2+w_2^2\leqslant t$，对应着以 z 轴为轴线、半径为 t 的一个圆柱，在满足该约束条件的情况下寻找损失函数的最小值即岭回归的工作，在图形中观察即为在圆柱内寻找抛物面的最低点，如图 4-6(b) 所示圆点即为岭回归的解。从 w_1-w_2 平面理解，如图 4-7 所示，即为抛物面等高线在水平面的投影和圆 $w_1^2+w_2^2=t$ 的交点。由此也可见岭回归的解与原先的最小二乘的解是有一定距离的，说明了其有偏性；且把 w_1、w_2 的值限定在了一个圆的范围内，避免出现前文描述的参数值过大的情况。

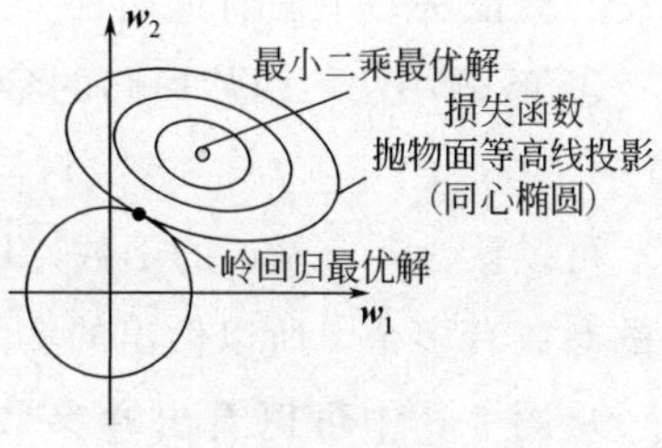

图 4-7　最小二乘解与岭回归解的几何意义

(3) 岭回归性质

岭回归方法中的岭回归系数有很多值得关注的性质：

① 当岭参数 λ 为 0 时，岭回归即最小二乘回归。从定义式中不难看出此点；

② 当岭参数 λ 趋向更大时，岭回归系数 $\boldsymbol{w}$ 的估计趋向于 0。对照上文列出的岭回归的损失方程

$$J(\boldsymbol{w})=\sum_{i=1}^{n}(y_i-\boldsymbol{x}_i\boldsymbol{w})^2+\lambda\sum_{i=1}^{m}\boldsymbol{w}_i^2 \tag{4-26}$$

λ 越大，则惩罚项的惩罚力度越大，为了整体取得最小值，不得不使 $\hat{\boldsymbol{w}}$ 中的值尽可能小，所以其趋向于 0；对照岭回归的几何解释，相当于将约束条件的圆柱半径进行缩小，迫使 $\hat{\boldsymbol{w}}$ 只能取绝对值很小的值来满足约束条件。

③ 岭回归中的 $\hat{\boldsymbol{w}}$ 是回归参数 $\boldsymbol{w}$ 的有偏估计。它的结果是使得损失函数变大，即残差平方和变大，但是会使模型的性能变好，能够应对上文所述的某些特殊情况。

④ 在认为岭参数 λ 是与 $\boldsymbol{y}$ 无关的常数时，岭回归是最小二乘估计的一个线性变换，$\hat{\boldsymbol{w}}(\lambda)$ 也是 $\boldsymbol{y}$ 的线性函数。因为

$$\begin{aligned}\hat{\boldsymbol{w}}(\lambda)&=(\boldsymbol{X}^{\mathrm{T}}\boldsymbol{X}+\lambda\boldsymbol{I})^{-1}\boldsymbol{X}^{\mathrm{T}}\boldsymbol{y}=(\boldsymbol{X}^{\mathrm{T}}\boldsymbol{X}+\lambda\boldsymbol{I})^{-1}\boldsymbol{X}^{\mathrm{T}}\boldsymbol{X}(\boldsymbol{X}^{\mathrm{T}}\boldsymbol{X})^{-1}\boldsymbol{X}^{\mathrm{T}}\boldsymbol{y}\\&=(\boldsymbol{X}^{\mathrm{T}}\boldsymbol{X}+\lambda\boldsymbol{I})^{-1}\boldsymbol{X}^{\mathrm{T}}\boldsymbol{X}\hat{\boldsymbol{w}}\end{aligned} \tag{4-27}$$

但在实际应用中，由于 λ 总是要通过数据确定，因此 λ 也依赖于 $\boldsymbol{y}$，因此从本质上说，

岭回归并非是最小二乘的线性变换，也不是 $\boldsymbol{y}$ 的线性函数。

⑤ 对任意 $\lambda>0$，$\|\hat{\boldsymbol{w}}\|\neq 0$，总有 $\|\hat{\boldsymbol{w}}(\lambda)\|<\|\hat{\boldsymbol{w}}\|$，这里表示的是各分量的平方和。这个性质表明 $\hat{\boldsymbol{w}}(\lambda)$ 可看成 $\hat{\boldsymbol{w}}$ 进行某种向原点的压缩。

（4）岭回归超参数 λ 的选取

明确了岭回归的基本模型，现在要确定岭回归的惩罚力度也就是岭回归的超参数 λ。确定岭参数 λ 值的总体目标：①使各回归系数的岭估计基本稳定，即拟合参数值不会在附近发生较剧烈的变化；②用最小二乘估计时符号不合理的回归系数，其岭估计的符号变得合理，在之前的最小二乘求解共线性问题的例子中我们曾提过，可以从中发现 $\hat{\boldsymbol{w}}$ 各值的符号并不合理，变化剧烈，这是需要消除的；③回归系数没有不合乎实际意义的绝对值；④残差平方和增大得不要太多，防止过度增大偏差使得模型也不适用。

目前为止，主流的研究岭参数的选取方法主要有两种，一种是按照岭迹图选取，另一种是交叉验证法。下面对这两种方法进行详细介绍。

① 岭迹图法　由岭回归的参数拟合结果

$$\hat{\boldsymbol{w}}=(\boldsymbol{X}^{\mathrm{T}}\boldsymbol{X}+\lambda\boldsymbol{I})^{-1}\boldsymbol{X}^{\mathrm{T}}\boldsymbol{y} \tag{4-28}$$

可以认为，$\hat{\boldsymbol{w}}$ 是 λ 的函数。以 λ 为横坐标，$\hat{\boldsymbol{w}}$ 为纵坐标所做出的叫做岭迹图。由于待拟合的参数有多个，所以做出的实际上为一个曲线族，如图 4-8 所示。

从图 4-8 中可以看出岭参数 λ 的变化会给拟合参数 $\hat{\boldsymbol{w}}$ 带来的变化，以及二者之间的变化关系。可以总结出以下三条性质：

a. 在 λ 很小时，通常各 $\hat{\boldsymbol{w}}$ 系数取值较大，而如果 $\lambda=0$，则跟普通意义的最小二乘解完全一样；

b. 当 λ 略有增大，则各 $\hat{\boldsymbol{w}}$ 系数取值迅速减小，即从不稳定趋于稳定；

c. 随着岭参数 λ 的增大，约束条件越来越紧，拟合参数 $\hat{\boldsymbol{w}}$ 往往会趋近于 0，而且变化速度也渐渐放缓。

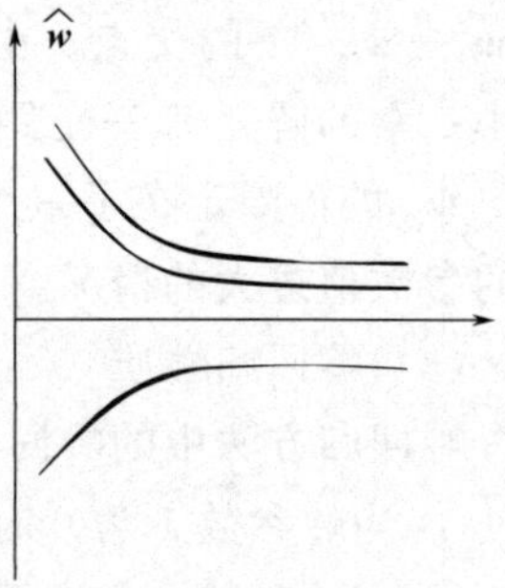

图 4-8　岭迹图

图 4-8 类似喇叭形状的岭迹图，一般都存在多重共线性，可以从前文介绍的最小二乘共线性的不稳定波动部分回顾体会。而更重要的是，通过岭迹图，可以较为科学地确定岭参数 λ。一般选取如图 4-8 所示喇叭口附近的值，以表示在此处即将取得一个较为合理而稳定的拟合结果，而且总的损失函数值又不是很大。

通过岭迹图也可以进行一些选择变量（降维）的工作，例如可以删除那些取值一直趋于 0 的拟合参数，因为不论取多大的 λ，其值永远在 0 附近，表示该自变量 x_k（特征）与因变量 y 几乎没有关系。此外仍需要注意，使用岭迹图筛选变量并非十分准确，因其具有一定的随意性，属于量化方法的一种。

② 交叉验证法　交叉验证法的思想是，将数据集拆分为 k 个数据组（每组样本量大体相当），从 k 组中挑选 $k-1$ 组用于模型的训练，剩下的 1 组用于模型的测试，则会有 $k-1$ 个训练集和测试集配对，设计不同的岭回归模型，在不同的训练集和测试集下，对模型进行评价进而可以得到一个平均评分，那么就选择平均评分最高的 λ 值。

(5) 岭回归的局限性

尽管岭回归可以解决多重共线性问题，但其本身也存在一些缺陷。岭参数 λ 的计算方法很多，但是各种方法取得的结果差异较大，这是岭回归的弱点之一。如果使用岭迹图来进行变量筛选，其随意性较大。此外，岭回归的模型本身并不具备变量的评价和筛选功能，对于变量多重共线性情况只是治标不治本，是较简单的解决方法。下面给出 LASSO 回归的原理，并介绍 LASSO 回归的数值求解和几何解释，最后讨论了该方法的局限性。

4.3.2 LASSO 回归算法

在 1996 年，统计和数据专家 Tibshirani 提出了 LASSO（Least Absolute Shrinkage and Selection Operator）算法。LASSO 回归方法是对岭回归的拓展，通过绝对值惩罚项实现基于数据的变量稀疏化选择，相比于岭回归更方便求解。

(1) LASSO 回归原理

与岭回归的思想类似，LASSO 方法通过构造一个一阶惩罚系数来平衡经验风险和结构风险，该方法除了可以进行线性模型参数的拟合工作，还可以帮助我们完成一些变量选择的工作，而恰当的变量和数据往往决定了模型性能优劣的上限，有时比选择何种算法更重要。

LASSO 擅长处理多重共线性的数据，也就是之前提过的最小二乘的第二个瑕疵，不过既然与岭回归采取的方式类似，在损失函数中添加了惩罚项，那么模型的偏差在所难免，也是一种有偏估计。具体它为什么具有变量选择的功能，为什么擅长处理多重共线性的问题，在后面的推导过程中可见一斑。LASSO 定义的损失函数为：

$$J(\boldsymbol{w})=\sum_{i=1}^{n}(y_i-\boldsymbol{x}_i\boldsymbol{w})^2+\lambda\sum_{i=1}^{m}|\boldsymbol{w}_i| \tag{4-29}$$

式中，右侧第一项记为 ESS($\boldsymbol{w}$)。

LASSO 回归任务为找出使得损失函数取得最小值的 $\boldsymbol{w}$，与岭回归类似，可以用约束函数的方式来叙述 LASSO 回归问题：

$$\min_{\boldsymbol{w}} J(\boldsymbol{w})=\min_{\boldsymbol{w}}\sum_{i=1}^{n}(y_i-\boldsymbol{x}_i\boldsymbol{w})^2+\lambda\sum_{i=1}^{m}|\boldsymbol{w}_i| \tag{4-30}$$

(2) LASSO 数值求解

LASSO 的优化目标在求导时，由于惩罚项含有绝对值，导致该项在零点处并不可导，在此展示一种采用坐标下降法求解的思路。首先根据相关数学理论：对于具有 n 维参数的可微凸函数 $J(\boldsymbol{w})$，如果存在 $\hat{\boldsymbol{w}}$ 使得 $J(\hat{\boldsymbol{w}})$ 在每个坐标轴上均达到最小值，则 $J(\hat{\boldsymbol{w}})$ 就在点 $\hat{\boldsymbol{w}}$ 上取得全局最小值。由此可以控制其他 $n-1$ 个参数不变，依次对目标函数中的每一个 w_j 求偏导，最后令在每个分量下求得的导函数为 0，得到使目标函数达到全局最小的 $\hat{\boldsymbol{w}}$。

首先对损失函数的第一项 ESS($\boldsymbol{w}$)展开

$$\begin{aligned}\mathrm{ESS}(\boldsymbol{w})&=\sum_{i=1}^{n}(y_i-\boldsymbol{x}_i\boldsymbol{w})^2\\&=\sum_{i=1}^{n}\left[y_i^2-2y_i\sum_{j=1}^{m}w_jx_{ij}+\left(\sum_{j=1}^{m}w_jx_{ij}\right)^2\right]\end{aligned} \tag{4-31}$$

然后对 w_j 求导，注意在求导过程中其他的 w_k（$k\neq j$）将作为常数。

$$\begin{aligned}\frac{\partial \mathrm{ESS}(\boldsymbol{w})}{\partial w_j} &= -2\sum_{i=1}^{n} x_{ij}\left(y_i - \sum_{j=1}^{m} w_j x_{ij}\right) \\ &= -2\sum_{i=1}^{n} x_{ij}\left(y_i - \sum_{k\neq j} w_k x_{ik} - w_j x_{ij}\right) \\ &= -2\sum_{i=1}^{n} x_{ij}\left(y_i - \sum_{k\neq j} w_k x_{ik}\right) + 2w_j\sum_{i=1}^{n} x_{ij}^2 \end{aligned} \tag{4-32}$$

为表示简便，将上式记为$-2m_j+2w_jn_j$，其中$m_j=\sum_{i=1}^{n} x_{ij}\left(y_i-\sum_{k\neq j} w_k x_{ik}\right)$，$n_j=\sum_{i=1}^{n} x_{ij}^2$，其目的是将本轮求解偏导的未知数 w_j 单独提炼出来，m_j 和 n_j 就与本轮未知数无关。

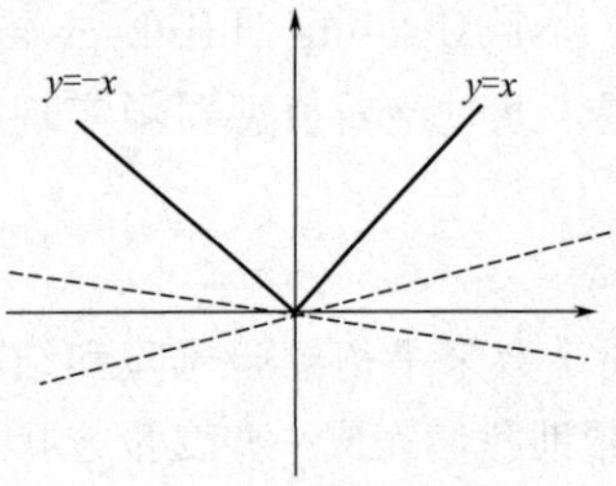

图 4-9 次导数示意图

接下来本应对惩罚项求导，但是由于惩罚项不可导，所以在这里需要引入次导数（Subgradient）的概念。考虑一个LASSO 算法中采用的惩罚项对应的绝对值函数，在自变量只有一维的情况下，考虑如图 4-9 所示的函数图像，直观理解，函数在某点的导数表示函数图像在该点上的切线，那么在原点显然无法找出该点的斜率。但是可以假想为实线下方有无数条切线，形成了一个曲线族，把此曲线族斜率的范围定义为这一点的次导数，也就是说 $y=|x|$ 在原点的次导数是在-1 到 1 范围内的任意值。

那么根据次导数的定义，来对惩罚项求导，记惩罚项为 $\lambda l_1(\boldsymbol{w})$。

$$\frac{\partial \lambda l_1(\boldsymbol{w})}{\partial w_j}=\begin{cases}\lambda, w_j>0 \\ [-\lambda,\lambda], w_j=0 \\ -\lambda, w_j<0\end{cases} \tag{4-33}$$

最后将两项的偏导数相加得

$$\frac{\partial \mathrm{ESS}(\boldsymbol{w})}{\partial w_j}+\frac{\partial \lambda l_1(\boldsymbol{w})}{\partial w_j}=\begin{cases}-2m_j+2w_jn_j+\lambda, w_j>0 \\ [-2m_j-\lambda, 2m_j-\lambda], w_j=0 \\ -2m_j+2w_jn_j-\lambda, w_j<0\end{cases} \tag{4-34}$$

再令之为 0 得

$$\begin{cases}-2m_j+2w_jn_j+\lambda=0, w_j>0 \\ [-2m_j-\lambda, 2m_j-\lambda]=0, w_j=0 \\ -2m_j+2w_jn_j-\lambda=0, w_j<0\end{cases} \tag{4-35}$$

解得

$$w_j=\begin{cases}\dfrac{m_j-\dfrac{\lambda}{2}}{n_j}, & m_j>\dfrac{\lambda}{2} \\ 0, & m_j\in\left[-\dfrac{\lambda}{2},\dfrac{\lambda}{2}\right] \\ \dfrac{m_j+\dfrac{\lambda}{2}}{n_j}, & m_j<-\dfrac{\lambda}{2}\end{cases} \tag{4-36}$$

按照这样的求解方式，对 $\boldsymbol{w}$ 的各个维度都进行类似的求解，将其合并在一起就得到了

LASSO 方法拟合出的参数，这就是 LASSO 方法的解。

至于其中令次导数为零的部分不必深究，函数本来在该处就没有真正意义上的导数，函数本身在此处就取得了不可导的极值，但是我们已经达到了求解最小值的目的；并且从次导数的意义也可以认为，次导数范围包含了 0 及其一个小的邻域的话，函数就会在这个地方取得极值。

从求解结果可以看出，当 $m_j \in \left[-\frac{\lambda}{2}, \frac{\lambda}{2}\right]$ 时，$w_j=0$，也就是说，通过 LASSO 方法求得的拟合参数可能会出现 0，那么我们得到的矩阵 $\hat{\boldsymbol{w}}$ 就可能会出现稀疏的情况。

（3）LASSO 的几何理解

上文提到求解得到的矩阵 $\hat{\boldsymbol{w}}$ 可能会出现稀疏的情况，也就是说某些元素可能取到 0 值，这便解释了为什么 LASSO 具备变量选择的功能，因为若某个变量 x_i 对应的参数 w_j 为 0 的话，说明因变量 y 与 x_i 在目前的约束条件下并没有关联性，那么可以将其进行剔除，完成自变量的降维和特征的选择（特征选择就相当于在获得的众多数据中找出与因变量 y 有关的自变量）。

如果将岭回归和 LASSO 回归的几何解释放在一起进行比较，便可以进一步理解二者各自的特点。图 4-10 便是岭回归和 LASSO 回归在二维自变量下的俯视图，图中各元素的几何意义已在岭回归的几何意义章节进行了叙述。

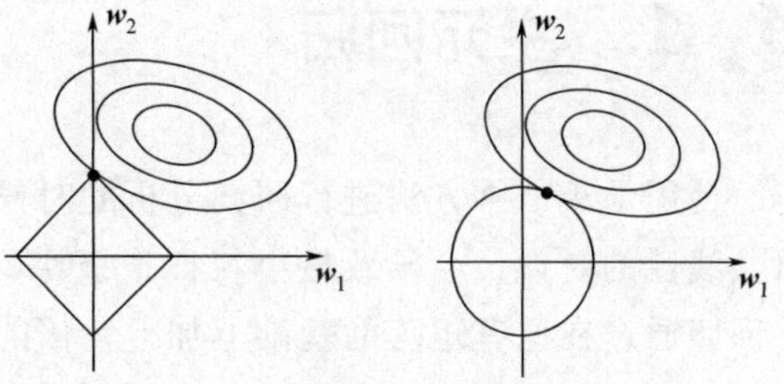

图 4-10　LASSO 与岭回归的几何表示

大椭圆（不含惩罚项的损失函数的等高线）和黑色边界区域的切点就是两个方法的最优解，我们可以看到，如果是圆，则很容易切到圆周的任意一点，但是很难切到坐标轴上，则在该维度上取值不为 0，因此没有稀疏，这说明岭回归在 λ 不太大（圆的半径不太小）的情况下，取得的解 w_j 有较大的概率不会为 0；但是如果是 LASSO 对应的正方形，则很容易将最优点切到坐标轴上，使得该维度对应特征的系数为 0，因此很容易产生稀疏的结果。所以说岭回归无法剔除变量，而 LASSO 回归模型，将惩罚项由 L_2 范数变为 L_1 范数，可以将一些不重要特征的回归系数缩减为 0，达到剔除变量的目的。

（4）LASSO 的局限性

由于加入了 L_1 范数的惩罚项，LASSO 的目标函数（代价函数）变成一个不可导的凸函数，因此传统的基于梯度下降的最优解方法不能直接使用。常用的 L_1 范数求极值解法有坐标轴下降法（Coordinate Descent），还有迭代快速求解的最小角回归法（Least Angle Regression），相比岭回归求解算法复杂度提升。由于 LASSO 的解具有稀疏性（较多的 0 值和较大的系数），因此可以使用一些高效的稀疏算法进行计算。

LASSO 虽然能够对具有相关性的自变量进行筛选，但其只能选取出一个变量。所以多个自变量之间存在共线性时，LASSO 会剔除掉大量的变量，仅保留一个变量，这使得模型的鲁棒性下降。

4.3.3　线性回归模型的正则化项

在介绍岭回归与 LASSO 回归的过程中，我们大量地提到了“正则化”这个词。正则化本质上是为了解决线性回归的过拟合问题，增强模型的泛化能力。在代价函数中加入相应的惩罚项，使得系数矩阵具有一定稀疏性，减少了参数，这等价于简化了模型。

正则化函数可以表示为系数的幂指数：$w^q(q>0)$。图 4-11 展示了 q 取不同值时二维特征的限制边界。

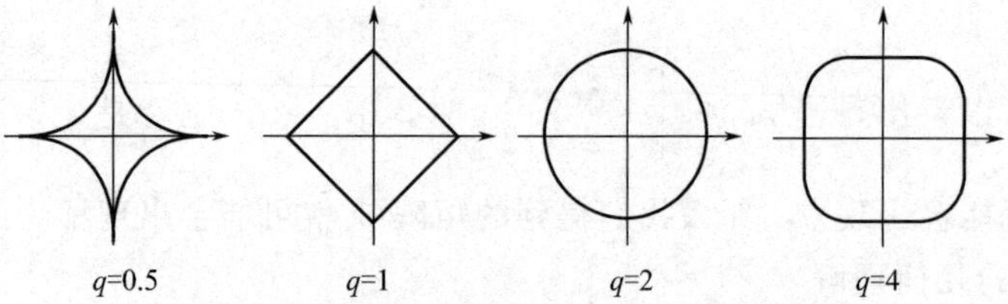

图 4-11　不同正则化函数的二维特征限制边界

可以看到，当 $q<1$ 时，正则化函数具有较强的变量选择功能，而当 $q>1$ 时，则具有平滑系数的功能。其中 LASSO 回归与岭回归正是 q 取 1 和 2 时的特例。

4.4 主元回归

使用最小二乘方法进行回归分析的时候，参数的估计会涉及矩阵的求逆。当数据存在多重共线性的时候，会导致最小特征根极小，矩阵的行列式约为 0，无法求逆。在上一节中，岭回归通过在原有矩阵的基础上加上 λ 倍的单位矩阵的方式来解决这个问题。本节将要介绍的另一种回归方法——主元回归，不仅可以解决变量共线性问题，还可以有效提取数据的特征，降低数据的冗余。本节将先介绍维数灾难的概念，进而引出主元回归建模分析，并对关键参数选取进行讨论，最后总结主元回归和岭回归的不同之处。

4.4.1 维数灾难

在实际建模过程中，对数据进行回归分析建模所面临的困难远不止共线性这个问题。更让研究者们苦恼的是著名的维数灾难问题。以图 4-12 为例，图中的圆圈和方块表示两种类别的数据。当数据从一维变成二维再到多维，每个维度上分配到的样本变得越来越稀疏，样本不够，训练的精度就无法满足，而特征维数却在增加，模型的复杂程度翻倍增长。在实际工业过程中，传感器测得的特征个数成百上千，从而导致计算复杂度成指数爆炸性增长，而模型准确性却在降低。很明显，上一节提出的改进算法岭回归并不能解决这个问题。

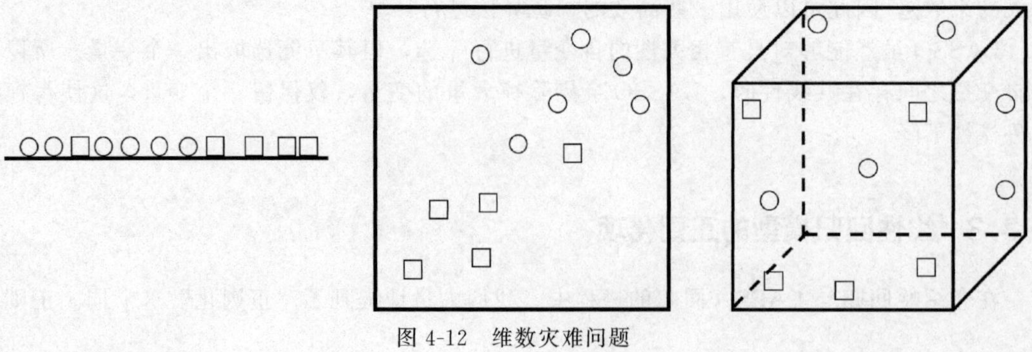

图 4-12　维数灾难问题

特征个数的增加并没有提高建模的精度，反而增加了计算量，这说明增加的特征并没有提供更多的有效信息。换言之，这些数据中存在冗余特征，应当通过适当的方法将信息进行降维压缩，使用浓缩后的特征进行更有效的建模，从而解决维数灾难问题。在第 3 章中，我们提到了一种最常用的数据降维方法：主成分分析。利用主成分分析对数据进行降维，使用提取的主成分特征代替原始的自变量建立回归模型，这就是本节要介绍的主元回归（Principal Component Regression，PCR）方法。

4.4.2 主元回归建模

主元回归可以有效地解决维数灾难的问题。主元回归的建模过程可以分为两步，主元提取和回归分析。主元提取的方法是主成分分析 PCA。通过 PCA 可以提取出数据中最具代表性、包含波动信息最多的成分，也就是方差较大且相互正交的投影方向上的信息。假设数据分布如图 4-13 所示，可以发现当数据点沿着实直线方向的波动是最大的，这个特征就被提取作为第一主成分。之后依次往后选择与其正交的第二主成分，如图 4-13 中的虚线所示。二维空间的第二主成分可以直接通过正交关系确定。对于高维空间，一个向量的正交向量可以有无数个，可以通过主成分分析在这些向量中选择方差最大的作为第二主成分。具体的分析步骤参考本书第 3 章。

记数据矩阵为 $\boldsymbol{X}=[\boldsymbol{x}_1,\boldsymbol{x}_2,\cdots,\boldsymbol{x}_n]^{\mathrm{T}}$，其中 $\boldsymbol{x}_i\in\mathbf{R}^{1\times m}(i=1,2,\cdots,n)$表示第 i 个样本。通过 PCA 分析得到系数矩阵 $\boldsymbol{P}=[\boldsymbol{p}_1,\boldsymbol{p}_2,\cdots,\boldsymbol{p}_m]$，$m$ 表示特征数量。截取前 k 个主成分，记作

$$\boldsymbol{T}=\boldsymbol{X}\boldsymbol{P}_k \tag{4-37}$$

式中，$\boldsymbol{P}_k=[\boldsymbol{p}_1,\boldsymbol{p}_2,\cdots,\boldsymbol{p}_k]$，表示前 k 个投影方向。提取出主成分 $\boldsymbol{T}$ 后，只需使用主成分 $\boldsymbol{T}$ 代替原始数据 $\boldsymbol{X}$ 建立最小二乘回归模型即可。

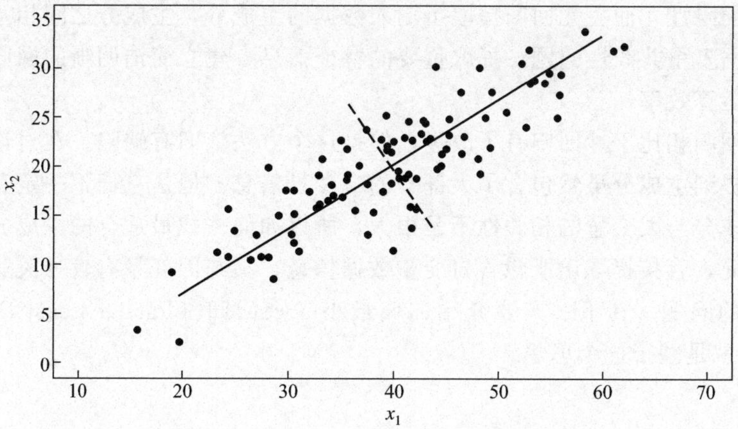

图 4-13　第一主成分和第二主成分提取

4.4.3 主成分个数选取

在主成分回归的建模步骤中提到，需要截取前 k 个主成分作为新的自变量。针对参数 k 的截取也有不少研究。如果截取的主成分个数很少，则很多重要的信息没有被包含进去，导

致模型的精度降低。如果截取了太多的主成分会导致模型复杂，降维的效果就无法体现。

一种简单直观的方法是自顶而下的变量选择方法。第一主成分包含了原始数据中的最大波动，不同主成分所包含的波动信息按照特征值大小排列。根据特征值的大小将主成分一个个加入回归模型，直到回归模型的精度没有明显提升。这就是说，在回归模型中重要的信息没有遗漏，而非关键信息也没有加入进来。但是对于回归模型，波动大的主成分只是涵盖了较多自变量数据的信息，而预测因变量的能力不一定强。因此，可以通过主成分与因变量之间的相关性进行重新排序，再进行上述过程选择适合的变量。这一过程被称为相关主成分回归（Correlated Principal Component Regression，CPCR）。

无论是按照特征值大小排序，还是按照相关性进行排序，都是在基于一个给定的准则来选择适合的主成分个数。为了建立最优的回归模型，可以通过排列组合的方式，将所有可能的主成分进行排列组合，评估每种组合的建模效果，从理论上说，可以找到最优解。但是这个方法明显是不现实的，因为组合的个数会随着主成分个数呈爆炸式增长，在实际中难以对每种组合都进行评估分析。针对此类优化问题，可以使用一些人工智能算法，如遗传算法、模拟退火算法等，提高寻优效率。

4.4.4 主元回归与岭回归

主元回归和岭回归两种方法都可以解决共线性问题，但是又有区别。岭回归分析是从原始数据入手，通过在系数矩阵后加入一阶惩罚项来解决最迫切的系数矩阵不满秩从而无法求逆的问题。这种方法思路简单，直接有效。但是不会对原始的数据进行改善，许多相关性很强的变量及其包含的冗余信息都会被纳入模型，作为独立特征建立起回归模型，这样会导致岭回归算法在面对大量特征时运算效率低下，浪费算法的时空资源；而且保留冗余信息会导致重点特征不明显，模型的关键信息不能聚焦，从而影响模型性能。综合来看，岭回归算法还是有一定的局限性。而主元回归提取了输入数据的主成分，主成分之间相互垂直，能够从根本上解决数据多重共线性问题，提取重要的特征信息，建立简洁明晰的回归模型，大大提升高维数据的运算效率。

虽然主元回归相比于岭回归有了改进，但是这个方法依旧有缺陷。在讨论主元个数选取的时候，我们提到主成分虽然包含了大部分的自变量信息，但是它们不一定有较强的预测能力，即这些主成分与因变量的相关性不是很大，所以如何去找最适合的主成分组合是一件困难的事情。因此，直接提取出既包含自变量数据信息，又与因变量有较强关联的“成分”是一个值得研究的问题。在下一节要介绍的偏最小二乘回归（Partial Least Squares Regression，PLSR）就是基于这个思想。

4.5 偏最小二乘回归

偏最小二乘法最先产生于化学领域。在利用光谱分析结果来预测汽油中的辛烷含量时，作为自变量的光谱的波长有 401 个，远远超过样本的个数 60 个。在化学计量学领域，自变量之间存在多重相关性、样例少于变量的维度的情况是十分常见的。所造成的多重相关性使得人们很难利用传统的最小二乘法获得理想的结果。因此，岭回归、主元回归等算法被相继提出。在上一节的分析中，我们发现主元回归是分裂的两步策略，即特征提取和回归模型的建立是不相关的。这导致提取的特征虽然概括了自变量数据的大部分信息，却不能保证预测准确。此外，这种分裂的策略也导致了主元成分选取的困难。既然如此，是否可以直接提取与因变量最相关的特征来建立回归模型呢？因此有学者提出了偏最小二乘回归。它结合了主元分析、典型相关分析、普通最小二乘回归三个算法，在解决多重共线性问题的同时，充分考虑了自变量与因变量之间的相关关系，是一种综合、完善的回归算法。本节具体阐述了偏最小二乘的建模步骤、目标函数和算法推导，并讨论了建模过程中潜变量个数选取的原则。

4.5.1 偏最小二乘建模

设有 q 个因变量 $\{y_1,y_2,\cdots,y_q\}$ 和 p 个自变量 $\{\boldsymbol{x}_1,\boldsymbol{x}_2,\cdots,\boldsymbol{x}_p\}$，为了研究因变量和自变量的统计关系，观测了 n 个样本点，由此构成了自变量与因变量的数据表 $\boldsymbol{X}_{n\times p}$ 和 $\boldsymbol{Y}_{n\times q}$。偏最小二乘回归需要在 $\boldsymbol{X}_{n\times p}$ 和 $\boldsymbol{Y}_{n\times q}$ 中分别提取出特征 $\boldsymbol{t}_1$ 和 $\boldsymbol{u}_1$，定义为潜变量，代表数据潜在的特性，即将 p 个自变量 $\{\boldsymbol{x}_1,\boldsymbol{x}_2,\cdots,\boldsymbol{x}_p\}$ 进行线性组合得到 $\boldsymbol{t}_1$，将 q 个因变量 $\{y_1,y_2,\cdots,y_q\}$ 进行线性组合得到 $\boldsymbol{u}_1$，使其满足：

① $\boldsymbol{t}_1$ 和 $\boldsymbol{u}_1$ 分别尽可能大地携带各自数据表中的变异信息，即方差要大；

② $\boldsymbol{t}_1$ 和 $\boldsymbol{u}_1$ 的相关程度尽可能大。

这两个要求表明：$\boldsymbol{t}_1$ 和 $\boldsymbol{u}_1$ 应尽可能好地代表数据表 $\boldsymbol{X}_{n\times p}$ 和 $\boldsymbol{Y}_{n\times q}$，同时，自变量的潜变量 $\boldsymbol{t}_1$ 对因变量的潜变量 $\boldsymbol{u}_1$ 又有很强的解释能力。这就是偏最小二乘回归的基本思想。不同于主元分析这种无监督的特征提取算法，PLS 为了保证回归的效果，要求自变量和因变量提取出来的特征之间具有较强的相关性。

偏最小二乘回归的求解步骤可以总结如下：

① 对 $\boldsymbol{X}_{n\times p}$ 和 $\boldsymbol{Y}_{n\times q}$ 进行数据标准化处理，处理后的矩阵记作 $\boldsymbol{E}_0$ 和 $\boldsymbol{F}_0$；

② 求解符合要求的潜变量 $\boldsymbol{t}_1$ 和 $\boldsymbol{u}_1$；

③ 建立 $\boldsymbol{t}_1$、$\boldsymbol{u}_1$ 与原自变量、因变量之间的回归；

④ 继续求取潜变量，直到满足一定的要求；

⑤ 推导因变量之于自变量的回归表达式。

4.5.2 目标函数与算法推导

根据上述分析，可以发现 PLS 有三个优化目标。首先，由于 $\boldsymbol{t}_1$ 和 $\boldsymbol{u}_1$ 需要尽可能大地携带各自数据表中的变异信息，即方差要大，可得两个优化目标，记为

$$\mathrm{obj}_1=\max\mathrm{var}(\boldsymbol{t}_1) \tag{4-38}$$

$$\mathrm{obj}_2=\max\mathrm{var}(\boldsymbol{u}_1) \tag{4-39}$$

其次，需要 $\boldsymbol{t}_1$ 和 $\boldsymbol{u}_1$ 的相关程度尽可能大，即它们的相关系数要尽可能大，记为

$$\mathrm{obj}_3=\max r(\boldsymbol{t}_1,\boldsymbol{u}_1) \tag{4-40}$$

为同时满足三个目标，可以将总的目标函数记为三者的连乘，即

$$\mathrm{obj}=\max r(\boldsymbol{t}_1,\boldsymbol{u}_1)\cdot\mathrm{var}(\boldsymbol{t}_1)\cdot\mathrm{var}(\boldsymbol{u}_1)=\max\mathrm{Cov}(\boldsymbol{t}_1,\boldsymbol{u}_1) \tag{4-41}$$

式中，$\mathrm{Cov}(\boldsymbol{t}_1,\boldsymbol{u}_1)$是两个潜变量的协方差。到此，偏最小二乘回归的目标函数已经分

析完毕。

设 $\boldsymbol{E}_0$ 和 $\boldsymbol{F}_0$ 是 $\boldsymbol{X}_{n\times p}$ 和 $\boldsymbol{Y}_{n\times q}$ 进行数据标准化处理后的数据，则 $\boldsymbol{t}_1$ 和 $\boldsymbol{u}_1$ 可以通过下式得到。

$$\boldsymbol{t}_1=\boldsymbol{E}_0\boldsymbol{w}_1 \tag{4-42}$$

$$\boldsymbol{u}_1=\boldsymbol{F}_0\boldsymbol{c}_1 \tag{4-43}$$

式中，$\boldsymbol{w}_1$ 和 $\boldsymbol{c}_1$ 是系数向量，且模长为 1。因此，偏最小二乘回归总的表达如下

$$\max \boldsymbol{w}_1^{\mathrm{T}}\boldsymbol{E}_0^{\mathrm{T}}\boldsymbol{F}_0\boldsymbol{c}_1 \tag{4-44}$$

$$\text{s.t}\quad \boldsymbol{w}_1^{\mathrm{T}}\boldsymbol{w}_1=1,\boldsymbol{c}_1^{\mathrm{T}}\boldsymbol{c}_1=1 \tag{4-45}$$

上述优化可以通过拉格朗日乘子法求解。将上式转换成

$$s=\boldsymbol{w}_1^{\mathrm{T}}\boldsymbol{E}_0^{\mathrm{T}}\boldsymbol{F}_0\boldsymbol{c}_1-\lambda_1(\boldsymbol{w}_1^{\mathrm{T}}\boldsymbol{w}_1-1)-\lambda_2(\boldsymbol{c}_1^{\mathrm{T}}\boldsymbol{c}_1-1) \tag{4-46}$$

对新目标 s 求 $\boldsymbol{w}_1$，$\boldsymbol{c}_1$，λ_1 和 λ_2 的偏导，可以得到

$$\frac{\partial s}{\partial \boldsymbol{w}_1}=\boldsymbol{E}_0^{\mathrm{T}}\boldsymbol{F}_0\boldsymbol{c}_1-2\lambda_1\boldsymbol{w}_1=0 \tag{4-47}$$

$$\frac{\partial s}{\partial \boldsymbol{c}_1}=\boldsymbol{F}_0^{\mathrm{T}}\boldsymbol{E}_0\boldsymbol{w}_1-2\lambda_2\boldsymbol{c}_1=0 \tag{4-48}$$

$$\frac{\partial s}{\partial \lambda_1}=-(\boldsymbol{w}_1^{\mathrm{T}}\boldsymbol{w}_1-1)=0 \tag{4-49}$$

$$\frac{\partial s}{\partial \lambda_2}=-(\boldsymbol{c}_1^{\mathrm{T}}\boldsymbol{c}_1-1)=0 \tag{4-50}$$

可以发现

$$2\lambda_1=2\lambda_2=\boldsymbol{w}_1^{\mathrm{T}}\boldsymbol{E}_0^{\mathrm{T}}\boldsymbol{F}_0\boldsymbol{c}_1 \tag{4-51}$$

记 $\theta_1=2\lambda_1=\boldsymbol{w}_1^{\mathrm{T}}\boldsymbol{E}_0^{\mathrm{T}}\boldsymbol{F}_0\boldsymbol{c}_1$，$\theta_1$ 即为目标函数值，进一步可得

$$\boldsymbol{E}_0^{\mathrm{T}}\boldsymbol{F}_0\boldsymbol{F}_0^{\mathrm{T}}\boldsymbol{E}_0\boldsymbol{w}_1=\theta_1^2\boldsymbol{w}_1 \tag{4-52}$$

$$\boldsymbol{F}_0^{\mathrm{T}}\boldsymbol{E}_0\boldsymbol{E}_0^{\mathrm{T}}\boldsymbol{F}_0\boldsymbol{c}_1=\theta_1^2\boldsymbol{c}_1 \tag{4-53}$$

由方程可知，θ_1^2 是 $\boldsymbol{E}_0^{\mathrm{T}}\boldsymbol{F}_0\boldsymbol{F}_0^{\mathrm{T}}\boldsymbol{E}_0$ 的特征值，为寻找 $\boldsymbol{w}_1$ 使得 θ_1 最大化，可以通过求取 $\boldsymbol{E}_0^{\mathrm{T}}\boldsymbol{F}_0\boldsymbol{F}_0^{\mathrm{T}}\boldsymbol{E}_0$ 的最大特征值所对应的特征向量得到。同理，$\boldsymbol{c}_1$ 是矩阵 $\boldsymbol{F}_0^{\mathrm{T}}\boldsymbol{E}_0\boldsymbol{E}_0^{\mathrm{T}}\boldsymbol{F}_0$ 的最大特征值所对应的特征向量。得到系数向量后便可求得潜变量 $\boldsymbol{t}_1$ 和 $\boldsymbol{u}_1$。这是求取出来的第一对潜变量。如果所提取的潜变量不足以提供好的预测性能，需要继续提取更多的潜变量对。

令 $\boldsymbol{t}_1$ 为自变量，利用最小二乘法分别对 $\boldsymbol{E}_0$ 和 $\boldsymbol{F}_0$ 进行重构，表达式如下所示。

$$\boldsymbol{E}_0=\boldsymbol{t}_1\boldsymbol{p}_1^{\mathrm{T}}+\boldsymbol{E}_1 \tag{4-54}$$

$$\boldsymbol{F}_0=\boldsymbol{t}_1\boldsymbol{r}_1^{\mathrm{T}}+\boldsymbol{F}_1 \tag{4-55}$$

其回归系数 $\boldsymbol{p}_1$ 和 $\boldsymbol{r}_1$ 通过下式可以计算得到。

$$\boldsymbol{p}_1=\frac{\boldsymbol{E}_0^{\mathrm{T}}\boldsymbol{t}_1}{\|\boldsymbol{t}_1\|^2},\boldsymbol{r}_1=\frac{\boldsymbol{F}_0^{\mathrm{T}}\boldsymbol{t}_1}{\|\boldsymbol{t}_1\|^2} \tag{4-56}$$

自变量和因变量 $\boldsymbol{E}_0$ 和 $\boldsymbol{F}_0$ 中不能被 $\boldsymbol{t}_1$ 解释的部分记作残差 $\boldsymbol{E}_1$ 和 $\boldsymbol{F}_1$。如果残差 $\boldsymbol{F}_1$ 较大，则表示预测的精度不能满足要求，可以利用 $\boldsymbol{E}_1$ 和 $\boldsymbol{F}_1$ 代替原来的 $\boldsymbol{E}_0$ 和 $\boldsymbol{F}_0$ 重复上述步骤提取更多潜变量 $\boldsymbol{t}_2$，$\boldsymbol{t}_3$，…，$\boldsymbol{t}_k$ 。利用多个潜变量重构自变量和因变量 $\boldsymbol{E}_0$ 和 $\boldsymbol{F}_0$ 可以表

示为

$$\boldsymbol{E}_0=\boldsymbol{t}_1\boldsymbol{p}_1^{\mathrm{T}}+\boldsymbol{t}_2\boldsymbol{p}_2^{\mathrm{T}}+\cdots+\boldsymbol{t}_k\boldsymbol{p}_k^{\mathrm{T}} \tag{4-57}$$

$$\boldsymbol{F}_0=\boldsymbol{t}_1\boldsymbol{r}_1^{\mathrm{T}}+\boldsymbol{t}_2\boldsymbol{r}_2^{\mathrm{T}}+\cdots+\boldsymbol{t}_k\boldsymbol{r}_k^{\mathrm{T}} \tag{4-58}$$

由此可得最小二乘回归方法求解的全部步骤。

对比偏最小二乘回归与其他回归算法，可以发现它具有以下特点。首先，与岭回归、主元回归一样，偏最小二乘回归也可以解决多重共线性问题。其次，由于偏最小二乘回归是提取潜变量对自变量和因变量进行重构解释，比较适合用于处理变量多而样本数少的情况，是一种高效的信息提取方法。最后，偏最小二乘回归与主元回归最大的不同是，偏最小二乘回归在提取潜变量的时候考虑了与因变量的相关性，使得结果更加可靠。

4.5.3 潜变量个数确定

由于主元回归和偏最小二乘都涉及潜变量提取，在实际应用中必然会涉及潜变量个数的确定。关于主元回归中潜变量个数的确定已经在上一节分析过。由于主元回归提取的潜变量与预测没有直接联系，所以潜变量个数的确定其实是比较麻烦的。但是偏最小二乘回归很好地解决了这个问题。回顾偏最小二乘回归的优化目标 $\max\boldsymbol{w}_1^{\mathrm{T}}\boldsymbol{E}_0^{\mathrm{T}}\boldsymbol{F}_0\boldsymbol{c}_1=\boldsymbol{t}_1^{\mathrm{T}}\boldsymbol{u}_1$，可以发现第一次提取的潜变量与因变量的协方差是最大的。也就是说，偏最小二乘方法提取的潜变量是按照与因变量的协方差大小排序的，所以只要按顺序提取潜变量，直到满足一定精度即可。

如果选取的潜变量个数太少，则会导致回归效果不佳，个数过多可能会出现过拟合的情况。事实上，如果后续的潜变量已经不能为解释因变量提供更有意义的信息时，采用过多的潜变量只会破坏对统计趋势的认识，引导错误的预测结论。针对潜变量个数的确定，可以采取一种类似于交叉验证的方法选择合适的潜变量个数。在偏最小二乘回归建模中，究竟应该选取多少个潜变量，可通过考察增加一个新的潜变量后，能否对模型的预测功能有明显的改进来考虑。

这里介绍两个统计量，误差平方和（Sum of Squares for Error，SSE）以及预测误差平方和（Predicted Residual Sum of Squares，PRESS）。首先使用除去某个样本点 i 的 $n-1$ 个样本点，h 个潜变量建模。求被排除样本点的预测误差平方。对每一个 $i=1,2,\cdots,n$，重复上述测试，可以求得被排除样本 y_j（$j=1,2,\cdots,q$）的预测误差平方和 PRESS_{hj}

$$\mathrm{PRESS}_{hj}=\sum_{i=1}^{n}(y_{ij}-y_{hj(-i)})^2 \tag{4-59}$$

式中，$y_{hj(-i)}$ 表示被排除样本点 i 后，由余下 $n-1$ 个样本点建立的回归方程得到 y_j 在样本点 i 上的拟合值。

对所有的因变量预测误差平方进行求和可以得到 PRESS_h。

$$\mathrm{PRESS}_h=\sum_{j=1}^{q}\mathrm{PRESS}_{hj} \tag{4-60}$$

而使用所有样本点，建立含 $h-1$ 个潜变量的回归方程，则可以求得该方程在所有样本点上的误差平方和 SSE_{h-1}。

$$\mathrm{SSE}_{(h-1)j}=\sum_{i=1}^{n}(y_{ij}-y_{hji})^2 \tag{4-61}$$

式中，$SSE_{(h-1)j}$ 表示 y_i 的误差平方和；y_{hji} 表示第 i 个的样本点的预测值。

$$SSE_{h-1}=\sum_{j=1}^{q}SSE_{(h-1)j} \tag{4-62}$$

一般说来，对于相同的潜变量，总是有 PRESS 大于 SSE，而 h 个潜变量对应的 SSE 则总是小于 $h-1$ 个潜变量对应的 SSE。相比于 SSE_{h-1}，$PRESS_h$ 增加了一个潜变量，但却含有样本点的扰动误差。如果 h 个潜变量的回归方程的含扰动误差能在一定程度上小于 $h-1$ 个潜变量回归方程的拟合误差，则认为增加一个潜变量，会使预测结果明显提高。因此 $PRESS_h$ 与 SSE_{h-1} 的比值能越小越好。一般认为当两者满足 $\frac{PRESS_h}{SSE_{h-1}}\leqslant 0.95^2$，那么就说明增加的第 h 个潜变量是有效的，由此便能确定潜变量的个数 h 。

4.6 回归案例分析

下面以近红外光谱法测定汽油辛烷值为例，来对比不同回归算法的效果。近红外光谱（波长范围 700～2500nm）的产生主要是样品分子中不同的基团，它们会随着样品组成的变化改变其光谱特征。因此，通过测定近红外光谱的变化可以定量分析待测物品中的某些成分，比如对汽油中的辛烷值进行测定。与一般的回归问题不同，这个案例的自变量个数远远大于样本个数。在收集到的数据中，汽油样本仅有 60 个，而作为自变量 $\boldsymbol{X}\in \mathbf{R}^{60\times 401}$ 的不同波长处光谱强度值高达 401 个。通过对这 401 个变量进行分析，推断出这些变量与因变量 $\boldsymbol{Y}\in \mathbf{R}^{60\times 1}$（辛烷含量）的关系。

虽然这是一个单因变量回归问题，但是很难使用传统的普通最小二乘来分析。均方误差求解系数向量的时候需要对 $\boldsymbol{X}^{\mathrm{T}}\boldsymbol{X}$ 进行求逆，但由于 $\boldsymbol{X}^{\mathrm{T}}\boldsymbol{X}$ 并不满秩，所以无法对其求逆，也无法通过普通最小二乘求得系数向量。为了解决这个问题，可以使用岭回归。为解决不可逆问题，岭回归在 $\boldsymbol{X}^{\mathrm{T}}\boldsymbol{X}$ 上加上了一个比例单位阵。虽然 $\boldsymbol{X}^{\mathrm{T}}\boldsymbol{X}+\lambda\boldsymbol{I}$ 不存在可逆性问题，但是这也在一定程度上降低了预测的准确性，因此，λ 的选择是很重要的。图 4-14 展示了在选取不同 λ 值的情况下岭回归的预测效果。当 λ 分别取 0.001、10 和 1000 的时候，其均方误差分别为 0.21、0.13 和 0.39，可以发现当 λ 取 10 的时候精度最高。

除岭回归外，主元回归和偏最小二乘回归也可以对上述问题进行分析。通过对自变量进行压缩，寻找具有代表性的特征建立回归模型。主元回归和偏最小二乘回归最大的不同在于，偏最小二乘回归寻找特征时考虑了与因变量的相关性，而主元回归寻找的特征值只是尽可能多地涵盖了自变量的信息。图 4-15 展示了主元回归提取出的第一个特征和偏最小二乘回归提取出的第一个特征与因变量的关系，可以发现偏最小二乘回归提取出的特征与因变量具有高度相关性。

在本例中，主元回归和偏最小二乘回归都保留 4 个特征用于回归建模，其预测效果展示如图 4-16 所示。通过特征提取，原有的 401 个自变量可以仅用 4 个主要特征来概括，并取得了不错的预测效果，两者的均方误差分别是 0.13 和 0.10。相比之下，由于偏最小二乘回归考虑了因变量的影响，预测精度比主元回归更高。

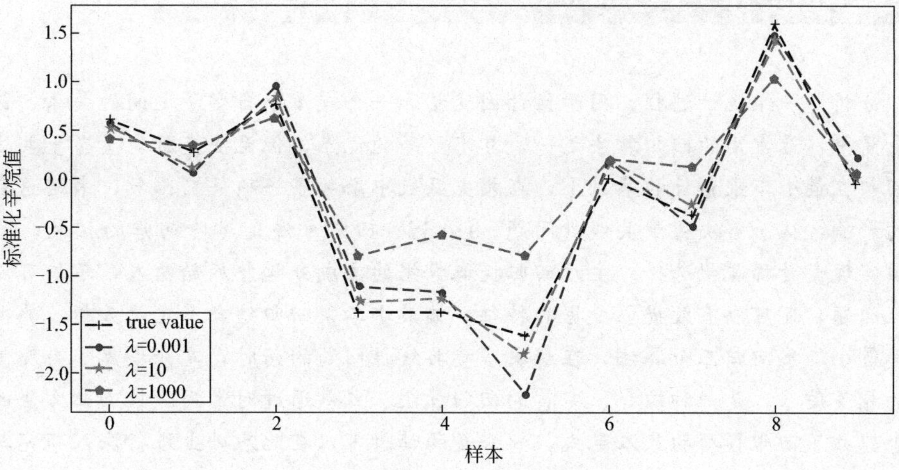

图 4-14　不同 λ 值下岭回归的预测效果

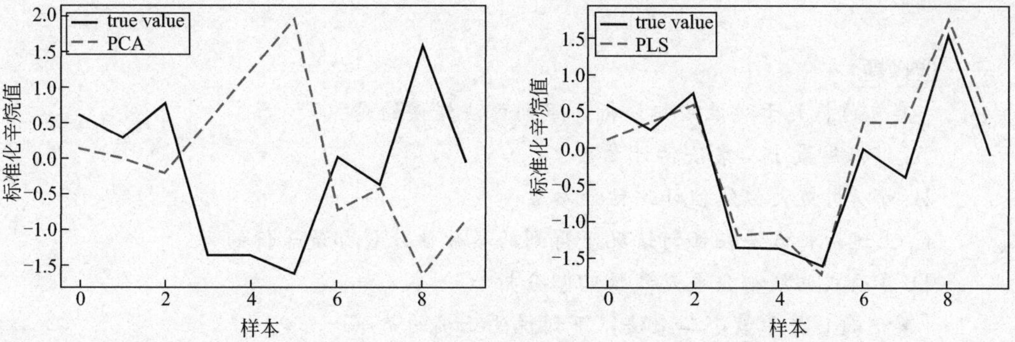

图 4-15　主元回归和偏最小二乘回归提取的第一个特征

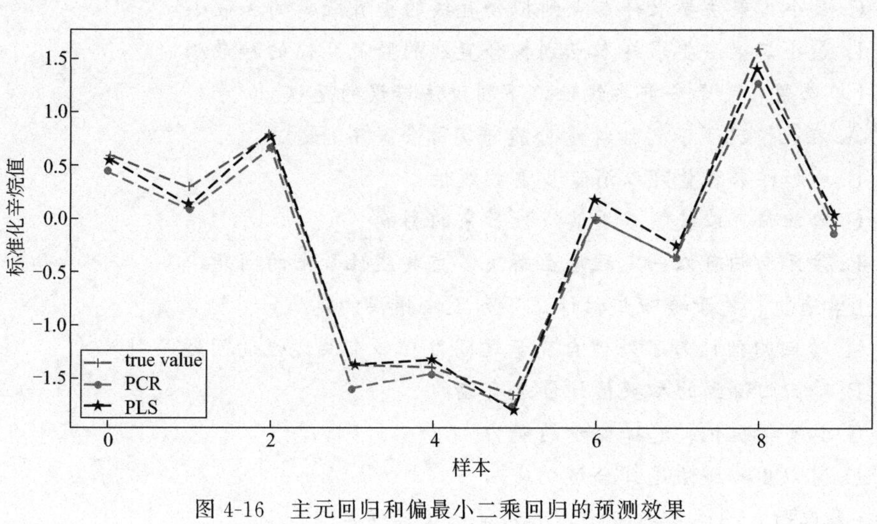

图 4-16　主元回归和偏最小二乘回归的预测效果

本章小结

回归分析是一组统计过程，用于估计因变量和一个或多个自变量之间的关系。最小二乘回归是最简单、最常用的回归算法之一，具有显著的优点，但无法克服变量多重共线性的问题。岭回归在最小二乘估计的基础上，在损失函数中增加了一项惩罚函数，来避免病态不可逆矩阵的影响，从而解决变量共线性问题。LASSO 回归方法是对岭回归的拓展，通过绝对值惩罚项实现变量稀疏化选择。主元回归提取数据的主成分代替原始输入，不仅可以解决变量共线性问题，还可以有效提取数据的特征。偏最小二乘回归结合了主元分析、典型相关分析、普通最小二乘回归三个算法，在解决多重共线性问题的同时，充分考虑了自变量与因变量之间的相关关系，是一种综合、完善的回归算法。本章通过对常用线性回归方法的详细介绍给读者建立了回归模型的基本范式，感兴趣的读者可以在此基础上进行深入研究与拓展。

习题 4

一、选择题

4-1 [单选题] 关于线性回归分析，下列说法错误的是（　　）。

A. 可以用最小二乘法估计参数

B. 可以用极大似然估计法估计参数

C. 上述两种方法在任何情况下得到的参数估计量都是等价的

D. 多项式曲线拟合也是线性回归分析

4-2 [单选题] 关于最小二乘法，下列说法正确的是（　　）。

A. 最小二乘法要求样本点到拟合直线的垂直距离的平方和最小

B. 最小二乘法要求样本点到拟合直线的竖直距离的平方和最小

C. 最小二乘法要求样本点到拟合直线的垂直距离的和最小

D. 最小二乘法要求样本点到拟合直线的竖直距离的和最小

4-3 [单选题] 关于多重共线性，下列说法错误的是（　　）。

A. 在此情况下参数估计量可能与实际含义不符

B. 增加样本容量可以消除多重共线性

C. 岭回归可以缓解多重共线性带来的影响

D. 主元回归可以一定程度上解决多重共线性带来的问题

4-4 [单选题] 关于岭回归估计，下列说法错误的是（　　）。

A. 岭回归估计为了处理自变量之间存在多重共线性的问题而引入的

B. 岭回归得到的参数估计量是有偏的

C. 具有稀疏化、选择变量的能力

D. 可以用岭迹法选择合适的 λ

4-5 [多选题] 关于主元回归，下列说法正确的是（　　）。

A. 主成分之间相互正交

B. 第一主成分是方差波动最大的方向

C. 降维后不会损失信息

D. 可以一定程度上解决数据多重共线性问题

4-6 [多选题] 关于偏最小二乘回归，下列说法正确的是（　　）。

A. 偏最小二乘回归适用于样本数少于变量数的情况

B. 偏最小二乘提取潜变量时只考虑了 X 的信息

C. 偏最小二乘求取潜变量时要求两潜变量的协方差最大

D. 使用迭代求解的方法依次求取潜变量

二、判断题

4-7 岭回归分析是为了解决多重共线性问题所提出的有偏估计回归方法。（　　）

4-8 岭回归通过引入二次项参数 $\lambda\sum_i w_i^2$ 作为正则惩罚项，起到了放大参数、降低误差的作用。（　　）

4-9 主成分从数学角度来说就是方差最大且相互正交的投影方向上的信息。（　　）

4-10 偏最小二乘法的潜变量提取要求潜变量之间的相关性尽可能大。（　　）

4-11 偏最小二乘法可以一次性求解出多个潜变量，不需要迭代求解。（　　）

三、思考题

4-12 请思考并讨论回归分析与相关分析的异同。

4-13 建立回归模型的过程中导致回归效果不佳的两种因素分别是什么？

4-14 请简要描述最小二乘法的几何意义。

4-15 岭回归模型超参数 λ 如何确定？

4-16 举出回归模型中使用正则化的几个例子，并说明正则化的意义。

4-17 主元回归与岭回归解决数据共线性问题的思路有什么区别？

4-18 偏最小二乘回归法确定潜变量个数主要考虑什么因素？

参考答案

参考文献

[1] Freund R J，Wilson W J，Sa P. Regression analysis [M]. Elsevier，2006.

[2] 任雪松，于秀林. 多元统计分析 [M]. 北京：中国统计出版社，201012. 393.

[3] 何晓群. 应用多元统计分析 [J]. 2 版. 中国统计，2015（10）：65.

[4] Farrar D E，Glauber R R. Multicollinearity in regression analysis：the problem revisited [J]. The Review of Economic and Statistics，1967：92-107.

[5] 陶长琪，徐晔，万建香，等. 计量经济学 [M]. 南京：南京大学出版社，2021.

[6] Hoerl A E，Kennard R W. Ridge regression：Biased estimation for nonorthogonal problems [J]. Technometrics，1970，12（1）：55-67.

[7] Svergun D I. Determination of the regularization parameter in indirect-transform methods using perceptual criteria [J]. Journal of applied crystallography，1992，25（4）：495-503.

[8] 何晓群，刘文卿. 应用回归分析 [M]. 北京：中国人民大学出版社，2001.

[9] Spruyt V. The Curse of Dimensionality in classification [J]. Computer vision for dummies，2014，21（3）：35-40.

[10] A Note on the Use of Principal Components in Regression [J]. Journal of the Royal Statistical Society. Series C（Applied Statistics），1982，31（3）.

[11] U Depczynski，V. J Frost，K Molt. Genetic algorithms applied to the selection of factors in principal component regression [J]. Analytica Chimica Acta，2000，420（2）.

[12] Yan Qin, Chunhui Zhao, Biao Huang. A new soft-sensor algorithm with concurrent consideration of slowness and quality interpretation for dynamic chemical process [J]. Chemical Engineering Science, 2019, 199.
[13] Vincenzo Esposito Vinzi, Wynne W. Chin, Jörg Henseler, Huiwen Wang. Handbook of Partial Least Squares [M]. Springer, Berlin, Heidelberg: 2010-01-01.
[14] Geladi Paul, Kowalski Bruce R.. Partial least-squares regression: a tutorial [J]. Elsevier, 1986, 185.
[15] 曹动，谭吉春，陈哲，等. 用近红外光谱分析法测定汽油辛烷值 [J]. 光谱学与光谱分析，1999 (03): 59-62.

5 聚类分析

上一章对回归算法及相关概念进行了介绍，不同于回归的思想，本章中将引入聚类分析并介绍与其相关基础概念。《战国策》中提到："物以类聚，人以群分"，这句话常用来比喻同类的东西常聚在一起，志同道合的人相聚成群，反之就分开。这便是日常生活中经常出现的一种聚类现象。而这些现象都揭示了一种将相似的对象聚为一类，不同的对象划分开的思想。这种思想正是本章将要介绍的聚类分析的核心。因此，本章将结合日常生活中的案例对聚类的基本概念和各类相似性度量进行介绍，随后再以 K-means 聚类算法和高斯混合模型为例具体介绍聚类方法的流程以及聚类算法的实际应用场景。

5.1 基本思想与概念

本节先对聚类算法的概念及大概流程进行简单直观的介绍，有助于读者深入了解本章后续的相似性度量以及算法流程等内容。

5.1.1 聚类的概念

聚类可以把数据划分为不同的类，划分的类可以用来提取数据的特征或进行数据的相关处理。聚类方法在数据挖掘、模式识别等领域都有着广泛的应用。聚类作为一种无监督学习方法，通过分析处理观测数据，根据数据间的某些属性相似程度的不同，将数据聚类为多个类别，从而实现对观测数据的合理分类。

以下是有关聚类分析思想的两个具体例子。

实例 1。在日常生活中，有些人往往能够被某种属性所描述，比如性格是否温和、是否配戴眼镜等。当这些人的属性达到了一定程度上的相似，他们就会自然而然地相互亲近，这也就是俗称的"三观相似"。因此，当找到合适的属性时，我们自然而然地就能对这样的属性进行相似性判断，从而评估不同研究对象之间属性的相似程度，并将相似程度较大的研究对象归为一类。

实例 2。我们走在路上，看到道路两旁的花，即使完全不知道花的种类，但是依然可以根据一些能够描述花的属性将它们聚为几类。这种属性可以是“花的颜色是红还是黄?”或者“花瓣形状是否一致”。如图 5-1 中的花，我们可以按照“花的颜色”这一属性将图中的花聚为不同的类别。即使我们无法得知这些花的所有信息，但至少可以根据花的一些属性将它们分为不同的类。

彩图

图 5-1　相似性示例图

5.1.2　聚类算法分类

聚类算法主要是为了实现对所研究对象的类别判断与聚合。而聚类也有不同的方式去实现。当利用聚类算法进行聚类操作时，可以依据具体算法流程结构的不同或是研究对象所需要被重点研究的属性的不同，将聚类过程分为以下两种类型：

① 依据聚类算法在流程结构上的不同，聚类可分为自上而下和自下而上两种结构。如图 5-2 所示，基于自上而下的聚类算法是先把所有的待聚类样本视为一类，然后不断从这个大类中分离出小类，直到不能再分为止；自下而上则正好相反，这种方法会首先假设所有样本自成一类，然后不断两两合并，直到所有样本都完成了合并操作。

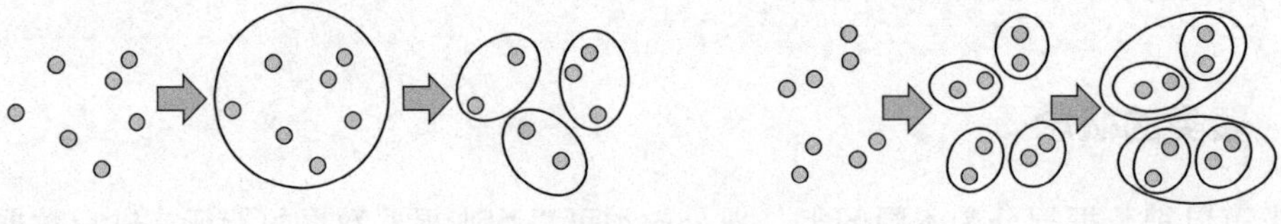

图 5-2　聚类结构

② 依据所关注的被研究对象的特性的不同，聚类方法能够分为 Q 型聚类和 R 型聚类。Q 型聚类是对样本进行聚类，一般是结合多变量信息的一种聚类方式。由于每个样本都是独立的个体，具有各自的含义，因此这种聚类结果往往能够很直观地呈现出来，聚类结果更容易具有物理上的可解释性。而 R 型聚类则是针对变量的聚类，一般是用于研究不同变量之间的相似程度，由于变量之间的相似程度的评估不具有明确的物理意义，因此这种聚类方式往往比较抽象。由此可看出，聚类分析是一种灵活性较高的方法，针对不同的研究目的，都有着不同的聚类方式，并且针对不同的聚类结果，聚类所给出的分析结果也是不尽相同的。

但无论聚类分析如何变化，它始终围绕着“区分与聚合”这一核心。因而聚类所描述的

“类”中的所有数据都需要在某种属性上满足一定的相似性才能够实现“聚合”这一目的，而具体是评价的哪种属性，则可以人为设定或是借助算法来提取，相似性度量将会在5.2节进行介绍。聚类的目的就是根据人们所关心的或是能够通过算法评估的某种属性的相似关系，寻找数据中潜在的自然分组结构。

5.2 相似性度量

样本间的相似度通过距离度量表示，而变量间的相似程度可以通过相关系数表示。本节中将对不同的度量方式进行详细介绍，并讨论聚类过程中选择相似性衡量手段的原则。

5.2.1 相似性度量的基本概念

首先需要注意，相似性度量的选择常与许多因素密切相关，例如变量的观测尺度、研究对象的相关特性等。而目前根据测量方式的不同，变量的观测尺度主要有三种：

① 名义尺度，是指用既没有等级关系也没有数量关系的变量来表示，如性别、职业等。

② 有序尺度，是指用有序等级的变量来表示，有次序关系，但没有数量表示，如优、良、差。

③ 间隔尺度，是指用连续的变量来表示，如长度、重量等。

间隔尺度的变量也称为定量变量，而有序尺度和名义尺度的变量统称为定性变量。这些不同尺度的变量在聚类分析中处理的方式是不一样的。其中提供给间隔尺度变量的方法较多，而处理另两种尺度变量的方法不多，本章不针对此做深入探讨。

确定了变量的观测尺度后，需要选择具体的计算方法来衡量样本或变量之间的相似程度。一般而言，当对样本聚类时，它们之间的相似程度往往由某种距离属性来刻画。当两个样本间的距离越小，两个样本间的相似程度越高。而当对变量聚类时，通常根据变量间的相关系数来聚类。两个变量的相关系数越大，则变量的相似程度越高。

5.2.2 距离度量

本节将以“距离”作为衡量不同样本相似性的一个特定属性，并介绍一些常见的距离度量方法。由于基于距离的衡量方式相对简单且有效，因此聚类算法中广泛应用了各种距离的衡量方式，其中比较常用的有如下几种：欧氏距离（Euclidean Distance）、马氏距离（Mahalanobis Distance）、幂距离（Power Distance）、曼哈顿距离（Manhattan Distance）、切比雪夫距离（Chebyshev Distance）、兰氏距离（Canberra Distance）、斜交空间距离（Oblique Space Distance）、杰卡德距离（Jaccard Distance）、汉明距离（Hamming Distance）等，这些不同的衡量方式往往都利用了不同的距离函数对样本的距离属性进行计算。因此，在进行相似度衡量之前，需要确定一个一致的距离衡量方法，也就是如何定义一个合适的距离函数来衡量不同样本之间的相似度。而距离函数的选择则主要取决于任务的目的。定义一个距离函数，需要满足以下准则：

① $d(x,x)=0$，一个对象与自身的距离为0；

② $d(x,y)\geqslant 0$，距离是一个非负的数值；

③ $d(x,y)=d(y,x)$，距离函数具有对称性；

④ $d(x,y)\leqslant d(x,k)+d(k,y)$，距离函数满足三角不等式。

这些准则所起到的作用和认知中的物理距离意义相似：即当两个样本之间距离函数值大的时候就可以表示样本不相似，反之则是样本相似。接下来，我们将会针对多个典型的距离衡量方式进行介绍，并具体介绍相应的距离函数。

(1) 欧氏距离

欧氏距离（Euclidean Distance）又称直线距离，这是一个常用的距离定义。在欧氏空间内，两点的距离计算常常用欧氏距离表示。大多数情况下，谈到距离的时候，一般都是指的欧氏距离。从数学的角度来讲，它是在多维空间中两个点（x_1,y_1）和（x_2,y_2）之间的物理距离。在二维空间中其公式为：

$$d=\sqrt{(x_1-x_2)^2+(y_1-y_2)^2} \tag{5-1}$$

推广到 n 维空间其公式为：

$$d=\left(\sum_{i=1}^{n}(x_i-y_i)^2\right)^{\frac{1}{2}} \tag{5-2}$$

用向量运算可以表示为：

$$d=\sqrt{(\boldsymbol{X}_1-\boldsymbol{Y}_1)(\boldsymbol{X}_1-\boldsymbol{Y}_1)^{\mathrm{T}}} \tag{5-3}$$

标准化欧氏距离是针对简单欧氏距离的缺点而做的一种改进方案。简单欧氏距离往往未考虑量纲所带来的影响，从而导致了在高维空间可能会出现一个不合理的距离评估结果。而标准化欧氏距离可以消除不同属性的量纲差异带来的影响。标准化欧氏距离的计算公式为：

$$d(x_1,x_2)=\sqrt{\sum_{k=1}^{n}\left(\frac{x_{1k}-x_{2k}}{S_k}\right)^2} \tag{5-4}$$

式中，x_{ij} 表示第 i 个样本的第 j 个指标；S_k 是该维度的样本标准差。

此外，在计算欧氏距离时，有时还要考虑不同研究对象可能存在不同的权重。例如计算奥运奖牌榜中各个国家之间的欧氏距离（相异性），每个国家有3个属性，分别表示获得的金、银、铜牌的数量。在计算欧氏距离时，把金、银、铜牌所起的作用同等看待，显然是不合理的。这时可以采用加权欧氏距离，使得在计算欧氏距离时，金、银、铜牌所起的作用依次减小。加权欧氏距离的计算公式为：

$$d(x_1,x_2)=\sqrt{\sum_{k=1}^{n}w_k(|x_{1k}-x_{2k}|)^2},0<w_k<1,\sum_{k=1}^{n}w_k=1 \tag{5-5}$$

式中，x_{ij} 表示第 i 个样本的第 j 个指标；w_k 是权重。

(2) 马氏距离

考虑到欧氏距离没有考虑总体分布的分散性信息，印度统计学家马哈诺比斯（Mahalanobis）于1936年提出了马氏距离的概念。

设 $\boldsymbol{G}=\{\boldsymbol{X}_1,\boldsymbol{X}_2,\cdots,\boldsymbol{X}_m\}^{\mathrm{T}}$ 为 m 维总体（包含 m 个指标），样本 $\boldsymbol{X}_i=\{x_1,x_2,\cdots,x_m\}^{\mathrm{T}}$。令 $\boldsymbol{\mu}=\mathbb{E}(\boldsymbol{X}_i)(i=1,2,\cdots,m)$，则总体均值向量为 $\boldsymbol{\mu}$。总体 $\boldsymbol{G}$ 的协方差为：

$$\boldsymbol{\Sigma}=\mathrm{Cov}(\boldsymbol{G})=\mathbb{E}[(\boldsymbol{G}-\boldsymbol{\mu})(\boldsymbol{G}-\boldsymbol{\mu})^{\mathrm{T}}] \tag{5-6}$$

设 $\boldsymbol{X}$、$\boldsymbol{Y}$ 是从整体 $\boldsymbol{G}$ 中抽取的两个样本，则 $\boldsymbol{X}$ 与 $\boldsymbol{Y}$ 之间的平方马氏距离为：

$$d^2(\boldsymbol{X},\boldsymbol{Y})=(\boldsymbol{X}-\boldsymbol{Y})^{\mathrm{T}}\boldsymbol{\Sigma}^{-1}(\boldsymbol{X}-\boldsymbol{Y}) \tag{5-7}$$

样本 $\boldsymbol{X}$ 与总体 $\boldsymbol{G}$ 的马氏距离的平方定义为：

$$d^2(\boldsymbol{X},\boldsymbol{G})=(\boldsymbol{X}-\boldsymbol{\mu})^{\mathrm{T}}\boldsymbol{\Sigma}^{-1}(\boldsymbol{X}-\boldsymbol{\mu}) \tag{5-8}$$

两个总体距离判别：设两总体 $\boldsymbol{G}_1$、$\boldsymbol{G}_2$ 的均值分别为 $\boldsymbol{\mu}_1$，$\boldsymbol{\mu}_2$，协方差分别为 $\boldsymbol{\Sigma}_1$，$\boldsymbol{\Sigma}_2$（$\boldsymbol{\Sigma}_1,\boldsymbol{\Sigma}_2>0$），$\boldsymbol{X}_{m\times1}$ 是一个新样本，判断其属于哪一个总体。定义 $\boldsymbol{X}_{m\times1}$ 到 $\boldsymbol{G}_1$ 和 $\boldsymbol{G}_2$ 的距离为 $d^2(\boldsymbol{X},\boldsymbol{G}_1)$ 和 $d^2(\boldsymbol{X},\boldsymbol{G}_2)$，则按式(5-9) 所示的判别规则进行判断：

$$\begin{cases}\boldsymbol{X}\in\boldsymbol{G}_1,\text{若 } d^2(\boldsymbol{X},\boldsymbol{G}_1)\leqslant d^2(\boldsymbol{X},\boldsymbol{G}_2)\\ \boldsymbol{X}\in\boldsymbol{G}_2,\text{若 } d^2(\boldsymbol{X},\boldsymbol{G}_1)>d^2(\boldsymbol{X},\boldsymbol{G}_2)\end{cases} \tag{5-9}$$

当 $\boldsymbol{\Sigma}_1=\boldsymbol{\Sigma}_2$ 时，该判别式可如式(5-10) 进行简化：

$$\begin{aligned}&d^2(\boldsymbol{X},\boldsymbol{G}_1)-d^2(\boldsymbol{X},\boldsymbol{G}_2)\\&=(\boldsymbol{X}-\boldsymbol{\mu}_1)^{\mathrm{T}}\boldsymbol{\Sigma}^{-1}(\boldsymbol{X}-\boldsymbol{\mu}_1)-(\boldsymbol{X}-\boldsymbol{\mu}_2)^{\mathrm{T}}\boldsymbol{\Sigma}^{-1}(\boldsymbol{X}-\boldsymbol{\mu}_2)\\&=-2\left(\boldsymbol{X}-\frac{\boldsymbol{\mu}_1+\boldsymbol{\mu}_2}{2}\right)^{\mathrm{T}}\boldsymbol{\Sigma}^{-1}(\boldsymbol{\mu}_1-\boldsymbol{\mu}_2)\\&=-2\boldsymbol{A}^{\mathrm{T}}(\boldsymbol{X}-\overline{\boldsymbol{\mu}})\end{aligned} \tag{5-10}$$

式中，$\overline{\boldsymbol{\mu}}=\dfrac{1}{2}(\boldsymbol{\mu}_1+\boldsymbol{\mu}_2)$，$\boldsymbol{A}=\boldsymbol{\Sigma}^{-1}(\boldsymbol{\mu}_1-\boldsymbol{\mu}_2)$。

注意到实数的转置等于其自身，故有：

$$\left(\boldsymbol{X}-\frac{\boldsymbol{\mu}_1+\boldsymbol{\mu}_2}{2}\right)^{\mathrm{T}}\boldsymbol{\Sigma}^{-1}(\boldsymbol{\mu}_1-\boldsymbol{\mu}_2)=\boldsymbol{\Sigma}^{-1}(\boldsymbol{\mu}_1-\boldsymbol{\mu}_2)^{\mathrm{T}}\left(\boldsymbol{X}-\frac{\boldsymbol{\mu}_1+\boldsymbol{\mu}_2}{2}\right) \tag{5-11}$$

令 $\boldsymbol{W}(\boldsymbol{X})=\boldsymbol{A}^{\mathrm{T}}(\boldsymbol{X}-\overline{\boldsymbol{\mu}})$，则判别规则就成为：

$$\begin{cases}\boldsymbol{X}\in\boldsymbol{G}_1,\boldsymbol{W}(\boldsymbol{X})\geqslant0\\ \boldsymbol{X}\in\boldsymbol{G}_2,\boldsymbol{W}(\boldsymbol{X})<0\end{cases} \tag{5-12}$$

在实际问题中，由于总体的均值、协方差矩阵通常未知的，数据资料来自两个总体的训练样本，于是样本的均值、样本的协方差矩阵代替总体的均值与协方差。

由于实际问题中只能得到两个样本的协方差矩阵 $\boldsymbol{S}_1$ 和 $\boldsymbol{S}_2$，因此总体的协方差矩阵 $\boldsymbol{S}$：

$$\boldsymbol{S}=\frac{(n_1-1)\boldsymbol{S}_1+(n_2-1)\boldsymbol{S}_2}{n_1+n_2-2} \tag{5-13}$$

式中，n_1，n_2 分别是两个样本的容量。

当 $\boldsymbol{\Sigma}_1\neq\boldsymbol{\Sigma}_2$ 时，

$$\begin{aligned}\boldsymbol{W}(\boldsymbol{X})&=d^2(\boldsymbol{X},\boldsymbol{G}_1)-d^2(\boldsymbol{X},\boldsymbol{G}_2)\\&=(\boldsymbol{X}-\boldsymbol{\mu}_1)^{\mathrm{T}}\boldsymbol{\Sigma}^{-1}(\boldsymbol{X}-\boldsymbol{\mu}_1)-(\boldsymbol{X}-\boldsymbol{\mu}_2)^{\mathrm{T}}\boldsymbol{\Sigma}^{-1}(\boldsymbol{X}-\boldsymbol{\mu}_2)\end{aligned} \tag{5-14}$$

判别规则为：

$$\begin{cases}\boldsymbol{X}\in\boldsymbol{G}_1,\boldsymbol{W}(\boldsymbol{X})\geqslant0\\ \boldsymbol{X}\in\boldsymbol{G}_2,\boldsymbol{W}(\boldsymbol{X})<0\end{cases} \tag{5-15}$$

多总体的距离判别：设有 g 个 m 维总体 $\boldsymbol{G}_1,\boldsymbol{G}_2,\cdots,\boldsymbol{G}_g$，均值向量分别为 $\boldsymbol{\mu}_1$，$\boldsymbol{\mu}_2$，…，$\boldsymbol{\mu}_g$，协方差矩阵分别为 $\boldsymbol{\Sigma}_1$，$\boldsymbol{\Sigma}_2$，…，$\boldsymbol{\Sigma}_g$，则样本 $\boldsymbol{X}$ 到各组的平方马氏距离为：

$$d^2(\boldsymbol{X},\boldsymbol{G}_\alpha)=(\boldsymbol{X}-\boldsymbol{\mu}_\alpha)^{\mathrm{T}}\boldsymbol{\Sigma}^{-1}(\boldsymbol{X}-\boldsymbol{\mu}_\alpha) \tag{5-16}$$

判别规则为：

$$X \in \boldsymbol{G}_i, 若\ d^2(\boldsymbol{X}, \boldsymbol{G}_i) = \min_{1 \leqslant j \leqslant g} d^2(\boldsymbol{X}, \boldsymbol{G}_j) \tag{5-17}$$

(3) 曼哈顿距离

曼哈顿距离的命名与曼哈顿这座城市有关。如图 5-3 所示，曼哈顿基本上是方形建筑群，因此在计算最短行车路径时，只能沿着水平或者竖直的方向前进，而不能沿直线走对角线，因为在物理世界中我们没有办法开车穿过建筑物。

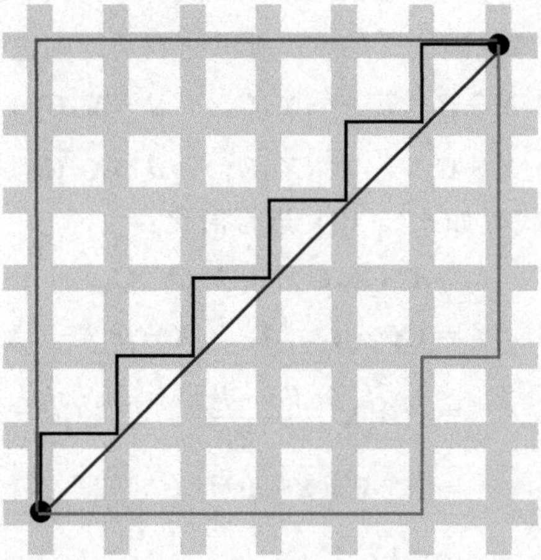

图 5-3　曼哈顿路线示意图

对于 n 维空间的两个坐标点 $\boldsymbol{X}_1 = (x_{11}, x_{12}, \cdots, x_{1n})$ 和 $\boldsymbol{X}_2 = (x_{21}, x_{22}, \cdots, x_{2n})$，其曼哈顿距离计算公式为：

$$d(\boldsymbol{X}_1, \boldsymbol{X}_2) = |x_{11} - x_{21}| + |x_{21} - x_{22}| + \cdots + |x_{1n} - x_{2n}| \tag{5-18}$$

曼哈顿距离是在多维空间内从一个对象到另一个对象的“折线距离”。将曼哈顿距离除以 n，可描述多维空间中对象在各维上的平均差异。相对于欧氏距离，曼哈顿距离降低了离群点的影响。

(4) 切比雪夫距离

在国际象棋中，国王走一步能够移动到相邻的 8 个方格中的任意一个。那么国王从格子 (x_1, y_1) 到 (x_2, y_2) 最少需要步数为 $\max(|x_2 - x_1|, |y_2 - y_1|)$。一般地，两个 n 维向量间的切比雪夫距离定义如下：

$$d(\boldsymbol{X}_1, \boldsymbol{X}_2) = \max_{k=1,2,\cdots,n} |x_{1k} - x_{2k}| \tag{5-19}$$

另一种等价形式为：

$$d(\boldsymbol{X}_1, \boldsymbol{X}_2) = \lim_{p \to \infty} \left(\sum_{k=1}^{n} |x_{1k} - x_{2k}|^p \right)^{\frac{1}{p}} \tag{5-20}$$

(5) 兰氏距离

兰氏距离（Canberra Distance）计算公式如下：

$$d(\boldsymbol{X}_1, \boldsymbol{X}_2) = \sum_{k=1}^{n} \frac{|x_{1k} - x_{2k}|}{|x_{1k}| + |x_{2k}|} \tag{5-21}$$

兰氏距离消除了量纲不同所带来的影响。它受异常值影响较小，适合于数据具有高度偏倚的应用。但是，兰氏距离没有考虑各维度之间的相关性。

（6）斜交空间距离

斜交空间距离（Oblique Space Distance）的计算公式如下：

$$d(\boldsymbol{R}_1,\boldsymbol{R}_2)=\sqrt{\frac{1}{n^2}\sum_{k=1}^{n}\sum_{l=1}^{n}(R_{1k}-R_{2k})(R_{1l}-R_{2l})r_{kl}} \tag{5-22}$$

式中，r_{kl} 是属性 R_{1k} 和 R_{2l} 的相关系数。由于各维度之间往往存在不同的关系，而在正交空间的距离计算前提是各个维度都是正交的，因此计算样本间的距离易变形，所以可以采用斜交空间距离。斜交空间距离考虑了不同属性间的相关性关系，因此能够更好地评估各个待研究对象之间的权重。

（7）杰卡德距离

$\boldsymbol{R}_i$ 和 $\boldsymbol{R}_j$ 是两个 n 维向量，所有维度的取值都是 0 或 1。将样本看成一个集合。p 表示样本 $\boldsymbol{R}_i$ 和 $\boldsymbol{R}_j$ 都是 1 的维度的个数；q 表示 $\boldsymbol{R}_i$ 是 1、$\boldsymbol{R}_j$ 是 0 的维度的个数；r 表示 $\boldsymbol{R}_i$ 是 0、$\boldsymbol{R}_j$ 是 1 的个数；s 则表示 $\boldsymbol{R}_i$ 和 $\boldsymbol{R}_j$ 都是 0 的维度的个数。杰卡德距离（Jaccard Distance）的公式定义如下：

$$d(\boldsymbol{R}_i,\boldsymbol{R}_j)=\frac{q+r}{p+q+r} \tag{5-23}$$

对于二元变量来说，如果“0”和“1”两个状态是同等价值的，并有相同的权重，则该二元变量是对称的。例如，性别的两个取值 0 和 1 没有优先权。很多情况下，二元变量都是不对称的，通常将出现概率较小的结果编码为 1，两个都取值 1 的情况（正匹配）被认为比两个都取值为 0 的情况（负匹配）更有意义，因此在杰卡德距离公式中，没有考虑变量 s。

（8）汉明距离

汉明距离（Hamming Distance）用来表示两个同等长度的字符串，由一个转换为另一个的最小替换次数。

设 $\boldsymbol{X},\boldsymbol{Y}\in\{0,1\}^n,n>0,\boldsymbol{X},\boldsymbol{Y}$ 间的汉明距离如下：

$$H_{\mathrm{d}}(\boldsymbol{X},\boldsymbol{Y})=\sum_{i=1}^{n}|\boldsymbol{X}_i-\boldsymbol{Y}_i| \tag{5-24}$$

在实际应用中，汉明距离有时会进行规范化，即：

$$H_{\mathrm{d}}(\boldsymbol{X},\boldsymbol{Y})=\frac{1}{n}\sum_{i=1}^{n}|\boldsymbol{X}_i-\boldsymbol{Y}_i| \tag{5-25}$$

5.2.3 相关系数

在评价相似度时，除了距离类度量以外，还存在另一种常用的度量方式，那就是相关系数，它是统计学中的一个常用概念，常用来衡量两个变量间的线性相关的程度。

变量 x_i 与 x_j 的相关系数定义为：

$$\rho_{ij}=\frac{\sum_{k=1}^{n}(x_{ik}-\bar{x}_i)(x_{jk}-\bar{x}_j)}{\sqrt{\left[\sum_{k=1}^{n}(x_{ik}-\bar{x}_i)^2\right]\left[\sum_{k=1}^{n}(x_{jk}-\bar{x}_j)^2\right]}} \tag{5-26}$$

如图 5-4 所示，图中的横纵坐标轴分别表示一个变量，如果两个变量的相关系数的绝对值为 1，则说明两个变量有线性相关关系，若相关系数为 0，则说明两个变量没有线性相关关系，但这并不能说明两个变量是独立的，它们可能有着别的非线性关系。下面列举两个典型的相似度评价方法以做说明——余弦相似度与余弦距离。

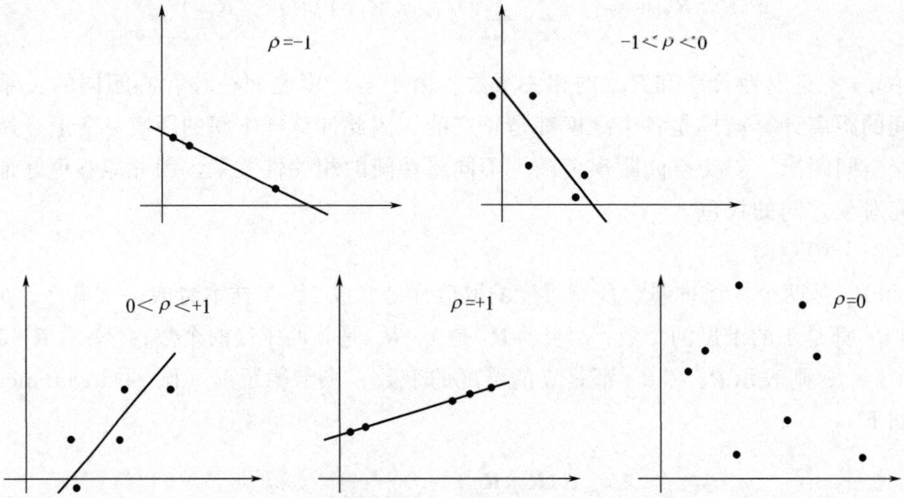

图 5-4　相关系数和变量关系

几何中夹角余弦可用来衡量两个向量方向的差异，因此机器学习中常借用这一方式来衡量样本向量之间的差异。如果把两个样本 $\boldsymbol{X}_1$，$\boldsymbol{X}_2$ 视为 n 维空间中的两个向量，那么它们夹角的余弦值就可以由两个向量的内积除以两个向量模的乘积来计算，取值在 −1 到 1 之间，余弦值越大，说明两个向量相似度越高，两者的距离越近。

余弦相似度：对于 n 维空间有两个坐标点 $\boldsymbol{X}_1=(x_{11},x_{12},\cdots,x_{1n})$ 和 $\boldsymbol{X}_2=(x_{21},x_{22},\cdots,x_{2n})$，其夹角余弦值可以计算为：

$$\cos\theta=\frac{\sum_{i=1}^{n}x_{1i}x_{2i}}{\sqrt{\sum_{i=1}^{n}x_{1i}^{2}}\sqrt{\sum_{i=1}^{n}x_{2i}^{2}}} \tag{5-27}$$

余弦距离：

$$d(\boldsymbol{X}_1,\boldsymbol{X}_2)=1-\cos\theta \tag{5-28}$$

需要注意的是，针对变量的相似性度量方法与针对样本的相似性度量方法在一些情况下是可以混用的，比如，人们现在也常用夹角余弦来衡量文字样本间的相似程度。

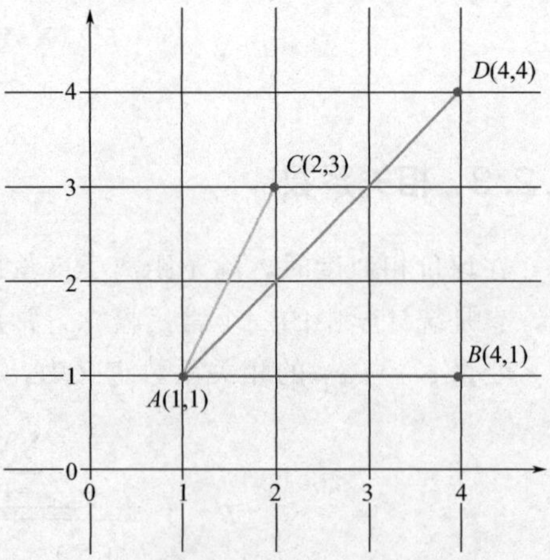

图 5-5　相似性度量

5.2.4　选择相似性衡量手段的原则

上文已经介绍了多种相似性度量方法，而在实际应用时需要根据研究对象的特性挑选合适的方法。例如图 5-5 所示，有 A，B，C，D 四个样本，每个样本都包含两个变量，分别用不同的相似性度量方法来衡量样本 B，C，D 与 A 的相似度，表 5-1 就是使用不同的方法得到的结果。当使用曼哈顿距离时，B，C 与 A 的相似程度相同；使用欧氏距离时，C 与 A 最相似；而使用夹角余弦时，D 与 A 最相似。由此可知，不同的方法可能会带来不同的度量结果。因此，在聚类时，使用合适的相似性度量方法是非常重要的。

表 5-1　不同相似性度量得到的距离

方法	(A,B)	(A,C)	(A,D)
曼哈顿距离	3	3	6
欧氏距离	3	2.24	4.24
夹角余弦	0.86	0.98	1

在以上距离衡量的方法，没有最好的方法，只有最适合的方法。根据不同的应用场景，一般距离衡量方法选择的原则如下：

① 欧氏距离用于直接衡量样本间的几何距离；

② 马氏距离用于衡量给定样本总体条件下的距离；

③ 曼哈顿距离用于衡量样本间的绝对值距离，如行车路径长度；

④ 余弦距离用于衡量样本的方向差异，忽略样本各分量本身的幅度或数量级。

基于以上介绍的概念，下一节中将会分别介绍两种简单的聚类方法以详细阐述聚类算法的实施流程。

5.3　K-均值聚类算法简介

本节介绍的聚类算法是 K-均值聚类算法，也就是 K-means。下面将对该方法的思想和流程进行详细介绍。在介绍算法流程的基础上还将深入讨论 K-均值聚类算法的关键影响因素，并以图片示例直观地展示其应用于图像压缩中所呈现的效果。

5.3.1　算法思想

在 K-均值聚类算法中，每个样本会被划分到与其距离最近的类中心所属的类别中，所有样本会被划分为 k 个类。此外，因为每个样本只能完全属于或不属于某一个类，所以 K-均值聚类算法是一种硬聚类方法。

在详细介绍 K-均值聚类算法之前，需要先介绍后续用到的符号。假设数据集为一个包含 n 个样本的集合，每个样本有 p 个变量。用符号 G_1 到 G_k 表示数据集划分得到的 k 个类的集合，任意两个集合是没有交集的，并且这些集合能够包含所有的样本。此外，用符号 m 表示类中心，用 C 来表示一次聚类的数据划分结果，$C(i)=l$ 则表示第 i 个样本被划分到了第 l 个类中。

数据集：

$$\boldsymbol{X}=\{\boldsymbol{x}_1,\boldsymbol{x}_2,\cdots,\boldsymbol{x}_n\},\boldsymbol{x}_i\in\mathbf{R}^p \tag{5-29}$$

类别：

$$G_1,G_2,\cdots,G_k \tag{5-30}$$

其中，
$$G_i \cap G_j = \varnothing \text{，} \bigcup_{i=1}^{k} G_i = \boldsymbol{X} \tag{5-31}$$

类中心：
$$m_1, m_2, \cdots, m_k \tag{5-32}$$

聚类结果：
$$C(i) = l \tag{5-33}$$

表示第 i 个样本，被划分到第 l 个类中。

K-均值聚类算法采用欧氏距离平方来衡量样本之间的距离，损失函数则定义为所有样本到其所属类的中心的距离之和。K-均值聚类算法通过寻找一个最优的数据划分 C，来最小化损失函数。但是由于计算的复杂性，无法直接求解出一个准确的最优结果，因此 K-均值聚类算法采用贪心策略，通过迭代优化来解决这个问题。算法迭代的效果可以参照图 5-6 来理解，其中不同形状的点表示不同类别，这三幅图分别表示迭代 1 次、3 次和 10 次后的分类结果。

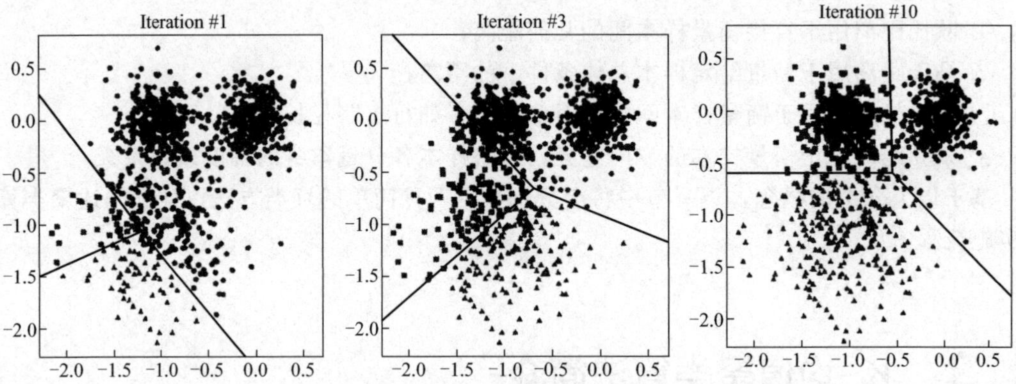

图 5-6　K-均值聚类过程

5.3.2　算法流程

K-均值聚类算法在每次迭代时都包含以下两个步骤。

① 确定各个类别的类中心。

② 在已经得到各个类的类中心的基础之上，将所有的样本分配到离它最近的类中心所对应的类别中。

即确定一个数据划分方法，使得数据划分后的损失函数极小化。而这里的损失函数本质上就是一种距离函数。

算法的损失函数为：
$$W(C) = \sum_{l=1}^{k} \sum_{C(i)=l} \| x_i - m_l \|^2 \tag{5-34}$$

当我们给定类中心后，需要求一个划分 C，使得损失函数极小化，即：
$$\min_C W(C) = \sum_{l=1}^{k} \sum_{C(i)=l} \| x_i - m_l \|^2 \tag{5-35}$$

新的划分结果为：
$$C(i) = \underset{j}{\operatorname{argmin}} \| x_i - m_l \|^2 \tag{5-36}$$

接下来要重新计算中心。当所有样本都被划分到某个类别后，再进行迭代过程的第二步，即通过调节每个类中心来进一步降低损失函数。通过求解这个优化问题可以得知，每类中心点调整至该类所有样本的平均值处时，会使得损失函数最小。

当划分 C 确定后，更新类中心($m_1,m_2,\cdots,m_k$)，使得损失函数最小化：

$$\min_{m_1,\cdots,m_k}\sum_{l=1}^{k}\sum_{C(i)=l}\|x_i-m_l\|^2 \tag{5-37}$$

假如第 l 个类中，一共有 n_l 个样本，则新的中心为：

$$m_l=\frac{\sum_{C(i)=l}x_i}{n_l} \tag{5-38}$$

上文介绍的是迭代优化时的步骤，而 K-均值聚类算法的整体步骤可以归纳成以下 3 步。

第 1 步，选择 k 个初始聚类中心，比如可以随机选择 k 个样本作为初始中心。

第 2 步，按照上述的方法进行迭代优化。每次迭代时先逐个分派样本到距其最近的中心所对应的类中，然后重新计算各个类的中心。

第 3 步，在每一次迭代后，判断是否满足终止条件，若不满足，则重复第 2 步。一般而言，会设置终止条件使聚类结果不再改变；或者可以设置一个最大迭代次数，当迭代次数等于最大迭代次数时，结束迭代。

现举例说明：使用 K-均值聚类算法将数据集中的样本聚为两类，数据集 $\boldsymbol{X}$ 共包含 5 个样本，每个样本包含两个变量，即：

$$\boldsymbol{X}=[x_{ij}]_{2\times5}=\begin{bmatrix}0&0&1&5&5\\2&0&0&0&2\end{bmatrix}$$

按照以上算法流程进行聚类。

第 1 步：选择 2 个点作为类中心。

$\boldsymbol{m}_1^{(0)}=\boldsymbol{x}_1=(0,2)^{\mathrm{T}}$ ，$\boldsymbol{m}_2^{(0)}=\boldsymbol{x}_2=(0,0)^{\mathrm{T}}$

第 2 步：分别计算样本与类中心之间的距离，将样本分配到最接近的类中心。

$\boldsymbol{G}_1^{(1)}=\{\boldsymbol{x}_1,\boldsymbol{x}_5\}$ ，$\boldsymbol{G}_1^{(1)}=\{\boldsymbol{x}_2,\boldsymbol{x}_3,\boldsymbol{x}_4\}$

第 3 步：分别计算这两类样本的均值，对两类的中心进行更新。对于得到的新类 $\boldsymbol{G}_1^{(1)}=\{\boldsymbol{x}_1,\boldsymbol{x}_5\}$ ，$\boldsymbol{G}_1^{(1)}=\{\boldsymbol{x}_2,\boldsymbol{x}_3,\boldsymbol{x}_4\}$ ，分别计算新的类中心，得到：

$\boldsymbol{m}_1^{(1)}=(2.5,2)^{\mathrm{T}}$ ，$\boldsymbol{m}_2^{(1)}=(2,0)^{\mathrm{T}}$

第 4 步：重复上述步骤，得到如下所示新的分类结果。

$\boldsymbol{G}_1^{(2)}=\{\boldsymbol{x}_1,\boldsymbol{x}_5\}$ ，$\boldsymbol{G}_1^{(2)}=\{\boldsymbol{x}_2,\boldsymbol{x}_3,\boldsymbol{x}_4\}$

由于计算出来的新的聚类中心并没有改变，表明已经得到了正确的分类结果，符合终止条件。因此停止迭代，得到了最终的聚类结果，终止算法，得到最终结果：

$\boldsymbol{G}_1^{(2)}=\{\boldsymbol{x}_1,\boldsymbol{x}_5\}$ ，$\boldsymbol{G}_1^{(2)}=\{\boldsymbol{x}_2,\boldsymbol{x}_3,\boldsymbol{x}_4\}$

5.3.3 算法关键影响因素

需要注意的是，即使是对于同样的数据集，使用 K-均值聚类算法也可能得到不同的结果。这是因为影响 K-均值聚类算法结果的关键因素主要有以下两个。

（1）类别个数的设定

在实际应用时，最优的类别个数往往是未知的，一般是结合先验知识人为给定的，类别个数设定不同时，聚类结果会不同。针对这个问题，解决方法是尝试用不同的类别个数分别进行聚类，通过不同情况下聚类结果的质量，推测最优的 k 值。聚类结果的质量可以用类的平均直径来衡量。一般来说，类别个数增加时，平均直径会减小；类别数大于某个值后，平均直径会不变，而这个值就是我们推测的最优类别个数。

（2）初始类中心的位置

因为 K-均值算法是一种启发式算法，不能保证收敛到全局最优，初始中心的选择会影响到算法收敛到的局部最优值。例如前述的案例所示，假如选择的初始类中心为第 1 个和第 5 个样本时，最终的聚类结果将会变化：

第 1 步：选择 2 个点作为类中心

$\boldsymbol{m}_1^{(0)}=\boldsymbol{x}_1=(0,2)^{\mathrm{T}}$，$\boldsymbol{m}_2^{(0)}=\boldsymbol{x}_5=(5,2)^{\mathrm{T}}$

第 2 步：划分聚类结果

$\boldsymbol{G}_1^{(1)}=\{\boldsymbol{x}_1,\boldsymbol{x}_2,\boldsymbol{x}_3\}$，$\boldsymbol{G}_1^{(1)}=\{\boldsymbol{x}_4,\boldsymbol{x}_5\}$

第 3 步：对于得到的新类，分别计算新的类中心

$\boldsymbol{m}_1^{(1)}=(0.33,0.67)^{\mathrm{T}}$，$\boldsymbol{m}_2^{(1)}=(5,1)^{\mathrm{T}}$

第 4 步：重复上述步骤，得到新的分类结果

$\boldsymbol{G}_1^{(2)}=\{\boldsymbol{x}_1,\boldsymbol{x}_2,\boldsymbol{x}_3\}$，$\boldsymbol{G}_1^{(2)}=\{\boldsymbol{x}_4,\boldsymbol{x}_5\}$

结果未发生改变，终止算法。

此时，$\boldsymbol{x}_1,\boldsymbol{x}_2,\boldsymbol{x}_3$ 将被聚为一类，而 $\boldsymbol{x}_4,\boldsymbol{x}_5$ 被聚为另一类。

5.3.4 算法应用：图像压缩

K-均值聚类算法除了可以用于数据的聚类，还可以用于图像的压缩。正常的彩色图像中每个像素都使用 RGB 三个通道的信息来确定颜色，每个像素都看作一个样本，而 R、G、B 则分别代表着样本的 3 个变量，所以我们可以对图片中像素的颜色信息进行聚类，在聚类完成后，再指定同一类中的像素点的颜色就是该类别的聚类中心的颜色。

如图 5-7，当使用 K-均值聚类算法将所有像素聚为两类时，可以理解为所有像素点只有两种颜色。这种情况下，我们不需要针对每个像素都保存 RGB 信息，只需要保存 k 个颜色的 RGB 信息以及每个像素对应的颜色类别，这样需要存储的数据会减少很多，达到了图像压缩的目的。下面这几幅图像就是一个实际的图像压缩例子，当类别个数增加时，图像包含的颜色种类会越多，图片会越逼真，但是需要存储的数据也会更多。

彩图

图 5-7 K-means 在图像压缩上的应用

5.4 高斯混合模型简介

本节介绍的聚类算法是高斯混合模型（Gaussian Mixture Model，GMM），它同样是一种可用于聚类的模型，但不同于K-均值聚类算法，它能够实现样本的软化分。下面将介绍GMM算法，并将该算法用于聚类分析。通过两个仿真案例展示GMM聚类的效果。

5.4.1 算法介绍

在图5-8中，数据主要集中分布在两个区域，这两个区域可以通过两个高斯分布来描述，如果我们希望将不同区域的数据区分开来，那么就可以使用GMM来实现，而GMM所做的就是利用多个高斯分布来拟合这两个区域的数据分布，并将它们区分出来作为不同的类，同时判断每个数据分别属于哪个分布，从而实现聚类。

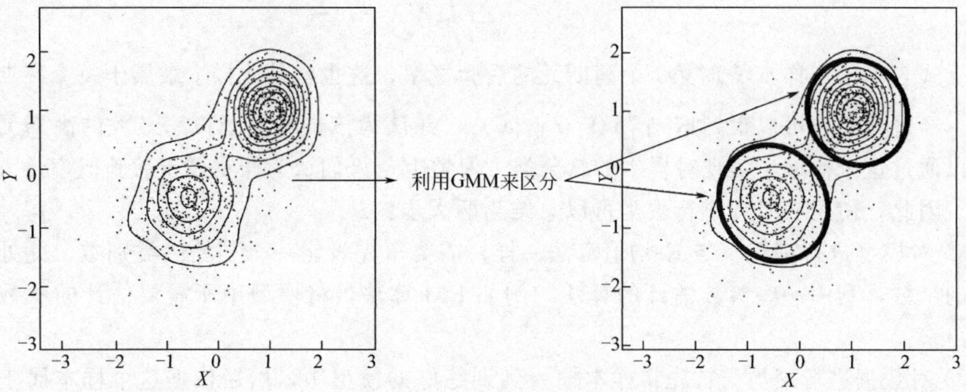

图5-8 GMM聚类过程

GMM算法所研究的属性是数据的统计特性。通常认为在GMM中通过多个高斯分布的合理线性组合，可以表征出任意情况下数据的分布。而GMM中每一个高斯分布则被称为一个高斯元，这些不同的高斯元就代表了不同的类。此外，由于是针对统计特性进行的研究，因而GMM在聚类时，能够得到每个样本属于每个高斯元的概率。这也就体现出了GMM与K-均值聚类算法的不同。K-均值聚类算法是硬性地将某个点划分至某个类别中，而GMM能够得到每个数据点被分配到每个类别的概率，这属于一种软分类的方法。以下将详细介绍GMM算法的模型及实现流程。

GMM模型如下：

$$P=\sum_{k=1}^{K}\pi_k\mathcal{N}(\boldsymbol{X}|\boldsymbol{\mu}_k,\boldsymbol{\Sigma}_k) \tag{5-39}$$

GMM模型中需要训练的参数为：

$$\pi_k,\boldsymbol{\mu}_k,\boldsymbol{\Sigma}_k(k=1,2,\cdots,K) \tag{5-40}$$

在离线训练时，利用最大期望（EM）算法可以估算出相应的训练参数值。

GMM的模型表达式中的P，也就是取得样本$\boldsymbol{X}$的概率，其实是由K个具有不同均值和方差的高斯分布通过线性组合得到的。而式中的系数“π_k”则被称为权重系数，这个系数代表了第k个高斯元在模型中所占的比重。在实际中，往往已知的是总体数据分布，而总体数据分布往往是由多个分布组成的。因此，借助 GMM 算法的特点，可以实现从总体数据分布中找出其中所包含的各个分布。而找的过程，就是对参数进行训练的过程。GMM 模型中需要训练的参数不多，它们分别是“权重系数、均值、方差”。目前主要是借助 EM 算法，也就是最大期望算法对这些参数进行训练。而 EM 算法分为两步——E 步和 M 步，分别实现对参数的估计以及概率最大化的优化操作。当然，也有其他的优化方法能够训练出 GMM 的模型参数，但在本节中不对这些优化方法进行讨论。

5.4.2 利用 GMM 算法进行聚类

在得到 GMM 模型参数后，对于模型中的每个高斯元，可以用 $\boldsymbol{Y}=\boldsymbol{y}_i$ 来表示样本属于高斯元 $\boldsymbol{y}_i$，解析地写出每个样本属于每一个高斯元的后验概率：

$$p(\boldsymbol{Y}=\boldsymbol{y}_i|\hat{\boldsymbol{x}})=\frac{\pi_i p(\hat{\boldsymbol{x}}|\boldsymbol{\mu}_i,\boldsymbol{\Sigma}_i)}{\sum_{i=1}^{K}\pi_i p(\hat{\boldsymbol{x}}|\boldsymbol{\mu}_i,\boldsymbol{\Sigma}_i)} \tag{5-41}$$

上式表示给定样本 $\hat{\boldsymbol{x}}$ 时第 i 个高斯元的后验概率，这也就是此样本隶属于每个高斯元的概率。经过计算，可以得到 K 个 $p(\boldsymbol{Y}=\boldsymbol{y}_i|\hat{\boldsymbol{x}})$，并认为该样本属于概率最大的高斯元。然后可以通过这个概率，实现对样本的软分类。习惯上，人们认为样本属于后验概率最大的高斯元。因此，使用 GMM 进行聚类可以总结为两大步：

① 对模型进行训练。与 K-均值算法一样，需要事先设定一个初始的类别数，此处为高斯元的个数，利用一些参数估计的算法，例如 EM 算法，将模型中所需要估计的参数迭代求解出来。

② 对数据进行聚类。首先将样本输入到训练好的模型中，然后依据这个样本属于不同高斯元的概率大小，将该样本划分到概率最大的高斯元中，从而实现对样本的聚类处理。当每个样本都完成了划分，那么 GMM 的聚类也就完成了。

在使用 GMM 进行聚类时需要注意的是高斯元个数 K 的设置，其对于后续模型的训练结果至关重要，目前主流的参数估计算法 EM 无法自适应地调整高斯元的个数。因此若使用 EM 算法对模型进行训练，则需要结合一定的先验知识以选定合适的高斯元个数。此外，还需要提前确定好初始时的模型参数（每个高斯元的均值、方差以及权重）。因为 GMM 的参数是迭代求解得到的，因此需要设定一个合适的初值以开始迭代。一般而言，初值的设定没有一个明确的标准，可以依据先验知识进行人为的设定，也可以通过一些聚类算法例如 K-均值算法等挖掘合适的初值。在实际应用时，由于局部最优问题的存在，初值选取的不同可能会导致 GMM 得到不同的聚类结果。

5.4.3 算法示例

本节通过一个仿真实验和一个人群身高聚类案例来展示 GMM 的聚类效果。

（1）仿真实验

本实验基于 Python3.6 版本实现。首先随机生成一组数据，这组数据是由两个不同的二维高斯分布组成的。实验目的是通过 GMM 在混合后的分布中区分出这两组数据，并得到这两个类别的统计信息，即均值和方差以及各数据点的类别归属情况。

如图 5-9 所示，随机生成由两个不同的二维高斯分布

$$N_1 \sim \mathcal{N}\left(\begin{bmatrix}0\\0\end{bmatrix}\begin{bmatrix}1&0\\0&1\end{bmatrix}\right), N_2 \sim \mathcal{N}\left(\begin{bmatrix}5\\5\end{bmatrix}\begin{bmatrix}4&0\\0&4\end{bmatrix}\right)$$

组成的数据共 2000 个。

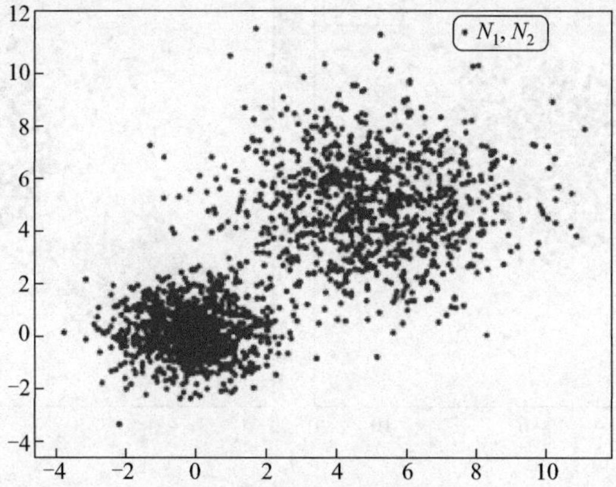

图 5-9 训练数据示例

将产生的数据输入 GMM 中，并借助 EM 算法对 GMM 的参数进行拟合，最终得到的参数拟合结果与实际的参数结果如下。

利用训练数据训练得到的 GMM 模型包含两个高斯元的参数：

N_1 的估计参数为：$\begin{cases}\pi_1 = 0.50255\\ \boldsymbol{\mu}_1 = \begin{bmatrix}0.02870\\0.02144\end{bmatrix}\\ \boldsymbol{\Sigma}_1 = \begin{bmatrix}1.03589 & 0\\ 0 & 0.95620\end{bmatrix}\end{cases}$

N_1 的实际参数为：$\begin{cases}\pi_1 = 0.5\\ \boldsymbol{\mu}_1 = \begin{bmatrix}0\\0\end{bmatrix}\\ \boldsymbol{\Sigma}_1 = \begin{bmatrix}1 & 0\\ 0 & 1\end{bmatrix}\end{cases}$

N_2 的估计参数为：$\begin{cases}\pi_2 = 0.49745\\ \boldsymbol{\mu}_2 = \begin{bmatrix}5.12247\\4.99383\end{bmatrix}\\ \boldsymbol{\Sigma}_2 = \begin{bmatrix}3.73137 & 0\\ 0 & 4.00704\end{bmatrix}\end{cases}$

N_2 的实际参数为：$\begin{cases}\pi_2 = 0.5\\ \boldsymbol{\mu}_2 = \begin{bmatrix}5\\5\end{bmatrix}\\ \boldsymbol{\Sigma}_2 = \begin{bmatrix}4 & 0\\ 0 & 4\end{bmatrix}\end{cases}$

如图 5-10 所示，是利用 GMM 聚类的结果对比。图 5-10(a) 是利用 GMM 实现的聚类结果，图 5-10(b) 是真实值。由此可知，GMM 能够成功地将数据聚类为与原始分布相似的两类。

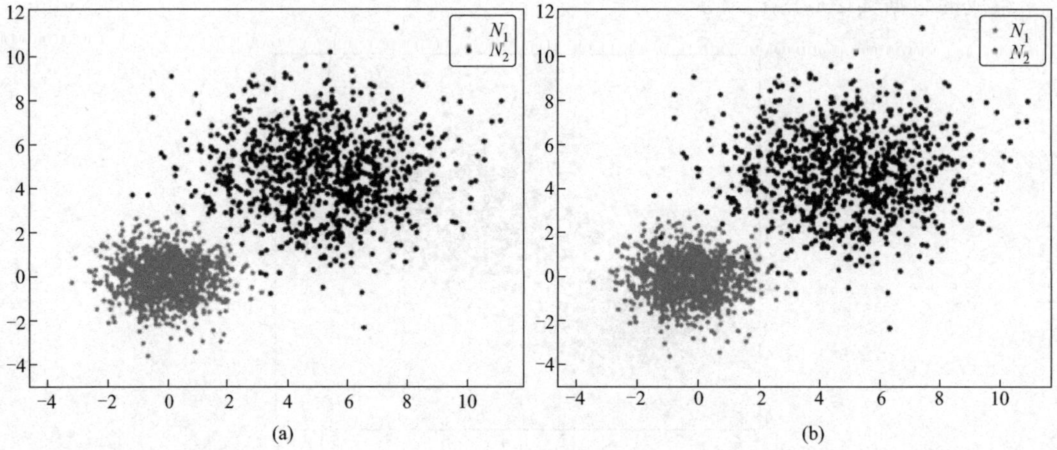

图 5-10　GMM 聚类结果

(2) 人群身高聚类

GMM 算法的强大聚类能力能够辅助我们分析生活中的很多数据，比如当想分别得到男性和女性各自的身高分布，但是只有无性别标签的总体身高信息，此时可以考虑使用 GMM 来进行聚类。

假定某个群体中人群的身高分布曲线图如图 5-11 所示，其中实线代表人群的总体身高分布。在实际生活中，人群总体身高的分布是由男性身高分布和女性身高分布组合而成的。因此，假定人群总体身高是由点画线所代表的男性身高分布曲线与虚线所代表的女性身高分布曲线组合而成。

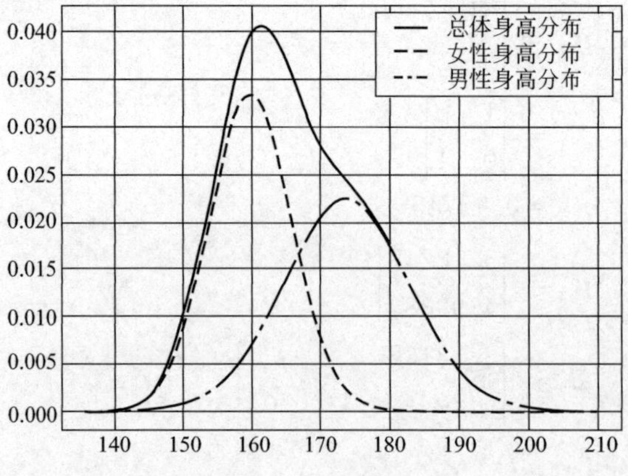

图 5-11　人群身高分布

借助 GMM，可以清楚地区分出两个分布，结合先验知识，也就是男性通常会比女性高一点，从而能够得到男性和女性各自的身高分布如图 5-12 所示。

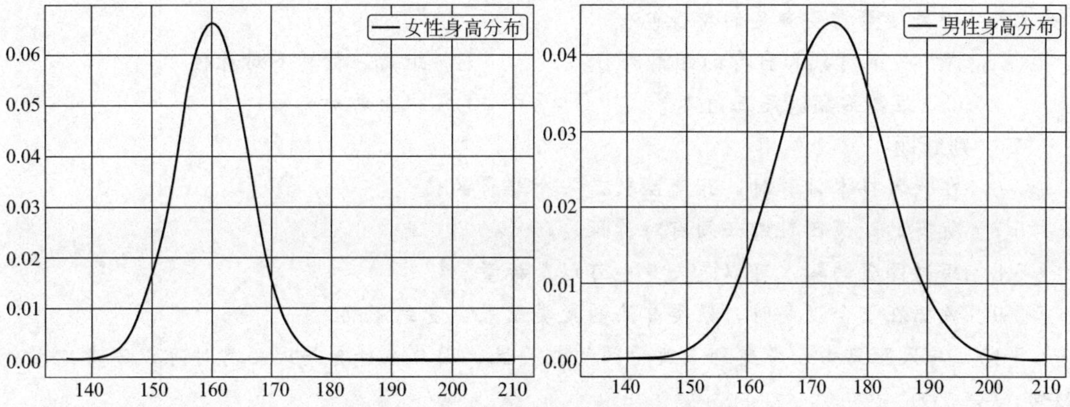

图 5-12　人群中男性和女性身高分布

本章小结

本章介绍了聚类算法以及聚类算法中所涉及的相似度评价方法，并以 K-means 和 GMM 这两个聚类分析中较为典型的算法为例说明了聚类思想以及相似度是如何在算法中使用的。通过本章的讲解以及与前几章内容的对比，可以看到聚类算法的效果往往会受到人为选择的参数的影响，因而与前几章所涉及的回归算法以及多元统计方法相比，聚类分析算法目前依旧不够完善。但是由于聚类分析有较强的灵活性，聚类算法能实现对诸如图片、数值数据、文本数据甚至语音等各种类型的对象进行聚类，也可以在无大量先验知识的情况下不指定分类的参考或标签，直接通过相似性判断，以得到聚类的结果。因此，这样的优势就使得聚类分析在一些涉及存在大量未知因素的学科，例如化学、医学、统计学等领域中大显身手。而聚类这样的分析手段本质上是实现对研究对象的判断并归类，这类分析手段中如何进行判别是很重要的一环，因此下一章中将会引入一个新的概念，即判别分析，并针对判别分析方法进行详细的讲解。

习题 5

一、选择题（单选）

5-1　聚类算法中的 Q 型聚类是对（　　）进行聚类。

A. 样本　　B. 变量　　C. 分布信息　　D. 距离信息

5-2　数据的相似度能够通过（　　）进行判断。

A. 欧氏距离　　B. 马氏距离　　C. 兰氏距离　　D. 以上都可以

5-3　K-均值算法在具体实现时需要预先设定或知道（　　）。

A. K 值　　B. 数据的均值和方差

C. 数据的类别数量　　D. 以上都对

5-4　GMM 算法在对数据实现聚类时区别于 K-均值聚类算法的因素是（　　）。

A. 两个模型的迭代过程不同　　B. 样本归属时的判断标准不同

C. 两个模型的参数不同　　D. 以上都对

5-5 距离度量需要满足的特性包含（　　）。

A. 一个对象和自身的距离为0　　B. 距离函数具有对称性

C. 距离函数满足三角不等式　　D. 以上都对

二、判断题

5-6 在代入样本计算时，距离函数是一个非负的值。（　　）

5-7 所有的距离函数都必须有对称性。（　　）

5-8 距离函数的输入可以是矢量也可以是标量。（　　）

5-9 数据在重合度高时，聚类算法的聚类结果会受到影响。（　　）

5-10 马氏距离由于考虑到了变量间的相关性，因此在计算马氏距离时可以不考虑量纲影响。（　　）

三、计算题与简答题

5-11 假设有一对向量 $\boldsymbol{x}_1=[1,7,7]$，$\boldsymbol{x}_2=[3,9,7]$，如果可以，请分别计算出这两个向量的欧氏距离以及马氏距离。

5-12 聚类算法为什么受到研究者的欢迎？

5-13 请简要描述K-均值聚类算法的流程。

5-14 各个距离度量各有什么优缺点，在什么样的场景下适合使用什么样的距离度量，请举例说明。

参考答案

参考文献

[1] K. Al-Sultan. A Tabu Search Approach to Clustering Problems [J]. Pattern Recognition，1995：1443-1451.

[2] M. Anderberg. Cluster Analysis for Applications [M]. Academic Press，1973.

[3] F. Bach and M. Jordan. Learning Spectral Clustering [M]. Advances in Neural Information Processing Systems 16，2003.

[4] S. Baek，B. Jeon，D. Lee and K. Sung. Fast Clustering Algorithm for Vector Quantization [J]. Electronics Letters，1998，34 (2)：151-152.

[5] Ball G H，Hall D J. A clustering technique for summarizing multivariate data [J]. Behavioral science，1967，12 (2)：153-155.

[6] Bishop C M. Neural networks for pattern recognition [M]. Oxford university press，1995.

[7] Forgy E W. Cluster analysis of multivariate data：efficiency versus interpretability of classifications [J]. biometrics，1965，21：768-769.

[8] Babu G P，Murty M N. A near-optimal initial seed value selection in k-means means algorithm using a genetic algorithm [J]. Pattern recognition letters，1993，14 (10)：763-769.

[9] Hamerly G，Elkan C. Alternatives to the k-means algorithm that find better clusterings [C]. Proceedings of the eleventh international conference on Information and knowledge management. 2002：600-607.

[10] Hamerly G，Elkan C. Learning the k in k-means [J]. Advances in neural information processing systems，2004，16：281-288.

[11] Roberts S J，Husmeier D，Rezek I，et al. Bayesian approaches to Gaussian mixture modeling [J]. IEEE Transactions on Pattern Analysis and Machine Intelligence，1998，20 (11)：1133-1142.

[12] 郑继刚. 数据挖掘及其应用研究 [M]. 昆明：云南大学出版社，滇西学术文丛，201405. 113.

[13] Bishop C M，Nasrabadi N M. Pattern recognition and machine learning [M]. New York：springer，2006.

6 判别分析

在现实生活中，经常会遇到很多判别问题，如根据西瓜的色泽、根蒂和敲声等特征判别西瓜是否成熟；根据动物的体内是否有脊柱，判断动物是有脊椎动物还是无脊椎动物；根据人均消费水平、人均国民收入等指标，判别某个国家是属于发达国家、中等发达国家还是发展中国家；根据大气中各种颗粒的指标来判断某地区是严重污染、中度污染还是无污染。类似的问题不胜枚举，以上实例都是将样本判别归至已知的类别，这个过程我们需要做的就是确定一种判别方法，建立由数值指标构成的分类规则（也称为判别函数），然后把已建立的规则应用到未知分类的样本中，判断一个新的样本归属于哪一种类型。以上实际就是判别分析的过程，判别分析最初应用于考古学，例如要根据挖掘出来的人头盖骨的各种指标来判别其性别、年龄等，慢慢地成为一种常用的分类分析方法。判别分析区别于上一章的聚类分析，是一种有监督的分类方法。本章首先介绍判别分析的基本理论，然后通过距离判别、贝叶斯判别、Fisher 判别三种典型的判别方法讲述判别分析的主要思想和应用。

6.1 基本理论

本节首先从判别分析的基本概念讲起，然后介绍判别模型的效果评估方法，为后文判别方法的具体讲述做铺垫。

6.1.1 判别的基本概念

判别分析，又称为线性判别分析（Linear Discriminant Analysis，LDA），是一种根据所研究对象的若干个指标的观测结果判定其所属类型的数据统计方法。判别分析又称为“分辨法”，基本原理是已知类别的情况下，利用多个预测指标（Predictor Variables）建立判别函数或概率公式来判断个体所属类别。

判别分析内容很丰富，方法很多。根据不同的分类标准，主要有以下几种分类：

① 根据判别中的组数，分为两组判别分析和多组判别分析；

② 根据判别函数的形式，分为线性判别和非线性判别；

③ 根据判别式处理变量的方法，分为逐步判别、序贯判别等；

④ 根据判别标准，可以分为距离判别（Distance Discrimination）、贝叶斯判别（Bayesian Discrimination）、Fisher 判别（Fisher Discriminant Analysis，FDA）等。

6.1.2 判别的效果评估

在实际应用中，只了解模型是什么形式还不足以解决问题，还需要知道模型的判别效果是否良好，能否表示出数据之间的规律，因此，本小节介绍模型的评价指标。

① 采用判对率对判别模型的判别效果进行评价。建立 k 个总体的判别函数后，这些判别函数的判别效果如何，还需要经过检验。在实际应用中，可将已知类别的样本代入判别函数进行回判。如果判对率在 75%以上，则认为判别函数有效，其常用公式为：

$$\eta=\frac{\text{判对样本数}(N_1)}{\text{总样本数}(N)} \tag{6-1}$$

② 此外，还可采用统计方法对判别函数效果进行检验。对于判别函数的显著检验，可以用马氏距离来检验总体间差异是否显著。若总体间差异不显著，显然建立在各总体基础之上的判别函数用于归类的结果就不可靠。马氏距离的计算公式如下：

$$d^2=(\boldsymbol{X}-\boldsymbol{\mu})\boldsymbol{S}^{-1}(\boldsymbol{X}-\boldsymbol{\mu}) \tag{6-2}$$

式中，$\boldsymbol{X}$ 表示 $n\times m$ 维数据；$\boldsymbol{S}$ 为原始数据的协方差矩阵；$\boldsymbol{S}^{-1}$ 表示原始数据协方差逆矩阵。对于包含 n 个样本、m 个变量的总体，马氏距离是考虑样本中变量间相关性的各样本到样本平均值的距离。假设总体服从高斯分布，计算一个统计量，该统计量在临界值以内说明判别分析的判别效果显著，在临界值之外说明判别效果不显著。

在 α 置信水平时，统计量 D_α^2 可用 F 分布确定：

$$D_\alpha^2(m,n-m)=\frac{(n^2-1)m}{(n-m)}F_\alpha(m,n-m) \tag{6-3}$$

式中，n 表示样本数量；m 表示变量的维度。

对于给定显著性水平 α，查 F 分布表得其临界值 F_α。如果求得的 $D_\alpha^2>F_\alpha$，则说明样本与总体差异显著，判别函数效果明显，否则为不明显。

在一般的判别问题中，用距离判别即可；要考虑概率和误判损失最小的时候用贝叶斯判别法；当变量较多时，一般采用 Fisher 判别法对高维变量进行判别。

6.2 距离判别

针对一个判别问题，距离判别是一种最简单直观的判别方法，如图 6-1 所示，要判断十字形的样本属于哪一个簇，直觉上会将其判别为正方形的簇 1，这就是所谓的“近朱者赤，近墨者黑”，即样本和哪个总体的距离最近，就判别它属于哪一个总体。概括来说根据已掌握的历史中每个类别的若干样本数据信息，总结出客观事物分类的规律性，建立判别准则，当遇到新的样本点，按就近原则，就能判别该样本点所属的类别。由于判别公式和判别准则与变量之间的距离有关，因此被称作距离判别。该方法适用于连续型随机变量的判别问题，

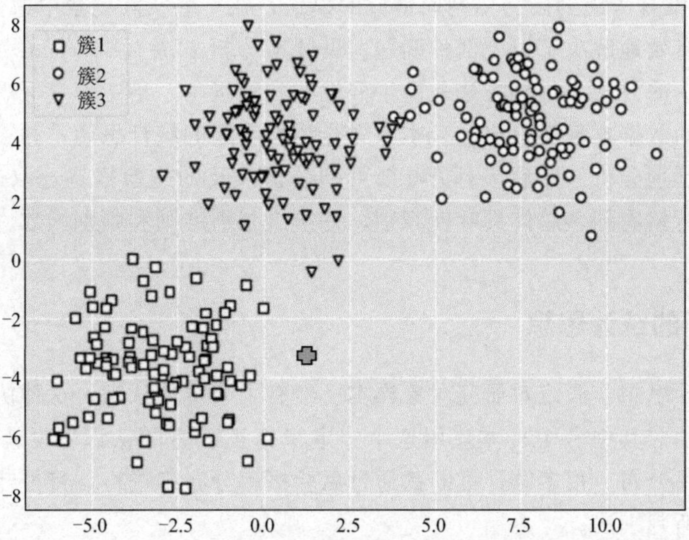

图 6-1　距离判别示意图

不受限于样本分布情况。

距离判别最关键的是确定距离度量的方法，具体方法以及选择距离衡量手段的原则在第5章中已经详细叙述。本节在此处举一则数值例子用以示范距离判别的思想。

【例】（两个总体的距离判别）设有两个二元总体 $\boldsymbol{G}_1$ 和 $\boldsymbol{G}_2$，从中分别抽取样本计算两个总体的均值以及协方差矩阵为：

$$\overline{\boldsymbol{X}}_1=\begin{pmatrix}8\\3\end{pmatrix},\overline{\boldsymbol{X}}_2=\begin{pmatrix}-4\\5\end{pmatrix},\hat{\boldsymbol{\Sigma}}_p=\begin{pmatrix}4.7 & 5.8\\5.8 & 9.3\end{pmatrix}$$

假设 $\boldsymbol{\Sigma}_1=\boldsymbol{\Sigma}_2=\hat{\boldsymbol{\Sigma}}_p$，试用距离判别法建立判别函数和规则。样本 $\boldsymbol{X}=(7,\ 7)^{\mathrm{T}}$ 应属于哪个总体？

解：首先计算样本 $\boldsymbol{X}$ 到 $\boldsymbol{G}_1$ 的马氏距离（马氏距离的计算方法请参见第5章）

$$\begin{aligned}D^2(\boldsymbol{X},\boldsymbol{G}_1)&=(\boldsymbol{X}-\overline{\boldsymbol{X}}_1)^{\mathrm{T}}\boldsymbol{\Sigma}^{1-1}(\boldsymbol{X}-\overline{\boldsymbol{X}}_1)\\&=((7,7)-(8,3))\begin{pmatrix}4.7 & 5.8\\5.8 & 9.3\end{pmatrix}^{-1}((7,7)-(8,3))^T\\&=(-1,4)\begin{pmatrix}4.7 & 5.8\\5.8 & 9.3\end{pmatrix}^{-1}\begin{pmatrix}-1\\4\end{pmatrix}=12.999\end{aligned}$$

同理 $D^2(\boldsymbol{X},\boldsymbol{G}_2)=(\boldsymbol{X}-\overline{\boldsymbol{X}}_2)^{\mathrm{T}}\boldsymbol{\Sigma}_2^{-1}(\boldsymbol{X}-\overline{\boldsymbol{X}}_2)=88.272$

由于 $D^2(\boldsymbol{X},\boldsymbol{G}_2)>D^2(\boldsymbol{X},\boldsymbol{G}_1)$，所以 $\boldsymbol{X}$ 属于 $\boldsymbol{G}_1$。

6.3 贝叶斯判别

6.2节的距离判别只要求知道总体的特征量均值和协方差阵，而不涉及总体的分布类型。当参数未知时，就用样本均值和样本协方差阵来估计。虽然距离判别方法简单，结论明确，是很实用的方法。但该方法也有以下缺点：

① 该判别法与各总体出现的机会大小也就是先验概率完全无关；

② 判别方法没有考虑到因为错判而造成的损失，在一些实际场景中这是不合理的。

贝叶斯判别有效地解决了以上两种问题。贝叶斯分析方法（Bayesian Analysis）提供了一种计算假设概率的方法，这种方法是基于假设的先验概率、给定假设下观察到不同数据的概率以及观察到的数据本身而得出的。本节先介绍贝叶斯的统计思想，并给出贝叶斯最小错误率和最小风险判别分析。然后，对贝叶斯判别分析涉及的先验概率选取进行讨论。最后，将贝叶斯判别分析拓展到多总体贝叶斯判别，并给出判别准则和判别函数。

6.3.1 贝叶斯的统计思想

贝叶斯的统计思想：假定对研究对象样本已经有了一定的认识，这种认识用先验概率分布来描述，之后抽取其中一个样本，用这个样本来修正已有的认识，也就是由先验概率分布，得到后验概率分布。很多统计推断都通过后验概率分布来进行，将贝叶斯思想用于判别分析就得到贝叶斯判别法。

$$P(A|B)=\frac{P(B|A)P(A)}{P(B)} \tag{6-4}$$

式(6-4) 是最简单的贝叶斯公式形式，其中 $P(A|B)$ 表示在出现观测事件后对原有估计更新后验估计；$P(B|A)$ 表示在原有估计下出现观测事件的概率似然；$P(A)$ 表示先验估计。要理解贝叶斯判别的关键是要明白信息的增加会导致概率的变化。其判别步骤大致分为三步：

① 设定先验概率；

② 通过给定的信息来设定条件概率；

③ 将先验概率转化为后验概率。

贝叶斯判别规则就是把某特征矢量 X 落入某类集群 θ 的条件概率当成分类判别函数(概率判别函数)，条件概率最大的类为 X 所属的类别。贝叶斯判别规则是以错分概率或风险最小为准则的判别规则。

6.3.2 贝叶斯最小错误率判别

在判别问题中，希望判别分析的错误率可以降到最低，从这个角度出发得到的贝叶斯判别决策就称为最小错误率贝叶斯判别。换句话讲，要确定 x 是属于 λ_1 还是 λ_2，要看 x 是属于 λ_1 类的概率 $P(\lambda_1|x)$ 大还是属于 λ_2 的概率 $P(\lambda_2|x)$ 大。

根据判别规则：

若 $P(\lambda_1|x)>P(\lambda_2|x)$，则 $x\in\lambda_1$；

若 $P(\lambda_1|x)<P(\lambda_2|x)$，则 $x\in\lambda_2$。

由式(6-4) 贝叶斯定理可得，后验概率 $P(\lambda_i|x)$ 可以通过 λ_i 的先验概率 $P(\lambda_i)$ 来计算，即：

$$P(\lambda_i|x)=\frac{P(x|\lambda_i)P(\lambda_i)}{P(x)}=\frac{P(x|\lambda_i)P(\lambda_i)}{\sum_k P(x|\lambda_k)P(\lambda_k)} \tag{6-5}$$

则此时有判别规则如下：

$$\begin{cases} P(x|\lambda_1)P(\lambda_1)>P(x|\lambda_2)P(\lambda_2), \text{则 } x\in\lambda_1 \\ P(x|\lambda_1)P(\lambda_1)<P(x|\lambda_2)P(\lambda_2), \text{则 } x\in\lambda_2 \end{cases} \tag{6-6}$$

或者

$$\begin{cases} l_{12}(x)=\dfrac{P(x|\lambda_1)}{P(x|\lambda_2)}>\dfrac{P(\lambda_2)}{P(\lambda_1)}, \text{则 } x\in\lambda_1 \\ l_{12}(x)=\dfrac{P(x|\lambda_1)}{P(x|\lambda_2)}<\dfrac{P(\lambda_2)}{P(\lambda_1)}, \text{则 } x\in\lambda_2 \end{cases} \tag{6-7}$$

式中，l_{12} 称为似然比；$\dfrac{P(\lambda_2)}{P(\lambda_1)}$称为判别阈值。

6.3.3 贝叶斯最小风险判别

在有些场景只考虑最小错误率的贝斯判别策略很可能不会是最好的选择，比如在食品检测的场景。众所周知，食品出厂是一般都是合格的，只有极少数食品是不合格的。倘若将正常食品判别为不合格食品，就会增加错误率，给企业带来损失；反之若将不合格的食品判别成合格，错误率虽然会降低，但是对于饮食的消费群体不利。此时，仅仅考虑最小错误率是不恰当的。针对这种情形，对贝叶斯公式进行加权修正。

类似于以上的情形，当考虑到对于某一类的错误判别要比另一类的判别更加关键时就需把最小错误率的贝叶斯判别做出修正。

假设 m 类分类问题的条件平均风险为 $r_j(x)$，对于 m 类问题，如果观察样本被判定为 λ_i 类，则平均风险为：

$$r_j(x)=\sum_{i=1}^{m}L_{ij}p(\lambda_{ij} \mid x) \tag{6-8}$$

式中，L_{ij} 称为将样本属于 λ_i 类的模式判别成属于 λ_j 类的是非代价。L_{ij} 的取值规则如下：

若 $i=j$，即判别正确，L_{ij} 可以取负值或者零，表示不失分；

若 $i\neq j$，即判别错误，L_{ij} 应当取正值，表示失分。

根据贝叶斯公式即式(6-4)，条件平均风险可写成：

$$r_j(x)=\frac{1}{p(x)}\sum_{i=1}^{m}L_{ij}P(x \mid \lambda_i)P(\lambda_i) \tag{6-9}$$

因为$\dfrac{1}{p(x)}$为公共项，可以舍去，故上式可以简化为：

$$r_j(x)=\sum_{i=1}^{m}L_{ij}P(x \mid \lambda_i)P(\lambda_i) \tag{6-10}$$

与式(6-7) 相比，式(6-10) 是一种以平均条件风险作为判别标准的贝叶斯分类器，而不是按照错误率最小作为标准。

6.3.4 先验概率的选取

用一句话抽象地理解判别分析就是：后验概率＝先验概率×影响因素，所以先验概率的选取对于贝叶斯判别至关重要。现若有 k 个总体 $\boldsymbol{G}_1$，$\boldsymbol{G}_2$，…，$\boldsymbol{G}_k$，并且假设事先对所研究的问题有一定的认识，换言之就是已经知道这些问题的先验概率。这 k 个总体各自出现的先验概率为 q_1，q_2，…，q_k($q_i>0$，$q_1+q_2+\cdots+q_k=1$)。例如，在研究人群中患癌症的问题时，假设得癌症 $\boldsymbol{G}_1$ 和没有得癌症 $\boldsymbol{G}_2$ 的先验概率分别为 $q_1=0.001$，$q_2=0.999$，先验概率是一种权重或者说是比例，所谓“先验”之“先”就是指我们抽取样本作判别分析之前。

贝叶斯判别准则要求给出先验概率 q_i($i=1,2,\cdots,k$) 的值。q_i 的赋值方法如下。

① 利用历史资料以及经验进行估计。例如某地区成年人中得癌症的概率为

$$P(\text{癌})=0.001=q_1\text{，而 }P(\text{无癌})=0.999=q_2$$

② 利用训练样本中各类样本占的比例$\frac{n_i}{n}$作为 q_i 的值，即 $q_i=\frac{n_i}{n}(i=1,2,\cdots,k)$，其中 n_i 是第 i 类总体的样本个数，而 $n=n_1+n_2+\cdots+n_k$。这时要求训练样本是通过随机抽样得到的，各类的样本被抽到的机会大小就是先验概率。

6.3.5 多总体贝叶斯判别准则

现如果已知有 $\boldsymbol{A}_1,\boldsymbol{A}_2,\cdots,\boldsymbol{A}_t,\cdots,\boldsymbol{A}_g$ 共 g 个总体，并且假设先验概率为 $q_1=q_2=\cdots=q_k=\frac{1}{k}$，在总体中分别提取了 m 个特征变量 $\boldsymbol{x}_1,\boldsymbol{x}_2,\cdots,\boldsymbol{x}_m$。然后对 $\boldsymbol{A}_1,\boldsymbol{A}_2,\cdots,\boldsymbol{A}_t,\cdots,\boldsymbol{A}_g$ 共 g 个总体分别做了 $n_1,n_2,\cdots,n_g$ 次试验，得到如下观测数据矩阵，记作：

$$\boldsymbol{X}=(x_{kij}) \tag{6-11}$$

式中，x_{kij} 表示第 k 类总体第 i 个样本第 j 个变量的观测值。判断样本属于哪个类别，其方法如下。

由贝叶斯公式得：

$$P(k|\boldsymbol{X})=\frac{q_k f_k(\boldsymbol{X})}{\sum_{i=1}^{g} q_i f_i(\boldsymbol{X})}\qquad(k=1,2,\cdots,g) \tag{6-12}$$

式中，q_i 为归入第 i 类总体的先验概率，$i=k$ 时为 q_k；$f_i(\boldsymbol{X})$ 为似然函数。

由贝叶斯准则计算待判样本 $\boldsymbol{X}$ 在第 t 类总体的条件概率也就是后验概率：

$$P(t|\boldsymbol{X})=\max P(k|\boldsymbol{X})=\max\frac{q_k f_k(\boldsymbol{X})}{\sum_{i=1}^{g} q_i f_i(\boldsymbol{X})}\qquad(k=1,2,\cdots,g) \tag{6-13}$$

对于诸总体，显然分母也就是全概率都是相同的，因此只要比较分子的大小，就可以判断条件概率的大小，进而对样本 $\boldsymbol{X}$ 做出归类：

$$q_t f_t(\boldsymbol{X})=\max\{q_1 f_1(\boldsymbol{X}),\cdots,q_g f_g(\boldsymbol{X})\} \tag{6-14}$$

则 $\boldsymbol{X}$ 属于第 t 个总体。

6.3.6 多总体贝叶斯判别函数

对于式 (6-14) 的理解为：如果 $\max\{q_1 f_1(\boldsymbol{X}),\cdots,q_g f_g(\boldsymbol{X})\}=q_l f_l(\boldsymbol{X})$，则待判断样本 $\boldsymbol{X}$ 归入第 l 类总体 $\boldsymbol{A}_l$。实际上式(6-14) 称为判别函数，该函数按照条件概率的最大对待

测样本进行判别。为了给出判别函数 $q_k f_k(\boldsymbol{X})$ 的具体表达式，下面以样本 $\boldsymbol{X}$ 服从多元正态分布的情况来讨论。

假设 x_{kij} 是第 k 类总体第 i 个样本第 j 个变量的观测值，且各总体样本都是相互独立的正态随机向量，即 $\boldsymbol{X} \sim \mathcal{N}(\boldsymbol{\mu}_k, \boldsymbol{\Sigma}_k)$ ($k=1, 2, \cdots, g$)。

在该假设条件下，$\boldsymbol{\mu}_k$，$\boldsymbol{\Sigma}_k$ 均是未知的，此时我们可根据第 k 类总体的样本数据，计算出总体的样本均值 $\hat{\boldsymbol{\mu}}_k$ 及总体样本的协方差矩阵 $\hat{\boldsymbol{\Sigma}}_k$，用 $\hat{\boldsymbol{\mu}}_k$，$\hat{\boldsymbol{\Sigma}}_k$ 作为总体 $\boldsymbol{\mu}_k$，$\boldsymbol{\Sigma}_k$ 的估计。根据统计理论有式(6-15)和式(6-16)：

$$\hat{\boldsymbol{\mu}}_k = \overline{X}_k = (\overline{x}_{k\cdot 1}, \overline{x}_{k\cdot 2}, \cdots, \overline{x}_{k\cdot m})^{\mathrm{T}} \tag{6-15}$$

$$\hat{\boldsymbol{\Sigma}}_k = \boldsymbol{\Sigma} = \frac{1}{N-g}\sum_{k=1}^{g} \boldsymbol{S}_k = \boldsymbol{S} \tag{6-16}$$

式中，$\overline{\boldsymbol{X}}_k$ 表示第 k 类总体样本均值向量；$\overline{x}_{k\cdot j} = \dfrac{1}{n_k}\sum_{i=1}^{n_k} x_{kij}$ ($j=1,2,\cdots,m$) 表示第 k 类总体第 j 个变量均值；$N=\sum_{k=1}^{g} n_k$，$\boldsymbol{S}_k = \dfrac{1}{n_k - 1}$ [$\boldsymbol{S}_{kl}$] 为第 k 类总体组内方差——协方差矩阵，式中

$$S_{jl} = \sum_{k=1}^{n_k}(x_{kij} - \overline{x}_{k\cdot j})(x_{kil} - \overline{x}_{k\cdot l}) \quad (k=1,2,\cdots,g; i=1,2,\cdots,n_i; j,l=1,2,\cdots,m)$$

此时，$\hat{\boldsymbol{\mu}}_k$，$\hat{\boldsymbol{\Sigma}}_k$ 均为已知，k 总体的密度函数可表示为：

$$f_k(\boldsymbol{X}) = \frac{|\boldsymbol{S}^{-1}|^{1/2}}{(2\pi)^{m/2}} \exp\left[-\frac{1}{2}(\boldsymbol{X}-\overline{\boldsymbol{X}}_k)^{\mathrm{T}} \boldsymbol{S}^{-1} (\boldsymbol{X}-\overline{\boldsymbol{X}}_k)\right] \tag{6-17}$$

式中，$|\boldsymbol{S}^{-1}|$ 为矩阵 $\boldsymbol{S}$ 的逆矩阵的行列式。式(6-17) 表明 $f_k(\boldsymbol{X})$ 是一个具体已确定的函数。

接下来是要确定式(6-14) 中的先验概率 q_k。对于 q_k 的确定，实际应用中常用其频率来估计，即 $q_k = \dfrac{n_k}{n_1 + n_2 + \cdots + n_g}$。到此式(6-14) 便完全确定，于是可以进行判别归类。为了方便计算，对式(6-14) 进行化简，即对式(6-14) 取对数有：

$$\ln q_k f_k(\boldsymbol{X}) = \ln \frac{|\boldsymbol{S}^{-1}|^{1/2}}{(2\pi)^{m/2}} - \frac{1}{2}(\boldsymbol{X}-\overline{\boldsymbol{X}}_k)^{\mathrm{T}} \boldsymbol{S}^{-1} (\boldsymbol{X}-\overline{\boldsymbol{X}}_k) + \ln q_k \tag{6-18}$$

对上式进行整理，并令 $F_k(\boldsymbol{X}) = \ln q_k f_k(\boldsymbol{X})$ ($k=1,2,\cdots,g$)，最终式(6-18) 可写成如下形式：

$$F_k(\boldsymbol{X}) = \boldsymbol{X}^{\mathrm{T}} \boldsymbol{S}^{-1} \overline{\boldsymbol{X}}_k - \frac{1}{2}\overline{\boldsymbol{X}}_k^{\mathrm{T}} \boldsymbol{S}^{-1} \overline{\boldsymbol{X}}_k + \ln q_k \tag{6-19}$$

令 $\boldsymbol{C}_k = \boldsymbol{S}^{-1}\overline{\boldsymbol{X}}_k = (C_{1k}, C_{2k}, \cdots, C_{mk})^{\mathrm{T}}$，其中

$$C_{jk} = \sum_{l=1}^{m} S_{lj}^{-1} \overline{x}_{kj} \quad (j=1,2,\cdots,m)$$

$$C_{ok} = -\frac{1}{2}\overline{\boldsymbol{X}}_k^{\mathrm{T}} \boldsymbol{S}^{-1} \overline{\boldsymbol{X}}_k = -\frac{1}{2}\sum_{j=1}^{m}\sum_{l=1}^{m} S_{jl}^{-1} \overline{x}_{kl} \cdot \overline{x}_{kj} = -\frac{1}{2}\sum_{j=1}^{m} C_{kj}\overline{x}_{kj}$$

这里 S_{jl}^{-1} 为矩阵 $\boldsymbol{S}^{-1}$ 中的元素。于是最终得化简后的第 k 类总体的判别函数为：

$$F_k(\boldsymbol{X}) = \boldsymbol{X}^{\mathrm{T}} \boldsymbol{C}_k + C_{ok} + \ln q_k = \sum_{j=1}^{m} \boldsymbol{C}_{jk} \boldsymbol{x}_j + C_{ok} + \ln q_k \quad (k=1,2,\cdots,g) \tag{6-20}$$

得到各个总体的判别函数之后，就可以利用上一小节的判别准则判断该样本属于哪个总体了。

6.4 Fisher 判别

除了要考虑数据本身的分布问题，往往还会遇到大量高维度、高耦合的数据变量，因此在解决分类问题时，在低维数据上表现良好的方法可能在高维数据上就会失效，这就会面临维度灾难的问题。在一般情况下，总能找到一个投影方向，使得高维数据的投影形成若干相互分得开的紧密集群，Fisher 判别所要解决的基本问题就是找到这条投影线。Fisher 判别是一种先将数据由高维向低维投影，再根据距离判别的一种方法。借助方差分析的思想构造判别函数（相当于一种投影），使组间区别最大、组内区别最小，然后代入新样本数据，根据判断临界值确定分类。其中判别函数是指一个关于指标变量的函数。每一个样本在指标变量上的观察值代入判别函数后可以得到一个确定的函数值。判别准则是指对样本的判别函数进行分类的法则。Fisher 判别分析也叫做线性判别式分析。

本节先介绍 Fisher 判别分析的基本思想，再介绍其优化目标，之后将 Fisher 判别分析拓展到多分类问题，并在最后总结了 Fisher 判别分析的一般步骤，并给出实例分析。

6.4.1 Fisher 判别的基本思想

Fisher 判别的基本思想是：将高维空间的样本投影到低维空间上，使得投影后的样本数据在新的低维空间上有最小的类内距离以及最大的类间距离，即在该低维空间上有最佳的可分离性。简单来讲就是“类内紧凑，类间分离”。

如图 6-2 所示，给定训练数据集，设法将样本投影到一条直线上，使得同类样本的投影点尽可能接近，不同类样本的投影点尽可能远离。在对新样本进行分类时，将其投影到同样的直线上，再根据新样本投影点的位置来确定它的类别。

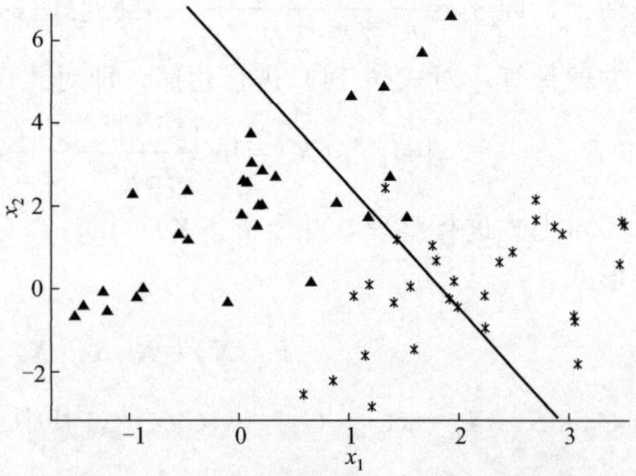

图 6-2 Fisher 判别思路二维示意图

6.4.2 Fisher 判别的优化目标

为了能够实现“类内紧凑，类间分离”的要求，以二分类问题为例，设数据集 $D=\{(x_1, y_1), (x_2, y_2), \cdots, (x_N, y_N)\}$，其中 $y_i \in \{0, 1\}$，$\boldsymbol{X}_i$、$\boldsymbol{\mu}_i$、$\boldsymbol{\Sigma}_i$ 分别为第 i（i 为 0 或 1）类样本的集合、均值和离差。此处使用离差而不是方差，主要是为了避免由于训练样本不均衡影响训练样本个数少的类别的判定。离差矩阵实际上衡量了集合中样本与样本中心的偏离程度，离差越大，则说明类内波动越大，越不紧缩。

类别中心
$$\boldsymbol{\mu}_i=\frac{1}{N_i}\sum_{\boldsymbol{x}\in\boldsymbol{X}_i}\boldsymbol{x}\,(i=0,1) \tag{6-21}$$

式中，N_i 为第 i 类样本的数量。

类内离差
$$\boldsymbol{\Sigma}_i=\sum_{\boldsymbol{x}\in\boldsymbol{X}_i}(\boldsymbol{x}-\boldsymbol{\mu}_i)(\boldsymbol{x}-\boldsymbol{\mu}_i)^{\mathrm{T}} \tag{6-22}$$

若投影向量为 $\boldsymbol{\omega}$，投影函数为 $\boldsymbol{\omega}^{\mathrm{T}}\boldsymbol{x}$，则两类样本投影后的均值和离差分别为 $\boldsymbol{\omega}^{\mathrm{T}}\boldsymbol{\mu}_i$ 和 $\boldsymbol{\omega}^{\mathrm{T}}\boldsymbol{\Sigma}_i\boldsymbol{\omega}$，均为实数。如图 6-3 所示，要使投影后类内紧缩，需使投影后的各类样本离差尽可能小，即 $\boldsymbol{\omega}^{\mathrm{T}}\boldsymbol{\Sigma}_0\boldsymbol{\omega}+\boldsymbol{\omega}^{\mathrm{T}}\boldsymbol{\Sigma}_1\boldsymbol{\omega}$ 要尽可能小；要使投影后类间分离，需使投影后的各类中心的距离尽可能大，即 $\boldsymbol{\omega}^{\mathrm{T}}\boldsymbol{\mu}_0-\boldsymbol{\omega}^{\mathrm{T}}\boldsymbol{\mu}_1$ 要尽可能大。

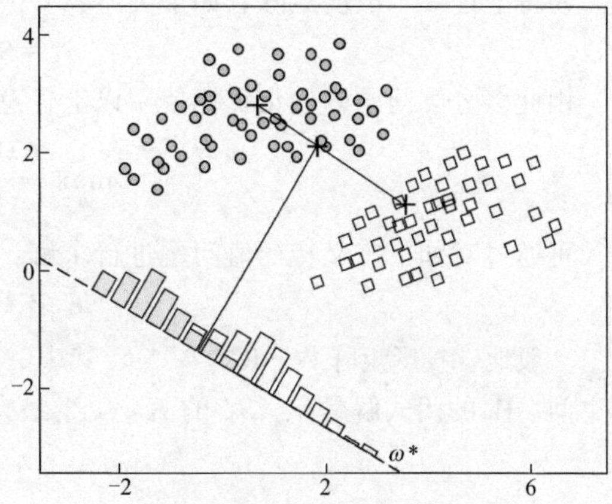

图 6-3 Fisher 优化目标

为方便表示和求解，定义样本的类内散度矩阵：
$$\boldsymbol{S}_{\mathrm{w}}=\boldsymbol{\Sigma}_0+\boldsymbol{\Sigma}_1 \tag{6-23}$$

以及类间散度矩阵：
$$\boldsymbol{S}_{\mathrm{b}}=(\boldsymbol{\mu}_0-\boldsymbol{\mu}_1)(\boldsymbol{\mu}_0-\boldsymbol{\mu}_1)^{\mathrm{T}} \tag{6-24}$$

因此，投影后的各类样本离差和为：
$$\boldsymbol{\omega}^{\mathrm{T}}\boldsymbol{S}_{\mathrm{w}}\boldsymbol{\omega} \tag{6-25}$$

投影后的各类中心的距离为：
$$\boldsymbol{\omega}^{\mathrm{T}}\boldsymbol{S}_{\mathrm{b}}\boldsymbol{\omega} \tag{6-26}$$

由此，得到最大化目标：
$$J=\frac{\boldsymbol{\omega}^{\mathrm{T}}\boldsymbol{S}_{\mathrm{b}}\boldsymbol{\omega}}{\boldsymbol{\omega}^{\mathrm{T}}\boldsymbol{S}_{\mathrm{w}}\boldsymbol{\omega}} \tag{6-27}$$

注意到上式的分子和分母都是关于 $\boldsymbol{\omega}$ 的二次项，J 的大小取决于 $\boldsymbol{\omega}$ 的方向，而与 $\boldsymbol{\omega}$ 的长度无关。因此，不妨设 $\boldsymbol{\omega}^{\mathrm{T}}\boldsymbol{S}_{\mathrm{w}}\boldsymbol{\omega}=1$，则上述问题等价于以下优化问题：
$$\begin{aligned}&\min-\boldsymbol{\omega}^{\mathrm{T}}\boldsymbol{S}_{\mathrm{b}}\boldsymbol{\omega}\\&\text{s.t.}\quad \boldsymbol{\omega}^{\mathrm{T}}\boldsymbol{S}_{\mathrm{w}}\boldsymbol{\omega}=1\end{aligned} \tag{6-28}$$

进一步，由拉格朗日乘子法：
$$L=-\boldsymbol{\omega}^{\mathrm{T}}\boldsymbol{S}_{\mathrm{b}}\boldsymbol{\omega}+\lambda(\boldsymbol{\omega}^{\mathrm{T}}\boldsymbol{S}_{\mathrm{w}}\boldsymbol{\omega}-1) \tag{6-29}$$
$$\frac{\partial L}{\partial\boldsymbol{\omega}}=-2\boldsymbol{S}_{\mathrm{b}}\boldsymbol{\omega}+2\lambda\boldsymbol{S}_{\mathrm{w}}\boldsymbol{\omega}=0 \tag{6-30}$$
$$\boldsymbol{S}_{\mathrm{w}}^{-1}\boldsymbol{S}_{\mathrm{b}}\boldsymbol{\omega}=\lambda\boldsymbol{\omega} \tag{6-31}$$
$$\boldsymbol{\omega}=\frac{1}{\lambda}\boldsymbol{S}_{\mathrm{w}}^{-1}\boldsymbol{S}_{\mathrm{b}}\boldsymbol{\omega}=\frac{1}{\lambda}\boldsymbol{S}_{\mathrm{w}}^{-1}(\boldsymbol{\mu}_0-\boldsymbol{\mu}_1)(\boldsymbol{\mu}_0-\boldsymbol{\mu}_1)^{\mathrm{T}}\boldsymbol{\omega} \tag{6-32}$$

由于只关注 $\boldsymbol{\omega}$ 的方向，所以忽略标量 $\frac{1}{\lambda}$ 和 $(\boldsymbol{\mu}_0-\boldsymbol{\mu}_1)^{\mathrm{T}}\boldsymbol{\omega}$，得到：
$$\boldsymbol{\omega}^*=\boldsymbol{S}_{\mathrm{w}}^{-1}(\boldsymbol{\mu}_0-\boldsymbol{\mu}_1) \tag{6-33}$$

采用 $\boldsymbol{\omega}^*$ 对样本进行投影，与 $\boldsymbol{\omega}^*$ 垂直的过两类中心点的直线作为判别直线。

6.4.3 多分类问题

设有 K 个类别，第 i 个类别样本数为 N_i，总体离差（散度矩阵）为：

$$\boldsymbol{S}_{\mathrm{t}}=\sum_{i=1}^{N}(\boldsymbol{x}_{i}-\boldsymbol{\mu})(\boldsymbol{x}_{i}-\boldsymbol{\mu})^{\mathrm{T}} \tag{6-34}$$

式中，$\boldsymbol{\mu}$ 为总体均值。

类内散度矩阵的定义推广为：

$$\boldsymbol{S}_{\mathrm{w}}=\sum_{i=1}^{K}\boldsymbol{\Sigma}_{i} \tag{6-35}$$

类间散度矩阵的定义推广为：

$$\boldsymbol{S}_{\mathrm{b}}=\sum_{i=1}^{K}N_{i}(\boldsymbol{\mu}_{i}-\boldsymbol{\mu})(\boldsymbol{\mu}_{i}-\boldsymbol{\mu})^{\mathrm{T}} \tag{6-36}$$

易得上述 3 个散度矩阵有如下关系：

$$\boldsymbol{S}_{\mathrm{t}}=\boldsymbol{S}_{\mathrm{w}}+\boldsymbol{S}_{\mathrm{b}} \tag{6-37}$$

因此多分类问题的优化目标使用以上任意两个散度矩阵即可。常用的优化如下：

$$\max_{W}\frac{\mathrm{tr}(\boldsymbol{W}^{\mathrm{T}}\boldsymbol{S}_{\mathrm{b}}\boldsymbol{W})}{\mathrm{tr}(\boldsymbol{W}^{\mathrm{T}}\boldsymbol{S}_{\mathrm{w}}\boldsymbol{W})} \tag{6-38}$$

可通过对如下广义特征值问题进行求解：

$$\boldsymbol{S}_{\mathrm{b}}\boldsymbol{W}=\lambda\boldsymbol{S}_{\mathrm{w}}\boldsymbol{W} \tag{6-39}$$

一般地，投影矩阵 $\boldsymbol{W}\in\mathbf{R}^{n\times(K-1)}$，其中 n 为特征维数，因此 $\boldsymbol{W}$ 将 n 维样本投影到 $K-1$ 维空间。$\boldsymbol{W}$ 的闭式解是 $\boldsymbol{S}_{\mathrm{w}}^{-1}\boldsymbol{S}_{\mathrm{b}}$ 的 $K-1$ 个最大广义特征值对应的特征向量组成的矩阵。

6.4.4 Fisher 判别的分析步骤

Fisher 判别分析的一般步骤归纳如下：

(1) 学习

已知数据集 $D=\{(x_1, y_1), (x_2, y_2), \cdots, (x_N, y_N)\}$，$y_i\in\{c_1, \cdots, c_k\}$，$\boldsymbol{X}_i$ 为训练集中第 i 类样本的集合，第 i 类样本数为 N_i。

① 计算总体和各类的均值和离差：

$$\boldsymbol{\mu}=\frac{1}{N}\sum_{i=1}^{N}\boldsymbol{x}_{i}$$

$$\boldsymbol{S}_{\mathrm{t}}=\sum_{i=1}^{N}(\boldsymbol{x}_{i}-\boldsymbol{\mu})(\boldsymbol{x}_{i}-\boldsymbol{\mu})^{\mathrm{T}}$$

$$\boldsymbol{\mu}_{i}=\frac{1}{N_{i}}\sum_{\boldsymbol{x}\in\boldsymbol{X}_{i}}\boldsymbol{x}$$

$$\boldsymbol{\Sigma}_{i}=\sum_{\boldsymbol{x}\in\boldsymbol{X}_{i}}(\boldsymbol{x}-\boldsymbol{\mu}_{i})(\boldsymbol{x}-\boldsymbol{\mu}_{i})^{\mathrm{T}}$$

② 计算类内和类间散度矩阵

$$\boldsymbol{S}_{\mathrm{w}}=\sum_{i=1}^{K}\boldsymbol{\Sigma}_{i}$$

$$\boldsymbol{S}_{\mathrm{b}}=\boldsymbol{S}_{\mathrm{t}}-\boldsymbol{S}_{\mathrm{w}}=\sum_{i=1}^{K}N_{i}(\boldsymbol{\mu}_{i}-\boldsymbol{\mu})(\boldsymbol{\mu}_{i}-\boldsymbol{\mu})^{\mathrm{T}}$$

③ 求广义特征值问题

$$S_bW=\lambda S_wW$$

得到 $S_w^{-1}S_b$ 的 $K-1$ 个最大广义特征值对应的特征向量，组成投影矩阵 W^*。

（2）推断

已知投影矩阵 W^*，待分类实例 x。

① 计算投影点：$c=(W^*)^Tx$；

② 计算投影点和各投影中心的距离：$d_i=c-(W^*)^T\mu_i$；

③ 以距离最小的中心所属类作为待测实例的类别：$y=\arg\min\limits_i d_i$。

6.4.5 案例分析

本案例使用 Python 语言以及相关的库完成。比较第 3 章中的 PCA 降维方法和 Fisher 判别的效果，并作出分析。

首先，生成相关的数据集，使用 sklearn 库中样本集生成方法 make _ classification 生成一组样本数量为 1500，特征为 3 的样本集。三维变量分布可视化如图 6-4 所示，正方形、三角形和圆形分别表示不同的类别。

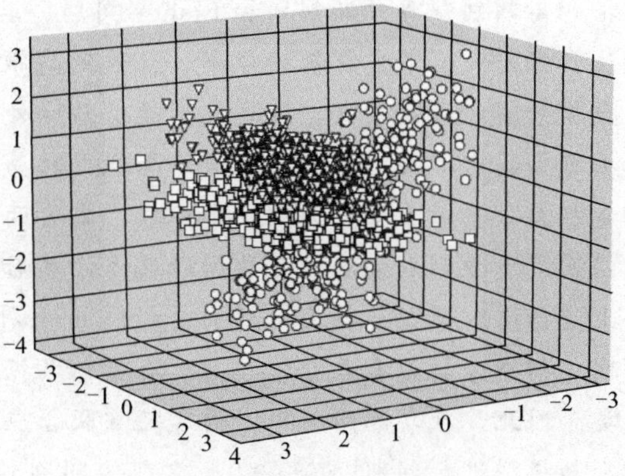

图 6-4 三维变量分布可视化

PCA 降维结果（from sklearn. decomposition import PCA）如图 6-5 所示，Fisher 判别的效果（from sklearn. discriminant _ analysis import LinearDiscriminantAnalysis）如图 6-6 所示。

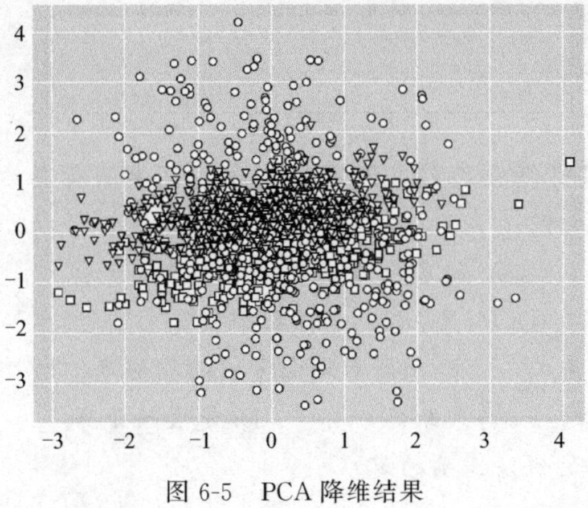

图 6-5 PCA 降维结果

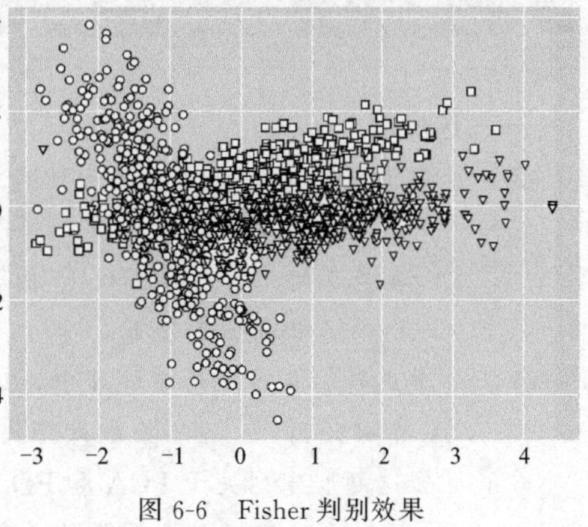

图 6-6 Fisher 判别效果

可以看出由于 PCA 没有利用类别信息，降维之后样本特征和类别的信息关联几乎全部丢失。而 Fisher 判别将高维投影到低维之后样本信息之间的关系得以保留。总之，如果数据是有类别标签的，那么优先选择 FDA 去尝试降维；当然也可以使用 PCA 做很小幅度的降维去消除噪音，然后再使用 FDA 降维。如果没有类别标签，那么 PCA 是最优先考虑的选择。PCA 和 Fisher 判别都假设数据服从高斯分布，在降维时均使用了矩阵特征分解的思想。它们之间有许多的不同，主要有以下 4 点：

① FDA 是有监督的降维方法，而 PCA 是无监督的降维方法；

② FDA 降维最多降到类别数 $k-1$ 的维度，而 PCA 没有这个限制；

③ FDA 除了可以用于降维，还可以用于分类；

④ FDA 选择分类性能最好的投影方向，而 PCA 选择样本点投影具有最大方差的方向。

本章小结

本章从生活中的常见实例出发引出了判别分析的概念，介绍了几种经典的判别方法，包括距离判别、贝叶斯判别和 Fisher 判别。其中距离判别是一种最直观也是最常用的判别方法，但是没有考虑样本的分布，且遇到高维变量会遇到维度灾难等问题；贝叶斯判别考虑了数据分布和误判损失，但是也不能有效地处理高维数据；Fisher 判别通过投影一方面使得数据更加集中，另一方面，维度的降低更容易进行判别，但矩阵求逆及特征向量计算使得计算量加大，且对于多个类的分类标准，需要两两抽取分类准则。此外，判别变量个数较多时可以采用逐步判别方法将变量加以选择，然后进行判别分析，如果感兴趣的读者可以在此基础上进行深入研究与拓展。判别分析作为一种分类方法与第 5 章所述的聚类分析有本质的区别。判别分析是有监督学习，既有指标数据也有标签数据，在判别之前已经知道会判别为几类。因此，在实际问题中，两者经常联合应用，比如先通过聚类分析确定有几类，然后建立判别模型进行判别。除了以上典型的判别外，还有一种广受欢迎且功能强大的机器学习方法——支持向量机，也可以出色地完成分类（判别）任务，具体内容请读者移步第 7 章。

习题 6

一、选择题

6-1 ［单选题］朴素贝叶斯是一种特殊的贝叶斯分类器，假定变量为 X，类别标签为 C，它的一个基本假设是（　　）。

A. 各类别的先验概率 $P(C)$ 相等　　B. X 的各个维度是独立的随机变量

C. X 服从标准正态分布　　D. $P(X \mid C)$ 是高斯分布

6-2 ［单选题］在自然语言处理中，通常采用（　　）来衡量词向量间的相似度。

A. 余弦距离　　B. 欧氏距离　　C. 马氏距离　　D. 曼哈顿距离

6-3 ［多选题］下列关于 PCA 和 FDA 方法的说法正确的是（　　）。

A. 两种方法都可以降低数据维度

B. 两种方法均需要样本数目大于变量数目

C. 两种方法均是有监督方法

D. 将数据利用 PCA 降维后再用 FDA 作判别，一定能提高分类精度

6-4 ［多选题］欧氏距离的不足是（　　）。

A. 不能体现各变量在波动幅度上的不同

B. 不能体现各变量之间的相关性

C. 不具备尺度无关性

D. 不具备明确的物理意义

二、判断题

6-5　若已知数据是无标签数据，则优先考虑 Fisher 判别分析对数据进行降维。(　　)

6-6　距离判别简单实用，但没有考虑到每个总体出现的机会大小，即先验概率，没有考虑到错判的损失。贝叶斯判别法解决了这两个问题。(　　)

6-7　Fisher 判别的一个重要原则是“类间紧缩，类内分离”。(　　)

三、计算题与简答题

6-8　简述贝叶斯判别法的基本思想和方法。

6-9　试叙述 Fisher 判别和 PCA 之间的区别。

6-10　试叙述距离判别、贝叶斯判别和 Fisher 判别的异同。

6-11　判别分析对变量与样本规模有何要求？

6-12　如何度量判别效果？有哪些影响判别效果的因素？

6-13　(两个总体的距离判别) 设有两个二元总体 $\boldsymbol{G}_1$ 和 $\boldsymbol{G}_2$，从中分别抽取样本计算得到

$$\overline{\boldsymbol{X}}_1=\begin{pmatrix}5\\1\end{pmatrix},\overline{\boldsymbol{X}}_2=\begin{pmatrix}3\\-2\end{pmatrix},\hat{\boldsymbol{\Sigma}}_p=\begin{pmatrix}5.8 & 2.1\\2.1 & 7.6\end{pmatrix}$$

假设 $\boldsymbol{\Sigma}_1=\boldsymbol{\Sigma}_2=\hat{\boldsymbol{\Sigma}}_p$，试用距离判别法建立判别函数和规则。

样本 $\boldsymbol{X}=(6,0)^{\mathrm{T}}$ 应属于哪个总体？

6-14　一个西瓜是好瓜还是坏瓜的概率均为 0.5。好瓜的颜色总是鲜亮，坏瓜的颜色总是暗沉，但也不排除好瓜的颜色暗沉和坏瓜颜色鲜亮的情况，一般好瓜鲜亮的概率为 0.9，坏瓜暗沉的概率为 0.2。若当已知一个西瓜的颜色鲜亮时，把该西瓜判为哪种类别？

6-15　现有 $\boldsymbol{G}_1$、$\boldsymbol{G}_2$、$\boldsymbol{G}_3$ 三个总体组，已知样本 x 来自三个总体的先验概率为 $p_1=0.05$、$p_2=0.65$、$p_3=0.30$，且三个总体各自的概率密度为 $f_1(x)=0.10$、$f_2(x)=0.63$、$f_3(x)=2.4$。请判别样本 x 来自何组？

6-16　假设有两个二元正态总体，相关均值和方差如下：

$$\boldsymbol{\mu}_1=\begin{bmatrix}10\\15\end{bmatrix},\boldsymbol{\mu}_2=\begin{bmatrix}20\\25\end{bmatrix}$$

$$\boldsymbol{\Sigma}_1=\begin{bmatrix}18 & 12\\12 & 32\end{bmatrix},\boldsymbol{\Sigma}_2=\begin{bmatrix}20 & -7\\-7 & 5\end{bmatrix}$$

参考答案

使用 Fisher 判别对样本 $\boldsymbol{X}_1=\begin{bmatrix}20\\20\end{bmatrix}$ 和样本 $\boldsymbol{X}_2=\begin{bmatrix}15\\20\end{bmatrix}$ 归类。

参考文献

[1]　张红坡等. SPSS 统计分析实用宝典 [M]. 北京：清华大学出版社，2012.

[2]　贾俊平等. 统计学 [M]. 北京：清华大学出版社，2006.

[3]　李航. 统计学习方法 [M]. 北京：清华大学出版社，2019.

[4]　周志华. 机器学习 [M]. 北京：清华大学出版社，2016.

[5]　Fisher R A . THE USE OF MULTIPLE MEASUREMENTS IN TAXONOMIC PROBLEMS [J]. An-

nals of Human Genetics，2012，7 (7)：179-188.
[6] Bickel P J，Levina E . Covariance regularization by thresholding [J]. Annals of Statistics，2008，36 (6).
[7] Fan J，Feng Y，Jiang J，et al. Feature Augmentation via Nonparametrics and Selection (FANS) in High Dimensional Classification [J]. Journal of the American Statistical Association，2016，111 (513)：275.
[8] Hastie T，Tibshirani R . Discriminant Analysis by Gaussian Mixtures [J]. Journal of the Royal Statistical Society：Series B (Methodological)，1996，58 (1).
[9] Guo Y，Hastie T，Tibshirani R . Regularized linear discriminant analysis and its application in microarrays [J]. Biostatistics，2007，8 (1)：86-100.

7 支持向量机

当数据集中存在正、负两类样本时，我们希望用一个超平面将两类样本分开。但实际上这样的超平面存在无数个，哪个才是最优平面？这就是支持向量机（support vector machines，SVM）需要解决的问题。本章先介绍线性可分支持向量机的基本概念和求解过程，再介绍软间隔支持向量机和基于核函数的非线性支持向量机，然后介绍支持向量机如何处理回归任务，最后以两个案例分析支持向量机在处理不同类型数据集中的求解过程。

7.1 线性可分支持向量机

支持向量机是一种有监督的二分类模型，线性可分支持向量机是其最基本的形式。支持向量机需要找到一个最优超平面，将数据集的正负样本完全分离。如何定义“最优”是本章的关键问题。本节通过介绍线性可分的概念引出“最优”的基本思想，再通过介绍支持向量中“间隔”的概念来分析“最优”的目标函数，最后介绍线性可分支持向量机的求解过程。

7.1.1 线性可分的概念

给定一个具有正负两类的训练样本集 $D=\{(\boldsymbol{x}_1, y_1),(\boldsymbol{x}_2, y_2),\cdots,(\boldsymbol{x}_N, y_N)\}$，其中 $\boldsymbol{x}_i \in \mathbf{R}^n$，$y_i \in \{+1,-1\}$，$i=1,2,\cdots,N$。$\boldsymbol{x}_i$ 称作特征向量，也可称作实例，$y_i=+1$ 的实例称作正例，$y_i=-1$ 的实例称作负例。如果存在某个超平面

$$\boldsymbol{w}^{\mathrm{T}}\boldsymbol{x}+\boldsymbol{b}=0 \tag{7-1}$$

可以将训练集中的正负实例完全正确地区分到超平面两侧，则称数据集 D 是线性可分的，否则为线性不可分。对于一个线性可分训练集，满足上述条件的超平面其实存在无数种情况。如图 7-1 所示，图中的两条直线（超平面）都可以将正负实例完全分开。然而，不同超平面的划分效果也有“好”“坏”之分。直观上理解，直线 $\boldsymbol{w}_1^{\mathrm{T}}\boldsymbol{x}+\boldsymbol{b}_1=0$ 划分的鲁棒性不如直线 $\boldsymbol{w}_2^{\mathrm{T}}\boldsymbol{x}+\boldsymbol{b}_2=0$。受噪声影响，每个样本点都可能在局部发生扰动。如果最靠近直线 $\boldsymbol{w}_1^{\mathrm{T}}\boldsymbol{x}+\boldsymbol{b}_1=0$ 的样本点发生轻微扰动，“跨界”到超平面的另一端，划分结果就很可能出现错误。

由此看出，用于划分的超平面不管偏向哪边样本都是不好的，最优的划分结果应该是寻找处于两类样本“正中间”的直线，具有最强的抗噪能力。支持向量机的任务就是寻找这样一个超平面，不仅将正负实例进行分离，还要实现“最优”的分类效果。

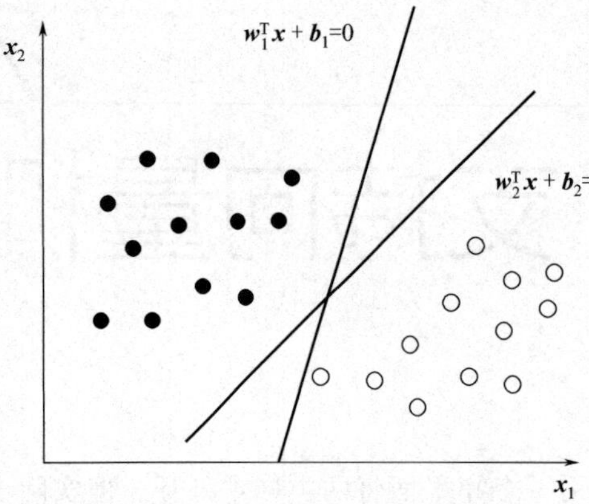

图 7-1　划分的超平面存在多种情况

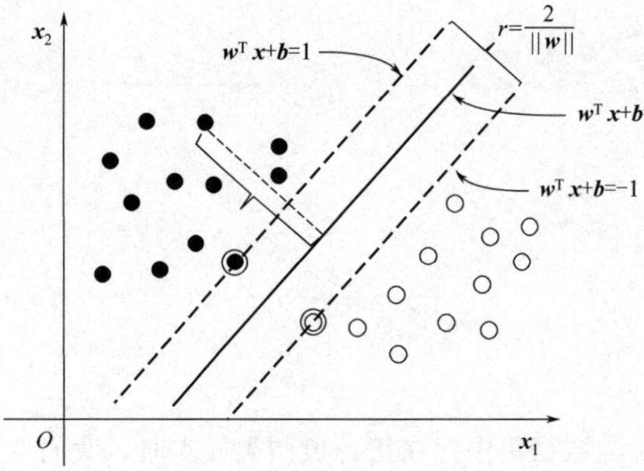

图 7-2　间隔最大化

7.1.2　间隔最大化

7.1.1 节介绍了线性可分的基本概念，并给出了“最优”的基本思想，本节将给出“最优”的数学表达。

从图 7-1 可知，将两类样本间隔开来的超平面理论上存在无限多个。直观上来说，希望正负样本距离划分超平面尽可能远。在这种情况下，当样本点发生轻微扰动时，不会出现“跨界”的情况，不会影响超平面的划分效果。如图 7-2，假设存在一个超平面（$\boldsymbol{w},\boldsymbol{b}$）可以分离正负训练样本，则对于正样本 $y_i=+1$，要求 $\boldsymbol{w}^{\mathrm{T}}\boldsymbol{x}_i+\boldsymbol{b}>0$，而对于负样本 $y_i=-1$，要求 $\boldsymbol{w}^{\mathrm{T}}\boldsymbol{x}_i+\boldsymbol{b}<0$，即离超平面最近的样本点应该满足

$$\begin{cases}\boldsymbol{w}^{\mathrm{T}}\boldsymbol{x}_i+\boldsymbol{b}=1, & y_i=1\\ \boldsymbol{w}^{\mathrm{T}}\boldsymbol{x}_i+\boldsymbol{b}=-1, & y_i=-1\end{cases} \tag{7-2}$$

这些样本点也被称作支持向量，对超平面的寻找起着至关重要的作用。样本空间中任意一点 x 到超平面（$\boldsymbol{w},\boldsymbol{b}$）的距离 r 可以表示为

$$r=\frac{|\boldsymbol{w}^{\mathrm{T}}\boldsymbol{x}+\boldsymbol{b}|}{\|\boldsymbol{w}\|} \tag{7-3}$$

而离超平面最近的样本点，不论是正例还是反例，到超平面（$\boldsymbol{w},\boldsymbol{b}$）的距离都是

$$r^{+}=r^{-}=\frac{1}{\|\boldsymbol{w}\|} \tag{7-4}$$

两个异类距离之和称为间隔，记作

$$r=\frac{2}{\|\boldsymbol{w}\|} \tag{7-5}$$

为使超平面离两类的支持向量都尽量远，需要最大化间隔，也等价于最小化$\|\boldsymbol{w}\|^2$，即需要在满足正确分类的情况下优化以下目标：

$$\begin{aligned}&\min_{w,b}\quad \frac{1}{2}\|\boldsymbol{w}\|^2\\&\text{s.t.}\quad y_i(\boldsymbol{w}^{\mathrm{T}}\boldsymbol{x}_i+\boldsymbol{b})\geqslant 1,i=1,2,\cdots,N\end{aligned}\tag{7-6}$$

为方便后续求导，在$\|\boldsymbol{w}\|^2$前加上$\frac{1}{2}$系数，并不影响求解结果。上式称作支持向量机的基本型。

7.1.3 支持向量机求解

由上节可以发现，支持向量机的目标函数本身是一个凸二次规划问题，可以整理为基于最大间隔法的 SVM 学习算法。

【算法 7.1】 基于最大间隔法的 SVM 学习算法

输入：线性可分训练数据集 $D=\{(\boldsymbol{x}_1,y_1),(\boldsymbol{x}_2,y_2),\cdots,(\boldsymbol{x}_N,y_N)\}$，其中 $\boldsymbol{x}_i\in\mathbf{R}^n$，$y_i\in\{+1,-1\},i=1,2,\cdots,N$。

输出：最大化间隔的超平面。

Step 1：构造最优化问题

$$\begin{aligned}&\min_{w,b}\quad \frac{1}{2}\|\boldsymbol{w}\|^2\\&\text{s.t.}\quad y_i(\boldsymbol{w}^{\mathrm{T}}\boldsymbol{x}_i+\boldsymbol{b})\geqslant 1,\qquad i=1,2,\cdots,N\end{aligned}\tag{7-7}$$

求得最优解$(\boldsymbol{w}^*,\boldsymbol{b}^*)$

Step 2：得到对应超平面表示

$$\boldsymbol{w}^{*\mathrm{T}}\boldsymbol{x}+\boldsymbol{b}^*=0\tag{7-8}$$

上述最优化问题可以通过计算机的优化算法包进行求解。然而凸二次规划问题的算法会随着样本容量的增加而变得低效，甚至完全失效。因此，需要高效地实现支持向量机学习。下面将介绍通过对偶问题分析和序列最小最优化（Sequential Minimal Optimization，SMO）算法实现 SVM 算法求解。

对式(7-7) 使用拉格朗日乘子法可以获得与优化目标等价的对偶问题，即对约束式添加拉格朗日乘子，再与原目标函数结合，如下所示

$$L(\boldsymbol{w},\boldsymbol{b},\boldsymbol{\alpha})=\frac{1}{2}\|\boldsymbol{w}\|^2+\sum_{i=1}^{N}\alpha_i[1-y_i(\boldsymbol{w}^{\mathrm{T}}\boldsymbol{x}_i+\boldsymbol{b})]\tag{7-9}$$

式中，$\boldsymbol{\alpha}=(\alpha_1,\alpha_2,\cdots,\alpha_N)$ 为拉格朗日乘子。

由于 SVM 需要正确划分 N 个样本，所以需要满足的约束式也有 N 个。令 $L(\boldsymbol{w},\boldsymbol{b},\boldsymbol{\alpha})$ 对 $\boldsymbol{w}$ 和 $\boldsymbol{b}$ 的偏导为零，可得

$$\boldsymbol{w}=\sum_{i=1}^{N}\alpha_i y_i\boldsymbol{x}_i\tag{7-10}$$

$$0=\sum_{i=1}^{N}\alpha_i y_i\tag{7-11}$$

将式(7-10) 代入式(7-9)，可以消去 $\boldsymbol{w}$，而 $\boldsymbol{b}$ 前面的系数恰好是 $\sum_{i=1}^{N}\alpha_i y_i=0$，因此可以一同消去 $\boldsymbol{b}$。由此分析，式(7-6) 的目标函数可以转换为式(7-12)，即将要求解的（$\boldsymbol{w}^*$，$\boldsymbol{b}^*$）转化为对拉格朗日乘子 $\boldsymbol{\alpha}$ 的求解。

$$\max_{\boldsymbol{\alpha}} \quad \sum_{i=1}^{N}\alpha_i - \frac{1}{2}\sum_{i=1}^{N}\sum_{j=1}^{N}\alpha_i\alpha_j y_i y_j \boldsymbol{x}_i^{\mathrm{T}}\boldsymbol{x}_j$$

$$\text{s. t.} \quad \sum_{i=1}^{N}\alpha_i y_i = 0, \alpha_i \geqslant 0, i=1,2,\cdots,N \tag{7-12}$$

求解出 $\boldsymbol{\alpha}$ 后，可以根据式(7-10) 求解出 $\boldsymbol{w}$，并确定系数 $\boldsymbol{b}$。求解得到的超平面模型为

$$f(\boldsymbol{x}) = \boldsymbol{w}^{\mathrm{T}}\boldsymbol{x} + \boldsymbol{b} = \sum_{i=1}^{N}\alpha_i y_i \boldsymbol{x}_i^{\mathrm{T}}\boldsymbol{x} + \boldsymbol{b} \tag{7-13}$$

一般的优化问题可以分为 3 类：无约束条件、等式约束条件、不等式约束条件。注意到式(7-9) 属于第 3 类问题，而不等式约束下的优化问题需要满足 Karush-Kuhn-Tucker (KKT) 条件，即要求

$$\begin{cases}\alpha_i \geqslant 0 \\ y_i f(\boldsymbol{x}_i) - 1 \geqslant 0 \\ \alpha_i (y_i f(\boldsymbol{x}_i) - 1) = 0\end{cases} \tag{7-14}$$

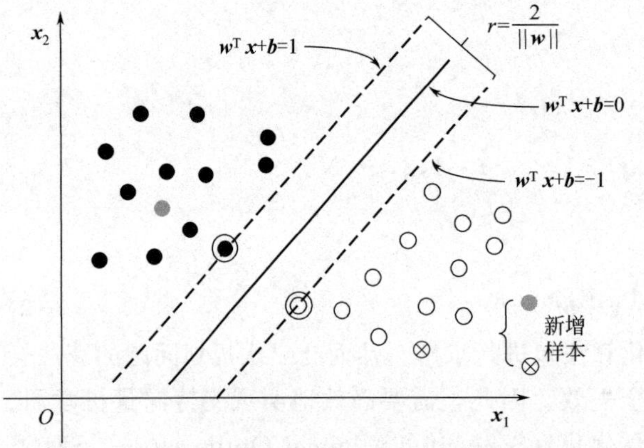

图 7-3 新增的样本对 SVM 模型超平面没有影响

分析式(7-14) 中的第 3 个式子，可以发现针对任意一个样本 $(\boldsymbol{x}_i, y_i)$，都有 $\alpha_i=0$ 或 $y_i f(\boldsymbol{x}_i)-1=0$ 成立。$\boldsymbol{\alpha}$ 是拉格朗日乘子，每个样本都对应一个约束式，而每个约束式都对应一个拉格朗日乘子。如果 $\alpha_i=0$，则意味着这个样本对于约束式没有影响；如果 $\alpha_i>0$，则必满足 $y_i f(\boldsymbol{x}_i)-1=0$，这意味着该样本点位于最大间隔边界，也就是一个支持向量。由此可以发现，使用 SVM 寻找超平面的过程中，除支持向量外的样本点对模型的确定都没有影响，如图 7-3 所示。

式(7-12) 是一个二次规划问题，使用通用的二次规划求解算法固然可以求解，但是效率低下。为了解决这个问题，有学者提出了序列最小最优化（SMO）算法。SMO 的中心思想是，一次性选取两个参数 α_i 和 α_j 进行优化，固定其他参数；这两个参数优化完毕后，再选取新的两个参数进行优化；不断重复上述步骤，直到满足一定条件。之所以一次需要优化两个参数，是由于拉格朗日乘子需要满足 $0=\sum_{i=1}^{N}\alpha_i y_i$，否则会破坏约束条件。选取 α_i 和 α_j 进行优化，固定其他参数，可以得到

$$\alpha_i y_i + \alpha_j y_j = c, \alpha_i \geqslant 0, \alpha_j \geqslant 0 \tag{7-15}$$

式中，$c=-\sum_{k\neq i,j}\alpha_k y_k$，以满足约束式 $0=\sum_{i=1}^{N}\alpha_i y_i$。

将式(7-15) 代入式(7-12)，消去 α_j，可以发现式(7-12) 仅是一个关于单变量 α_i 的优化目标，只需满足参数大于 0 的约束即可，因此可以高效快速地计算更新后的 α_i 和 α_j。

求解完拉格朗日乘子 $\boldsymbol{\alpha}$ 后，还需要确定偏移项 $\boldsymbol{b}$。注意到对于任意一个支持向量，都满足

$$y_i\left(\sum_{i\in S}\alpha_i y_i \boldsymbol{x}_i^{\mathrm{T}}\boldsymbol{x}_i + \boldsymbol{b}\right) = 1 \tag{7-16}$$

式中，S 是所有支持向量下标的集合，样本（$\boldsymbol{x}_i, y_i$）是一个支持向量。由此可得，代入任意一个支持向量即可获得偏移项 $\boldsymbol{b}$。为了获得更鲁棒的结果，现实任务中会把所有的支持向量代入求得多个偏移项 $\boldsymbol{b}$ 并进行平均。

SMO 中的一个关键问题是如何选择参数对 α_i 和 α_j 以实现快速收敛。一般而言，选取的参数只要不满足 KKT 条件，就可以在迭代过程中减小目标函数，越不满足 KKT 条件，即违背 KKT 条件的程度越大，更新的幅度越大，越有利于快速收敛。因此，SMO 先选择违背 KKT 条件的程度最大的变量。关于第 2 个变量的选取，SMO 采取了一种启发式算法，即选取的两个变量所对应的样本之间的间隔最大。可以理解为，当选取的两个变量具有较大的差别时，更新会使得目标函数具有更大的变化。

7.2 软间隔支持向量机

7.1 节用 SVM 处理分类任务的基础，是要求训练数据集满足线性可分的条件。对于线性不可分的训练数据，上述 SVM 算法是不适用的，因为式(7-6) 中的不等式约束无法全部满足。此时可以将条件放宽，将硬间隔划分改为软间隔划分，即允许支持向量机在一些样本上出错。

给定一个具有正负两类的训练样本集 $D=\{(\boldsymbol{x}_1, y_1),(\boldsymbol{x}_2, y_2),\cdots,(\boldsymbol{x}_N, y_N)\}$，其中 $\boldsymbol{x}_i \in \mathbf{R}^n, y_i \in \{+1,-1\}, i=1,2,\cdots,N$。将数据集中的一些样本点删除后，剩下的大部分样本都满足线性可分的条件，如图 7-4 所示。

由于线性不可分数据存在一些样本点不能满足约束 $y_i(\boldsymbol{w}^{\mathrm{T}}\boldsymbol{x}_i+\boldsymbol{b}) \geqslant 1$，因此可以引入一个松弛变量 ξ_i，使得原有约束条件放宽至

$$y_i(\boldsymbol{w}^{\mathrm{T}}\boldsymbol{x}_i+\boldsymbol{b}) \geqslant 1-\xi_i \tag{7-17}$$

为了使松弛变量 ξ_i 尽可能小，将其作为惩罚项加入优化目标。新的目标函数为

$$\min_{\boldsymbol{w},\boldsymbol{b},\xi_i} \frac{1}{2}\|\boldsymbol{w}\|^2 + C\sum_{i=1}^{N}\xi_i$$

$$\text{s.t.} \quad y_i(\boldsymbol{w}^{\mathrm{T}}\boldsymbol{x}_i+\boldsymbol{b}) \geqslant 1-\xi_i, \xi_i \geqslant 0, \quad i=1,2,\cdots,N \tag{7-18}$$

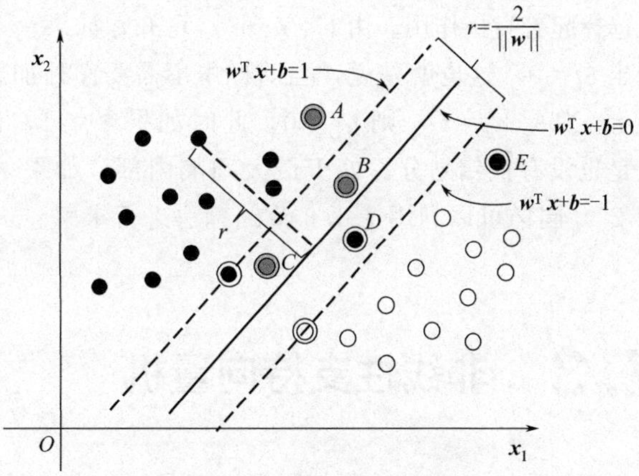

图 7-4　线性不可分数据集
（点 A～E 表示需要删除的样本点）

式中，$C>0$ 称为惩罚参数。

新的目标函数在追求间隔尽可能大的同时，也希望松弛变量尽可能小，两者通过 C 进行调节。可以证明，上述优化目标求解的 $\boldsymbol{w}$ 是唯一的，但是 $\boldsymbol{b}$ 不唯一，它的解存在于一个区间内。与线性可分 SVM 类似，通过拉格朗日乘子法可以将式(7-18) 优化目标转化为对应的对偶问题。对应的拉格朗日函数为

$$L(\boldsymbol{w},\boldsymbol{b},\boldsymbol{\alpha},\xi,\mu)=\frac{1}{2}\|\boldsymbol{w}\|^2+C\sum_{i=1}^{N}\xi_i+\sum_{i=1}^{N}\alpha_i[1-\xi_i-y_i(\boldsymbol{w}^{\mathrm{T}}\boldsymbol{x}_i+\boldsymbol{b})]-\sum_{i=1}^{N}\mu_i\xi_i \tag{7-19}$$

式中，$\alpha_i \geqslant 0$，$\mu_i \geqslant 0$ 是拉格朗日乘子。

令拉格朗日函数 $L(\boldsymbol{w},\boldsymbol{b},\boldsymbol{\alpha},\xi,\mu)$ 对 $\boldsymbol{w},\boldsymbol{b},\xi_i$ 求偏导为零，可以整理得

$$\boldsymbol{w} = \sum_{i=1}^{N} \alpha_i y_i \boldsymbol{x}_i \tag{7-20}$$

$$0 = \sum_{i=1}^{N} \alpha_i y_i \tag{7-21}$$

$$C = \alpha_i + \mu_i \tag{7-22}$$

目标函数的对偶形式如下所示

$$\begin{aligned} &\max_{\boldsymbol{\alpha}} \sum_{i=1}^{N} \alpha_i - \frac{1}{2} \sum_{i=1}^{N} \sum_{j=1}^{N} \alpha_i \alpha_j y_i y_j \boldsymbol{x}_i^{\mathrm{T}} \boldsymbol{x}_j \\ &\text{s. t.} \sum_{i=1}^{N} \alpha_i y_i = 0, 0 \leqslant \alpha_i \leqslant C, i = 1,2,\cdots,N \end{aligned} \tag{7-23}$$

对比 7.1 节中硬间隔 SVM 对偶问题中的约束条件，可以发现软间隔算法中还要求 $\alpha_i \leqslant C$。优化目标对应的 KKT 条件如下所示。

$$\begin{cases} \alpha_i \geqslant 0, \mu_i \geqslant 0 \\ y_i f(\boldsymbol{x}_i) - 1 + \xi_i \geqslant 0 \\ \alpha_i [y_i f(\boldsymbol{x}_i) - 1 + \xi_i] = 0 \\ \xi_i \geqslant 0, \mu_i \xi_i = 0 \end{cases} \tag{7-24}$$

对于任意训练样本 $(\boldsymbol{x}_i, y_i)$，总有 $\alpha_i = 0$ 或 $y_i f(\boldsymbol{x}_i) - 1 + \xi_i = 0$ 成立。同样，如果 $\alpha_i = 0$，则意味着该样本不影响优化目标；如果 $y_i f(\boldsymbol{x}_i) - 1 + \xi_i = 0$，则该样本为支持向量，对超平面的选择起着直接作用。由 $C = \alpha_i + \mu_i$ 可知，如果 $\alpha_i < C$，则 $\mu_i = C - \alpha_i > 0$，由 $\mu_i \xi_i = 0$ 可以推断出 $\xi_i = 0$，这也就是说，当前样本不需要额外加入松弛变量，该样本刚好处于最大间隔边界上。如果 $\alpha_i = C$，则 $\mu_i = 0$，此时如果 $\xi_i \leqslant 1$，说明该样本虽然没有被严格划分到类内，但是也没有被错划分，处于最大间隔内部；如果 $\xi_i > 1$ 则说明该样本已经被误划分了。式(7-23) 同样可以利用 7.1.3 节的算法进行求解。

7.3 非线性支持向量机

不论是 7.1 节中的硬间隔算法还是 7.2 节中的软间隔算法，都要求训练数据集完全线性可分或“大致”线性可分。在现实任务中，可能存在更复杂的情况，如图 7-5 所示。针对此类问题，可以将数据映射到高维空间，再寻找一个超平面将数据分开。如图 7-6 所示，原先二维空间不可分的数据，通过将数据映射到三维空间，使数据在高维空间中分离，再寻找适合的超平面将其分开，这就是核函数的思想。

使用核函数 $\phi(\cdot)$ 将原始数据投影到高维空间得到新特征 $\phi(\boldsymbol{x})$，使用 $\phi(\boldsymbol{x})$ 代替 $\boldsymbol{x}$，其 SVM 优化目标与 7.1 节相似。

$$\begin{aligned} &\min_{\boldsymbol{w},\boldsymbol{b}} \frac{1}{2} \|\boldsymbol{w}\|^2 \\ &\text{s. t.} \quad y_i [\boldsymbol{w}^{\mathrm{T}} \phi(\boldsymbol{x}_i) + \boldsymbol{b}] \geqslant 1, i = 1,2,\cdots,N \end{aligned} \tag{7-25}$$

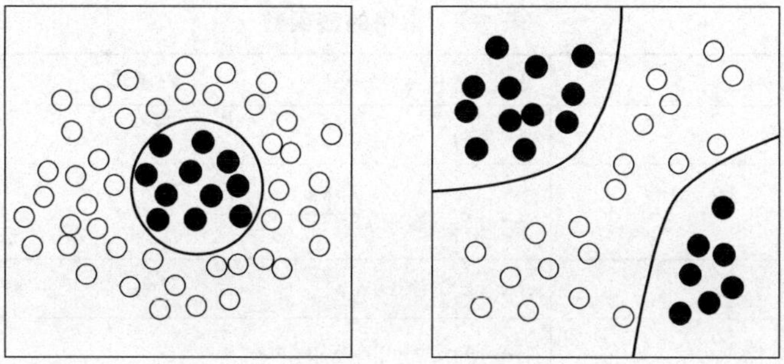

图 7-5 较为复杂的线性不可分数据

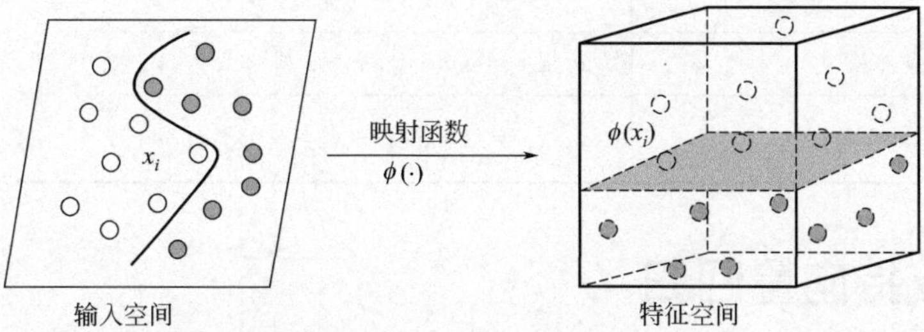

图 7-6 将数据从二维映射到三维空间

同理，使用拉格朗日乘子法构造拉格朗日函数并对 $\boldsymbol{w}$ 和 $\boldsymbol{b}$ 求偏导，可得

$$L(\boldsymbol{w},\boldsymbol{b},\boldsymbol{\alpha})=\frac{1}{2}\|\boldsymbol{w}\|^2+\sum_{i=1}^{N}\alpha_i\{1-y_i[\boldsymbol{w}^{\mathrm{T}}\boldsymbol{\phi}(\boldsymbol{x}_i)+\boldsymbol{b}]\} \tag{7-26}$$

$$\boldsymbol{w}=\sum_{i=1}^{N}\alpha_i y_i\boldsymbol{\phi}(\boldsymbol{x}_i) \tag{7-27}$$

$$0=\sum_{i=1}^{N}\alpha_i y_i \tag{7-28}$$

其对偶问题表示为

$$\begin{aligned}&\max_{\boldsymbol{\alpha}}\sum_{i=1}^{N}\alpha_i-\frac{1}{2}\sum_{i=1}^{N}\sum_{j=1}^{N}\alpha_i\alpha_j y_i y_j\boldsymbol{\phi}(\boldsymbol{x}_i)^{\mathrm{T}}\boldsymbol{\phi}(\boldsymbol{x}_j)\\&\text{s. t. }\sum_{i=1}^{N}\alpha_i y_i=0,\alpha_i\geqslant 0,\qquad i=1,2,\cdots,N\end{aligned} \tag{7-29}$$

到目前止，优化目标的分析与 7.1 节的 SVM 求解步骤几乎一致。值得注意的是，核函数映射后的特征向量的维度可能很高，比如 $\boldsymbol{\phi}(\boldsymbol{x}_i)^{\mathrm{T}}\boldsymbol{\phi}(\boldsymbol{x}_j)$ 需要求取两个高维向量的内积，这会大大增加计算复杂度。因此，先在低维的空间中进行计算，之后将计算的结果输入某个函数进行转换，这样就避免了对高维向量的操作。将这个设想的函数记作

$$\kappa(\boldsymbol{x}_i,\boldsymbol{x}_j)=\boldsymbol{\phi}(\boldsymbol{x}_i)^{\mathrm{T}}\boldsymbol{\phi}(\boldsymbol{x}_j) \tag{7-30}$$

上述对偶问题可以重新表示为

$$\begin{aligned}&\max_{\boldsymbol{\alpha}}\sum_{i=1}^{N}\alpha_i-\frac{1}{2}\sum_{i=1}^{N}\sum_{j=1}^{N}\alpha_i\alpha_j y_i y_j\kappa(\boldsymbol{x}_i,\boldsymbol{x}_j)\\&\text{s. t. }\sum_{i=1}^{N}\alpha_i y_i=0,\alpha_i\geqslant 0,i=1,2,\cdots,N\end{aligned} \tag{7-31}$$

通过上述表示就避免了对 $\boldsymbol{\phi}(\boldsymbol{x}_i)$ 的操作。之后只需按照 7.1.3 节介绍的算法进行求解即可。常用的核函数列见表 7-1。

表 7-1 常用的核函数

名称	表达式
线性核	$\kappa(\boldsymbol{x}_i,\boldsymbol{x}_j)=\boldsymbol{x}_i^{\mathrm{T}}\boldsymbol{x}_j$
高斯核	$\kappa(\boldsymbol{x}_i,\boldsymbol{x}_j)=\exp(-\frac{\Vert\boldsymbol{x}_i-\boldsymbol{x}_j\Vert^2}{2\sigma^2})$
多项式核	$\kappa(\boldsymbol{x}_i,\boldsymbol{x}_j)=(\boldsymbol{x}_i^{\mathrm{T}}\boldsymbol{x}_j)^d$
Sigmoid 核	$\kappa(\boldsymbol{x}_i,\boldsymbol{x}_j)=\tanh(\beta\boldsymbol{x}_i^{\mathrm{T}}\boldsymbol{x}_j+\theta)$
拉普拉斯核	$\kappa(\boldsymbol{x}_i,\boldsymbol{x}_j)=\exp(-\frac{\Vert\boldsymbol{x}_i-\boldsymbol{x}_j\Vert}{\sigma})$
径向基核	$\kappa(\boldsymbol{x}_i,\boldsymbol{x}_j)=\exp(-\gamma\Vert\boldsymbol{x}_i-\boldsymbol{x}_j\Vert^2)$
ANOVA 核	$\kappa(\boldsymbol{x}_i,\boldsymbol{x}_j)=\sum_{k=1}^{n}\exp[-\sigma(\boldsymbol{x}_i^k-\boldsymbol{x}_j^k)^2]^d$

7.4 支持向量回归

前面介绍了SVM如何处理分类问题，SVM同样可以处理回归问题，这称为支持向量回归（Support Vector Regression，SVR）。一般的回归算法认为，只要数据点不在拟合函数上就要计算误差，离拟合函数越远误差越大。而支持向量回归是一种比较“宽容”的回归算法，它认为只要数据点与回归模型之间的误差不超过 ε，就算预测正确，如图 7-7 所示。这意味着 SVR 的间隔带宽是 2ε。如果 ε 足够大，则间隔带内可以包含所有的数据，但这使得模型过于“宽容”，从而无法保证回归的精度。相反，ε 越小，则表明模型对于误差的容忍程度越小。ε-不敏感损失函数如图 7-8 所示。

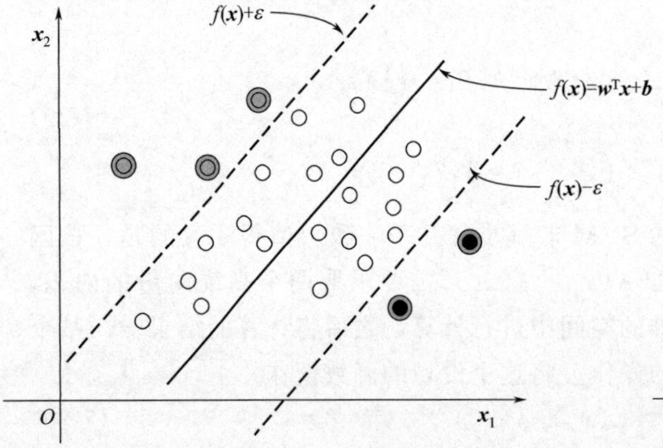

图 7-7 支持向量回归

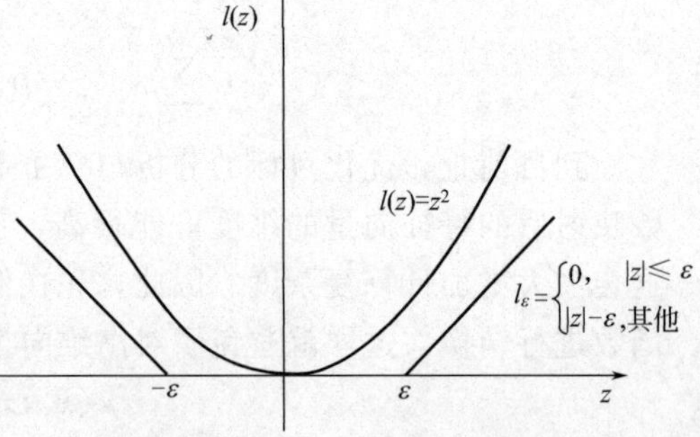

图 7-8 ε-不敏感损失函数

虽然支持向量回归期望所有的数据点都可以包含在间隔带内，但是为了提高模型的准确性，ε 必须控制在一个比较小的值。这就导致一些数据会跑出间隔带之外，而通过这些数据可以计算损失，以此优化模型。这里的处理方法与软间隔支持向量机类似。当数据不是完全线性可分时，可引入松弛变量，将原有的约束条件放宽。同理，当某个数据点在间隔带之外时，即 $f(\boldsymbol{x}_i)-y_i\geqslant\varepsilon$ 时，也可以引入松弛变量 $\xi_i\geqslant 0$，只要这个数据与拟合函数的误差小

于 $\xi_i+\varepsilon$ 即可，即 $f(\boldsymbol{x}_i)-y_i\leqslant\xi_i+\varepsilon$。另一种较大误差的情况是 $y_i-f(\boldsymbol{x}_i)\geqslant\varepsilon$，可以引入新的松弛变量 $\hat{\xi}_i\geqslant 0$，使得 $y_i-f(\boldsymbol{x}_i)\leqslant\hat{\xi}_i+\varepsilon$。因此，SVR 问题可以形式化为

$$\begin{gathered}\min_{\boldsymbol{w},\boldsymbol{b},\xi_i,\hat{\xi}_i}\ \frac{1}{2}\|\boldsymbol{w}\|^2+C\sum_{i=1}^{N}(\xi_i+\hat{\xi}_i)\\ \text{s. t. } f(\boldsymbol{x}_i)-y_i\leqslant\xi_i+\varepsilon,y_i-f(\boldsymbol{x}_i)\leqslant\hat{\xi}_i+\varepsilon\\ \xi_i\geqslant 0,\hat{\xi}_i\geqslant 0,i=1,2,\cdots,N\end{gathered}\tag{7-32}$$

同理，这里的 C 也表示惩罚参数，当松弛变量较大的时候，表示模型的精度降低，这会受到一定的惩罚。

与上一节相同，我们用拉格朗日乘数法将上式转化为拉格朗日函数

$$\begin{aligned}&L(\boldsymbol{w},\boldsymbol{b},\boldsymbol{\alpha},\hat{\boldsymbol{\alpha}},\xi,\hat{\xi},\mu,\hat{\mu})\\ &=\frac{1}{2}\|\boldsymbol{w}\|^2+C\sum_{i=1}^{N}(\xi_i+\hat{\xi}_i)-\sum_{i=1}^{N}\mu_i\xi_i-\sum_{i=1}^{N}\hat{\mu}_i\hat{\xi}_i+\\ &\sum_{i=1}^{N}\alpha_i[f(\boldsymbol{x}_i)-y_i-\varepsilon-\xi_i]+\sum_{i=1}^{N}\hat{\alpha}_i[y_i-f(\boldsymbol{x}_i)-\varepsilon-\hat{\xi}_i]\end{aligned}\tag{7-33}$$

这里的 $\boldsymbol{\alpha}\geqslant 0$，$\hat{\boldsymbol{\alpha}}\geqslant 0$，$\mu\geqslant 0$，$\hat{\mu}\geqslant 0$ 表示拉格朗日乘子。

之后令上式对 $\boldsymbol{w}$，$\boldsymbol{b}$，ξ_i，$\hat{\xi}_i$ 求偏导为 0，可得

$$\begin{cases}\displaystyle\sum_{i=1}^{N}(\hat{\alpha}_i-\alpha_i)\boldsymbol{x}_i=\boldsymbol{w}\\ \displaystyle\sum_{i=1}^{N}(\hat{\alpha}_i-\alpha_i)=0\\ C=\alpha_i+\mu_i\\ C=\hat{\alpha}_i+\hat{\mu}_i\end{cases}\tag{7-34}$$

由此可得 SVR 的对偶问题表达

$$\begin{gathered}\max_{\boldsymbol{\alpha},\hat{\boldsymbol{\alpha}}}\sum_{i=1}^{N}y_i(\hat{\alpha}_i-\alpha_i)-\varepsilon(\hat{\alpha}_i+\alpha_i)-\frac{1}{2}\sum_{i=1}^{N}\sum_{j=1}^{N}(\hat{\alpha}_i-\alpha_i)(\hat{\alpha}_j-\alpha_j)\boldsymbol{x}_i^{\mathrm{T}}\boldsymbol{x}_j\\ \text{s. t}\sum_{i=1}^{N}\sum_{j=1}^{N}(\hat{\alpha}_i-\alpha_i)=0\\ 0\leqslant\alpha_i,\hat{\alpha}_i\leqslant C\end{gathered}\tag{7-35}$$

上述过程中需要满足的 KKT 条件如下所示

$$\begin{cases}\alpha_i(f(\boldsymbol{x}_i)-y_i-\varepsilon-\xi_i)=0\\ \hat{\alpha}_i[y_i-f(\boldsymbol{x}_i)-\varepsilon-\hat{\xi}_i]=0\\ \alpha_i\hat{\alpha}_i=0,\xi_i\hat{\xi}_i=0\\ (C-\alpha_i)\xi_i=0,(C-\hat{\alpha}_i)\hat{\xi}_i=0\end{cases}\tag{7-36}$$

从 KKT 条件中可以知道，只有当约束 $f(\boldsymbol{x}_i)-y_i-\varepsilon-\xi_i=0$ 成立时，α_i 可以为非零值。也就是说，只在数据点在间隔带之外的情况下，α_i 可以取非零值。另一种约束 $y_i-f(\boldsymbol{x}_i)-\varepsilon-\hat{\xi}_i=0$ 与约束 $f(\boldsymbol{x}_i)-y_i-\varepsilon-\xi_i=0$ 无法同时成立，此时 $\hat{\alpha}_i$ 和 α_i 只有一个为非零值，另一个为零值。整理得 SVR 的解，形如

$$f(\boldsymbol{x}) = \sum_{i=1}^{N} (\hat{\alpha}_i - \alpha_i) \boldsymbol{x}_i^{\mathrm{T}} \boldsymbol{x} + \boldsymbol{b} \tag{7-37}$$

由 SVR 的解可以看出，如果样本点落在间隔带之内，则 $\hat{\alpha}_i$ 和 α_i 同时为 0，对于函数 $f(\boldsymbol{x})$ 没有影响。因此，只有在间隔带外的点才能作为支持向量。

之后求取 $\boldsymbol{b}$ 的值。由约束 $(C-\alpha_i)\xi_i=0$ 和 $\alpha_i[f(\boldsymbol{x}_i)-y_i-\varepsilon-\xi_i]=0$ 看出，当 $0<\alpha_i<C$ 时，一定有 $\xi_i=0$ 成立，因此 $\boldsymbol{b}$ 可以表示为

$$\boldsymbol{b} = y_i + \varepsilon - \sum_{i=1}^{N} (\hat{\alpha}_i - \alpha_i) \boldsymbol{x}_i^{\mathrm{T}} \boldsymbol{x} \tag{7-38}$$

在实际操作中，一般会选取多个满足 $0<\alpha_i<C$ 的样本点求解 $\boldsymbol{b}$，对于所得的结果求平均值以获得更鲁棒的结果。

7.5 支持向量机实例

7.1 节至 7.3 节介绍了线性可分支持向量机和非线性支持向量机，下面通过两个实例来分析支持向量机如何处理不同类型的数据集。

7.5.1 线性可分支持向量机实例

为了验证 7.1 节中所述线性可分支持向量机的分类效果，在本实例中生成一些线性可分的数据样本来进行测试。分别以(2,2)和(−2,−2)为样本中心，生成一些具有高斯噪声的数据：

$$\boldsymbol{x}_1 \sim \mathcal{N}[(2,2)^{\mathrm{T}}, \boldsymbol{I}_2], \boldsymbol{x}_2 \sim \mathcal{N}[(-2,-2)^{\mathrm{T}}, \boldsymbol{I}_2]$$

式中，$\boldsymbol{x}_1$ 和 $\boldsymbol{x}_2$ 分别从高斯分布中采样 30 个数据点，形成数据集($\boldsymbol{x}_1$，$\boldsymbol{x}_2$)如图 7-9 所示。

通过图 7-10 中的线性可分支持向量机，在指定 $\boldsymbol{x}_1$ 和 $\boldsymbol{x}_2$ 的标签后对 SVM 进行优化求解，可以得到支持向量如图 7-10 所示。

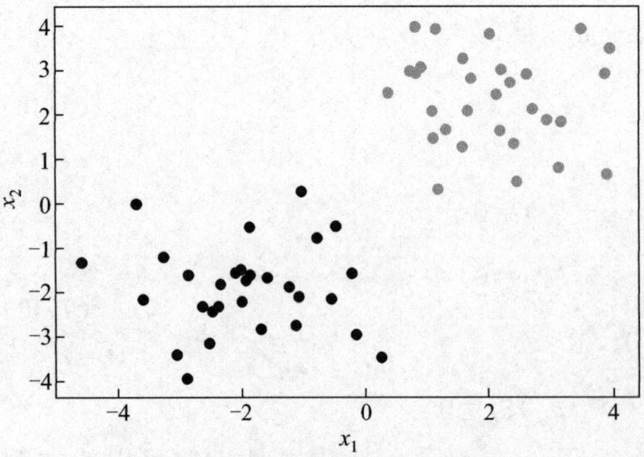

图 7-9 线性可分数据集散点图

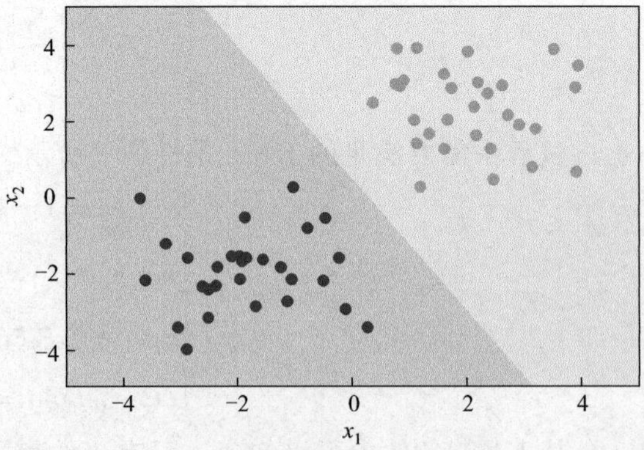

图 7-10 支持向量与分类结果

由图 7-10 可知，支持向量为深浅色块的分割线，它将平面分割成两部分，从而达到了分类的效果。事实上，支持向量就是由最接近于支持向量的两个不同类别的样本

决定的，可以观察到离支持向量最近的深色样本点和浅色样本点到支持向量的距离相等。对于测试样本 $\boldsymbol{x}_i$，只需要计算 $\boldsymbol{w}^{\mathrm{T}}\boldsymbol{x}_i+\boldsymbol{b}$ 并与 0 进行比较，即可对测试样本打上 0-1 标签，完成二分类任务。

对于 7.2 节中所述的软间隔而言，这里通过选取不同的惩罚系数 C 来对软间隔的效果进行阐述，如图 7-11 所示。

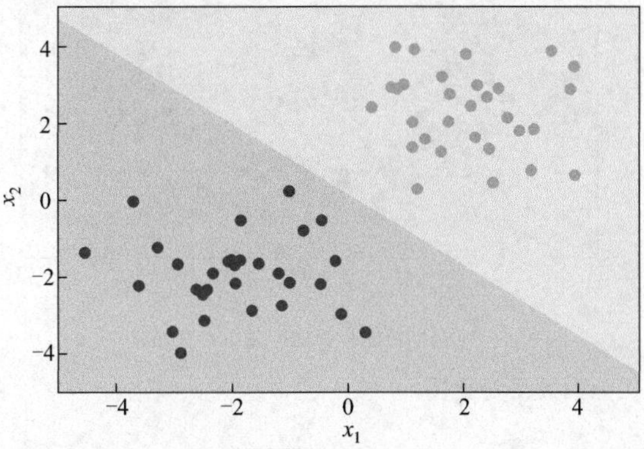

(a) C=0.01

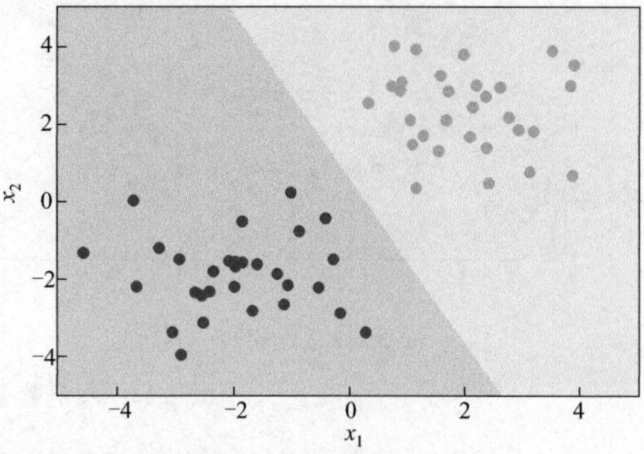

(b) C=1

图 7-11　软间隔惩罚系数 C 对二分类结果的影响

当 C 增大时，软间隔 SVM 对于松弛变量的惩罚加重，意味着更倾向于确保分类的准确率；当 C 减小时，软间隔 SVM 对于松弛变量的惩罚减小，意味着分类器对于错误分类的松弛程度更高。事实上，当 $C\to\infty$ 时，软间隔 SVM 就等同于原始的 SVM 效果。如图 7-11 所示，可以观察到当 $C=0.01$ 时，支持向量离最近的两个不同类别的样本的距离是不相等的，这体现了软间隔 SVM 对于错误分类的松弛。而当 $C=1$ 时，分类的结果与图 7-10 所示的原始 SVM 的分类结果几乎相同。

7.5.2　非线性支持向量机实例

由于线性可分支持向量机的支持向量是线性的，其对于非线性可分、线性不可分的数据集而言无能为力，因此本节对 7.3 节中所述的非线性支持向量机进行实践以发掘其效果。下面通过一个环形数据集来对比二者的分类效果，如图 7-12 所示。其中外圈的深色环与内圈的浅色环分别为两个不同类别的数据。分别采用软间隔线性 SVM 与非线性 SVM 对环形数据集进行二分类，得到二分类效果如图 7-13 所示。

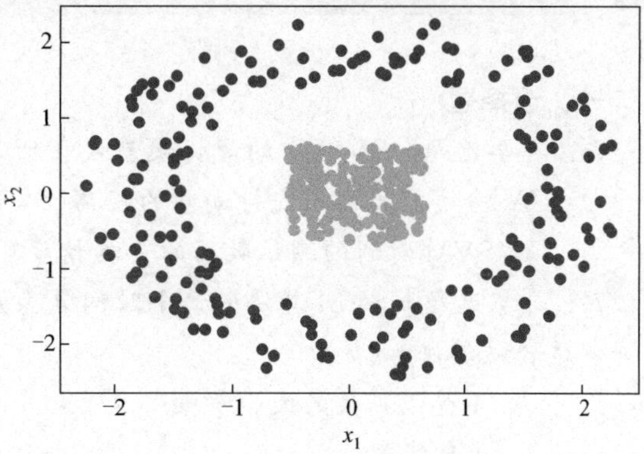

图 7-12　环形数据集示意图

可以看到软间隔线性 SVM 分类器对于环形数据集的分类而言无法达到利用线性支持向量进行准确二分类的效果，而利用高斯核函数映射的非线性 SVM 则可以在再生希尔伯特空间内利用线性支持向量将映射后的样本进行二分类，从而达到非线性分类的效果。可以看到图 7-13 中非线性 SVM 的支持向量不再是一条直线，而是一个椭圆，这是再生希尔伯特空间内的线性支持向量在欧氏空间内的表现。

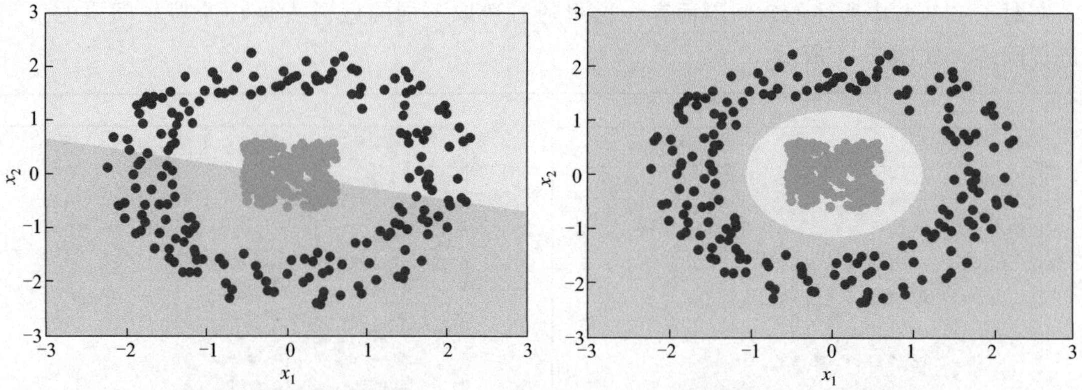
(a) 软间隔支持向量机分类结果
(b) 高斯核函数支持向量机分类结果

图 7-13　环形数据集二分类效果对比图

本章小结

针对二分类问题，SVM 是一种有效的方法。对于完全线性可分的数据集，SVM 往往有很好的分类性能。对于数据集不能完全线性可分的情况，可以引入松弛变量 ξ_i 来放宽原来硬间隔的条件构造软间隔 SVM。非线性 SVM 通过构造核函数的方法，可以将数据映射到更高维度的特征空间再进行分类，不同的核函数会产生不同的映射空间，核函数的选择需要根据特征数量和样本数量具体分析。同时，SVM 不仅可以处理离散变量的分类任务，也可以处理连续变量的回归任务。SVM 适合处理样本数量较少、特征维度高的问题。在需要处理庞大数据的问题中，SVM 常常会在运行时间和内存使用等方面遇到挑战，且模型对参数、核函数的选择十分敏感。在第 10 章，将介绍一种适合处理大量数据与非线性问题的算法——神经网络。

习题 7

一、选择题

7-1　[单选题] SVM 中的泛化误差代表什么？(　　)

A. 分类超平面与支持向量的距离　　B. SVM 模型的复杂程度

C. SVM 对新的测试数据的分类精度　　D. SVM 中的误差阈值

7-2　[单选题] SVM 算法的最小时间复杂度是 $O(n^2)$，基于此，以下哪种规格的数据集并不适合该算法？(　　)

A. 不受数据集的大小影响　　B. 中等数据集

C. 小数据集　　D. 大数据集

7-3　[单选题] 超平面具有什么性质？(　　)

A. 超平面是一个很大的平面　　B. 超平面必定经过原点

C. n 维空间超平面的维度是 n　　D. 超平面的截距不是 0

7-4 ［单选题］SVM 算法的性能取决于（　　）。

A. 核函数的选择　　B. 核函数的参数

C. 软间隔　　D. 以上都有

7-5 ［单选题］以下哪种情况会导致 SVM 算法性能下降？（　　）

A. 数据线性可分　　B. 数据有噪声，有重复值

C. 数据干净，格式整齐　　D. 数据样本较多且变量维度不高

7-6 ［多选题］SVM 推导过程中 KKT 条件有哪些？（　　）

A. $\nabla_w L=0$　　B. $\alpha_i<0$

C. $\alpha_i \geqslant 0$　　D. $y_i(wx_i+b)-1 \geqslant 0$

二、判断题

7-7 用一个线性 SVM 分类器用来处理二分类问题，随意移动支持向量以外的点，对分类结果会有影响。（　　）

7-8 软间隔的引入可以处理非线性可分问题。（　　）

7-9 常见的核函数有 sigmoid 核函数、径向基核函数等。（　　）

7-10 支持向量机只能够解决二分类问题，不能够处理回归问题。（　　）

三、简答题

7-11 作为一种分类算法，支持向量机的基本原理是什么？

7-12 SVM 适合解决的问题有哪些？

7-13 SVM 应用领域有哪些？

7-14 SVM 常用的核函数有哪些？

7-15 支持向量回归中为什么要引入不敏感损失函数？

参考答案

参考文献

［1］ 周志华. 机器学习［M］. 北京：清华大学出版社，2016.

［2］ 李航. 统计学习方法［M］. 北京：清华大学出版社，2012.

［3］ Platt J. Sequential minimal optimization：A fast algorithm for training support vector machines［J］. 1998.

［4］ S. S. Keerthi，S. K. Shevade，C. Bhattacharyya and K. R. K. Murthy，"Improvements to Platt's SMO Algorithm for SVM Classifier Design，" in Neural Computation，vol. 13，no. 3，pp. 637-649，1 March 2001，doi：10.1162/089976601300014493.

［5］ Zhu S，Xu C，Wang J，et al. Research and application of combined kernel SVM in dynamic voiceprint password authentication system［C］//2017 IEEE 9th International Conference on Communication Software and Networks（ICCSN）. IEEE，2017：1052-1055.

8 典型相关分析

在生活中，我们常用到相关系数去衡量两个变量间的相关性，如计算地区 GDP 与地区房价，或是研究销售额与广告投入的关系等。相关系数是衡量变量间相关性的一种常用统计指标。相关系数可以通过数据的方差和协方差进行计算，相关系数的绝对值越接近于 1，则变量间的线性相关性越高；相关系数越接近于 0，则线性相关性越低。尽管相关系数可以很好地帮助我们分析一维数据的相关性，但对于高维数据就不能直接使用了。在本章中，我们将介绍一种面向高维数据组的数据相关性挖掘方法，称为典型相关分析。

8.1 基本概念

典型相关分析（Canonical Correlation Analysis，CCA）是很常见也很经典的一种数据挖掘关联关系的算法，自提出以来被广泛使用，经久不衰。本节对其基本概念做了一个全面的阐述，介绍了 CCA 的历史、用途、思想及一些简单的应用前景。

8.1.1 CCA 的历史及用途

CCA 的目的是识别并量化两组变量之间的联系，其概念最早由哈罗德·霍特林引入，他所提出的方法起源于 1936 年在《生物统计》期刊上发表的一篇文章《两组变式之间的关系》，经过多年的应用和发展，逐渐达到完善，在 20 世纪 70 年代臻于成熟。典型相关分析的优点有：能很好地反映出两组变量之间多对多的联系，并且具有很强的推广性。

在分析实际问题中，这种方法的用途非常广泛。读者不妨先思考这样一个问题：对于两组高维数据，如何能够判断它们之间的相关关系？例如下面的几个例子：

① 人的身体基本指标和身体素质息息相关，我们该如何分析人的身高、体重、肺活量和另一组数据如跑步、跳远成绩之间的相关关系？

② 政府在决策的时候，要研究扩张性财政政策的实施对宏观经济发展的影响，就需要考察有关财政政策的一系列指标，如何分析财政支出总额的增长率、财政赤字增长率、国债发行额的增长率、税率降低率等与经济指标如国内生产总值增长率、就业增长率、物价上涨

率等两组变量之间的相关程度？

③ 在分析影响居民消费因素时，可以将劳动者报酬、家庭经营收入、转移性收入等变量构成反映居民收入的变量组，将食品支出、医疗保健支出、交通和通信支出等变量构成反映居民支出的变量组，又该如何研究这两组变量之间的相关性？

8.1.2 CCA的思想

不难发现，上述问题都有一些共同的特点，有两个变量组，每个变量组中有若干不同的变量，我们的目的是希望判断两个变量组之间的关系。那么很容易想到，如果这两组变量都是一维数据，我们可以采用数理统计中的相关系数来判断二者之间的相关性，相关系数的定义为：

$$\rho(\boldsymbol{X},\boldsymbol{Y})=\frac{\mathrm{Cov}(\boldsymbol{X},\boldsymbol{Y})}{\sqrt{D(\boldsymbol{X})}\sqrt{D(\boldsymbol{Y})}} \tag{8-1}$$

式中，$\mathrm{Cov}(\boldsymbol{X},\boldsymbol{Y})$代表$\boldsymbol{X}$和$\boldsymbol{Y}$的协方差；$D(\boldsymbol{X})$、$D(\boldsymbol{Y})$分别代表$\boldsymbol{X}$和$\boldsymbol{Y}$的方差。

简单回顾一些必要的统计学知识。方差是度量随机变量离散程度的一种方式，其计算方式如下：

$$D(\boldsymbol{X})=\mathbb{E}[(\boldsymbol{X}-\mathbb{E}(\boldsymbol{X}))^2] \tag{8-2}$$

协方差则是对两个随机变量联合分布线性相关程度的一种度量，两个随机变量相关程度越高，协方差越大，完全不相关，协方差为0，可以由下式进行计算：

$$\mathrm{Cov}(\boldsymbol{X},\boldsymbol{Y})=\mathbb{E}[(\boldsymbol{X}-\mathbb{E}(\boldsymbol{X}))(\boldsymbol{Y}-\mathbb{E}(\boldsymbol{Y}))] \tag{8-3}$$

相关系数可以看成是协方差剔除了两个变量量纲的影响，标准化后的特殊协方差。相关系数ρ的取值为-1到1之间，ρ的绝对值越接近于1，则$\boldsymbol{X}$和$\boldsymbol{Y}$的线性相关性越高；越接近于0，则$\boldsymbol{X}$和$\boldsymbol{Y}$的线性相关性越低。然而，虽然相关系数可以很好地分析一维数据的相关性，但是对于之前例子中的多维数据，就显得束手无策了。那么能否尝试变通一下，借鉴相关系数的思想来判别一下多维数据的相关性呢？比如说，如果能够尝试将多维数据降为一维，就简化成了简单的相关系数的计算，这也就是CCA的核心思想。

CCA的步骤可以分为如下三步：

① 求出一对线性组合，这对组合的相关系数最大；

② 从最初的变量组中挑选与之前选出的线性组合不相关的线性组合来配对，选出有最大相关系数的一对；

③ 重复①和②，选出的线性组合配对称为典型变量，它们的相关系数称为典型相关系数。

CCA给我们提供了一种多变量组与多变量组进行相关性分析的思路。其主旨思想是将多维的变量$\boldsymbol{X}$和$\boldsymbol{Y}$都用线性变换变换为1维的$\boldsymbol{X}'$和$\boldsymbol{Y}'$，然后再使用相关系数来比较$\boldsymbol{X}'$和$\boldsymbol{Y}'$的相关性。将数据从多维变到一维，可以理解为CCA首先在进行降维，然后再使用相关系数进行相关性分析。

CCA是将高维的两组数据分别降到一维，然后用相关系数分析相关性，但应该如何确定降维的标准呢？

回顾两种常见的降维算法和它们的标准：

① 主成分分析（Principal Components Analysis，PCA）是一种常见的降维方法，在统计学及许多领域都有所应用，详见第3章。其降维原则是投影方差最大化原则，假设有m

条数据，其维度为 n 维。将原始数据按列组成 n 行 m 列的矩阵 $\boldsymbol{X}$，将 $\boldsymbol{X}$ 的每一行进行零均值化，也就是减去这一行的均值，然后计算协方差矩阵 $\boldsymbol{C}$，求出协方差矩阵的特征值和它们对应的特征向量，将特征向量按对应特征值大小从上到下按行排列成矩阵，如果要降到 k 维，则取前 k 行组成矩阵 $\boldsymbol{P}$，$\boldsymbol{P}$ 即为投影矩阵。

② 线性判别分析（Linear Discriminant Analysis，LDA）也是一种常见的降维方式，其降维原则是同类的投影离差尽量小，异类间的投影离差尽量大，所以如果数据是有标签的，常用线性判别分析 LDA 算法进行降维。其计算方法首先计算每个类别的均值 μ_i 和全局样本均值 μ；然后计算类内散度矩阵 $\boldsymbol{S}_\mathrm{w}$ 和类间散度矩阵 $\boldsymbol{S}_\mathrm{b}$，对矩阵 $\boldsymbol{S}_\mathrm{w}^{-1}\boldsymbol{S}_\mathrm{b}$ 做特征值分解；最后取最大的 k 个特征所对应的特征向量组成矩阵 $\boldsymbol{P}$，$\boldsymbol{P}$ 即为投影矩阵。

而对于 CCA 来说，其降维标准和上述两种算法有所不同，它是要求降维到一维之后，两组数据之间的相关系数最大，那么具体应该如何求解呢？我们将在下一节中详细阐述。

8.1.3 CCA 的扩展方法

典型相关分析 CCA 是很传统的一种降维分析方法，和 PCA 类似，悠久的历史也意味着它存在很多的局限性：①CCA 只能计算两个变量组之间的相关性，并不能计算三个或三个以上变量组的相关性；②其分析方法只能计算两变量组之间的线性相关性，在实际的应用中，变量组之间的相关性很可能是非线性的；③传统的 CCA 是一种无监督的学习方法，其忽略了标签的信息，在有监督的问题中，充分利用标签的信息能够帮助提取到更具判别性的特征。

为了克服上述传统 CCA 方法的不足，学者们提出了很多 CCA 扩展方法。

对于 CCA 只能处理两个变量组的问题，有很多解决方法，例如对具有多变量组的数据，首先成对地计算变量组之间的相关系数，然后最大化所有相关系数的和；或者尝试将多个变量组映射到一个共同的子空间，希望在这个子空间中所有变量组的相关性最大；也有人通过最小化映射之后不同变量组之间的距离或者通过对多个变量组的高斯协方差矩阵进行分析，直接最大化所有变量组的相关性。

对于传统 CCA 不能计算数据之间的非线性相关性的问题，可以通过核方法进行处理，利用核函数将数据映射到高维空间中，然后应用传统的线性 CCA 对相关性进行计算，例如核典型相关分析（Kernel Canonical Correlation Analysis，KCCA）。

类别的标签信息对有监督学习非常重要，如果直接忽略标签的信息，会浪费很多资源。为了充分利用标签信息，可以将 CCA 与 LDA 进行结合，借鉴 LDA 的思想，在最小化变量组内相似度的同时最大化组间相似度，例如判别式典型相关分析（Discriminative Canonical Correlation Analysis，DisCCA）。

除了之前介绍的之外，CCA 还有很多扩展，例如多视角 CCA、概率 CCA、稀疏 CCA、深度 CCA 等。基于 CCA 的方法有很多应用，例如过程监控、故障监测、多视角步态识别、基因组数据集成、脑机接口等。关于 CCA 的应用以及实例分析部分我们会在后续小节中详细为大家介绍。

8.2 典型相关分析算法介绍

本节介绍典型相关分析算法（CCA）及其具体的求解步骤。

假设有两组变量，第一组变量反映了一个家庭的消费特征，由两个变量组成，分别是该家庭每年去餐馆就餐的频率和每年去电影院的频率；第二组变量由三个变量组成，分别是该家庭户主的年龄、家庭年收入和户主的学历，它们组合在一起表征了家庭的特征。我们希望通过分析来了解这两组变量间的相关性，也就是了解家庭特征与家庭消费之间的关系。

在得到了这些变量对应的样本之后，可以作出表 8-1 所示的变量相关性矩阵。这个相关性矩阵不仅反映了每组变量内部的相关性情况，也反映了组间变量的相关性情况。依据之前掌握的知识，我们可以通过讨论第一组每个变量和第二组每个变量的相互关系，得到组间变量之间的相关系数，再用这些相关系数反映两组变量的关系。但是这种方法存在什么问题呢？首先，这种逐个两两比较的方法只是孤立考虑单个 $\boldsymbol{X}$ 与单个 $\boldsymbol{Y}$ 变量间的相关性，但是并没有考虑 $\boldsymbol{X}$、$\boldsymbol{Y}$ 变量组内部各变量间的相关性。而事实上每组变量又由内部的多变量组成，其内部的相关性是不能忽略的。其次，倘若每组内部的变量个数非常多，则会使相关系数的个数也随之增加，使问题显得复杂，难以从整体描述。总而言之，对于此类多变量组间相关性分析，仅仅采用简单的单变量相关性进行分析，难以抓住重点。

表 8-1　变量名与引例-变量相关系数矩阵

$\begin{cases} x_1\text{:每年去餐馆就餐的频率} \\ x_2\text{:每年外出看电影的频率} \end{cases}$　$\begin{cases} y_1\text{:户主的年龄} \\ y_2\text{:家庭年收入} \\ y_3\text{:户主的学历} \end{cases}$

变量	x_1	x_2	y_1	y_2	y_3
x_1	1.00	0.80	**0.26**	**0.68**	**0.34**
x_2	0.80	1.00	**0.33**	**0.59**	**0.34**
y_1	**0.26**	**0.33**	1.00	0.38	0.21
y_2	**0.68**	**0.59**	0.38	1.00	0.35
y_3	**0.34**	**0.34**	0.21	0.25	1.00

考虑到这些问题，我们就有了研究典型相关分析的动机。借鉴人民代表投票选举的思想，可以从每组变量中选择若干个有代表性的综合指标，使这些指标的线性组合代表原始变量的大部分信息，并且使得两组的综合指标的相关程度最大。这样就可通过挖掘两组变量的典型信息，来整体地表征两组变量的相关性，这就是典型相关分析——CCA 的核心思想。以下将基于 CCA 的核心思想来介绍其具体求解目标和求解方法。

CCA 的算法应用对象是两个互相关联的随机向量，定义其为 $\boldsymbol{X}^{(1)}$ 和 $\boldsymbol{X}^{(2)}$，其中：

$$\begin{aligned} \boldsymbol{X}^{(1)} &= (\boldsymbol{X}_1^{(1)}, \boldsymbol{X}_2^{(1)}, \cdots, \boldsymbol{X}_p^{(1)}) \\ \boldsymbol{X}^{(2)} &= (\boldsymbol{X}_1^{(2)}, \boldsymbol{X}_2^{(2)}, \cdots, \boldsymbol{X}_q^{(2)}) \end{aligned} \tag{8-4}$$

CCA 算法的操作是分别从两组变量中选取若干具有代表性的综合变量 $\boldsymbol{U}_i$ 和 $\boldsymbol{V}_i$，这两个综合变量是原始的多个变量的线性组合。CCA 算法的目标则是最大化这两个综合变量的相关系数，从而提取两个变量间最相关的信息，这样就可挖掘出最相关的特征，即“典型”相关信息。

$$\begin{aligned} \boldsymbol{U}_i &= \boldsymbol{a}^{(i)'} \boldsymbol{X}^{(1)'} \\ \boldsymbol{V}_i &= \boldsymbol{b}^{(i)'} \boldsymbol{X}^{(2)'} \end{aligned} \tag{8-5}$$

为了求取这两个典型向量，首先需要计算线性组合后的综合变量的变量内部方差，以及两个综合变量间的协方差，然后在这些协方差的基础上计算两个综合变量间的相关系数。协方差与相关系数的求解方法由下式给出：

$$
\begin{aligned}
& D(\boldsymbol{U})=D(\boldsymbol{a}'\boldsymbol{X}^{(1)})=\boldsymbol{a}'\mathrm{Cov}(\boldsymbol{X}^{(1)},\boldsymbol{X}^{(1)})\boldsymbol{a}=\boldsymbol{a}'\boldsymbol{\Sigma}_{11}\boldsymbol{a} \\
& D(\boldsymbol{V})=D(\boldsymbol{b}'\boldsymbol{X}^{(2)})=\boldsymbol{b}'\mathrm{Cov}(\boldsymbol{X}^{(2)},\boldsymbol{X}^{(2)})\boldsymbol{b}=\boldsymbol{b}'\boldsymbol{\Sigma}_{22}\boldsymbol{b} \\
& \mathrm{Cov}(\boldsymbol{U},\boldsymbol{V})=\boldsymbol{a}'\mathrm{Cov}(\boldsymbol{X}^{(1)},\boldsymbol{X}^{(2)})\boldsymbol{b}=\boldsymbol{a}'\boldsymbol{\Sigma}_{12}\boldsymbol{b} \\
& \mathrm{Corr}(\boldsymbol{U},\boldsymbol{V})=\frac{\mathrm{Cov}(\boldsymbol{U},\boldsymbol{V})}{\sqrt{D(\boldsymbol{U})}\sqrt{D(\boldsymbol{V})}}=\frac{\boldsymbol{a}'\boldsymbol{\Sigma}_{12}\boldsymbol{b}}{\sqrt{\boldsymbol{a}'\boldsymbol{\Sigma}_{11}\boldsymbol{a}}\sqrt{\boldsymbol{b}'\boldsymbol{\Sigma}_{22}\boldsymbol{b}}}
\end{aligned}
\tag{8-6}
$$

优化目标是求取合适的线性变换向量，使得两个典型变量的相关系数最大化。通过观察，发现这个相关系数的分子分母上都有自变量，但是由于分子分母增大相同的倍数，优化目标结果不变，因此可以采用类似 SVM 的优化思想，即约束分母为常数，使分子最大化，来简化优化目标。具体约束条件由下式给出：

$$
\begin{aligned}
& \mathrm{var}(\boldsymbol{U})=\boldsymbol{a}'\boldsymbol{\Sigma}_{11}\boldsymbol{a}=1 \\
& \mathrm{var}(\boldsymbol{V})=\boldsymbol{b}'\boldsymbol{\Sigma}_{22}\boldsymbol{b}=1
\end{aligned}
\tag{8-7}
$$

结合这个约束条件与优化目标，通过引入拉格朗日乘子法，将原问题转化成下式所示的极值求解。

$$
\phi(\boldsymbol{a}_1,\boldsymbol{b}_1)=\boldsymbol{a}_1\boldsymbol{\Sigma}_{12}\boldsymbol{b}_1-\frac{\lambda}{2}(\boldsymbol{a}_1^{¢}\boldsymbol{\Sigma}_{11}\boldsymbol{a}_1-1)-\frac{v}{2}(\boldsymbol{b}_1^{¢}\boldsymbol{\Sigma}_{22}\boldsymbol{b}_1-1)
\tag{8-8}
$$

将式(8-8) 分别对 $\boldsymbol{a}$ 和 $\boldsymbol{b}$ 求偏导，使其偏导数等于零，得到式(8-9) 的结果

$$
\begin{cases}
\dfrac{\partial\phi}{\partial\boldsymbol{a}_1}=\boldsymbol{\Sigma}_{12}\boldsymbol{b}_1-\lambda\boldsymbol{\Sigma}_{11}\boldsymbol{a}_1=0 \\
\dfrac{\partial\phi}{\partial\boldsymbol{b}_1}=\boldsymbol{\Sigma}_{21}\boldsymbol{a}_1-v\boldsymbol{\Sigma}_{22}\boldsymbol{b}_1=0
\end{cases}
\tag{8-9}
$$

再将上面的式(8-9) 右侧分别左乘 $\boldsymbol{a}'$和 $\boldsymbol{b}'$，得到式(8-10)。

$$
\begin{cases}
\boldsymbol{a}_1'\boldsymbol{\Sigma}_{12}\boldsymbol{b}_1-\lambda\boldsymbol{a}_1'\boldsymbol{\Sigma}_{11}\boldsymbol{a}_1=0 \\
\boldsymbol{b}_1'\boldsymbol{\Sigma}_{21}\boldsymbol{a}_1-v\boldsymbol{b}_1'\boldsymbol{\Sigma}_{22}\boldsymbol{b}_1=0
\end{cases}
\tag{8-10}
$$

此时结果中出现了之前计算过的协方差矩阵，通过矩阵的求逆以及乘法运算，可将此问题转化成求解矩阵特征根和特征向量求解的问题，用 $\boldsymbol{M}_1$ 和 $\boldsymbol{M}_2$ 分别表示这两个乘积矩阵：

$$
\begin{aligned}
& \boldsymbol{M}_1=\boldsymbol{\Sigma}_{11}^{-1}\boldsymbol{\Sigma}_{12}\boldsymbol{\Sigma}_{22}^{-1}\boldsymbol{\Sigma}_{21} \\
& \boldsymbol{M}_2=\boldsymbol{\Sigma}_{22}^{-1}\boldsymbol{\Sigma}_{21}\boldsymbol{\Sigma}_{11}^{-1}\boldsymbol{\Sigma}_{12}
\end{aligned}
\quad
\begin{cases}
\boldsymbol{M}_1\boldsymbol{a}=\lambda^2\boldsymbol{a} \\
\boldsymbol{M}_2\boldsymbol{b}=\lambda^2\boldsymbol{b}
\end{cases}
\tag{8-11}
$$

式中，λ^2 既是 $\boldsymbol{M}_1$ 又是 $\boldsymbol{M}_2$ 的特征根；$\boldsymbol{a}$ 和 $\boldsymbol{b}$ 分别为 $\boldsymbol{M}_1$ 和 $\boldsymbol{M}_2$ 的特征向量。

通过计算得到的第一对典型变量提取了原始变量 $\boldsymbol{X}$ 与 $\boldsymbol{Y}$ 之间相关的主要部分，如果这部分还不能足以解释原始变量，可以在剩余的相关中再求出第二对典型变量和它们的典型相关系数。

典型相关分析算法的思想小结：

求解的算法可简单分为多步：第一步求取的目标是各个随机向量的线性组合系数，使得对应的典型变量和相关系数达到最大。得到的是最大的相关系数为第一典型相关系数，且称有最大相关系数的这对典型变量为典型相关变量。如果这部分得到的结果还不足以解释原始变量，可以进行第二步，即再次估计组合相关系数，找出第二大的典型相关系数，称为第二典型相关系数，称有第二大相关系数的这对典型变量为第二典型相关变量。设两组的变量个数为 p 和 q，其中 $p<q$，那么寻求典型变量的过程可一直重复，直到得到 p 对典型变量。

当然，具体的典型变量个数需要结合实际应用场景来进行选择。

通过上述的算法讲解不难发现，CCA 是在用线性变换的方法将多维的变量映射成为一维的变量，然后使用相关系数分析两者的相关性。因此，也可以将 CCA 理解成一种特殊的降维方法。这跟第 3 章中的主成分分析 PCA 进行降维的方法有些相似，但又不完全相同。其相同点在于，二者均是通过构造原变量的适当线性组合提取关键信息。而不同点在于，主成分分析着眼于考虑变量的“分散性”信息，考虑的是一组变量内部各个变量直接的相关关系；而典型相关分析则立足于识别和量化两组变量的统计相关性，是两个随机变量之间的相关性在两组变量之下的推广。各位读者在实际理解与使用的过程中也要学会区分与归纳。

在实际的生活和各种场景下，典型相关分析有很多用途。例如，为了研究宏观经济和股票市场波动之间的关系，需要调查各种宏观经济指标如经济增长、失业率、物价指数、进出口增长率等反映股票市场的地位和各种股票指数等指标；如果工厂要调查所使用的原材料质量对所生产的产品质量的影响，就需要测量所生产的产品质量指标与所使用的原材料质量指标之间的相关性。总体来说，典型相关分析算法为分析两组多变量的相关性提供了一个高效的工具和方法论。在下一节中，将具体介绍典型相关分析的各种拓展算法。

8.3 CCA 算法拓展

自典型相关分析提出以来，研究者们提出了各种改进与衍生的算法。

图 8-1 是对 CCA 发展脉络的总结。目前 CCA 可以分为多视角 CCA、概率 CCA、深度 CCA、核 CCA、判别 CCA、稀疏 CCA 以及局部保留 CCA 等。它们各有特点与长处，适用于不同的领域与问题。多视角 CCA 主要是为了解决数据视角数大于 2 的问题；核 CCA 和深度 CCA 是为了处理不同变量之间的非线性关系；判别 CCA 可以处理带标签的数据；局部保留 CCA 使模型关注局部近邻数据，能够克服离群点的影响和去除冗余信息。

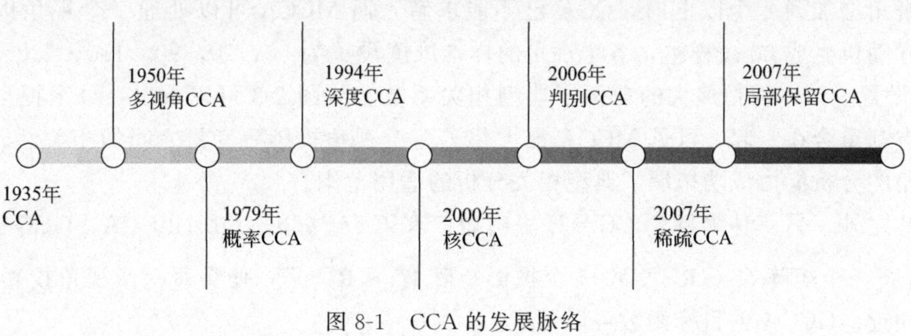

图 8-1　CCA 的发展脉络

8.3.1 多视角 CCA

传统的 CCA 是一种双视角的方法，只能处理视角数为 2 的情况。为了将 CCA 应用于更多视角，一些研究人员提出了 MCCA（Multi-view CCA），即多视角 CCA，将 CCA 扩展到多视角版本。

多视角 CCA 假设数据 X 存在 m 个视角 $\boldsymbol{X}_1, \boldsymbol{X}_2, \cdots, \boldsymbol{X}_m$，其中第 i 个视角 $\boldsymbol{X}_i \in \mathbf{R}^{D_i \times n}$，

D_i 是其维度，n 是样本数量。每个视角都是一个行数不同、列数相同的二维矩阵。MCCA 希望找到 $\boldsymbol{W}_1,\boldsymbol{W}_2,\cdots,\boldsymbol{W}_m$ 将各视角投影到子空间，其中 $\boldsymbol{W}_i\in\mathbf{R}^{D_i\times d}$，$d$ 为子空间维度，使得子空间中任意两个视角之间的相关系数之和最大。所以优化目标可以写成：

$$\begin{gathered}\max_{\boldsymbol{W}_1,\cdots,\boldsymbol{W}_m}\sum_{i,j}^{m}\boldsymbol{W}_i^{\mathrm{T}}\boldsymbol{X}_i\boldsymbol{X}_j^{\mathrm{T}}\boldsymbol{W}_j\\ \mathrm{s.t.}\ \boldsymbol{W}_i^{\mathrm{T}}\boldsymbol{X}_i\boldsymbol{X}_i^{\mathrm{T}}\boldsymbol{W}_i=\boldsymbol{I}\end{gathered}\tag{8-12}$$

多视角 CCA 的目标函数与传统 CCA 的目标函数相比，增加了求和操作，来保证视角两两之间的相关系数最大。当然，多视角 CCA 的求解比传统 CCA 求解更加复杂，多视角 CCA 的求解通过拉格朗日乘数法可以转化为多元特征值问题（Multivariate Eigenvalue Problem，MEP），使用近似求解算法求解数值解。以下实例可帮助理解 MCCA 相比 CCA 的优势。

随机生成 30 个样本，第一个视角的样本维度为 50，第二个视角的样本维度为 70。为了方便可视化，保留最大的前两个典型相关系数，即典型变量的维度为 2。从图 8-2 可见，两个视角投影后，它们的点几乎重合在一起，CCA 成功最大化了两视角投影后变量之间的相关性。

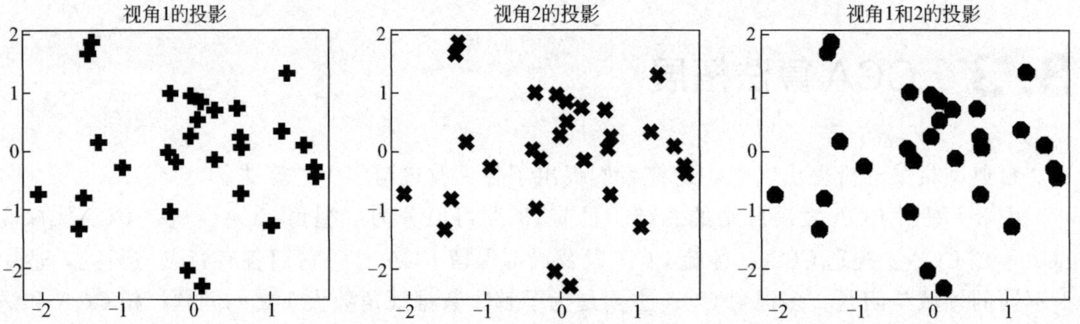

图 8-2　CCA 的投影结果

当视角增加到 2 个以上时，CCA 已不能求解，而 MCCA 可以处理 2 个视角以上的情况。同样随机生成 30 个样本，各个视角的样本维度设置为 50，70，90，110，130。与上述 CCA 的设置一致，保留最大的前两个典型相关系数。从图 8-3 可以看出，每个视角投影后它们的点都重合在一起，可见 MCCA 最大化了多个视角投影后变量之间的相关性。MCCA 对多视角的分析能力成功拓展了典型相关分析的适用范围。

除此之外，另一种多视角 CCA 算法叫做广义 CCA（Generalized CCA，GCCA）。GCCA 是寻找一个矩阵 $\boldsymbol{G}_{\mathrm{c}}\in\mathbf{R}^{k\times n}$ 和 m 个投影矩阵 $\boldsymbol{W}_i\in\mathbf{R}^{D_i\times d}$，使得每一个视角投影后与 $\boldsymbol{G}_{\mathrm{c}}$ 尽可能相近。GCCA 的目标函数可以写成：

$$\begin{gathered}\max_{\boldsymbol{W}_i,\boldsymbol{G}_{\mathrm{c}}}\sum_{i=1}^{m}\|\boldsymbol{G}_{\mathrm{c}}-\boldsymbol{W}_i^{\mathrm{T}}\boldsymbol{X}_i\|_{\mathrm{F}}^2\\ \mathrm{s.t.}\ \boldsymbol{G}_{\mathrm{c}}\boldsymbol{G}_{\mathrm{c}}^{\mathrm{T}}=\boldsymbol{I}\end{gathered}\tag{8-13}$$

GCCA 与 MCCA 的区别在于，GCCA 将每一个视角都强制与公有的变量接近，而 MCCA 是最大化所有成对视角的相关性。GCCA 的求解可以转化为特征值分解问题，由于特征值分解依赖矩阵的可逆，高维矩阵的稀疏性与奇异限制了 GCCA 的使用，部分学者提出了一种交替优化流程，以提高 GCCA 求解的稳定性。

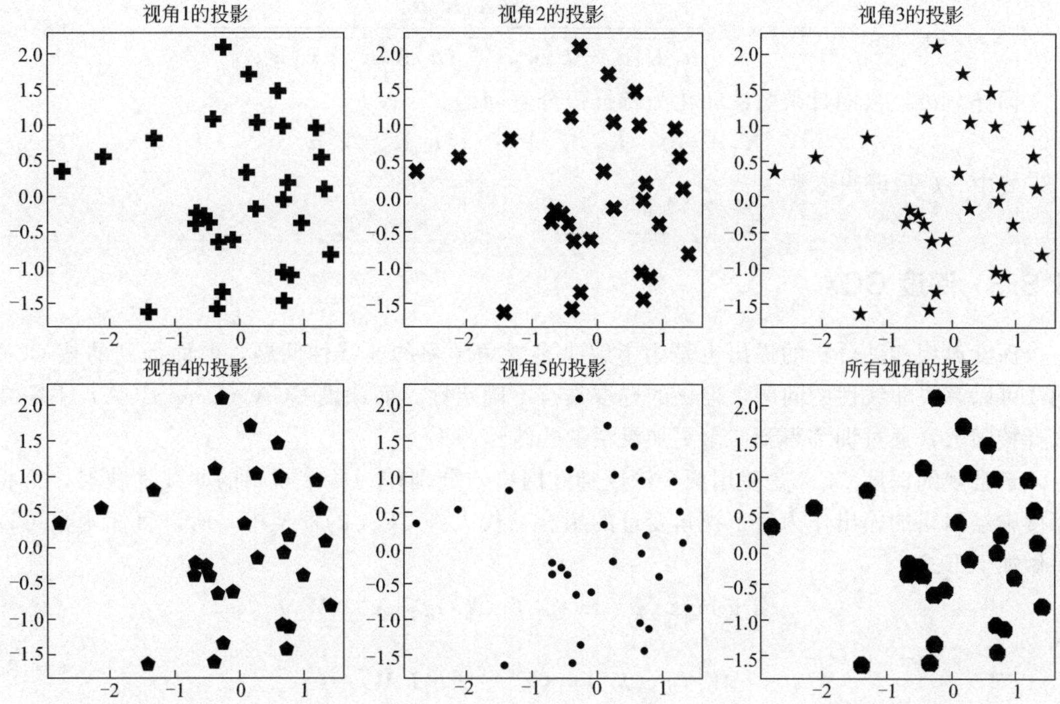

图 8-3　MCCA 的投影结果

8.3.2 核 CCA

普通的 CCA 基于多变量的线性变换，因此其只能探索两组随机变量之间的线性关系，而在实际情况中，变量间的关系往往是非线性的，因此非线性的 CCA 被提出，KCCA 就是一种常用的非线性 CCA 算法。KCCA 是把核函数引入 CCA 中，思想是把原始数据映射到希尔伯特空间（内积空间），并通过核函数方便地在希尔伯特空间进行关联分析。

核 CCA 的目标函数可以写成如下的形式。

$$\arg\max_{\boldsymbol{w}_{\Phi_1},\boldsymbol{w}_{\Phi_2}} \rho=\frac{\boldsymbol{w}_{\Phi_1}^{\mathrm{T}} \boldsymbol{X}_{\Phi_1}^{1} \boldsymbol{X}_{\Phi_2}^{2\ \mathrm{T}} \boldsymbol{w}_{\Phi_2}}{\sqrt{\boldsymbol{w}_{\Phi_1}^{\mathrm{T}} \boldsymbol{X}_{\Phi_1}^{1} \boldsymbol{X}_{\Phi_1}^{1\ \mathrm{T}} \boldsymbol{w}_{\Phi_1}} \sqrt{\boldsymbol{w}_{\Phi_2}^{\mathrm{T}} \boldsymbol{X}_{\Phi_2}^{2} \boldsymbol{X}_{\Phi_2}^{2\ \mathrm{T}} \boldsymbol{w}_{\Phi_2}}} \tag{8-14}$$

式中，Φ 是一个把数据映射到内积空间的映射，将 Φ 作用在 $\boldsymbol{X}$ 上得到 $\boldsymbol{X}_{\Phi_1}^{1}$ 和 $\boldsymbol{X}_{\Phi_2}^{2}$，相当于将传统 *CCA* 的目标函数中的 $\boldsymbol{X}$ 换成了经过映射后的 $\boldsymbol{X}_{\Phi}$。

引入核函数 $k(x_i,\ x_j)=\Phi_1(x_i)\cdot\Phi_1(x_j)$，给核函数 $k(x_i,\ x_j)$ 一个确定的形式，就可以不用显式地给出映射 Φ 的形式。故目标函数就可以写做如下的形式：

$$\arg\max_{\boldsymbol{\alpha}_1,\boldsymbol{\alpha}_2} \rho=\frac{\boldsymbol{\alpha}_1^{\mathrm{T}} \boldsymbol{K}_1 \boldsymbol{K}_2 \boldsymbol{\alpha}_2}{\sqrt{\boldsymbol{\alpha}_1^{\mathrm{T}} \boldsymbol{K}_1^2 \boldsymbol{\alpha}_1} \sqrt{\boldsymbol{\alpha}_2^{\mathrm{T}} \boldsymbol{K}_2^2 \boldsymbol{\alpha}_2}} \tag{8-15}$$

式中，$\boldsymbol{w}_{\Phi_i}=\boldsymbol{X}_{\Phi_i}^{i}\boldsymbol{\alpha}_i$，$\boldsymbol{K}_i=\boldsymbol{X}_{\Phi_i}^{i\ \mathrm{T}}\boldsymbol{X}_{\Phi_i}^{i}$，$\boldsymbol{K}_i$ 称为格拉姆矩阵（Gram matrix）。

该目标函数的求解同样可以根据拉格朗日乘数法转化为特征值分解问题。为了避免平凡解的出现，核 CCA 会对格拉姆矩阵施加正则约束，一种典型的正则方法是岭回归式正则化，在这种情况下，目标函数可以写作：

$$\underset{\boldsymbol{\alpha}_1,\boldsymbol{\alpha}_2}{\arg\max}\,\rho=\frac{\boldsymbol{\alpha}_1^{\mathrm{T}}\boldsymbol{K}_1\boldsymbol{K}_2\boldsymbol{\alpha}_2}{\sqrt{\boldsymbol{\alpha}_1^{\mathrm{T}}\boldsymbol{K}_1^2\boldsymbol{\alpha}_1+k\|w_{\Phi_1}\|^2}\sqrt{\boldsymbol{\alpha}_2^{\mathrm{T}}\boldsymbol{K}_2^2\boldsymbol{\alpha}_2+k\|w_{\Phi_2}\|^2}} \tag{8-16}$$

同样通过拉格朗日乘数法转化为特征值分解问题：

$$(\boldsymbol{K}_1+k\boldsymbol{I})^{-1}\boldsymbol{K}_2(\boldsymbol{K}_2+k\boldsymbol{I})^{-1}\boldsymbol{K}_1\boldsymbol{\alpha}_1=\lambda^2\boldsymbol{\alpha}_1 \tag{8-17}$$

式中，k 是可调参数。

8.3.3 深度 CCA

深度典型相关分析的提出也是为了解决多视角学习的非线性问题，前面提到的核 CCA 同样可以解决非线性的问题，但核的选取具有不确定性，而深度 CCA（Deep CCA）不需要选择核函数，通过训练得到一个更加灵活的非线性映射。

最常规的深度 CCA 是使用两个深度神经网络，分别作为两个视角的非线性映射，再将深度神经网络的输出作为每个视角变量的组合，代入到 CCA 的框架中，所以目标函数可以写做如下形式：

$$\begin{gathered}\underset{\boldsymbol{W}_1,\boldsymbol{W}_2,\mathbb{W}_{f_1},\mathbb{W}_{f_2}}{\arg\max}\quad\rho=\operatorname{tr}(\boldsymbol{W}_1^{\mathrm{T}}f_1(\boldsymbol{X}^1)f_2(\boldsymbol{X}^2)^{\mathrm{T}}\boldsymbol{W}_2)\\ \text{s.t.}\begin{cases}\boldsymbol{W}_1^{\mathrm{T}}(f_1(\boldsymbol{X}^1)f_1(\boldsymbol{X}^1)^{\mathrm{T}}+r_1\boldsymbol{I})\boldsymbol{W}_1=\boldsymbol{I}\\ \boldsymbol{W}_2^{\mathrm{T}}(f_2(\boldsymbol{X}^2)f_2(\boldsymbol{X}^2)^{\mathrm{T}}+r_2\boldsymbol{I})\boldsymbol{W}_2=\boldsymbol{I}\end{cases}\end{gathered} \tag{8-18}$$

$\mathbb{W}_{f_1}$，$\mathbb{W}_{f_2}$ 为神经网络 f_1、f_2 的参数。这个目标函数的求解通过梯度下降、随机梯度下降等一系列优化算法来实现，这也是深度神经网络中经常用到的目标函数优化方法。

深度典型相关分析另一代表性算法叫做 DCCAE（Deep Canonically Correlated Autoencoders）。这是一种基于自编码器的 CCA 算法。DCCAE 算法的优化目标如式(8-19）所示。与 DCCA 不同的是，DCCAE 算法对提取到的隐特征进行了重建，在目标函数中加入了重构损失。重建损失的加入是为了最大化输入数据与隐特征的相关性，因此 DCCAE 的目标函数加入重建损失后，该算法不仅能让两个视角的隐特征更加相关，也能让提取到的隐特征更能代表原始的输入。而 DCCA 虽然也是用了神经网络提取非线性特征，但是不能保证提取到的特征与输入具有相关性。

$$\begin{gathered}\underset{\boldsymbol{W}_1,\boldsymbol{W}_2,\mathbb{W}_{f_1},\mathbb{W}_{f_2},\mathbb{W}_{g_1},\mathbb{W}_{g_2}}{\arg\min}\quad-\operatorname{tr}(\boldsymbol{W}_1^{\mathrm{T}}f_1(\boldsymbol{X}^1)f_2(\boldsymbol{X}^2)^{\mathrm{T}}\boldsymbol{W}_2)+\\ \frac{\lambda}{N}\sum_{i=1}^{N}(x_i^1-g_1(f_1(x_i^1))^2+x_i^2-g_2(f_2(x_i^2))^2)\end{gathered} \tag{8-19}$$

8.3.4 判别 CCA

传统 CCA 仅考虑了两视角的投影之间的相似性，没有考虑类别信息的影响，类内相似性与类间差异性没有刻意地表达与保留。为了充分考虑同类样本和异类样本各自的相关性对下游任务的影响，研究者们提出了判别 CCA，这种算法将标签信息融入到 CCA 的框架中。该算法不但能够得到两组视角之间的最大化相关信息，还能保持样本集的局部结构信息。判别 CCA 可以分为全局判别 CCA（Global Discriminative CCA，GDCCA）和局部判别 CCA（Local Discriminative CCA，LDCCA），接下来将分别介绍这两种算法。

给定含 N 个样本的集合 $\{(x_i, y_i)\}_{i=1}^N \in \mathbf{R}^p \times \mathbf{R}^q$，其中 $x_i \in \mathbf{R}^p$ 和 $y_i \in \mathbf{R}^q$ 是第 i 个样本的不同模态数据。假设样本共有 c 个类别，按照类别的顺序重新排列样本，使其满足相同类别的样本聚在一起，即 $\boldsymbol{X}=(x_{1,1},\cdots,x_{1,n_1},\cdots,x_{c,1},\cdots,x_{c,n_c})$，其中 n_i 表示第 i 类样本的样本总数。GDCCA 的目标是求解出一对投影方向，使得投影后的特征能够最大化同类样本特征、最小化不同类样本特征的相关关系。该算法的目标函数如下所示：

$$\begin{gathered}\max_{W_1, W_2} \operatorname{tr}(\boldsymbol{W}_x^{\mathrm{T}} \boldsymbol{C}_{xy} \boldsymbol{W}_y) \\ \text{s. t. } \boldsymbol{W}_x^{\mathrm{T}} \boldsymbol{X}\boldsymbol{X}^{\mathrm{T}} \boldsymbol{W}_x = \mathbf{I}, \boldsymbol{W}_y^{\mathrm{T}} \boldsymbol{Y}\boldsymbol{Y}^{\mathrm{T}} \boldsymbol{W}_y = \boldsymbol{I}\end{gathered} \tag{8-20}$$

式中，$\boldsymbol{C}_{xy}=\boldsymbol{C}_\omega-\eta \boldsymbol{X}_\beta$，$\boldsymbol{C}_\omega$ 表示类内相关矩阵，$\boldsymbol{C}_b$ 表示类间相关矩阵，$\eta>0$ 是权衡类内与类间相对重要程度的超参数。

可以看到，与传统 CCA 的目标函数相比，区别在于原来的 $\boldsymbol{X}\boldsymbol{Y}^{\mathrm{T}}$ 部分被替换成了 $\boldsymbol{C}_{xy}$，$\boldsymbol{C}_{xy}$ 这里是将类内相关矩阵 $\boldsymbol{C}_\omega$ 和类间相关矩阵 $\boldsymbol{C}_b$ 联系起来。$\boldsymbol{C}_\omega$ 和 $\boldsymbol{C}_b$ 的表达式可以写作：

$$\begin{gathered}\boldsymbol{C}_\omega=\sum_{i=1}^{c} \sum_{p=1}^{n_i} \sum_{q=1}^{n_i} x_{i,p} y_{i,q}=\boldsymbol{X}\boldsymbol{B}_D \boldsymbol{Y}^{\mathrm{T}} \\ \boldsymbol{C}_b=\sum_{i=1}^{c} \sum_{\substack{j=1 \\ j \neq i}}^{c} \sum_{p=1}^{n_i} \sum_{q=1}^{n_j} x_{i,p} y_{i,q}=-\boldsymbol{X}\boldsymbol{B}_D \boldsymbol{Y}^{\mathrm{T}}\end{gathered} \tag{8-21}$$

其中，$\boldsymbol{B}_D \in \mathbf{R}^{N \times N}$ 是一个分块矩阵，具体来说，如果第 i 个样本与第 j 个样本属于同一类，则矩阵 $\boldsymbol{B}_D$ 对应第 i 行第 j 列的值为 1，否则为 0，即 $\boldsymbol{B}_D=\operatorname{diag}(\boldsymbol{I}_{n_1 \times n_1},\cdots,\boldsymbol{I}_{n_c \times n_c}) \in \mathbf{R}^{N \times N}$。同 CCA 的求解方法类似，利用拉格朗日乘数法可以将 GDCCA 的求解转化为广义特征方程的求解，取最大的前 d 个广义特征值，其对应的特征向量为所求的投影矢量集。

全局判别 CCA 相比 CCA 在分类问题上具有更好的性能，然而，全局判别 CCA 类内相关矩阵中计算了同类所有样本的两两相关性，使得模型对异常点和噪音较为敏感。局部判别 CCA 利用了 k 近邻的思想，改造了 GDCCA 的类内和类间相关矩阵，矩阵形式具体可表达为：

$$\begin{gathered}\boldsymbol{C}_\omega=\sum_{i=1}^{N} \sum_{\substack{\boldsymbol{x}_k \in \mathcal{N}^I(\boldsymbol{x}_i), \\ \boldsymbol{y}_k \in \mathcal{N}^I(\boldsymbol{y}_i)}} \boldsymbol{x}_i \boldsymbol{y}_k^{\mathrm{T}}+\boldsymbol{x}_k \boldsymbol{y}_i^{\mathrm{T}} \\ \boldsymbol{C}_b=\sum_{i=1}^{N} \sum_{\substack{\boldsymbol{x}_k \in \mathcal{N}^E(\boldsymbol{x}_i), \\ \boldsymbol{y}_k \in \mathcal{N}^E(\boldsymbol{y}_i)}} \boldsymbol{x}_i \boldsymbol{y}_k^{\mathrm{T}}+\boldsymbol{x}_k \boldsymbol{y}_i^{\mathrm{T}}\end{gathered} \tag{8-22}$$

这里 $\mathcal{N}^I(x_i)$表示 $\boldsymbol{x}_i$ 的类内 k 近邻，$\mathcal{N}^E(\boldsymbol{x}_i)$表示 $\boldsymbol{x}_i$ 的类间 k 近邻。因此，$\boldsymbol{C}_\omega$ 和 $\boldsymbol{C}_b$ 表示局部类内和局部类间的相关矩阵。该算法的目标函数与全局判别 CCA 相同，最终得到两个投影方向，使得投影后样本类内相关性最大，类间的相关性最小。LDCCA 与 GDCCA 的不同之处在于 LDCCA 引入了近邻的概念，避免了同类所有样本的相关性计算，从而一定程度上解决了异常值对算法的影响。

除此之外，还有一种将局部判别信息引入 GDCCA 的思路，该方法不对 GDCCA 的类内与类间相关矩阵进行修正，而是定义了一种表征类内近邻离散程度的矩阵，将其作为正则项加入 GDCCA 的优化目标中。类内近邻离散度矩阵的形式为：

$$\boldsymbol{S}_w^v=\sum_{i=1}^{c}\sum_{p=1}^{n_i}(v_{i,p}-\mu_w^k(v_{i,p}))(v_{i,p}-\mu_w^k(v_{i,p}))^{\mathrm{T}} \tag{8-23}$$

式中，$v\in\{x，y\}$，$\mu_w^k(v_{i,p})$表示$v_{i,p}$类间k近邻的均值。

在投影后的子空间中，$\boldsymbol{W}_x^{\mathrm{T}}\boldsymbol{S}_w^X\boldsymbol{W}_x$ 和 $\boldsymbol{W}_y^{\mathrm{T}}\boldsymbol{S}_w^Y\boldsymbol{W}_y$ 表征了两个视角的局部离散性，局部离散性越小，则对分类性能的提升更大，因此目标函数的形式可以写成：

$$\max_{W_1,W_2}\operatorname{tr}(\boldsymbol{W}_x^{\mathrm{T}}\boldsymbol{C}_{xy}\boldsymbol{W}_y)-\frac{\lambda}{2}(\boldsymbol{W}_x^{\mathrm{T}}\boldsymbol{S}_w^X\boldsymbol{W}_x+\boldsymbol{W}_y^{\mathrm{T}}\boldsymbol{S}_w^Y\boldsymbol{W}_y) \tag{8-24}$$

离散矩阵中使用的均值由数据点的近邻计算得到，而不是使用该类别下所有的样本进行计算，因此也能提高模型对异常点的鲁棒性。

8.3.5 局部保留 CCA

局部保留 CCA 算法的核心假设是输入数据在原始空间中距离相近，那么在投影空间中距离仍然相近。该算法的优势在于只考虑近邻点的影响，去除了弱近邻数据点的冗余信息。

局部保留 CCA 的数学描述：定义两个点之间的相似度函数，当然也可以采用简单的二值化方式。如果两个样本点距离小于设定好的阈值，则记为近邻，即$\mathcal{S}^k(i,j)=1$，否则为0。相似度函数定义如下：

$$\mathcal{S}^k(i,j)=\exp\left(\frac{-\|\boldsymbol{x}_i^1-\boldsymbol{x}_j^1\|^2}{t_k}\right) \tag{8-25}$$

可以看出，当两个点的距离很远时，该函数值趋近于0。最后，目标函数可以定义为如下形式：

$$\begin{gathered}\arg\max_{\boldsymbol{w}_1,\boldsymbol{w}_2}\rho=\boldsymbol{w}_1^{\mathrm{T}}\sum_{i=1}^{N}\sum_{j=1}^{N}\mathcal{S}_{ij}^1(\boldsymbol{x}_i^1-\boldsymbol{x}_j^1)\mathcal{S}_{ij}^2(\boldsymbol{x}_i^2-\boldsymbol{x}_j^2)^{\mathrm{T}}\boldsymbol{w}_2\\ \text{s.t.}\begin{cases}\boldsymbol{w}_1^{\mathrm{T}}\sum_{i=1}^{N}\sum_{j=1}^{N}(\mathcal{S}_{ij}^1)^2(\boldsymbol{x}_i^1-\boldsymbol{x}_j^1)(\boldsymbol{x}_i^1-\boldsymbol{x}_j^1)^{\mathrm{T}}\boldsymbol{w}_1=1\\ \boldsymbol{w}_2^{\mathrm{T}}\sum_{i=1}^{N}\sum_{j=1}^{N}(\mathcal{S}_{ij}^2)^2(\boldsymbol{x}_i^2-\boldsymbol{x}_j^2)(\boldsymbol{x}_i^2-\boldsymbol{x}_j^2)^{\mathrm{T}}\boldsymbol{w}_2=1\end{cases}\end{gathered} \tag{8-26}$$

可以看到，当$\mathcal{S}^k$的所有元素都是1的时候，LPCCA 就退化成原始的 CCA 算法。因此，可以看出，LPCCA 更加强调局部信息，强制将非近邻的信息降为0，可以看作对 CCA 进行减法操作。

8.4 典型相关分析案例分析

CCA 算法常用于识别并量化两组数据间的联系，是一种实用的数据分析方法。本节围绕城市竞争力分析与多标签分类这两个案例展开，介绍 CCA 算法的具体应用，以帮助读者更好地了解典型相关分析的具体过程与适用场景。

8.4.1 案例一：城市竞争力分析

本节中以城市竞争力分析问题为例，通过 CCA 算法来识别城市竞争力指标与基础设施评价指标这两组变量间的关联性，以明确各种要素是如何影响城市竞争力的。

为了分析基础设施和城市竞争力的相关关系，需要确定二者的评价指标。在本例中，共选取四个不同角度表现城市竞争力的关键指标，分别为市场占有率 y_1、GDP 增长率 y_2、劳动生产率 y_3 和居民人均收入 y_4。并从五个方面来评价基础设施：对外基本设施指数 x_1、对内基本设施指数 x_2、技术设施指数 x_3、文化设施指数 x_4 和卫生设施指数 x_5。

将基础设施评价指标记为 X，城市竞争力关键指标记为 Y，则该问题简化为：建立起变量组 $\boldsymbol{X}$ 和变量组 $\boldsymbol{Y}$ 之间的相关关系，其中：

$$\boldsymbol{X}=\{x_1,x_2,x_3,x_4,x_5\},\boldsymbol{Y}=\{y_1,y_2,y_3,y_4\}$$

该类型问题适合采用 CCA 算法解决。本例中所用的数据均取自于某年的城市竞争力蓝皮书的统计结果。表 8-2 为我国部分城市竞争力表现要素得分，包括上海、深圳、广州等，每个城市为一个样本。表 8-3 是这些城市基础设施要素的得分。

表 8-2　我国部分城市竞争力表现要素得分

城市	市场占有率 y_1	GDP 增长率 y_2	劳动生产率 y_3	居民人均收入 y_4
上海	2.5	16.27	45623.05	8439
深圳	1.3	21.5	52256.67	18579
广州	1.13	11.92	46511.87	10445
北京	1.38	15	28146.76	7813
厦门	0.12	26.71	38670.43	8980
天津	1.37	11.07	26316.96	6609
大连	0.56	12.4	45330.53	6070

表 8-3　我国部分城市基础设施要素得分

城市	对外基本设施指数 x_1	对内基本设施指数 x_2	技术设施指数 x_3	文化设施指数 x_4	卫生设施指数 x_5
上海	1.03	0.42	2.15	1.23	1.64
深圳	1.34	0.13	0.33	−0.27	−0.64
广州	1.07	0.4	1.31	0.49	0.09
北京	−0.43	0.19	0.87	3.57	1.8
厦门	−0.53	0.25	−0.09	−0.33	−0.84
天津	−0.11	0.07	0.68	−0.12	0.87
大连	0.35	0.06	0.28	−0.3	−0.16

本例中，CCA 算法可通过以下几个步骤实现。

① 在进行 CCA 计算前，需要对数据进行标准化处理，使每个变量都具有零均值和单位方差，该步骤能够在简化计算的同时保持算法精度。此时，应有：

$$\mathbb{E}(\boldsymbol{x}_i)=0,D(\boldsymbol{x}_i)=1,1\leqslant i\leqslant 5$$
$$\mathbb{E}(\boldsymbol{y}_j)=0,D(\boldsymbol{y}_j)=1,1\leqslant j\leqslant 4 \tag{8-27}$$

② 计算变量组 $\boldsymbol{X}$ 的协方差矩阵 $D(\boldsymbol{X})$、变量组 $\boldsymbol{Y}$ 的协方差矩阵 $D(\boldsymbol{Y})$，以及二者间的

协方差矩阵 $\mathrm{Cov}(\boldsymbol{X},\boldsymbol{Y})$。

③ 根据 8.2 节中的推导，可以将典型相关分析转化为求解矩阵特征根与特征向量的问题。待求解的方程组如下：

$$\begin{aligned}\boldsymbol{M}_2\boldsymbol{b}&=\lambda^2\boldsymbol{b}\\ \boldsymbol{M}_1\boldsymbol{a}&=\lambda^2\boldsymbol{a}\end{aligned} \tag{8-28}$$

式中，$\boldsymbol{a}$、$\boldsymbol{b}$ 分别是矩阵 $\boldsymbol{M}_1$、$\boldsymbol{M}_2$ 的特征向量，代表从变量组 $\boldsymbol{X}$、$\boldsymbol{Y}$ 中提取典型变量的系数向量；λ^2 是矩阵 $\boldsymbol{M}_1$ 和 $\boldsymbol{M}_2$ 的特征根；矩阵 $\boldsymbol{M}_1$、$\boldsymbol{M}_2$ 分别为：

$$\begin{aligned}\boldsymbol{M}_1&=[D(\boldsymbol{X})]^{-1}\mathrm{Cov}(\boldsymbol{X},\boldsymbol{Y})[D(\boldsymbol{Y})]^{-1}\mathrm{Cov}(\boldsymbol{Y},\boldsymbol{X})\\ \boldsymbol{M}_2&=[D(\boldsymbol{Y})]^{-1}\mathrm{Cov}(\boldsymbol{Y},\boldsymbol{X})[D(\boldsymbol{X})]^{-1}\mathrm{Cov}(\boldsymbol{X},\boldsymbol{Y})\end{aligned} \tag{8-29}$$

通过以上步骤，可以计算得到变量组 $\boldsymbol{X}$、$\boldsymbol{Y}$ 间的前四个典型相关系数，如表 8-4 所示。

表 8-4 变量组 X、Y 间的典型相关系数

序号	1	2	3	4
典型相关系数	0.9985	0.9525	0.7931	0.3798

④ 经过以上步骤的求解，可以得到变量组 $\boldsymbol{X}$、$\boldsymbol{Y}$ 转换为典型变量 u、v 的系数向量 $\boldsymbol{a}$、$\boldsymbol{b}$，以及典型变量 u、v 间的相关系数。以第一组为例，有：

$$\begin{aligned}&u=0.5171x_1+0.4551x_2-1.0356x_3+0.1248x_4-0.0877x_5\\ &v=-0.4279y_1+0.3941y_2+0.2349y_3+0.3566y_4\\ &\mathrm{Corr}(u,v)=0.9985\end{aligned} \tag{8-30}$$

同样地，可以写出剩下的几对典型变量，但一般仅会使用前面的几组进行深入分析。在得到 CCA 算法结果后，可以通过分析相关系数的卡方统计量检验判定典型变量相关性的显著程度，也可以通过计算原始变量与典型变量之间的相关系数来进一步对两组变量进行分析，帮助城市建设者来进行决策。

当然，Matlab 和 Python 的编程工具中都有 CCA 的相关函数，如在 Matlab 中可以使用 canoncorr(X，Y) 求解两组变量的典型相关系数；在 Python 的 sklearn 库中，也有求解 CCA 的相关函数命令，如 sklearn. cross _ decomposition. CCA。这些函数命令能够在编程时免除烦琐的矩阵运算，方便直接得到典型相关分析的结果。若读者有兴趣，可以亲自动手尝试计算本案例的结果，并从计算结果中归纳出一些有意义的结论。

8.4.2 案例二：多标签分类

本节中以文档的多标签分类问题为例，通过 CCA 算法识别样本与其标签间的联系，结合分类器模型以完成多标签分类任务。需要指出的是，本节中的计算过程与结果图均参考自 Python 的 sklearn 库中 CCA 类的官方文档。

为了明确本案例所要解决的问题，首先对多标签分类任务进行简要的解释。以图 8-4 为例，该图为一张风景图片，图片中包含了多种不同元素。若将图片中可能出现的所有元素均作为标签，并按图片中出现的元素对图片进行分类，则该问题就是一个多标签分类问题。假设以房屋、水、沙滩、云、山和动物这六种元素作为标签，图片中若包含对应元素则将对应标签置为 1，否则对应标签置为 0，可以得到示例图片的多标签分类结果如表 8-5 所示。

图 8-4　多标签分类示例图片

表 8-5　多标签分类示例结果

标签	房屋	水	沙滩	云	山	动物
分类结果	0	1	0	1	1	0

由此可见，相较于传统的单标签分类中一个样例仅属于一种类别，多标签分类中的样例会同时属于多种类别。在实际多标签分类问题中，标签之间并非完全独立，标签间常常存在一定的依赖关系或者互斥关系；同时，由于多标签分类任务往往涉及的标签数量较大，导致类别之间的依赖关系较为复杂，难以找到合理的方式对其进行描述。因此，多标签分类相对于传统的单标签分类任务而言更加复杂，难以分析。

本案例中使用 Python 的 sklearn 库自带的数据集模拟一个多标签文档分类的任务。标签共有两个类别：class1 和 class2。训练集一共有 100 个样本，每个样本的维度为 20，且均完整包含 class1 和 class2 的标签，并以 0 和 1 来表示标签信息，例如［class1，class2］=［0，1］代表样本不属于 class1，但属于 class2，［class1，class2］=［1，1］代表样本既属于 class1 又属于 class2。任务的目标是训练一个模型，使它对于未知的样本，能够精确地判断其是否属于 class1 或 class2。

结合本书前面章节中的特征提取和判别分析相关的知识，可以构造分类器来对样本进行多标签分类判别。但是 20 维的样本变量维度对于分类器来说过高，所以在进行分类前，需要对样本变量进行降维操作。在本书第 2 章中，对主成分分析 PCA 方法进行了介绍，该方法是一种十分常用的线性降维方法，广泛应用于多种数据的降维。我们尝试对 20 维的样本变量进行主成分分析，并将其投影到 PCA 的前两个主成分中，然后用投影后的主成分分量进行分类任务。为了完成分类任务，本案例中采用 sklearn 库中自带的 OneVsRestClassifier 分类器学习一个两类的判别模型。综合使用 PCA 方法与该分类器在训练集上得到的分类结果如图 8-5 所示。

传统的 PCA 方法在进行降维时，只考虑了样本分布，是一种无监督的降维方法；而 CCA 方法能够综合考虑样本分布和标签之间的关系并进行降维。将样本变量看作是第一组变量，标签信息看作第二组变量，和 PCA 类似地，提取出样本变量的前两个典型变量用于分类。同样使用 sklearn 库中的 OneVsRestClassifier 分类器，综合使用 CCA 方法与该分类器在训练集上得到的分类结果如图 8-6 所示。

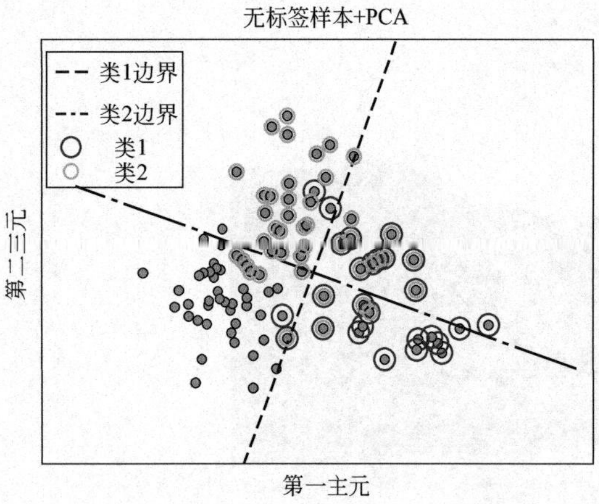

图 8-5　采用 PCA 方法的训练集分类结果

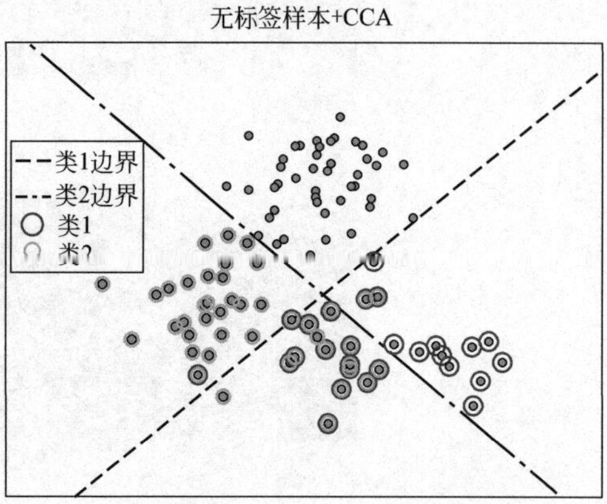

图 8-6　采用 CCA 方法的训练集分类结果

图 8-5、图 8-6 中，灰色点为样本点，深色圈标记的样本点为符合类 1 的样本，浅色圈标记的样本点为符合类 2 的样本，图中的两条虚线分别为类 1 和类 2 的判别分界线。为了更直观地对比两种方法在多分类任务中的效果，在测试集上分别对两种方法进行了测试，图 8-7 所示是两种方法下的分类器在测试集上的表现，左图为 PCA 算法下的分类器分类结果，右图为 CCA 算法下的分类器分类结果，图中各种类型样本的表示方法与前两图一致。

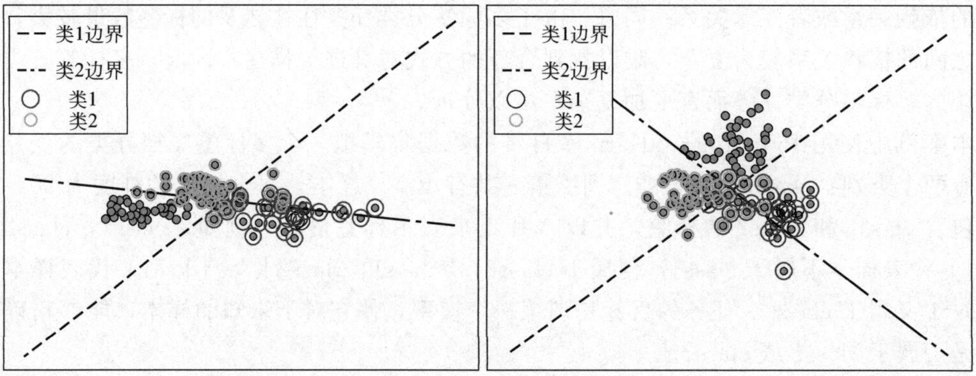

图 8-7　PCA、CCA 方法在测试集上的分类结果

可以看到，采用 CCA 算法的分类器表现效果更佳，能够更好地将不同类别的样本分离开并打上不同标签。这是因为相较于无监督的 PCA 算法，CCA 算法中融入了标签数据进行降维，更全面地考虑了数据集的信息，因此能够更好地判别不同类别的样本，以更高的精度完成多标签分类任务。

本章小结

在本节中，主要介绍了 CCA 的两个应用案例，分别采用 CCA 算法解决了城市竞争力分析与多标签分类这两类问题。除了本节中介绍的两个例子，CCA 在其他领域也有非常广泛的应用，例如：

① 在自然语言处理（NLP）领域，可以使用 CCA 来构建词向量，进而完成语句翻译等任务；

② 在脑机接口的研究中，CCA 可以作为一种分类算法，直接计算所采集的脑电信号与人工构造的特定频率的许多模板信号之间的相关性，给出稳态视觉诱发电位的频率识别结果；

③ 在生态学研究领域，可以利用 CCA 的思想，结合物种数据矩阵和环境数据矩阵来分析环境因子和生物群落之间的影响关系。

CCA 算法广泛应用于两组数据间的相关度分析，有助于综合地描述两组变量之间的典型的相关关系。直至目前，CCA 算法与其各种变体算法仍旧是最常用的一类挖掘数据关联关系的算法，在数据挖掘领域大放异彩。

习题 8

一、选择题

8-1 ［单选题］通过典型相关分析计算得到的同一组内的典型相关变量（　　）。

A. 一定互不相关

B. 一定线性相关

C. 可能线性相关

D. 典型相关分析最多只能得到一个典型变量

8-2 ［单选题］CCA 算法在求解时，分别在两组变量中选取具有代表性的综合变量 U_i，V_i，每个综合变量是原变量的线性组合，选择综合变量时的目标是（　　）。

A. 最小化两者的相关系数　　B. 最大化两者的相关系数

C. 最小化两者的距离　　D. 最大化两者的距离

8-3 ［单选题］相比于普通 CCA 算法，Kernel CCA（　　）。

A. 能分析两组随机变量之间的非线性关系

B. 将标签信息融入 CCA 框架中

C. 只考虑临近点的影响

D. 使用了自编码器

8-4 ［多选题］通过典型相关分析算法分析两组变量相关性的优点包括（　　）。

A. 考虑了变量组间整体的相关性

B. 避免了单个变量成对比较带来的复杂结果

C. 可以捕捉非线性特征

D. 可以视为一种降维方式，反映变量基于相关性的低维特征

8-5 ［多选题］以下哪几种算法可用于高维数据的降维？（　　）

A. PCA 主成分分析　　B. CCA 典型相关分析

C. OLS 最小二乘回归　　D. SVM 支持向量机

8-6 ［多选题］下面哪几种拓展的 CCA 算法可以解决非线性相关性的问题？（　　）

A. Kernal CCA　　B. Deep CCA

C. Discriminative CCA　　D. Multiview CCA

8-7 ［多选题］PCA 和 CCA 的相同点包括（　　）。

A. 都考虑了变量的相关性信息

B. 都是一种多元统计分析方法

C. 都基于变量的线性变换

D. 都可视为一种降维技术

8-8 ［多选题］简单相关系数描述两组变量的相关关系的缺点包括（　　）。

A. 只是孤立考虑单个 X 与单个 Y 间的相关，没有考虑 X、Y 变量组内部各变量间的相关

B. 两组间有许多简单相关系数，使问题显得复杂

C. 没有从整体上刻画相关性

D. 抓不住重点

8-9 ［多选题］传统典型相关分析的基本假设包括（　　）。

A. 变量具有正态性

B. 变量间的关系是线性关系：每对典型变量之间是线性关系，每个典型变量与本组变量之间也是线性关系

C. 样本的同质性高，但各组内变量间不能有高度的复共线性

D. 两组变量的地位是相等的

8-10 ［多选题］Deep CCA 中用到的算法包括（　　）。

A. 深度神经网络　　B. 典型相关分析

C. 决策树　　D. 核函数

二、判断题

8-11 典型相关分析适用于分析两组变量之间的关系。（　　）

8-12 对数据进行归一化操作会影响典型相关分析的结果。（　　）

8-13 典型相关分析适用于分析由多变量组成的变量组之间的相关性。（　　）

8-14 可以通过核函数映射，将典型相关分析拓展到非线性场景。（　　）

8-15 可以借助拉格朗日乘数来求解典型相关分析问题。（　　）

三、简答题

8-16 请简述 PCA 算法与 CCA 算法的相似处与不同点。

8-17 请简述几种 CCA 的扩展方法。

8-18 请简述 CCA 的算法思想。

8-19 请简述核 CCA 和深度 CCA 的相似处与不同点。

8-20 请简述一些 CCA 的应用。

参考答案

参考文献

［1］ Thompson B. Canonical correlation analysis［J］. Encyclopedia of statistics in behavioral science，2005.

［2］ Dunteman G H. Principal components analysis［M］. Sage，1989.

［3］ Izenman A J. Linear discriminant analysis［M］. Modern multivariate statistical techniques. Springer，New York，NY，2013：237-280.

［4］ Lai P L，Fyfe C. Kernel and nonlinear canonical correlation analysis［J］. International Journal of Neural Systems，2000，10（05）：365-377.

［5］ Sun T，Chen S，Yang J，et al. Discriminative canonical correlation analysis with missing samples［C］.

2009 WRI World Congress on Computer Science and Information Engineering. IEEE，2009，6：95-99.
［6］ Rupnik J，Shawe-Taylor J. Multi-view canonical correlation analysis ［C］. Conference on Data Mining and Data Warehouses (SiKDD 2010). 2010：1-4.
［7］ Bach F R，Jordan M I. A probabilistic interpretation of canonical correlation analysis ［J］. 2005.
［8］ 李航. 统计学习方法 ［M］. 北京：清华大学出版社，2012.
［9］ 周志华. 机器学习与数据挖掘 ［J］. 中国计算机学会通讯，2007，3（12）：35-44.
［10］ Johnson R A，Wichern D W. 实用多元统计分析 ［M］. 北京：清华大学出版社，2001.
［11］ 袁志发，宋世德. 多元统计分析 ［M］. 北京：科学出版社，2009.
［12］ Lai P L，Fyfe C. Kernel and nonlinear canonical correlation analysis ［J］. International Journal of Neural Systems，2000，10（05）：365-377.
［13］ Yang X，Liu W，Liu W，et al. A Survey on Canonical Correlation Analysis ［J］. IEEE Transactions on Knowledge and Data Engineering，2019，PP（99）：1-1.

9 决策树与随机森林

在日常生活中，人们每天都面临着各种决策，如今天适不适合打羽毛球，在夏日炎炎的天气里应该怎样挑选可口的西瓜等。在进行决策时需要根据各个相关因素来做出最后的选择，这其实与决策树的思想不谋而合，结合多个决策树即可构成随机森林进行综合决策。本章首先介绍决策树的思想和算法原理，然后在决策树的基础上阐述随机森林算法，最后以具体案例来介绍决策树与随机森林的应用及求解过程。

9.1 决策树基本内容

决策树基于监督学习建立，是机器学习中的一个十分常用的分类方法。以是否打羽毛球为例，由于各种因素的影响，并不是每天都适合打球。这样对“是否打羽毛球”这个问题进行决策时，需要考虑各种因素，并进行一系列的子决策。如当羽毛球场馆有空位时，可以直接进行决策，即选择在室内打。当场馆没有空位时，就要进行室外活动，这时则需要根据天气、风速和气温等因素继续进行子决策，最终判断这天是否能够打羽毛球。这个决策过程如图 9-1 所示。

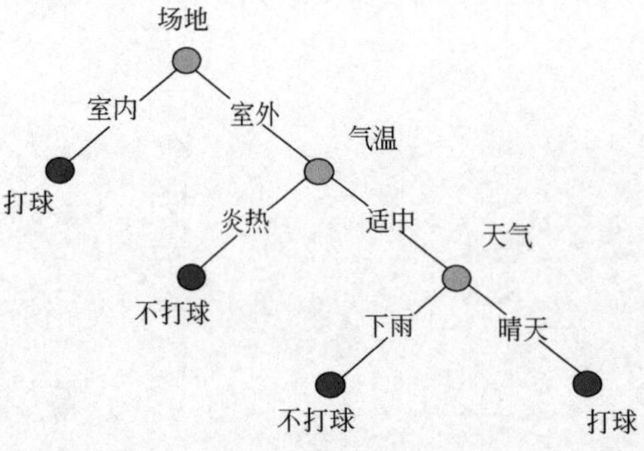

图 9-1　判断是否打羽毛球的决策过程

在上述例子中，为了对“是否打羽毛球”进行决策，考虑了场地、天气、风速和温度等因素，最后得出了最终决策。这样一个完整的思考过程，其实就是一个典型的智能决策过程。对于一个完整的智能决策系统，它具有三个重要组成部分：特征、算法和决策。在决策过程中的每个子决策都是针对每个因素或者属性提出的判定问题，其判定结果或是得到最终结果，或是导出在上一次决策结果限定范围之内需要进一步判定的问题。

决策树就是这样一种用来处理分类问题、以树结构来表达的预测分析模型。决策树以事物的属性描述集合作为输入，其最终结论对应了所希望的判定结果。图 9-1 就是一个简单的决策树结构，其外形像一棵倒着的树，最顶端是根节点，然后一层一层向下增加子节点。最末端的节点被称为叶子节点，根节点和叶子节点中间的节点被称为非叶子节点。需要注意的是，最末端的节点并不一定是最后一层的节点，而是指不存在子节点的节点。从根节点到叶子节点的每条路径被称为分支，代表着不同的决策结果。

决策树算法是一种比较通用的分类函数逼近法，常应用于预测模型，通过将大量的数据进行有目的的分类，找到一些潜在的价值信息，从而对新的数据进行预测。其主要有三大优点：第一，它是根据对象的属性进行分类，构造的分类器通俗易懂，易于理解；第二，它的运算速度要快于其他的分类方法；第三，决策树分类方法得到的结果准确率要优于其他算法。

由于决策树具有上述优点，决策树在实际生活中的应用非常广泛。在银行行业，可以根据客户的一些特征对客户做出信用评估，判断来贷款的客户是否存在信用卡欺诈等情况；在保险方面，可以利用决策树根据保险公司以前的业务等信息对保险公司的偿付能力进行分析。在零售行业，通过决策树将不同的产品针对不同的人群进行销售，对客户类别进行细分，定向销售；在医疗方面，医生可以利用决策树的思想对疑难病情进行初步分析，做出有效诊断；在电信行业，公司可以对客户的消费特征进行分析，提供更合适的套餐业务。

在决策树的构建过程中，需要考虑两个问题。第一个问题是特征属性序列，以判断是否打羽毛球为例，为什么将场地作为第一个因素进行决策，而不是气温、天气等其他因素？是否能够交换决策的顺序，将气温等因素作为根节点首先进行决策？第二个问题是特征属性的形式，在是否打羽毛球的例子中，有些特征的标签是离散的，比如天气、场地等；而有些特征的标签是连续的，比如温度、湿度等。由于决策树是根据特征的不同标签来建立不同的分支，所以不能直接对具有连续标签的特征进行划分。

9.2 决策树算法介绍

决策树从叶子节点开始基于某种信息指标（如信息增益）对实例的属性进行测试，根据测试结果对样本进行划分，此后递归进行划分直至划分结束。实际上对于所有可能的样本属性中选取最优的划分组合是一个 NP 难问题，在算法中实际上是采用贪婪的算法选取一个局部最优划分。决策树基本学习流程如下所示：

输入：训练数据集 D

过程：

① 在根节点上，遍历所有可能的特征 A 与某一特征下所有可能的切分点 a，取划分后左右叶子节点纯度之和最高的特征与切分点对 $\{A^*, a^*\}$，将数据集划分成两个子节点；

② 对两个子节点递归调用①，直至划分完成；

③ 生成一棵决策树。

输出：一棵决策树

对于 9.1 节提到的第一个问题，需要选择左右叶子节点纯度之和最高的特征与切分点对

$\{A^*, a^*\}$，如果划分后选择相同分支的所有实例都属于相同的类，那么这个划分是纯的。我们可以选择熵函数来度量不纯性。本节首先介绍信息熵与信息增益的概念，然后以具体的例子对信息熵与信息增益进行求解，最后介绍剪枝算法来改进决策树。

9.2.1 信息熵和信息增益

熵在化学中用来表示分子的混乱程度，分子越混乱，它的熵就越大，若分子越有序，熵值就越小。信息熵类似于熵，是度量样本集合纯度最常用的一种指标，能够对信息的不确定性进行衡量。如果某个信息让判断更加有序清晰，则其信息熵越小，反之则越大。

在样本集合 D 中，对于有限个取值的随机变量 X，若其概率分布为 $P(X=x_i)=p_i$，则 D 的信息熵定义为：

$$\text{Ent}(D)=-\sum p_i \log_2 p_i \tag{9-1}$$

系统的无序性是和熵的大小相关的。系统越无序、混乱，它的熵也就越大。在构建决策树时，熵被定义为无序性变量。

条件熵定义为 X 给定条件下，Y 的条件概率分布的熵对 X 的数学期望：

$$H(Y|X)=\sum_x p(x)H(Y|X=x) \tag{9-2}$$

信息增益的定义为待分类的集合的熵和选定某个特征的条件熵之差：

$$IG(Y|X)=H(Y)-H(Y|X) \tag{9-3}$$

当选择某一个属性对数据进行划分的时候，需要使得同一个子节点上数据的类大部分都相同。如果一个节点上的数据类值在可能的类值上均匀分布，则称节点的熵最大，也就是说这个节点的无序性最大。如果一个节点上的数据的类值对于所有数据都相同，则熵最小，这个节点的无序性则很低。在进行属性划分的时候，需要尽可能优先划分纯度高的节点，使得系统尽可能有序，尽可能降低系统的熵。

不同的决策树算法选择不同的准则进行划分属性的选择，ID3 决策树算法以信息增益为准则。这里以周志华提出的表 9-1 所示西瓜数据集为例，来说明如何确定决策树的根节点。

假设取色泽变量为根节点，则可以将根节点分为三类：色泽青绿、色泽乌黑和色泽浅白，其中色泽青绿占$\frac{6}{17}$、色泽乌黑占$\frac{6}{17}$、色泽浅白占$\frac{5}{17}$。对于这三类中的色泽青绿类，在西瓜数据集中包含了编号为 1、4、6、10、13、17 这 6 个西瓜。在这 6 个西瓜中，3 个属于好瓜这一类别，3 个属于坏瓜这一类别，根据之前所述熵的计算公式，色泽青绿类的熵为：

$$\text{Ent}(D^1)=-\left(\frac{3}{6}\log_2\frac{3}{6}+\frac{3}{6}\log_2\frac{3}{6}\right)=1.00 \tag{9-4}$$

式中，D^1 代表色泽青绿这个类别。

对于第二类，即色泽乌黑类，包含了编号为 2、3、7、8、9、15 的 6 个西瓜，4 个是好瓜，2 个是坏瓜，它的熵为：

$$\text{Ent}(D^2)=-\left(\frac{4}{6}\log_2\frac{4}{6}+\frac{2}{6}\log_2\frac{2}{6}\right)=0.918 \tag{9-5}$$

对于色泽浅白类，使用同样的计算方法计算其熵：

$$\text{Ent}(D^3)=-\left(\frac{1}{5}\log_2\frac{1}{5}+\frac{4}{5}\log_2\frac{4}{5}\right)=0.722 \tag{9-6}$$

由此可以得到，将色泽变量作为根节点的时候的总熵，其为各个类别的占比与类别的熵的乘积之和：

$$\mathrm{Ent}(D)=\frac{6}{17}\times 1.00+\frac{6}{17}\times 0.918+\frac{5}{17}\times 0.722=0.889 \tag{9-7}$$

通过同样的计算方法，可以计算出将其他变量作为根节点的时候对应的熵。如果将根蒂作为根节点，熵是 0.855；如果将敲声作为根节点，熵是 0.857；如果将纹理作为根节点，熵是 0.617；如果将脐部作为根节点，熵是 0.709；如果将触感作为根节点，熵是 0.992。显然，将纹理作为根节点的时候，熵最小为 0.617，此时系统划分后的纯度最高。因此选择将纹理作为根节点。

表 9-1　西瓜数据集

编号	色泽	根蒂	敲声	纹理	脐部	触感	好瓜
1	青绿	蜷缩	浊响	清晰	凹陷	硬滑	是
2	乌黑	蜷缩	沉闷	清晰	凹陷	硬滑	是
3	乌黑	蜷缩	浊响	清晰	凹陷	硬滑	是
4	青绿	蜷缩	沉闷	清晰	凹陷	硬滑	是
5	浅白	蜷缩	浊响	清晰	凹陷	硬滑	是
6	青绿	稍蜷	浊响	清晰	稍凹	软黏	是
7	乌黑	稍蜷	浊响	稍糊	稍凹	软黏	是
8	乌黑	稍蜷	浊响	清晰	稍凹	硬滑	是
9	乌黑	稍蜷	沉闷	稍糊	稍凹	硬滑	否
10	青绿	硬挺	清脆	清晰	平坦	软黏	否
11	浅白	硬挺	清脆	模糊	平坦	硬滑	否
12	浅白	蜷缩	浊响	模糊	平坦	软黏	否
13	青绿	稍蜷	浊响	稍糊	凹陷	硬滑	否
14	浅白	稍蜷	沉闷	稍糊	凹陷	硬滑	否
15	乌黑	稍蜷	浊响	清晰	稍凹	软黏	否
16	浅白	蜷缩	浊响	模糊	平坦	硬滑	否
17	青绿	蜷缩	沉闷	稍糊	稍凹	硬滑	否

除了上述 ID3 算法外，也存在其他的决策树算法，如 C4.5 算法和 CART 算法等。

C4.5 算法是对 ID3 算法的改进。ID3 算法存在一个缺点，由于是采用信息增益来度量，所以它一般会优先选择有较多属性值的特征。属性值多的特征会有相对较大的信息增益。为了避免这个不足，C4.5 中使用信息增益率来作为选择分支的准则。信息增益率通过引入分裂信息来惩罚取值较多属性如表 9-1 中的编号属性，这样可以有效减少特征属性值的多少对算法的影响。信息增益率是信息增益与分裂信息量的比值：

$$\mathrm{GainRatio}(D,a)=\frac{\mathrm{Gain}(D,a)}{\mathrm{SplitInformation}(a)} \tag{9-8}$$

$$\mathrm{SplitInformation}(a)=\sum_{i=1}^{K}\frac{|D^i|}{|D|}\log_2\frac{|D^i|}{|D|} \tag{9-9}$$

SplitInformation(a)称为属性 a 的分裂信息量，其中 D^i 为节点 i 的样本，K 为节点的个数。一般来说，属性 a 的可能取值数目越大，则 SplitInformation(a)的值通常会越大。所以将其作为分母，可以校正信息增益容易偏向于取值较多的属性的问题。但同时信息增益率相反会偏向于可取值数目较少的属性。因此 C4.5 算法采用一个启发式的算法，即先从候选划分属性中得到信息增益值较高的属性，然后从这些属性中选择信息增益率最高的属性。

CART 分类回归树由 L. Breiman 等人于 1984 年提出。CART 针对 ID3 特征在分割数据后不再起作用的缺点进行了改进。CART 是一棵二叉树，采用二元切分法，每次把数据切成两份。CART 既可以用于分类，也可以用于回归。分类时，CART 使用基尼指数来选择最好的数据分割的特征，其与信息熵的含义相似。其由二元逻辑问题生成，每个树节点只有两个分支，分别包括学习实例的正例与反例。回归时则使用均方差作为损失函数。基尼系数的计算与信息增益的方式非常类似，使用基尼值来衡量数据的纯度：

$$\mathrm{Gini}(D)=1-\sum_{i=1}^{C}p_i^2 \tag{9-10}$$

式中，C 代表数据集 D 中样本的类别数；p_i 代表第 i 类样本所占的比例。

CART 中每一次迭代都会降低基尼系数。当 $\mathrm{Gini}(D)=0$ 时，所有样本属于同类；当所有类在节点中以等概率出现时，$\mathrm{Gini}(D)$最大化，此时 $\mathrm{Gini}(D)=C(C-1)/2$。

本节的内容解决了 9.1 节提到的第一个问题，而对于 9.1 节提到的第二个问题，如果变量是连续的，由于连续属性的可取值的数目不是有限的，所以不能直接根据连续属性对节点进行划分。这时可以加入合适的阈值对连续值进行划分，将其转换为离散值。简单的策略即采用二分法对连续属性进行划分。

9.2.2 剪枝算法

基于上一节的内容能够构建出决策树，然而决策树生成过程中，为了能对目标进行尽可能正确的分类，可能生成过多的分支，往往容易造成“过拟合”的问题。为了避免过拟合的出现，决策树采用剪枝的方式主动减去一些分支，提升模型的泛化能力。剪枝方法主要可以分为预剪枝和后剪枝。预剪枝是在生成新的分支时就通过训练集对当前决策树模型进行验证，如果性能没有提升或性能提升不明显就停止当前分支的生成。后剪枝则是对于一棵已经生成的决策树，从根节点自底而上的对于决策树的非叶节点进行考察，如果将该节点所对应的子树剪除能够提升模型在训练集上的预测精度则将该子树剪除，若不能则保留该子树。C4.5 算法采用 EBP 剪枝算法，是一种悲观剪枝法。它使用训练集生成决策树，并用训练集进行剪枝，不需要独立的剪枝集。悲观剪枝法的基本思路是：若使用叶子节点代替原来的子树后，误差率能够下降，则就用该叶子节点代替原来的子树。

对比决策树两种剪枝方式，预剪枝基于贪心的方法停止了决策树的展开，然而有的分支尽管当前并不能提升决策树的预测性能，但在后续的展开中完全有可能能够显著提升模型的预测性能，事实上，预剪枝过早地停止决策树的展开有可能使得决策树陷入“欠拟合”。而采用后剪枝的方法，对于一棵已经生成了的决策树进行验证并剪枝，模型陷入欠拟合的风险很小。但是此时需要先生成一棵决策树，随后对生成的决策树的非叶节点自下而上地逐一考察，其训练时间开销远远大于未剪枝和预剪枝的决策树。

9.3 随机森林介绍

上一节介绍的决策树算法能够对问题进行基本的决策，但单棵决策树作出的决策可能会存在片面性。为了解决这个问题，本节介绍随机森林算法来综合地考虑多棵决策树的结果，从而得到更为全面的决策。

随机森林是由 Leo Breiman 于 2001 年提出的一种集成学习模型，结合了其在 1996 年提出的 Bagging 集成学习理论与 Ho 在 1998 年提出的随机子空间方法。随机森林，顾名思义，是用随机的方式建立的一个森林，随机森林的基本单元是决策树，是通过集成学习思想将多棵没有关联的树集成的一种算法。它包含多个由 Bagging 集成学习技术训练得到的决策树，当输入待分类的样本时，最终的分类结果由单个决策树的输出结果投票决定。

如图 9-2 所示，构建好若干棵决策树后要将一个输入样本进行分类，需要将待分类样本 X 输入至每棵树中，将结果进行投票汇总，即可得到样本 X 的所属类别。

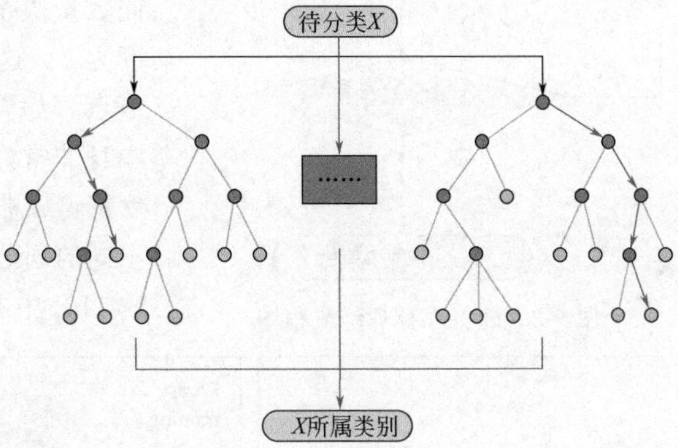

图 9-2　随机森林示意图

随机森林建立的基本思想是 Bagging，关于 Bagging 的详细介绍请参考第 14 章。随机森林是以 K 棵决策树为基本分类器，进行集成学习后得到的一个组合分类器。在 Bagging 的基础上，随机森林做出了一些修改。其算法流程如下所示：

输入：训练数据集 D

过程：

① 从样本集中用 bootstrap 采样选出 n 个样本；

② 从所有属性中随机选择 m 个属性，选择最佳分割属性作为节点建立决策树；

③ 重复以上步骤 K 次，即建立了 K 棵决策树；

④ 这 K 棵树形成了随机森林，通过投票表决结果，决定数据属于哪一类。

输出：判别结果

训练一个随机森林本质上是训练若干棵决策树进行集成，因此，随机森林的训练过程就是训练各个决策树的过程。对于每一棵决策树而言，通过 bootstrapping 采样，大概有 37% 比例的样本始终未被采到，可将其作为该树的验证集，进行袋外估计（out-of-bag estimate）。图 9-3 展示了随机森林的训练流程。

以图 9-3 的方式训练得到的 K 棵决策树组合起来，就可以得到一个随机森林。当输入待分类的样本时，分类结果由所有输出结果进行投票决定。

下面从理论角度剖析随机森林的泛化误差界。根据理论推导，可以得到如式(9-11）所示的泛化误差界。

$$PE^{*} \leqslant \frac{\overline{\rho}(1-s^{2})}{s^{2}} \tag{9-11}$$

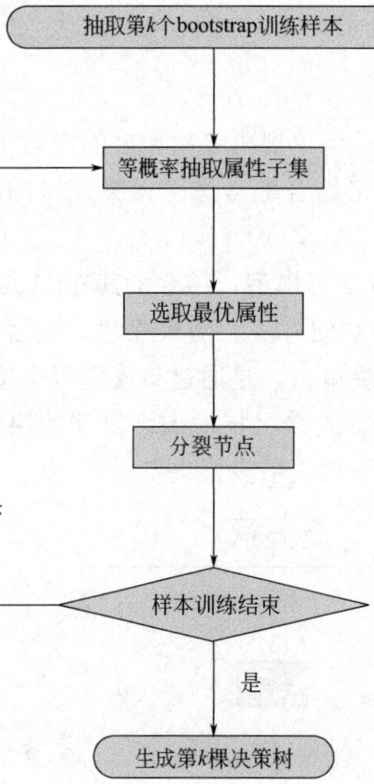

图 9-3 随机森林训练流程图

式中，s 代表单棵树的分类强度；$\bar{\rho}$ 代表树间的相关性。可以看到，随机森林的泛化误差界由两个参数决定：单棵树的分类强度以及树与树之间的相关性。采用随机采样和随机属性的方法，随机森林足以保证不同的基分类器之间具有足够的不相关性，因而不再需要对个体决策树进行剪枝。

随机森林模型中的最主要参数即是树模型的个数，图 9-4 是不同数量的树产生的决策曲面。

如图 9-4(a) 所示，首先，给定两类训练样本，分别从不同的高斯分布中产生，各自由黄色和红色标注，数据为二维。利用这样的数据，训练具有不同数量决策树的若干个随机森林，每棵树的固定深度为 2。这样，每棵树只有一个根节点和两个叶子节点，如图 9-4(b) 中的右图所示。由于两类数据本身非常好区分，所以不同的树无论是从哪一个维度都可以非常完美地区分两类数据。在任一维度上，不同的划分阈值也能很容易地将两类数据区分，如图 9-4(b) 中的左图所示。

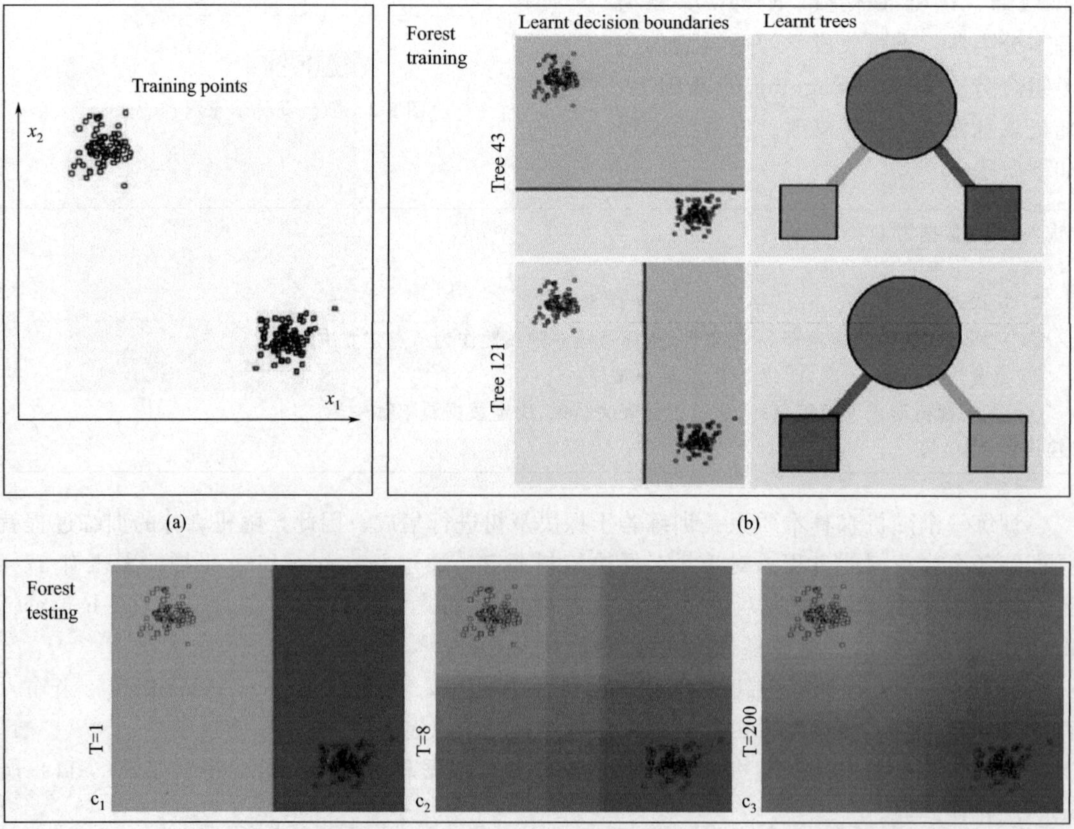

图 9-4 数量不同树的决策曲面

基于训练好的模型，图 9-4(c) 展示了三种不同数量决策树的随机森林对测试样本的分类后的可视化结果。每一个测试点的颜色是红色与黄色的线性组合，混合权重正比于分类的后验概率。因此，颜色越混合，越代表该区域具有更高的预测不确定性与更低的置信度。可以看到，当随机森林中只有一棵树的时候，模型展示出置信度非常高的分类效果。随着树的数量的增加，决策平面变得越发平滑，越接近训练样本的位置颜色越单一，越处于中间地带颜色越混合。由于实际数据可能从属于多个类别或者本身具有多种特征，不能确定地归到某一类中，所以这种带置信度的结果在实际中往往有更大的实用价值。

彩图

9.4 应用实例

本节使用现实生活中选拔人才和工业中 TE 过程的例子来对比决策树与随机森林的效果。

9.4.1 Python 实现决策树

某信息技术公司要招聘技术骨干，表 9-2 为其招聘历史记录，请根据历史招聘记录了解招聘规则，为公司挑选合适的人才。

表 9-2　某信息技术公司招聘历史记录

应聘者	性别	是否小于 25 岁	是否是学生	是否有过相关学习经验	是否获得国内外编程比赛名次	是否录取
A	男	否	是	是	是	是
B	女	是	是	否	否	否
C	男	是	否	否	是	是
D	男	否	否	否	是	否
E	女	是	是	否	是	是
F	男	否	否	是	否	否

现在考虑使用决策树来“学习规则”，我们可以将原始数据分为样本属性和样本标签这两类。样本属性：“性别”“是否小于 25 岁”等这样描述样本特征的量。样本标签：“是否录取”这一我们关注的结果量。这里一共有 6 个学习的样本，每个样本有 5 个属性和 1 个标签。接下来为了运用决策树算法，需要将数据转化为数学形式，利用 0 和 1 表示每一列属性和标签当中的两个不同的量，如下所示：

$$\text{训练矩阵 } \boldsymbol{X}=\begin{bmatrix}1&0&1&1&1\\0&1&1&0&0\\1&1&0&0&1\\1&0&0&0&1\\0&1&1&0&1\\1&0&0&1&0\end{bmatrix},\text{训练标签 } \boldsymbol{Y}=\begin{bmatrix}1\\0\\1\\0\\1\\0\end{bmatrix}$$

在 Python 环境下利用 sklearn 函数库输入如上数据即可建立如图 9-5 所示决策树：

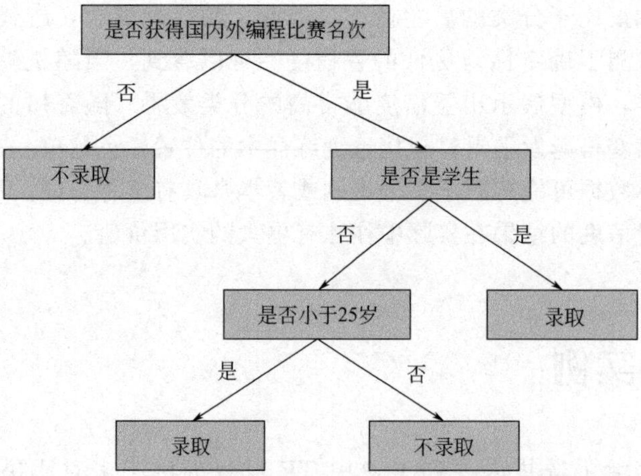

图 9-5 根据招聘历史记录构建的决策树

这就是使用决策树算法从历史数据中学到的录取规则，从这棵决策树中需要认识到关于决策树的两点知识：

① 决策树对于数据的划分是离散的；

② 决策树并不一定会用到所有的属性，比如此处只用到了 5 个样本属性中的 3 个。

拥有了训练好的决策树，面对来应聘的求职者，即新的样本如表 9-3 所示。

表 9-3 新的求职者样本

应聘者	性别	是否小于 25 岁	是否是学生	是否有过相关学习经验	是否获得国内外编程比赛名次	是否录取
G	男	是	否	否	是	?
H	女	是	是	否	是	?

以同样的方式构造测试矩阵 $\boldsymbol{T}$：

$$\begin{bmatrix} 1 & 1 & 0 & 0 & 1 \\ 0 & 1 & 1 & 0 & 1 \end{bmatrix}$$

即可在 sklearn 中利用已经训练好的决策树，根据测试矩阵 $\boldsymbol{T}$ 给出的条件，判断出这两个新的样本类别。此处决策树判别为［1，1］，所以这两个应聘者都会被录取。

9.4.2 Python 实现随机森林

田纳西伊斯曼（Tennessee Eastman，TE）过程是美国田纳西伊斯曼化学公司为某实际化工生产过程提出的一个仿真系统，J. J. Downs 和 E. F. Vogel 等人给出具体流程图如图 9-6 所示。在过程系统工程领域的研究中，TE 过程是一个常用的标准问题，其较好地模拟了实际复杂工业过程系统的许多典型特征。

TE 过程共模拟了 21 类故障，其中，每一类共 800 条训练样本、400 条测试样本，每个样本有 52 个属性。使用 Python 中的 sklearn 库函数训练一个包含 100 棵决策树的随机森林，训练程序代码如下所示：

```
clf = RandomForest(n_estimators = 100, random_state = 0)
clf.fit(X, y)
```

测试结果如表 9-4 所示。

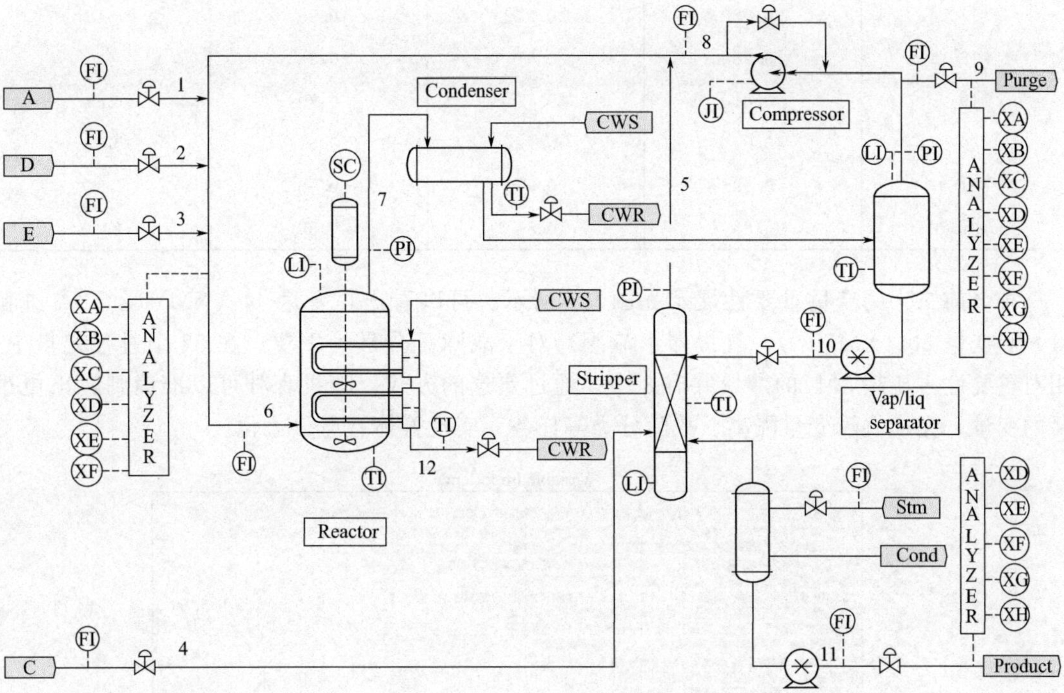

图 9-6　田纳西伊斯曼过程图

表 9-4　TE 过程测试结果

故障类别	precision	recall	f1-score	support
1	1.00	0.98	0.99	396
2	1.00	0.98	0.99	385
3	0.61	0.67	0.64	387
4	0.95	1.00	0.97	434
5	0.86	0.90	0.88	385
6	1.00	1.00	1.00	407
7	1.00	1.00	1.00	419
8	0.98	0.97	0.97	402
9	0.56	0.70	0.62	398
10	0.86	0.80	0.83	396
11	0.89	0.75	0.81	389
12	0.94	0.93	0.94	386
13	0.96	0.94	0.95	389
14	0.98	0.94	0.96	403

续表

故障类别	precision	recall	f1-score	support
15	0.53	0.66	0.59	409
16	0.86	0.77	0.82	407
17	0.92	0.94	0.93	416
18	0.98	0.91	0.95	415
19	0.81	0.77	0.79	389
20	0.87	0.77	0.81	402
21	0.98	0.98	0.98	386
avg/total	0.88	0.87	0.88	8400

排名前二十的变量重要性展示如图 9-7 所示。可以看出，变量 44（XMV(3)，A 进料量）和变量 50（XMV(9)，气提器水流阀）对于故障区分最为重要。在 52 个过程变量中，相对重要性占比超 50%的变量共有 8 个。通过票选的方式，随机森林可以准确判断出更重要的变量，完成故障变量隔离、故障分类等任务，实现群体智慧最大化。

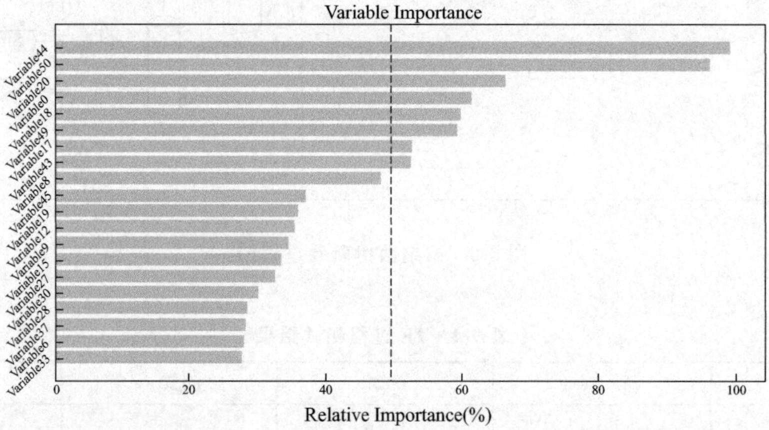

图 9-7　基于随机森林的变量筛选

本章小结

本章主要介绍了决策树和随机森林算法。决策树是一种处理分析问题、以树结构进行表达的预测分析模型，以事物的属性描述集合作为输入，输出最终判定结果。ID3 决策树算法以信息增益为准则对数据集进行划分，通过降低系统的熵使得子节点的样本集更为有序，本章以西瓜数据集为例具体分析了决策树的建立过程。C4.5 算法和 CART 算法是对 ID3 决策树算法的改进算法，能够避免 ID3 决策树会优先选择具有较多属性值特征的问题。后续引入了剪枝算法包括预剪枝和后剪枝算法对决策树进行修剪，能够有效避免决策树过拟合的问题。在决策树的基础上，随机森林算法通过将多棵决策树的结果进行集成从而改善决策。决策树和随机森林算法在生活和工业领域如变量筛选等都有着广泛的应用。

习题 9

一、选择题

9-1 ［单选题］用决策树训练一个分类器模型，树的每个叶子节点代表了（　　）信息。

A. 样本数量　　B. 变量数量　　C. 分类标签　　D. 无实际意义

9-2 ［单选题］随机森林通过（　　）提高性能。

A. 降低方差　　B. 提高方差　　C. 降低偏差　　D. 提高偏差

9-3 ［单选题］利用 bootstrapping 采样技术，随机森林中的每一棵决策树大概有（　　）比例的样本始终未被采集到。

A. 0.184　　B. 0.368　　C. 0.736　　D. 0

9-4 ［单选题］在 Bootstrap 自助采样法中，真实的情况是（　　）。

A. 在每一次采样中，样本之间不重复；在完成 n 次采样之后，所有样本都会被采集到

B. 在每一次采样中，样本之间可能有重复；在完成 n 次采样之后，所有样本都会被采集到

C. 在每一次采样中，样本之间不重复；在完成 n 次采样之后，有些样本可能没有被采集到

D. 在每一次采样中，样本之间可能有重复；在完成 n 次采样之后，有些样本可能没有被采集到

9-5 ［多选题］随机森林的随机性体现在哪里？（　　）

A. 随机采用随机抽取的样本来训练整个随机森林

B. 每棵树采用随机取样训练

C. 每棵树的节点采用随机属性搜索

D. 随机删除一些树内节点

9-6 ［多选题］随机森林的基本思想包含（　　）。

A. Bagging 集成学习理论　　B. Boosting 集成学习理论

C. 随机子空间方法　　D. 迭代优化思想

9-7 ［多选题］随机森林的模型泛化误差界由（　　）确定。

A. 树间的相关性　　B. 每个节点选择的特征数量

C. 树的深度　　D. 单棵树的分类强度

9-8 ［多选题］哪些模型可以作为随机森林中的基本分类器？（　　）

A. 决策树　　B. SVM　　C. Logistic 回归器　　D. 线性判别分类器

二、判断题

9-9 变量的随机程度越低，则信息熵越小。（　　）

9-10 当个别训练样本的若干变量缺失时，仍可以用随机森林建模。（　　）

9-11 随机森林的各个基分类器之间是互相独立的，在训练的时候可以并行训练。（　　）

9-12 决策树算法只能处理具有离散特征属性的数据集，对于连续特征属性的数据集无

能为力。(　　)

三、简答题

9-13 采用决策树作为基分类器的随机森林算法在处理问题的时候有哪些优缺点?

9-14 试列举出一些决策树算法，并说明采用何种标准选择最优划分属性。

9-15 预剪枝算法和后剪枝算法各有哪些优缺点?

9-16 决策树如何处理属性为连续变量时的情况?

9-17 特征的尺度变化如归一化会对决策树的构建产生什么影响?

参考答案

参考文献

[1] Downs J J，Vogel E F . A plant-wide industrial process control problem [J]. 1993，17 (3)：245-255.

[2] 李航. 统计学习方法 [M]. 北京：清华大学出版社，2012.

[3] JiaweiHan，MichelineKamber，JianPei，等. 数据挖掘概念与技术 [M]. 北京：机械工业出版社，2012.

[4] Pang-NingTan，MichaelSteinbach，VipinKumar，等. 数据挖掘导论 [J]. 北京：人民邮电出版社，2006.

[5] Breiman L I，Friedman J H，Olshen R A，et al. Classification and Regression Trees. Wadsworth. [J]. Biometrics，1984，40 (3)：358.

[6] Therneau T M，Atkinson E J . An introduction to Recursive Partitioning Using the RPART Routines [J]. Technical Report，1997.

[7] 周志华. 机器学习 [M]. 北京：清华大学出版社，2016.

[8] Quinlan J R . Induction of decision trees" Machine Learning. Data Goals & General Description of the in L. en System. & 034 in，1986.

[9] Peter Harrington. 机器学习实战：Machine learning in action [M]. 李锐，等译. 北京：人民邮电出版社，2013.

[10] Quinlan J R . C4. 5：programs for machine learning [M]. Morgan Kaufmann Publishers Inc. 1992.

[11] Breiman. Random forests [J]. MACH LEARN，2001，2001，45 (1) (-)：5-32.

[12] Criminisi A，Shotton J，Konukoglu E. Decision forests：A unified framework for classification，regression，density estimation，manifold learning and semi-supervised learning [J]. Foundations and trends® in computer graphics and vision，2012，7 (2-3)：81-227.

[13] Downs J J，Vogel E F. A plant-wide industrial process control problem [J]. Computers & Chemical Engineering，1993，17 (3)：245-255.

10 神经网络

神经网络（Neural Network，NN）是一种模仿生物神经网络的结构和功能的数学模型。在传统的编程方法中我们告诉计算机做什么，每个任务都有精确的定义，计算机按照人为规定的程序执行；相比之下，神经网络能够从观测数据中学习，通过数据拟合模型，自己找出解决问题的方法。神经网络具有优秀的适应性与拟合能力，在多个领域中都发挥着重要的作用。本章首先介绍神经网络的基本概念与结构，然后详细介绍神经网络的常见形式——深度神经网络，最后对宽度学习这一新兴起的概念进行讨论。

10.1 基本概念

神经网络是一种模仿生物神经网络的结构和功能的数学模型，其中包含着大量的并行处理与非线性计算，常用于处理大规模的数据。本节中首先对神经网络的基本组成结构——神经元模型进行介绍，然后分别对由神经元组成的感知机和多层前馈神经网络进行讨论，最后对神经网络的训练方法进行介绍，以帮助读者从整体了解神经网络的基本概念与运行机制。

10.1.1 基本结构——神经元模型

神经元是神经网络进行信息处理的基本单元，神经元的产生主要受到了生物神经元结构和特性的启发。生物神经元由树突和轴突组成，树突接收信息，轴突发送信息给其他神经元的树突，当神经元所获得的输入信号强度超过某个阈值，它会处于兴奋状态。1943 年 McCulloch 和 Pitts 根据生物神经元的结构，提出了非常简单的神经元模型——M-P 神经元。

一个基本的神经元包括三个基本组成部分：输入信号、线性组合和非线性激活函数。神经元接收到来自 n 个其他神经元传递过来的输入信号，对每个输入信号乘以权重 w_i 后求和，作为神经元接收到的总输入值，如式(10-1) 所示，将总输入值与神经元的阈值进行比较，然后通过激活函数处理，得到神经元的输出。计算的过程可以用图 10-1 表示。

$$z=\sum_{i=1}^{n} w_i x_i \tag{10-1}$$

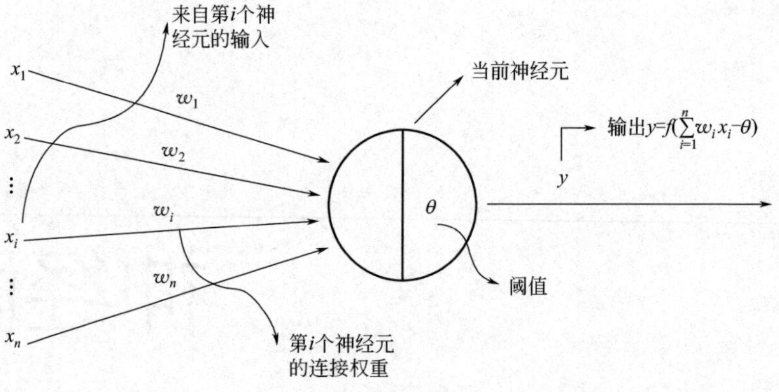

图 10-1　MP 神经元模型

$$y=f(z-\theta) \tag{10-2}$$

式中，$x_0, x_1, \cdots, x_n$ 为输入信号；$w_0, w_1, \cdots, w_n$ 是神经元的权重；$f(\cdot)$是激活函数；y 是输出信号；θ 为阈值。

10.1.2 感知机

感知机由两层神经元组成，输入层接收外界输入信号后传递给输出层，输出层是 MP 神经元，可以将感知机视为一个非线性函数 $y=f\left(\sum_i w_i x_i-\theta\right)$。感知机可以容易地实现逻辑“与”“或”“非”计算，如图 10-2 所示，其中激活函数以阶跃函数（当 $x \geqslant 0$ 时，$y=1$；当 $x<0$ 时，$y=0$）为例。

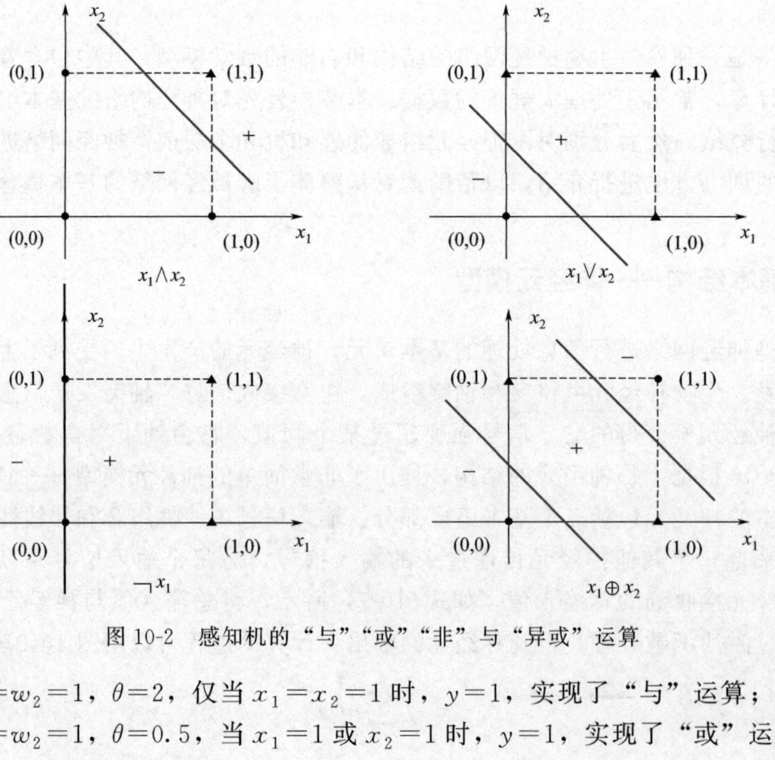

图 10-2　感知机的“与”“或”“非”与“异或”运算

- 令 $w_1=w_2=1$，$\theta=2$，仅当 $x_1=x_2=1$ 时，$y=1$，实现了“与”运算；
- 令 $w_1=w_2=1$，$\theta=0.5$，当 $x_1=1$ 或 $x_2=1$ 时，$y=1$，实现了“或”运算；

• 令 $w_1=-0.6$，$w_2=0$，$\theta=-0.5$，当 $x_1=1$ 时，$y=0$，当 $x_1=0$ 时，$y=1$，实现了“非”运算。

由于感知机只有输出层神经元进行激活函数处理，所以学习能力非常有限，甚至连“异或”问题都无法求解。要提高模型处理非线性可分问题的能力，可以使用多层神经网络。

10.1.3 多层前馈神经网络

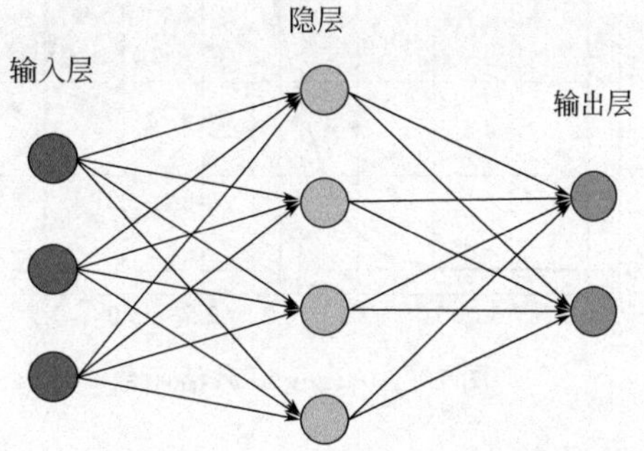

图 10-3 多层前馈神经网络

多层前馈神经网络由多层神经元组成，每层神经元与下一层神经元全连接，神经元之间不存在同层连接，也不存在跨层连接，这样的结构成为多层前馈神经网络，是深度神经网络中最基本也最简单的结构。除去输入层和输出层之外的层为隐层。图 10-3 以一个隐层的网络为例进行说明，输入层接收输入信号后传递给输出层。可以把它看成一个映射：f：$\mathbf{R}^{D_{in}}\rightarrow\mathbf{R}^{D_{out}}$，其中 D_{in} 表示输入层的神经元个数，D_{out} 表示输出层的神经元个数，计算的过程即为两个非线性函数的嵌套。

$$f(\boldsymbol{x})=f_2(\boldsymbol{b}^{(2)}+\boldsymbol{W}^{(2)}(f_1(\boldsymbol{b}^{(1)}+\boldsymbol{W}^{(1)}\boldsymbol{x}))) \tag{10-3}$$

其中 $\boldsymbol{b}^{(1)}$、$\boldsymbol{b}^{(2)}$ 表示偏置，$\boldsymbol{W}^{(1)}$、$\boldsymbol{W}^{(2)}$ 表示权值向量，f_1、f_2 表示激活函数。对于多个隐层的情况，输入信号不断进行线性变换和非线性变换，将输入信号向后一层传递。多层前馈网络有强大的表示能力，理论上来说，只需要包含足够多神经元的隐层，多层前馈网络就能以任意精度逼近任意复杂的连续函数。

10.1.4 激活函数

激活函数是神经网络中非常重要的一部分，神经网络的非线性拟合能力就来自于激活函数的嵌套。如果没有激活函数，无论神经网络有多少层，其每一层的输出都是上一层输入的线性组合，这样构成的神经网络仍然是一个线性模型，表达能力有限。激活函数有很多选择，基本的要求是连续可导，可以允许在少数点上不可导，下面简单介绍几种常见的激活函数。

（1）sigmoid 激活函数

sigmoid 激活函数定义为：

$$\mathrm{sigmoid}(x)=\frac{1}{1+\mathrm{e}^{-x}} \tag{10-4}$$

sigmoid 激活函数如图 10-4 所示，其将任意大小的输入都压缩到 [0,1] 之间，输入值越大，压缩后越趋近于 1，输入值越小，压缩后越趋近于 0，根据这一特性，它在神经网络中常常用作二分类器最后一层的激活函数，可以将任意实数值转换为概率。

sigmoid 函数的导数是其本身的函数，即 $f'(x)=f(x)(1-f(x))$，计算方便。sigmoid 函数最明显的缺点就是容易饱和，从图中的曲线可见，其两侧的导数逐渐趋近于 0，容易出现梯度消失等问题，导致层数较多的深度神经网络难以有效训练，另外，它的输出均大于 0，使得输出不是 0 均值，所以 sigmoid 函数现在很少在深度神经网络的中间层作为激活函数使用。

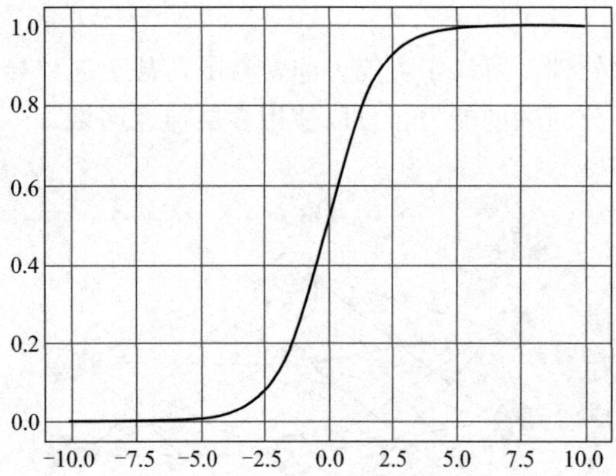

图 10-4 sigmoid 激活函数

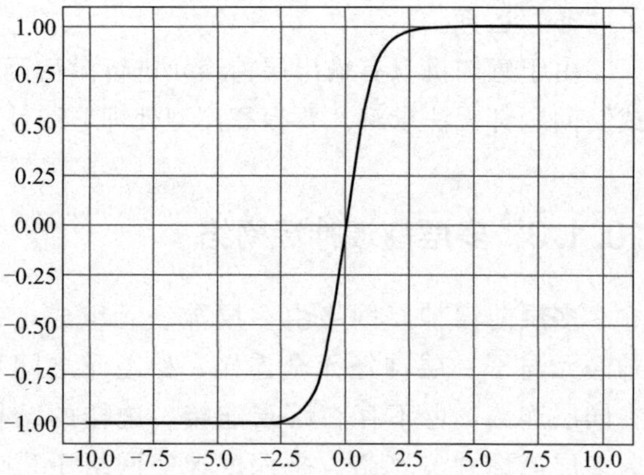

图 10-5 tanh 激活函数

（2）tanh 激活函数

tanh 激活函数定义为：

$$\tanh(x)=\frac{e^{x}-e^{-x}}{e^{x}+e^{-x}} \tag{10-5}$$

tanh 函数如图 10-5 所示。与 sigmoid 相比，输出均值是 0，使得收敛速度比 sigmoid 要快，但是 tanh 函数仍然具有饱和性，会造成梯度消失，同时还有更复杂的幂运算。

（3）ReLU 激活函数

ReLU 的全称是 Rectified Linear Units，表达式为：

$$\mathrm{ReLU}(x)=\begin{cases}0, x\leqslant 0\\ x, x>0\end{cases} \tag{10-6}$$

如图 10-6 所示，ReLU 函数当 $x>0$ 时不存在饱和问题，从而缓解梯度消失的问题，同时其梯度计算非常简单，效率很高。但是在 $x<0$ 时，落入硬饱和区，导致神经元权重无法更新，造成“神经元死亡”。为了解决这一问题，ReLU 函数有一些变体。

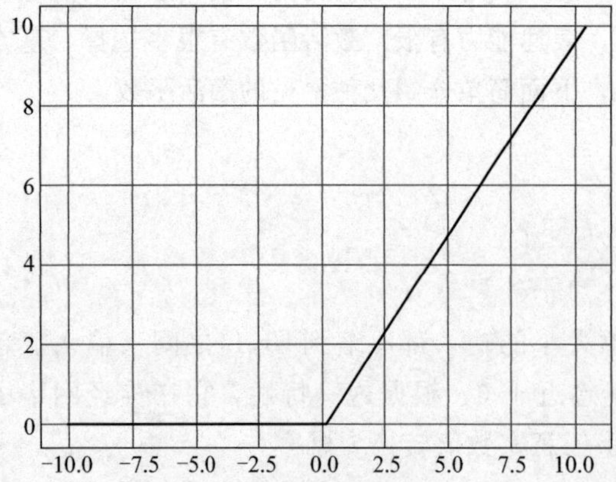

图 10-6 ReLU 激活函数

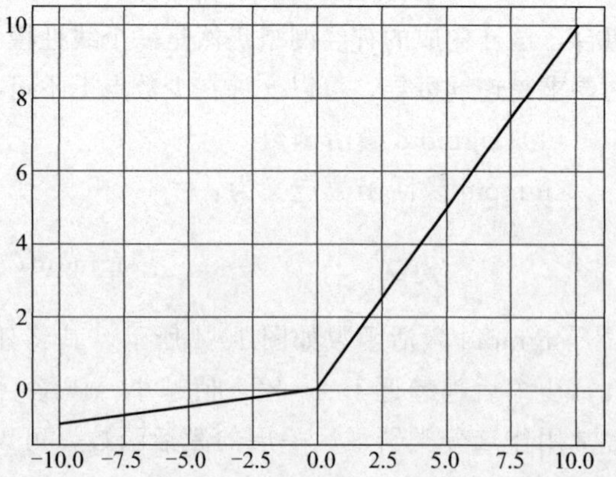

图 10-7 LeakyReLU 激活函数

（4）ReLU 函数的改进

LeakyReLU 函数如图 10-7 所示，不同于 ReLU 函数在输入为负时完全进行抑制，它在输入为负时，仍然允许一定的信息通过。

$$\mathrm{LeakyReLU}(x)=\begin{cases}\lambda x, x\leqslant 0\\ x, x>0\end{cases} \tag{10-7}$$

其中 λ 是一个超参数，$\lambda>0$，通常取 0.2。

PReLU（Parametric ReLU）函数在 LeakyReLU 的基础上更进一步，将 LeakyReLU 中的超参数改进为可以训练的参数，并且每个神经元可以使用不同的参数。

ELU（Exponential Linear Unit）函数如图 10-8 所示，其在输入为负时进行非线性变换。

$$\mathrm{ELU}(x)=\begin{cases}\alpha(\mathrm{e}^{x}-1), x\leqslant 0\\ x, x>0\end{cases} \tag{10-8}$$

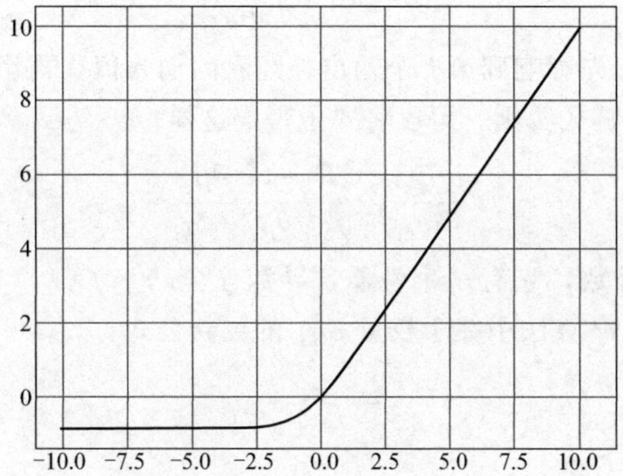

图 10-8　ELU 激活函数

10.1.5 误差反向传播算法

如何让神经网络高效地进行训练，是神经网络研究早期遇到的难题之一，误差反向传播算法（Back Propagation，BP）解决了这一难题。它基于链式法则快速计算参数的梯度，然后用梯度下降算法进行参数更新。如图 10-9 所示，同样以训练单隐层为例介绍 BP 算法的思想，图中神经元的激活函数定义为 sigmoid 函数。

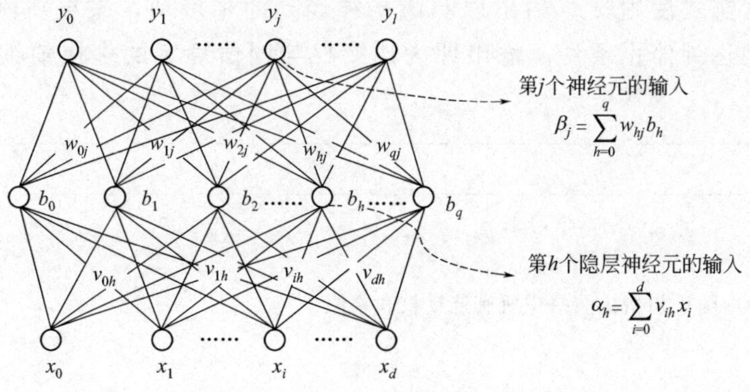

图 10-9　BP 算法

BP 算法使用梯度下降法，以单个样本的均方误差的负梯度方向对权重进行调节。首先将误差反向传播给隐层神经元，调节隐层到输出层的连接权重与输出层神经元的阈值，接着根据隐层神经元的均方误差，来调节输入层到隐层的连接权值与隐层神经元的阈值。

对于训练样本(x_k, y_k)，假定神经网络的输出是$\hat{y}_k$，则可以得到网络在这个训练样本上的均方误差：

$$E_k = \frac{1}{2}\sum_{j=1}^{l}(\hat{y}_j^k - y_j^k) \tag{10-9}$$

基于梯度下降的策略，以目标的负梯度方向对参数进行调整，对于上一步求出的均方误差，给定学习率η，可求出误差对权重w_{hj}的偏导数：

$$\Delta w_{hj} = -\eta\frac{\partial E_k}{\partial w_{hj}} \tag{10-10}$$

同时可注意到，w_{hj}先影响到第j个输出神经元的输入值，再影响到它的输出值，然后影响到E_k，根据求导的链式法则，可以将式子写成这样：

$$\frac{\partial E_k}{\partial w_{hj}} = \frac{\partial E_k}{\partial \hat{y}_j^k}\frac{\partial \hat{y}_j^k}{\partial \beta_j}\frac{\partial \beta_j}{\partial w_{hj}} \tag{10-11}$$

对于 sigmoid 激活函数，它有一个性质，导数$f'(x)=f(x)(1-f(x))$，于是，结合上面的式子，就可得到 BP 算法中关于权重w_{hj}的更新公式：

$$g_j = -\frac{\partial E_k}{\partial \hat{y}_j^k}\frac{\partial \hat{y}_j^k}{\partial \beta_j} = -(\hat{y}_j^k - y_j^k)f'(\beta_j - \theta_j) = \hat{y}_j^k(1-\hat{y}_j^k)(\hat{y}_j^k - y_j^k) \tag{10-12}$$

$$e_h = -\frac{\partial E_k}{\partial \beta_h}\frac{\partial \beta_h}{\partial \alpha_h} = b_n(1-b_n)\sum_{j=1}^{l} w_{hj}g_j \tag{10-13}$$

类似地，也可以得到阈值的更新公式：

$$\Delta w_{hj} = \eta g_j b_h \tag{10-14}$$

$$\Delta \theta_j = -\eta g_j \tag{10-15}$$

$$\Delta v_{ih} = \eta e_h x_i \tag{10-16}$$

$$\Delta \gamma_h = -\eta e_h \tag{10-17}$$

BP 算法的简单总结：给定了训练集和学习率，首先随机初始化网络中的连接权重和阈值；然后不断地根据当前的参数计算当前样本的输出，并和理想的输出计算均方误差，并且根据链式法则计算输出层和隐层神经元的梯度项，来更新网络中的连接权重和阈值，直到达到停止条件。输出即为连接权与阈值确定的多层前馈神经网络。BP 算法流程如下：

BP 算法

输入：训练集$D=\{(x_k, y_k)\}_{k=1}^{m}$，学习率$\eta$

过程：

① 在(0,1)范围内随机初始化网络中所有连接权和阈值

② Repeat

③ For all $(x_k, y_k) \in D$ do

④ 根据当前参数计算当前样本输出$\hat{y}_k$

⑤ 计算输出层神经元的梯度项 g_i

⑥ 计算隐层神经元的梯度项 e_h

⑦ 更新连接权 w_{hj}，v_{ih} 和阈值 θ_j，γ_h

⑧ End for

⑨ Until 达到停止条件

输出：连接权与阈值确定的多层前馈神经网络

10.2 深度神经网络

前面我们学习了神经网络的基本结构，并了解了多层前馈神经网络的学习原理。深度神经网络（Deep Neural Networks，DNN）就是多隐层的神经网络。本节中会深入探讨深度神经网络的结构、训练过程以及训练时的一些细节。

10.2.1 模型优化方法

深度学习可以看作一个优化问题，最小化目标函数 $J(\theta)$：首先求解目标函数的梯度 $\nabla J(\theta)$，然后将参数 θ 向负梯度方向更新，即 $\theta_t=\theta_{t-1}-\eta\nabla J(\theta)$，其中 η 为学习率，表示梯度更新的步伐大小。优化过程依赖的算法称为优化器，深度学习的优化器有许多种类，下面会简单介绍常用的几种。

（1）基本梯度下降算法

梯度下降算法主要有三种变体，它们在计算目标函数的梯度时所使用的数据量有所不同，根据数据量的不同，我们需要在参数更新的准确性和执行更新所需的时间之间进行权衡。

BGD（Batch Gradient Descent）算法需要计算整个数据集的代价函数来对梯度执行一次更新：

$$\theta=\theta-\eta\nabla_\theta J(\theta) \tag{10-18}$$

因此其处理的时候梯度可能会下降得非常缓慢，对于存储空间的占用也是很可怕的。

SGD（Stochastic Gradient Descent）算法则在每次迭代时随机对某个训练样本求梯度以执行参数更新：

$$\theta=\theta-\eta\nabla_\theta J(\theta;x^{(i)};y^{(i)}) \tag{10-19}$$

它避免了 BGD 算法更新过于缓慢造成的低效，但是 SGD 使用高方差执行频繁更新也有可能导致目标函数剧烈波动。

Mini-batch Gradient Descent 算法是上面两种更新方案的折中，它在学习了一小批数据之后更新网络的参数：

$$\theta=\theta-\eta\nabla_\theta J(\theta;x^{(i:i+n)};y^{(i:i+n)}) \tag{10-20}$$

这样一来，减小了参数更新的方差，使收敛更加稳定，是训练神经网络时经常选择的算法，在 PyTorch、TensorFlow 等框架中 SGD 优化器就是使用了这种算法。

然而小批量梯度下降算法还是存在一些问题：

① 选择一个合适的学习速率 η 是很困难的，学习率太小会导致收敛速度缓慢，而学习

率过大则会阻碍收敛，导致损失函数在极小值附近波动；

② 可以通过类似退火算法的方式，在训练过程中根据预先定义的计划逐步降低学习速率，然而学习率的变化还是需要根据经验预先设定；

③ 神经网络训练时一个关键的难点在于容易陷入局部极小值，SGD 算法很跳出局部极小值点，因为梯度在所有维度上都接近于 0。

（2）梯度下降优化算法

针对以上基本梯度下降算法存在的问题，后人又研究除了各种梯度下降算法的优化方案，如 Momentum 算法、Adagrad 算法、Adam 算法等。本节中对这些算法进行简要介绍。

① Momentum 算法

从形式上看 Momentum 算法相当于引入了变量 v 充当速度角色——它表示参数在参数空间移动的方向和速率，被设为负梯度的指数衰减平均。名称动量（Momentum）来自物理学，类似牛顿运动定律，负梯度是参数空间中粒子受到的合力，动量在物理学上定义为质量乘以速度。

物体下一时刻的运动速度与当前时刻的速度和受到的合力都有关，我们可以想象一个小球从山上滚下来的情景，所以 Momentum 算法的想法很简单，就是下一个时刻的参数更新方向与之前时刻的参数更新方向和当前的梯度都有关：

$$v_t=\gamma v_{t-1}+\eta \nabla_\theta J(\theta) \tag{10-21}$$

$$\theta=\theta-v_t \tag{10-22}$$

式中，γ 是需要人为设定的超参数，一般设为 0.9。

② NAG（Nesterov accelerated gradient）算法

一个小球盲目地顺着斜坡滚下来是不太令人满意的，我们想要一个更聪明的球，它有先见之明，能够在再一次遇到斜坡之前慢下来。我们将使用动量项 γv_{t-1} 来更新参数 θ。NAG 的思路为：“既然都知道了一定会走 γv_{t-1} 的量，那何必用当前位置的梯度呢？直接走到 $\theta-\gamma v_{t-1}$ 的地方，然后根据那里的梯度前进不是更好？”所以 NAG 的参数更新公式如下：

$$v_t=\gamma v_{t-1}+\eta \nabla_\theta J(\theta-\gamma v_{t-1}) \tag{10-23}$$

$$\theta=\theta-v_t \tag{10-24}$$

相比 Momentum 算法，NAG 能提前看到前方的梯度，如果前面的梯度比当前位置的梯度大，那就可以把步子迈得大一些，如果前方的梯度变小，那可以把步子迈得小一点。

③ Adagrad 算法

我们能够根据损失函数的梯度来调整学习率，同时还希望能根据每个单独参数的重要性来为每个参数执行不同的更新。

Adagrad 就能做到这一点，它能对不频繁的参数执行较大的更新，对频繁的参数执行较小的更新，由于这个原因，它非常适合处理稀疏数据。首先，将第 t 次更新时关于参数 θ_i 梯度记为 $g_{t,i}$：

$$g_{t,i}=\nabla_{\theta_t} J(\theta_{t,i}) \tag{10-25}$$

SGD 优化器在更新参数时，所有的参数都采用相同的学习率：

$$\theta_{t+1,i}=\theta_{t,i}-\eta g_{t,i} \tag{10-26}$$

而 Adagrad 基于过去的梯度设定学习率：

$$\theta_{t+1,i}=\theta_{t,i}-\frac{\eta}{\sqrt{G_{t,ii}+\epsilon}}g_{t,i} \tag{10-27}$$

式中，G_t 是 $d\times d$ 维的对角阵，对角线上的元素 $G_{t,ii}$ 表示了前 t 步参数 θ_i 梯度的平方累加。这样，对于先前累计梯度较大的参数，设定了较小的步长，对于先前累计梯度较小的参数，则设定了较大的步长。

④ RMSprop 算法

在 Adagrad 算法中，由于分母对历史梯度一直累加，学习率逐渐下降至 0，随时间的增加，步长越来越小，导致后面的学习变得很慢。而 RMSprop 算法在一个窗口 w 中对梯度进行求和，而不是一直累加，由于存储梯度是低效的，所以使用指数衰减平均作为一个替代方法。

在 RMSprop 算法中，累计梯度信息为：

$$\mathbb{E}[g^2]_t=\gamma\mathbb{E}[g^2]_{t-1}+(1-\gamma)g_t^2 \tag{10-28}$$

然后用 $\mathbb{E}[g^2]_t$ 取代 Adagrad 算法中 $G_{t,ii}$，得到 RMSprop 算法的参数更新公式：

$$\theta_{t+1,i}=\theta_{t,i}-\frac{\eta}{\sqrt{\mathbb{E}[g^2]_t+\epsilon}}g_{t,i} \tag{10-29}$$

⑤ Adadelta 算法

将$\sqrt{\mathbb{E}[g^2]_t+\epsilon}$ 记为 $\mathrm{RMS}[g]_t$，与 RMSprop 算法类似，只是 Adadelta 算法将学习率 η 换成了 $\mathrm{RMS}[\Delta\theta]_{t-1}$：

$$\theta_{t+1,i}=\theta_{t,i}-\frac{\mathrm{RMS}[\Delta\theta]_{t-1}}{\mathrm{RMS}[g]_t}g_{t,i} \tag{10-30}$$

⑥ Adam 算法

Adam 是另外一种计算每个参数的自适应学习速率的方法，除了存储过去的平方梯度的指数衰减平均 v_t（如 RMSprop）外，还存储过去梯度的指数衰减平均 m_t：

$$m_t=\beta_1 m_{t-1}+(1-\beta_1)g_t \tag{10-31}$$

$$v_t=\beta_2 v_{t-1}+(1-\beta_2)g_t^2 \tag{10-32}$$

由于 m_0, v_0 初始化为 0，会导致 m_t, v_t 偏向于 0，尤其在训练初期。所以进行偏差纠正，降低对训练初期的影响：

$$\hat{m}_t=\frac{m_t}{1-\beta_1^t} \tag{10-33}$$

$$\hat{v}_t=\frac{v_t}{1-\beta_2^t} \tag{10-34}$$

所以 Adam 算法的参数更新公式为：

$$\theta_{t+1}=\theta_t-\frac{\eta}{\sqrt{\hat{v}_t}+\epsilon}\hat{m}_t \tag{10-35}$$

不同优化器在不同损失函数上的效果比较如图 10-10 所示，大致可以看出自适应的方法收敛性更好。整体来说 Adam 或许是最好的选择，但这也不一定，很多的研究里都会用基础的 SGD，虽然 SGD 能达到极小值，但是相比其他算法用的时间长，而且可能会困在鞍点。所以选择哪一种优化器还是需要根据实际情况决定。

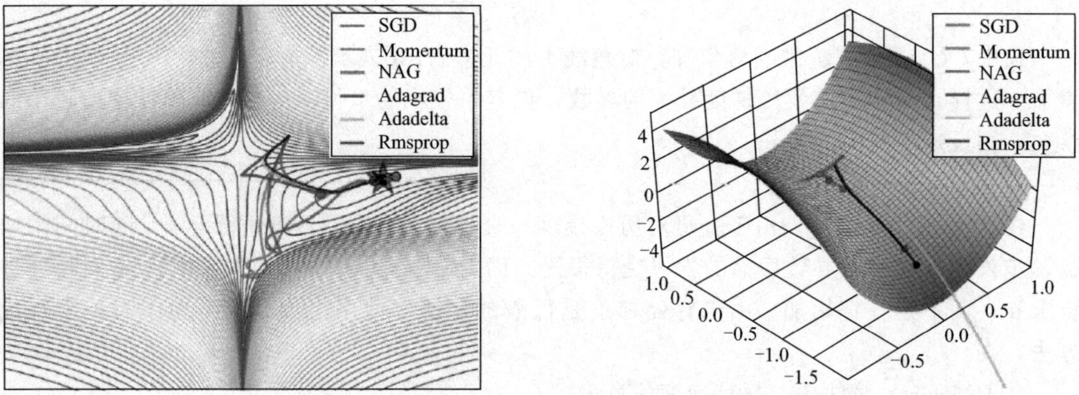

(a) SGD optimization on loss surface contours (b) SGD optimization on saddle point

图 10-10 不同优化算法在损失函数平面上的优化曲线

10.2.2 参数初始化

彩图

深度学习的训练算法通常是迭代的，所以要求为模型中的参数设置初始值，而初始值的选择非常关键，关系到网络的优化效率和泛化能力。参数初始化的方式通常有以下几种。

（1）预训练初始化

在大规模数据集上预训练过的模型可以提供一个比较好的参数初始值，预训练模型在目标任务上的学习过程称为精调（fine-tuning）。虽然预训练初始化具有较好的收敛性和泛化性，但是无法随意调整网络的结构，而且很多时候都无法找到合适的预训练模型。

（2）随机初始化

在训练模型时，一般不会将参数全部初始化为 0，因为在神经网络训练时，所有隐层神经元的激活值都相同，在反向传播时，所有权重的更新也都相同，这样会导致隐层神经元没有区分性，为了避免这个问题，可以对每个参数都随机初始化。好的随机初始化方法对神经网络的训练来说依然很重要。

一种简单的随机初始化方法可以从一个固定均值（通常设为 0）和方差 σ^2 的分布中采样生成，主要有两种：

① 高斯分布：使用高斯分布 $N(0, \sigma^2)$ 对每个参数进行随机初始化。

② 均匀分布：在一个给定的区间 $[-r, r]$ 内采用均匀分布来初始化。假设随机变量 x 在区间 $[a, b]$ 内均匀分布，则其方差为：

$$\mathrm{var}(x)=\frac{(b-a)^2}{12} \tag{10-36}$$

所以满足 $\mathrm{var}(x)=\sigma^2$ 时，$r=\sqrt{3\sigma^2}$。

（3）Xavier 初始化

初始化一个深度网络时，为了缓解梯度消失或者梯度爆炸问题，应尽可能保持每个神经元输入和输出的方差一致。假设在一个神经网络中，第 l 层的神经元 a^l 接收前一层 M_{l-1}

个神经元的输出为 a_i^{l-1}，

$$a^l = f\left(\sum_{i=1}^{M_{l-1}} w_i^l a_i^{l-1}\right) \tag{10-37}$$

式中，$f(\cdot)$为激活函数；w_i^l 为参数；M_{l-1} 为神经元个数。假设激活函数为恒等函数，假设 w_i^l 和 a_i^{l-1} 的均值都为 0，且相互独立，则 a^l 的均值为：

$$\mathbb{E}[a^l] = \mathbb{E}\left[\sum_{i=1}^{M_{l-1}} w_i^l a_i^{l-1}\right] = \sum_{i=1}^{M_{l-1}} \mathbb{E}[w_i^l]\,\mathbb{E}[a_i^{l-1}] = 0 \tag{10-38}$$

a^l 的方差为：

$$\text{var}(a^l) = \text{var}\left(\sum_{i=1}^{M_{l-1}} w_i^l a_i^{l-1}\right) = \sum_{i=1}^{M_{l-1}} \text{var}(w_i^l)\,\text{var}(a_i^{l-1}) = M_{l-1}\,\text{var}(w_i^l)\,\text{var}(a_i^{l-1}) \tag{10-39}$$

也就是说，输入信号的方差在经过该神经元后被放大或缩小了 $M_{l-1}\text{var}(w_i^l)$，为了让信号在经过多层网络后不至于消失或者爆炸，应尽可能保持每个神经元的输入和输出方差一致，同时在反向传播中，误差也不至于放大或者缩小，故设置方差为：

$$\text{var}(w_i^l) = \frac{2}{M_{l-1} + M_l} \tag{10-40}$$

计算出参数理想方差后，可以按 $N\left(0, \frac{2}{M_{l-1}+M_l}\right)$的高斯分布或者 $U\left[-\sqrt{\frac{6}{M_{l-1}+M_l}}, \sqrt{\frac{6}{M_{l-1}+M_l}}\right]$的均匀分布进行初始化。这种根据每层的神经元数量来自动计算初始化参数方差的方法就是 Xavier 初始化。

Xavier 初始化适用于激活函数是 sigmoid 函数或者 tanh 函数，因为这两个激活函数在靠近 0 的地方可近似为线性函数，由于 sigmoid 函数在 0 处的斜率不为 1，所以通常将方差乘以一个缩放因子 ρ。

(4) Kaiming 初始化

第 l 层神经元使用 ReLU 激活函数时，按照上述随机初始化的方式，通常有一半的神经元输出为 0，所以方差也近似为原来的一半，因此当使用 ReLU 作为激活函数时，方差为 $\frac{2}{M_{l-1}}$。这就是 Kaiming 初始化。

10.2.3 数据预处理

由于训练样本的来源不同，所以它们的尺度差异往往很大，以“米”做单位时，值为 1，那么采用“厘米”做单位时值就为 100。神经网络不能很好地处理这些尺度变换，因此需要对样本进行归一化，将各个维度的特征转换到相同的取值区间。常见的归一化方法有最大最小值归一化、Z-score 规范化。

最大最小值归一化后的特征为：

$$\hat{x}^n = \frac{x^n - \min_n(x^n)}{\max_n(x^n) - \min_n(x^n)} \tag{10-41}$$

Z-score 规范化后的特征为：

$$\hat{x}^n = \frac{x^n - \mu}{\sigma} \tag{10-42}$$

其中，

$$\mu = \frac{1}{N}\sum_{n=1}^{N} x^n \tag{10-43}$$

$$\sigma^2 = \frac{1}{N}\sum_{n=1}^{N}(x^n - \mu)^2 \tag{10-44}$$

10.2.4 防止过拟合

由于深度神经网络的学习能力非常强，在训练数据上的错误率往往可以降到很低，但过于复杂的模型容易造成过拟合，下面介绍几种常用的防止模型过拟合的方法。

(1) 参数范数惩罚

许多正则化方法通过对目标函数 J 添加一个参数范数惩罚 $l_p(\theta)$ 来限制模型的学习能力，正则化后的优化问题可以写为：

$$\theta^* = \arg\min_{\theta} \frac{1}{N}\sum_{n=1}^{N} L(y^n, f(x;\theta)) + \lambda l_p(\theta) \tag{10-45}$$

式中，$l_p(\theta)$ 通常为 l_1 或者 l_2 范数。

(2) 提前停止

提前停止是一种简单有效的防止过拟合的方法，可以使用一个和训练集独立的样本集合，作为验证集，当连续几轮在验证集上的表现不再变好时，停止迭代。

(3) Dropout

当训练一个神经网络时，可以随机丢弃一部分神经元来避免过拟合，这种方法就是 Dropout。设置一个概率 p，对每个神经元都以概率 p 来判断要不要保留。对于其中的一个隐层 $y=f(Wx+b)$，引入一个掩蔽函数 mask(·)使得 $y=f(W\text{mask}(x)+b)$。其中 mask(·)定义为：

$$\text{mask}(x) = \begin{cases} m \odot x, & \text{训练阶段} \\ px, & \text{测试阶段} \end{cases} \tag{10-46}$$

式中，$m \in (0, 1)^D$ 是丢弃掩码，通过概率 p 随机生成，在训练阶段，激活神经元的平均数量是原来的 p 倍，而在测试的时候，所有的神经元都是激活的，所以为了保证输出和训练时一致，乘以系数 p。Dropout 的示例图如图 10-11 所示，对于图 (a) 所示的原始神经网络，经过 Dropout 操作后，部分神经元之间的连接被丢弃，如图 (b) 所示。

10.2.5 数据增强

深度神经网络往往需要大量的训练数据才能获得比较理想的效果。如果无法获得足够多的数据，可以通过数据增强来增加数据量，目前数据增强的方法在图像数据上应用得比较多，增强的方式主要有旋转、翻转、缩放、平移、加噪声等。感兴趣的读者可以自行查阅。

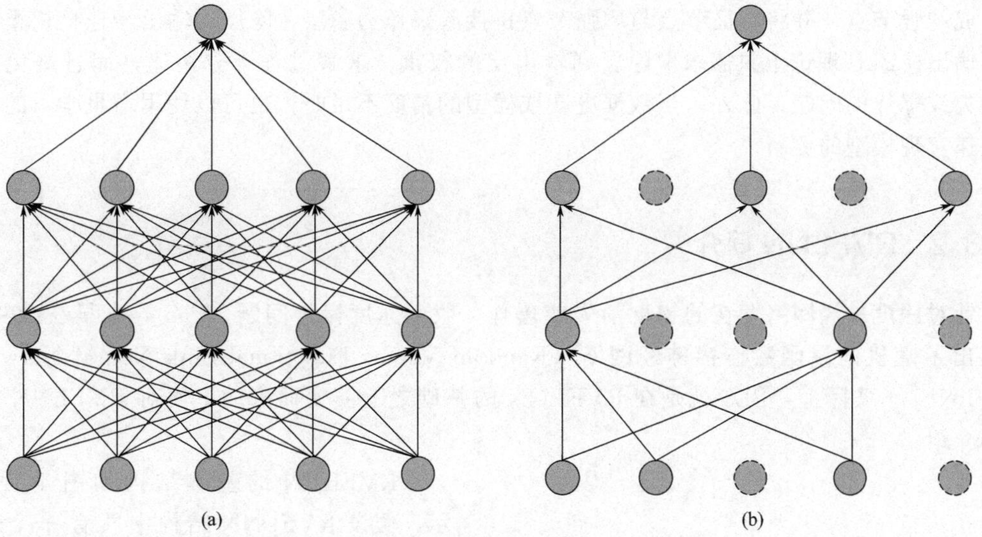

图 10-11　Dropout 示例

10.3 宽度学习（BLS）简介

随着对神经网络研究的不断深入，人们逐渐发现了深度神经网络结构中所包含的种种缺陷。为了解决深度神经网络中存在的各种问题，宽度学习系统（Broad Learning System，BLS）应运而生。本节中将对 BLS 的产生背景及其算法原理做简要介绍，并通过基于 MNIST 数据集的实际案例说明 BLS 的优越性。

10.3.1 BLS 产生背景

目前，深度学习领域正在飞速发展，深度学习技术在数据挖掘、机器学习、自然语言处理等多个领域都取得了很多成果。深度学习的实现主要依靠深度神经网络，尽管深度神经网络具有强大的特征提取能力以及对于非线性的逼近能力，但在实际应用中，深度神经网络仍会面临各种各样的问题，例如：

① 深度神经网络模型中包含大量的超参数与复杂结构，这使得整体模型从理论上变得难以分析。因此为了提高网络性能，一般会采用增加网络的层数的方法，但这将会导致模型的训练时长大幅增长。

② 深度神经网络常常通过增加网络深度的方式来提高网络的性能，但由于网络模型在反向传播的过程中需要逐层求取梯度以更新神经元的连接权重，这导致深度神经网络模型中容易出现梯度消失或梯度爆炸、陷入局部最优、模型训练时间长等问题。

③ 传统的深度神经网络是基于训练数据建立的，当训练数据有变化或增加时，就需要重新训练网络模型，这将耗费大量的时间。

基于以上问题，宽度学习系统应运而生。陈俊龙等人于 2018 年首次提出了 BLS 这一概念，并证明了该方法的有效性。相较于深度神经网络结构，BLS 倾向于将网络结构向“宽度”的方向构造，通过将输入数据经过特征映射生成特征节点，再将特征节点经过非线性变换生成增强节点，并将特征节点与增强节点拼接起来作为隐层，隐层的输出经连接权重得到最终输出。BLS 理论上只需求取隐层到输出层的权重，求解过程十分快速，而且避免了梯度消失或爆炸的问题；此外，当数据更新或模型的精度不足时，也可以使用增量学习的方法来快速实现模型的更新。

10.3.2 RVFLNN 简介

针对深度神经网络存在的梯度消失或爆炸、收敛速度慢等问题，Pao 等人早在 1992 年就提出了随机向量函数连接神经网络（Random Vector Functional-Link Neural Network，RVFLNN）。实际上，BLS 就是在 RVFLNN 的基础之上演变而来。下面对 RVFLNN 进行简要介绍。

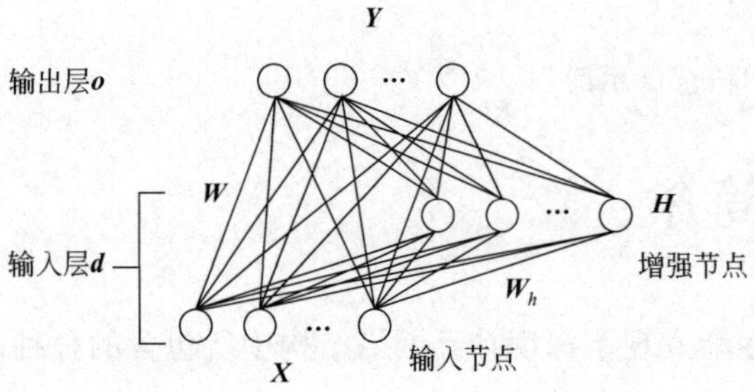

图 10-12　RVFLNN 基本结构图

RVFLNN 的基本结构如图 10-12 所示，假设 RVFLNN 结构中共有 n 个输入节点，输入为原始数据 $\boldsymbol{X}$，对 $\boldsymbol{X}$ 进行线性组合并输入到隐层的激活函数中，可以得到网络的隐层输出值：

$$\boldsymbol{H}=\zeta(\boldsymbol{X}\boldsymbol{W}_h+\boldsymbol{\beta}_h) \tag{10-47}$$

式中，隐层的神经元称为增强节点，$\boldsymbol{W}_h$、$\boldsymbol{\beta}_h$ 为随机生成的输入节点到增强节点的权重矩阵与偏置向量；ζ 为增强节点的激活函数。

得到增强节点后，将原输入节点与增强节点进行组合，共同构成输入层 $\boldsymbol{d}$，并连接至网络的输出层 $\boldsymbol{o}$。则网络的输入层与输出结果可表示为：

$$\boldsymbol{d}=[\boldsymbol{X}|\zeta(\boldsymbol{X}\boldsymbol{W}_h+\boldsymbol{\beta}_h)] \tag{10-48}$$

$$\boldsymbol{o}=\boldsymbol{d}\cdot\boldsymbol{W} \tag{10-49}$$

网络中 $\boldsymbol{W}_h$、$\boldsymbol{\beta}_h$ 为随机生成且保持不变，因此待训练的参数只有权重矩阵 $\boldsymbol{W}$。注意到网络中的输入层与输出层直接相连，因此权重矩阵 $\boldsymbol{W}$ 可直接通过求解伪逆的方式获得。

相较于传统的深度神经网络结构，RVFLNN 的结构更加简单，需要更新的参数较少，权重求解更加方便，有效地消除了训练时间过长的问题；同时，RVFLNN 的泛化能力与对连续函数的逼近性也得到了证明，因此 RVFLNN 被应用于数据建模、系统控制等多个领域中。但也正因为 RVFLNN 轻量化的结构特点，导致其仅适用于小批量、时不变的数据，而不能很好地对大量、高维、时变数据进行拟合。出于上述种种原因，传统的 RVFLNN 模型也逐渐被大数据时代所淘汰。

10.3.3 BLS 算法介绍

BLS 是基于传统 RVFLNN 的改进方案，在提出 BLS 的论文中给出了 BLS 的结构与各种变体形式，其中基本结构如图 10-13 所示。与传统的 RVFLNN 直接获取输入并建立增强节点不同，BLS 首先对输入进行映射变换以构建多组特征节点，并基于特征节点建立增强节点。假设输入数据为 $\boldsymbol{X}$，则第 i 组映射特征 $\boldsymbol{Z}_i$ 可表示为：

$$Z_i=\varphi_i(XW_{ei}+\beta_{ei}),\ i=1,2,\cdots,n \tag{10-50}$$

式中，φ_i 为第 i 组特征节点的激活函数，W_{ei}、β_{ei} 为随机生成的权重矩阵与偏置向量。对获得的 n 组特征节点进行拼接，即可得到特征节点的组合 $Z^n=[Z_1,Z_2,\cdots,Z_n]$。在特征节点的基础上，第 j 组增强节点可表示为：

$$H_j=\xi_j(Z^nW_{hj}+\beta_{hj}),\ j=1,2,\cdots,m \tag{10-51}$$

式中，ξ_j 为第 j 组增强节点的激活函数；W_{hj}、β_{hj} 为随机生成的权重矩阵与偏置向量。对获得的 m 组增强节点进行拼接，即可得到增强节点的组合 $H^m=[H_1,H_2,\cdots,H_m]$。通过上述计算得到的特征节点与增强节点共同构成了 BLS 网络的隐层，并连接至输出单元。因此，BLS 的输出可表示为：

$$\hat{Y}=[Z^n\mid H^m]W^m=AW^m \tag{10-52}$$

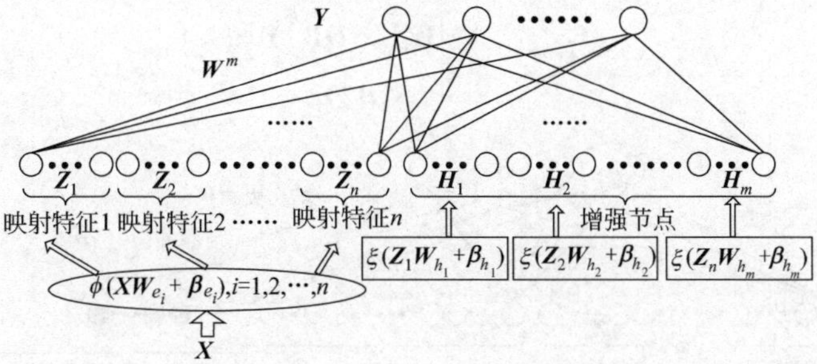

图 10-13　BLS 结构图

网络中 W_{ei}、β_{ei}、W_{hj}、β_{hj} 为随机生成且保持不变，因此待训练的参数只有权重矩阵 W^m。W^m 同样采用求解伪逆的方式获得，结合岭回归理论，可将 BLS 的目标函数表示为：

$$\underset{W^m}{\arg\min}(\|AW^m-Y\|_2^2+\lambda\|W^m\|_2^2) \tag{10-53}$$

式(10-53) 相当于 L2 范数正则化，该式中前项用于最小化模型的训练误差，而后项用于限制权重的平方和，以防止模型的过拟合。由式(10-53)，可以得出 W^m 的表达式：

$$A^+=\lim_{\lambda\to 0}(\lambda I+AA^{\mathrm{T}})^{-1}A^{\mathrm{T}} \tag{10-54}$$

$$W^m=(\lambda I+AA^{\mathrm{T}})^{-1}A^{\mathrm{T}}Y=A^+Y \tag{10-55}$$

上两式中，A^+ 称为 A 的伪逆，Y 为样本的标签。至此，通过特征节点与增强节点的拼接矩阵 A 以及样本标签 Y，即可计算出 BLS 的权重矩阵 W^m。

BLS 中的特征映射和增强映射的本质是特征提取，目的是从输入数据中得到更有效的特征表示。为了计算方便，特征映射中的 φ_i、增强映射中的 ξ_j 一般会选择相同的激活函数。

为了提高模型精度、适应数据的动态变化，BLS 中引入了增量学习方法，并提供了三种不同的增量学习算法方案。本节中将给出这三种算法的具体流程，其中各公式的详细推导过程可参见文献 [4]。

(1) 基于增强节点的增量算法

基于增强节点的增量算法的本质是：保持 BLS 中特征节点数目不变，通过增加增强节点的数目以提高 BLS 模型的精度。

图 10-14 所示是基于增强节点的增量算法示意图，在保持特征节点数目不变的同时，在模型中新增了一组增强节点。原隐层用 A^m 表示，则新增节点后的隐层 A^{m+1} 可表示为：

$$A^{m+1}=[A^m\mid\xi(Z^nW_{h(m+1)}+\beta_{h(m+1)})] \tag{10-56}$$

式中，ξ 为新增增强节点的激活函数，$\boldsymbol{W}_{h(m+1)}$、$\boldsymbol{\beta}_{h(m+1)}$ 为随机生成的权重矩阵与偏置向量。此时，$\boldsymbol{A}^{m+1}$ 的伪逆可表示为：

$$(\boldsymbol{A}^{m+1})^{+}=\begin{bmatrix}(\boldsymbol{A}^{m})^{+}-\boldsymbol{D}\boldsymbol{B}^{\mathrm{T}}\\ \boldsymbol{B}^{\mathrm{T}}\end{bmatrix} \tag{10-57}$$

式(10-57) 中，有：

$$\boldsymbol{D}=(\boldsymbol{A}^{m})^{+}\xi(\boldsymbol{Z}^{n}\boldsymbol{W}_{h(m+1)}+\boldsymbol{\beta}_{h(m+1)}) \tag{10-58}$$

$$\boldsymbol{B}^{\mathrm{T}}=\begin{cases}\boldsymbol{C}^{+},\boldsymbol{C}\neq\boldsymbol{0}\\ (1+\boldsymbol{D}^{\mathrm{T}}\boldsymbol{D})^{-1}\boldsymbol{D}^{\mathrm{T}}(\boldsymbol{A}^{m})^{+},\boldsymbol{C}=\boldsymbol{0}\end{cases} \tag{10-59}$$

$$\boldsymbol{C}=\xi(\boldsymbol{Z}^{n}\boldsymbol{W}_{h(m+1)}+\boldsymbol{\beta}_{h(m+1)})-\boldsymbol{A}^{m}\boldsymbol{D} \tag{10-60}$$

由此可得到新的权重矩阵 $\boldsymbol{W}^{m+1}$ 的表达式：

$$\boldsymbol{W}^{m+1}=\begin{bmatrix}\boldsymbol{W}^{m}-\boldsymbol{D}\boldsymbol{B}^{\mathrm{T}}\boldsymbol{Y}\\ \boldsymbol{B}^{\mathrm{T}}\boldsymbol{Y}\end{bmatrix} \tag{10-61}$$

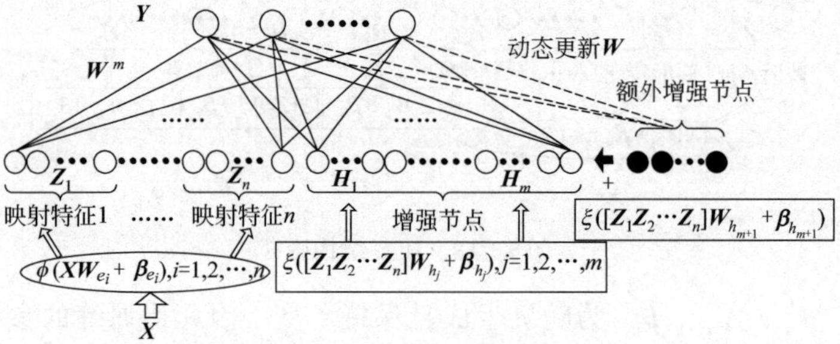

图 10-14　基于增强节点的增量算法

需要指出的是，该算法仅需计算增量节点的伪逆，而无须重新计算整个 $\boldsymbol{A}^{m+1}$ 的伪逆，因此计算过程比较快速。

（2）基于特征节点的增量算法

有时，仅对增强节点进行增量并不能很好地提升模型精度，如果特征节点数目不足，会导致特征节点不能很好地提取输入数据中包含的完整信息，进而造成模型精度不足，此时就需要使用基于特征节点的增量算法。基于特征节点的增量算法的本质是：通过增加特征节点的数目，同时产生新的增强节点，二者结合共同提高 BLS 模型的精度。

图 10-15 所示是基于特征节点的增量算法示意图，模型中新增了一组特征节点，并根据新的特征节点产生了新的增强节点。新增的特征节点可表示为：

$$\boldsymbol{Z}_{n+1}=\varphi(\boldsymbol{X}\boldsymbol{W}_{e(n+1)}+\boldsymbol{\beta}_{e(n+1)}) \tag{10-62}$$

对应地，新增的增强节点可表示为：

$$\boldsymbol{H}_{ex_m}=[\xi(\boldsymbol{Z}_{n+1}\boldsymbol{W}_{ex_1}+\boldsymbol{\beta}_{ex_1}),\cdots,\xi(\boldsymbol{Z}_{n+1}\boldsymbol{W}_{ex_m}+\boldsymbol{\beta}_{ex_m})] \tag{10-63}$$

式中，ξ 为增强节点的激活函数，$\boldsymbol{W}_{ex}$、$\boldsymbol{\beta}_{ex}$ 为随机生成的权重矩阵与偏置向量。

原隐层用 $\boldsymbol{A}_{n}^{m}$ 表示，则新增节点后的隐层 $\boldsymbol{A}_{n+1}^{m}$ 可表示为：

$$\boldsymbol{A}_{n+1}^{m}=[\boldsymbol{A}_{n}^{m}|\boldsymbol{Z}_{n+1}|\boldsymbol{H}_{ex_m}] \tag{10-64}$$

$\boldsymbol{A}_{n}^{m}$ 的伪逆以及权重矩阵 $\boldsymbol{W}_{n+1}^{m}$ 的计算方式参见式(10-56)～式(10-61)，其中 $\boldsymbol{D}$、$\boldsymbol{C}$ 的计算方式稍有不同：

$$D=(A_n^m)^+[Z_{n+1}|H_{ex_m}] \tag{10-65}$$

$$C=[Z_{n+1}|H_{ex_m}]-A_n^m D \tag{10-66}$$

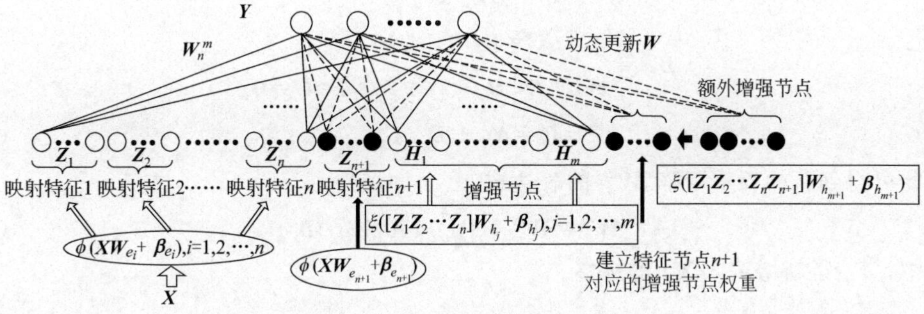

图 10-15　基于特征节点的增量算法

（3）基于输入数据的增量算法

实际应用中，输入数据常常会随着时间增加，如果每次增加训练样本后都要重新训练整个模型，就会耗费大量的时间。基于输入数据的增量算法旨在快速更新网络权重，避免多次训练完整模型所带来的不必要的耗时。基于输入数据的增量算法的本质是：针对新的输入数据建立起新的特征节点与增量节点，使得 BLS 模型能够适应数据的变化，并将新的训练样本纳入考量。

图 10-16 是基于输入数据的增量算法示意图，模型中根据新增输入构造了新的特征节点与增强节点。假设新增输入为 X_a，则新增的特征节点可表示为：

$$Z_x^n=(Z_x^n)^{\mathrm{T}}=[\varphi(X_aW_{e1}+\beta_{e1}),\cdots,\varphi(X_aW_{en}+\beta_{en})] \tag{10-67}$$

相应地，新的拼接矩阵 A_x 可表示为：

$$A_x=[Z_x^n|\xi(Z_x^nW_{h1}+\beta_{h1}),\cdots,\xi(Z_x^nW_{hm}+\beta_{hm})] \tag{10-68}$$

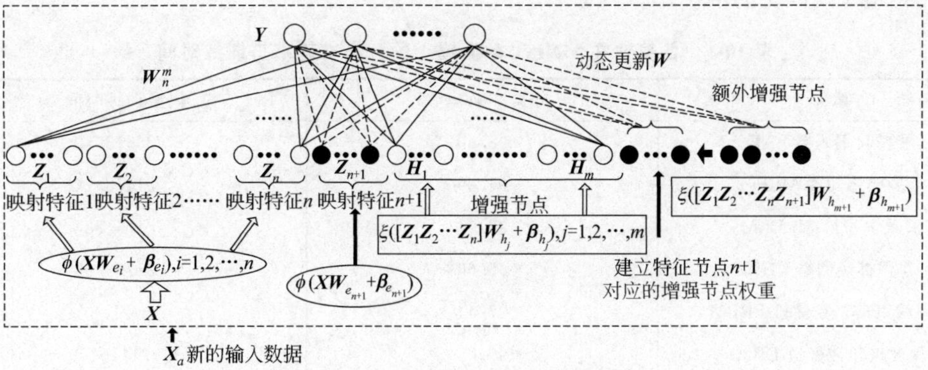

图 10-16　基于输入数据的增量算法

式(10-67) 与式(10-68) 中的 W_e、β_e、W_h、β_h 均已在网络初始化时随机生成。原隐层用 A_n^m 表示，易知更新后的隐层 ${}^xA_n^m$ 为：

$${}^xA_n^m=\begin{bmatrix}A_n^m\\A_x^{\mathrm{T}}\end{bmatrix} \tag{10-69}$$

${}^xA_n^m$ 的伪逆可表示为：

$$({}^{x}\boldsymbol{A}_n^m)^+ = [(\boldsymbol{A}_n^m)^+ - \boldsymbol{B}\boldsymbol{D}^{\mathrm{T}} | \boldsymbol{B}] \tag{10-70}$$

式(10-70) 中，有：

$$\boldsymbol{D}^{\mathrm{T}} = \boldsymbol{A}_x^{\mathrm{T}} (\boldsymbol{A}_n^m)^+ \tag{10-71}$$

$$\boldsymbol{B}^{\mathrm{T}} = \begin{cases} \boldsymbol{C}^+, \boldsymbol{C} \neq \boldsymbol{0} \\ (1+\boldsymbol{D}^{\mathrm{T}}\boldsymbol{D})^{-1} (\boldsymbol{A}_n^m)^+ \boldsymbol{D}, \boldsymbol{C} = \boldsymbol{0} \end{cases} \tag{10-72}$$

$$\boldsymbol{C} = \boldsymbol{A}_x^{\mathrm{T}} - \boldsymbol{D}^{\mathrm{T}} \boldsymbol{A}_n^m \tag{10-73}$$

由此可得到新的权重矩阵${}^{x}\boldsymbol{W}_n^m$ 的表达式：

$${}^{x}\boldsymbol{W}_n^m = \boldsymbol{W}_n^m + (\boldsymbol{Y}_a^{\mathrm{T}} - \boldsymbol{A}_x^{\mathrm{T}} \boldsymbol{W}_n^m)\boldsymbol{B} \tag{10-74}$$

式中，$\boldsymbol{Y}_a$ 是新增输入$\boldsymbol{X}_a$ 的标签。

10.3.4 BLS 实际应用案例

BLS 具有建模时间短、结构灵活、泛化能力强等优点，在众多领域中都得到了广泛的应用。本节中以图像分类这个典型问题为例，通过实际案例说明 BLS 的实用性。

本书的第 11 章中将会介绍卷积神经网络（CNN)，它是目前图像领域中解决图像分类问题的主流方法。CNN 通过感受野模拟人的视觉，利用卷积、池化等操作提取图片中的特征，能够较为准确地完成图像分类任务。本节中对 CNN 的具体算法不做详细介绍，此处仅简单引入 CNN 以便与 BLS 进行对比实验。BLS 的提出者陈俊龙等人通过实验证明，BLS 在 MNIST 数据集上能够取得比 CNN 更好的效果，准确而迅速地解决图像分类问题。

实验中采用多种主流算法对 MNIST 数据集的图片进行分类，其结果如表 10-1 所示。可以看到，相较于传统的 MLP、CNN 等算法，BLS 能够取得更高的分类准确率；虽然 DBM 等方法能够取得更高的分类准确率，但模型所需的训练时间长，而 BLS 仅需 30s 左右即可获得 98.7%以上的准确率。

表 10-1 各算法在 MNIST 数据集上的分类准确率与训练时间

算法	分类准确率/%	模型训练时间/s
堆栈自编码器 SAE	98.60	36648.40
多层感知器 MLP	97.39	21468.12
极限学习机 MLELM	99.04	475.83
卷积神经网络 CNN	95.63	21793.93
模糊约束玻尔兹曼机 FRBM	97.44	577.8
深度玻尔兹曼机 DBM	99.05	121455.69
宽度学习系统 BLS	**98.74**	**29.92**

实际上，CNN 模型结构中卷积层与池化层的参数非常多，并且卷积与池化操作通常要进行数次，这导致模型的复杂度很高，训练时间较长。但 BLS 的结构十分简单，并且无须卷积、池化等操作，而是通过特征节点与增强节点提取图片中的关键信息并进行学习，这使得 BLS 能够在很短的时间内学习到图片中的关键特征，准确地完成图片分类问题。除 MNIST 数据集以外，在 NORB 等其他的图片数据集上也可以得到相似的结果，这进一步说明了 BLS 的简便性与实用性。

除图像领域外，BLS也在系统控制、生物医学、建筑工程等多个领域中得到了广泛的应用，BLS的增量学习思想也可以引入到ELM等其他算法中，对已有算法做进一步的提升。总而言之，BLS作为一种近期出现的网络结构，正受到各个领域的重视，通过学者的不断的改进与完善，BLS将会成为更多问题的优秀解决方案。

本章小结

神经网络的构筑理念受到生物神经网络启发，通过对神经元的建模和连接，形成一种具有学习、联想、记忆和模式识别等智能信息处理功能的人工系统，通过调整内部节点数量和节点之间的相互连接关系，能够达到从大量数据中提取信息的目的。本章中首先介绍了神经网络的基本结构，详细讨论了神经网络的基本单元——神经元的组成，以及由神经元组成的多层前馈神经网络的运作方式；其次介绍了深度神经网络的训练方法，讨论了基本梯度下降算法和一些优化方法，以及训练深度神经网络时的参数初始化、数据预处理等问题；最后介绍了针对深度神经网络中存在的训练时间长等问题所提出的宽度神经网络，包括基于增强节点、特征节点和输入数据的增量算法，并通过实例说明了宽度学习的优越性。

在本书的第11章和第12章中还会详细介绍两种常见的深度神经网络形式——卷积神经网络和循环神经网络，相信读者在完成这些章节的学习后，会对神经网络有更为深刻的认识。

习题10

一、选择题

10-1 ［单选题］单层感知机不能解决以下哪个问题？（　　）

A.“与”　　B.“或”　　C.“非”　　D.“异或”

10-2 ［单选题］下面哪个函数不是神经元的激活函数？（　　）

A. $f(x)=\dfrac{1}{1+\mathrm{e}^{-x}}$　　B. $f(x)=\dfrac{\mathrm{e}^{x}-\mathrm{e}^{-x}}{\mathrm{e}^{x}+\mathrm{e}^{-x}}$

C. $f(x)=x$　　D. $f(x)=\max(0, x)$

10-3 ［单选题］对于分类任务，我们不是将神经网络中的权重随机初始化，而是将所有权重设为零。下面哪个说法是正确的？（　　）

A. 没有任何问题，神经网络模型将正常训练

B. 神经网络模型可以训练，但所有的神经元最终将识别同样的事情

C. 神经网络模型不会进行训练，因为没有净梯度变化

D. 以上都不对

10-4 ［多选题］下面哪些任务可以用神经网络解决？（　　）

A. 分辨图片中的手写数字　　B. 工业过程软测量

C. 检测出图片中的汽车，并标出位置　　D. 语音识别

10-5 ［多选题］下列哪些是神经网络中的“超参数”？（　　）

A. 学习率　　　　　　　　　　B. 隐层神经元个数

C. 迭代次数　　　　　　　　　D. 神经网络层数

10-6 [单选题] 以下哪一项在神经网络中引入了非线性？(　　)

A. 随机梯度下降　　　　　　　B. sigmoid 激活函数

C. 卷积　　　　　　　　　　　D. 以上都不正确

10-7 [多选题] 哪些是深度学习快速发展的原因？(　　)

A. 随着计算机技术的发展，我们有了更好更快的计算能力

B. 神经网络是一个全新的领域

C. 现在我们可以获得更多的数据

D. 深度学习已经取得了重大进展

10-8 [多选题] 以下哪些神经网络结构会发生权重共享？(　　)

A. 卷积神经网络　B. 循环神经网络　C. 全连接神经网络

10-9 [单选题] 以下哪一种神经网络架构有反馈连接？(　　)

A. 循环神经网络　B. 卷积神经网络　C. 限制波尔兹曼机　D. 残差神经网络

10-10 [多选题] 以下哪些方法可以有效防止过拟合，提高泛化能力？(　　)

A. 神经元权重参数使用 Kaiming 初始化

B. 提前停止

C. 数据增强

D. 训练时，随机丢弃一部分神经元

二、判断题

10-11 神经网络是一种模仿动物神经网络行为特征，进行分布式并行信息处理的算法数学模型。它通过训练调整内部节点之间相互连接的关系，从而达到处理信息的目的。(　　)

10-12 为了提高预测结果的精度，网络结构设置得越复杂越好，不必考虑训练网络时所花费的时间。(　　)

10-13 增加神经网络节点的数量一定会提高神经网络的性能。(　　)

10-14 超参数是可以通过反向传播进行训练的。(　　)

10-15 进行梯度下降时，学习率设置得越大越好。(　　)

三、简答题

10-16 什么是神经网络？请简述神经网络的训练方法。

10-17 在神经网络中，sigmoid、tanh、ReLU 是十分常见的三种激活函数，它们的特点、优缺点有哪些？

10-18 什么是梯度消失和梯度爆炸？怎么解决？(至少两点解决方案，言之有理即可)

10-19 什么是模型的过拟合？如何解决过拟合问题？(至少两点解决方案，言之有理即可)

参考答案

10-20 宽度学习能够解决深度神经网络中存在的哪些问题？它是如何做到的？

参考文献

[1] Ruder S. An overview of gradient descent optimization algorithms [J]. arXiv preprint arXiv：1609. 04747，2016.

[2] Glorot X，Bengio Y. Understanding the difficulty of training deep feedforward neural networks [C].

Proceedings of the thirteenth international conference on artificial intelligence and statistics. JMLR Workshop and Conference Proceedings，2010：249-256.
[3] He K，Zhang X，Ren S，et al. Delving deep into rectifiers：Surpassing human-level performance on imagenet classification [C]. Proceedings of the IEEE international conference on computer vision.
[4] Chen C L P，Liu Z. Broad Learning System：An Effective and Efficient Incremental Learning System Without the Need for Deep Architecture [J]. IEEE Transactions on Neural Networks and Learning Systems，2018，29 (1)：10-24. DOI：10.1109/TNNLS.2017.2716952.
[5] 任长娥，袁超，孙彦丽，等. 宽度学习系统研究进展 [J]. 计算机应用研究，2020. DOI：10.19734/j.issn.1001-3695.2020.11.0348.
[6] Pao Y-H，Takefuji Y. Functional-link net computing：theory，system architecture，and functionalities [J]. Computer，1992，25 (5)：76-79. DOI：10.1109/2.144401.
[7] Kumpati S N，Kannan P. Identification and control of dynamical systems using neural networks [J]. IEEE Transactions on neural networks，1990，1 (1)：4-27. DOI：10.1109/72.80202.
[8] Pao Y-H，Park G-H，Sobajic D J. Learning and generalization characteristics of the random vector functional-link net [J]. Neurocomputing，1994，6 (2)：163-180. DOI：10.1016/0925-2312 (94) 90053-1.
[9] Hinton G E，Salakhutdinov R R. Reducing the dimensionality of data with neural networks [J]. science，2006，313 (5786)：504-507.
[10] Cambria E，Huang G B，Kasun L L C，et al. Extreme learning machines [trends & controversies] [J]. IEEE intelligent systems，2013，28 (6)：30-59.
[11] Salakhutdinov R，Hinton G. Deep boltzmann machines [C]. Artificial intelligence and statistics. PMLR，2009：448-455.
[12] 周志华. 机器学习 [M]. 北京：清华大学出版社，2016.
[13] 伊恩·古德费洛，等. 深度学习 [M]. 北京：人民邮电出版社，2017.

11 卷积神经网络

卷积神经网络（Convolutional Neural Network，CNN）是一种具有局部连接、参数共享等特点的深度神经网络，相比于其他神经网络的结构，卷积神经网络更适合图像特征的学习与表达，是目前计算机视觉领域应用最广泛的模型之一。作为卷积神经网络领域的一个重要研究分支，卷积神经网络提供了一种端到端的训练模型，通过梯度下降的方式进行训练得到的模型能够有效学习到图像的特征。本章的 11.1 节将介绍卷积神经网络中的一些基本概念，然后结合 LeNet 在手写数字识别上的应用介绍卷积神经网络是如何工作的。11.2 节将介绍除了标准卷积之外的常见卷积核以及卷积神经网络发展过程中里程碑式的几种网络结构。

11.1 卷积神经网络基础

卷积和池化是卷积神经网络中两个核心的操作，本节将简单介绍卷积和池化的基本概念，并以 LeNet 为例详细解释深度卷积神经网络在图像分类任务中是如何工作的。

11.1.1 卷积

卷积来源于信号处理领域，它最典型的应用为针对某个线性时不变系统，计算系统在输入信号为 $f(\tau)$，系统响应为 $g(\tau)$ 的情况下，求系统的输出，如下：

$$(f * g)(t) = \int_{-\infty}^{\infty} f(\tau) g(t-\tau) \mathrm{d}\tau \tag{11-1}$$

写成离散形式为：

$$(f * g)(t) = \sum_{-\infty}^{\infty} f(\tau) g(t-\tau) \tag{11-2}$$

图像通常都是按照像素点的排列以二维形式存储的，假设将二维图像表示为 $\boldsymbol{I} \in \mathbf{R}^{H \times W}$，卷积核为 $\boldsymbol{K} \in \mathbf{R}^{U \times V}$，由于卷积是可交换的，所以二维离散卷积的计算方式为：

$$\boldsymbol{Y}_{i,j} = \sum_{u=1}^{U} \sum_{v=1}^{V} \boldsymbol{K}_{u,v} \boldsymbol{I}_{i-u,j-v} \tag{11-3}$$

对上述卷积过程的直观理解为，先将卷积核翻转 180°，然后在输入的相应位置取一个 $U\times V$ 大小的区域，与旋转后的卷积核对应位置相乘并求和，得到对应位置的输出。

但在深度学习和图像处理领域，卷积的具体实现会以互相关操作来代替，也就是省去了卷积核翻转这一步，减少不必要的操作和开销。其计算过程如图 11-1（图中 $U=2$，$V=2$）所示，计算公式为：

$$\boldsymbol{Y}_{i,j}=\sum_{u=1}^{U}\sum_{v=1}^{V}\boldsymbol{K}_{u,v}\boldsymbol{I}_{i+u,j+v} \tag{11-4}$$

在传统的图像处理领域，卷积核的参数通常是人为设定的，不同的卷积核可以用来提取图像中的不同特征，比如图 11-2 中的两个卷积核分别可以实现图像的边缘提取和模糊操作。

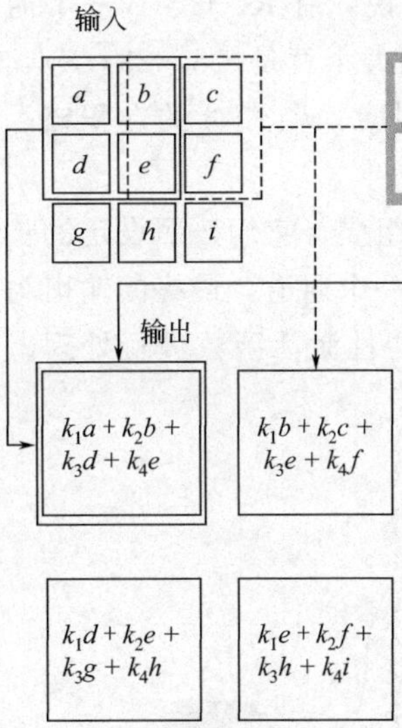

图 11-1　卷积

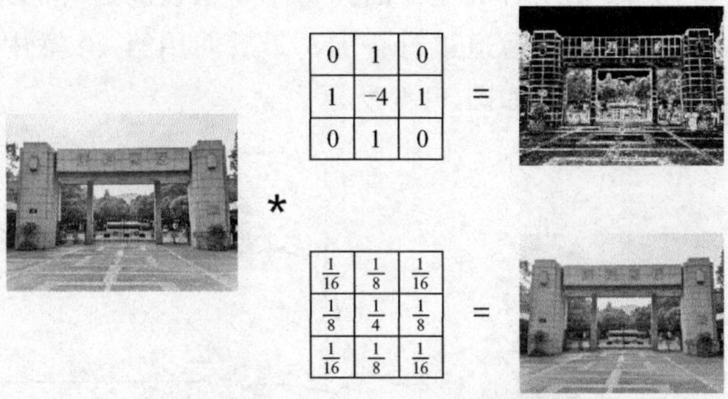

图 11-2　边缘提取和高斯模糊

在卷积神经网络中，卷积核的参数是通过学习得到的，下面简单介绍卷积中的一些概念。

(1) 步长（stride）

步长指卷积核每次向右或者向左移动的距离。如图 11-3 左表示步长为 1 的情况，图 11-3 右表示步长为 2 的情况。

步长=1

2	3	7	4	6	2	9
6	6	9	8	7	4	3
3	4	8	3	8	9	7
7	8	3	6	6	3	4
4	2	1	8	3	4	6
3	2	4	1	9	8	3
0	2	3	9	2	1	4

步长=2

2	3	7	4	6	2	9
6	6	9	8	7	4	3
3	4	8	3	8	9	7
7	8	3	6	6	3	4
4	2	1	8	3	4	6
3	2	4	1	9	8	3
0	2	3	9	2	1	4

图 11-3　步长

0	0	0	0	0	0	0	0	0
0	2	3	7	4	6	2	9	0
0	6	6	9	8	7	4	3	0
0	3	4	8	3	8	9	7	0
0	7	8	3	6	6	3	4	0
0	4	2	1	8	3	4	6	0
0	3	2	4	1	9	8	3	0
0	0	2	3	9	2	1	4	0
0	0	0	0	0	0	0	0	0

图 11-4　填充

（2）填充（padding）

填充指在输入图像的周围填充像素点，如图 11-4 所示。如果使用一个 3×3 的卷积核去处理 6×6 的图像，在步长为 1 的情况下，会得到一个 4×4 的输出，这么做会有两个缺点：

① 每做一次卷积操作，图像就会缩小，从而限制网络的深度；

② 角落边缘的输入只被一个输出所使用，但中间的输入就有许多 3×3 的区域与之重叠，这意味着丢掉了图像边缘位置的许多信息。

为了解决这两个问题，可以在卷积操作之前先在边缘进行填充，从而避免上述问题带来的影响。

（3）通道（channel）

前面所举的例子都是单通道卷积。但是对于彩色图像输入来说，有 R、G、B 三个通道的信息。如果图片内单个通道的大小为 28×28，图片整体输入的大小就是(28，28，3)，输入维度为 3。如果用一个 3×3 的卷积核来处理，每个通道需要对应一个3×3 的卷积核，对应位置的输出为 3 个通道的叠加。

在卷积神经网络中，每一个卷积层都会由多个不同的卷积核组成，它们按照设定的步长处理经过填充之后的特征图，每个卷积核的处理结果作为输出的一个通道，最终的输出为所有的卷积结果按通道进行叠加，最后使用第 10 章中介绍过的非线性激活函数进行处理。这一过程的示意图如图 11-5 所示。

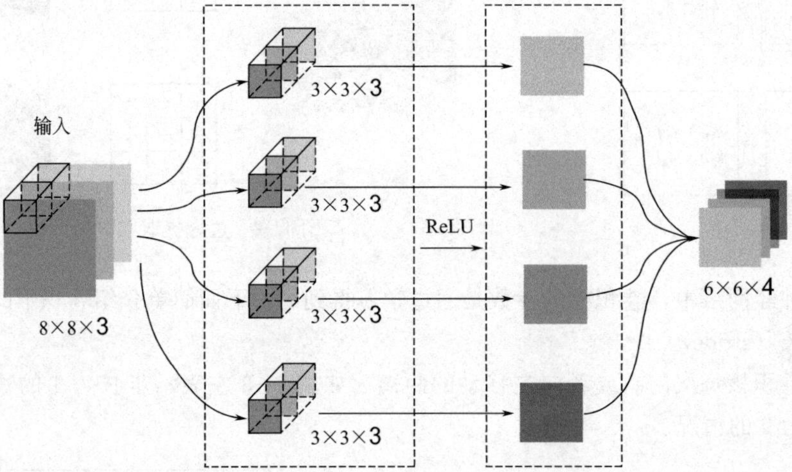

图 11-5　多通道卷积

11.1.2 池化（pooling）

池化实际上是一种降采样方式，一般在卷积过程之后进行。池化层的主要作用为保留主要特征的情况下减少参数核计算量，防止过拟合。与卷积不同的是，池化操作并没有需要学习的参数。

（1）最大池化（max pooling）

最大池化是目前采用较多的一种池化过程，具体操作为按照设定的步长 s 扫描 $n \times n$ 的区域，输出为这个区域的最大值。

如图 11-6 所示，左上区域中最大数字 6 对池化后的结果有影响，权重为 1，其他数字对

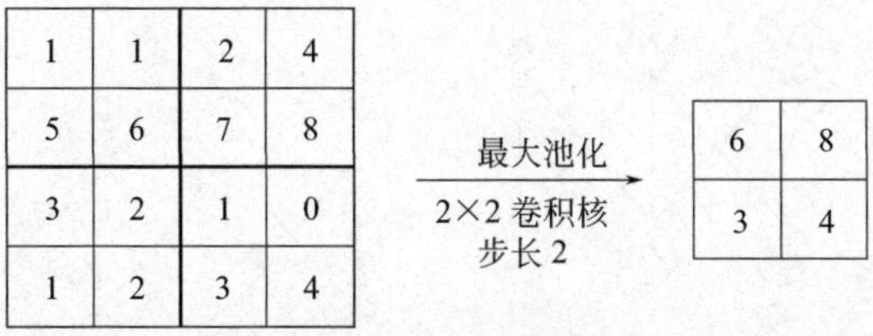

图 11-6　最大池化

左上角的池化结果影响为 0，假设池化后对应的误差是 δ，则左上区域对应的误差是 0，0，0，δ，因此卷积神经网络最大池化层在训练时，不仅要记录区域的最大值，也要记录下来区域最大的位置。

（2）平均池化（average pooling）

如图 11-7 所示，平均池化与最大池化的区别在于输出为对应区域的平均值而不是最大值，平均池化时每个输入值对池化后输出贡献的权重都是区域大小的倒数，所以每个区域的误差都为$\frac{\delta}{\text{区域大小}}$。

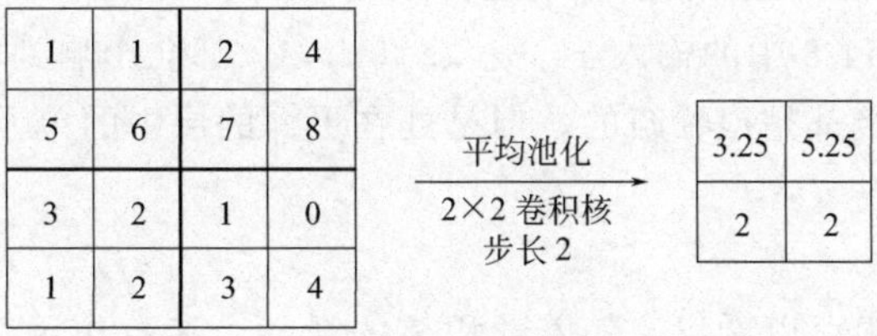

图 11-7　平均池化

11.1.3　卷积神经网络的优点

相比第 10 章所介绍的全连接深度神经网络，卷积神经网络主要通过稀疏交互和参数共享思想来改善模型。

（1）稀疏交互

传统的全连接神经网络可以用矩阵乘法来表示输入 $\boldsymbol{x}$ 与输出 $\boldsymbol{y}$ 之间的连接关系。

$$\boldsymbol{y}=\boldsymbol{W}\boldsymbol{x} \tag{11-5}$$

卷积变换也可以用矩阵来表示。以一张单通道 4×4 的图片进行 3×3 卷积操作为例，将输入的单通道 4×4 的图片展平成维度为 1×16 的向量，即为 $\boldsymbol{x}$，参数矩阵 $\boldsymbol{W}$ 可以表示为：

$$\begin{bmatrix} w_{0,0} & w_{0,1} & w_{0,2} & 0 & w_{1,0} & w_{1,1} & w_{1,2} & 0 & w_{2,0} & w_{2,1} & w_{2,2} & 0 & 0 & 0 & 0 & 0 \\ 0 & w_{0,0} & w_{0,1} & w_{0,2} & 0 & w_{1,0} & w_{1,1} & w_{1,2} & 0 & w_{2,0} & w_{2,1} & w_{2,2} & 0 & 0 & 0 & 0 \\ 0 & 0 & 0 & 0 & w_{0,0} & W_{0,1} & w_{0,2} & 0 & w_{1,0} & w_{1,1} & w_{1,2} & 0 & w_{2,0} & w_{2,1} & w_{2,2} & 0 \\ 0 & 0 & 0 & 0 & 0 & w_{0,0} & W_{0,1} & w_{0,2} & 0 & w_{1,0} & w_{1,1} & w_{1,2} & 0 & w_{2,0} & w_{2,1} & w_{2,2} \end{bmatrix}$$

可以看到矩阵中存在大量为 0 的参数，通常情况下，卷积核的大小是远远小于图片像素大小的，所以参数矩阵是一个非常稀疏的矩阵。如果有 m 个输入，n 个输出，全连接层需要 mn 个参数，并且时间复杂度为 $O(mn)$；如果每个输出只有 k 个连接，则只需要 kn 个参数和 $O(kn)$ 的时间复杂度。卷积操作使得参数的数量和操作复杂度都大大减小。

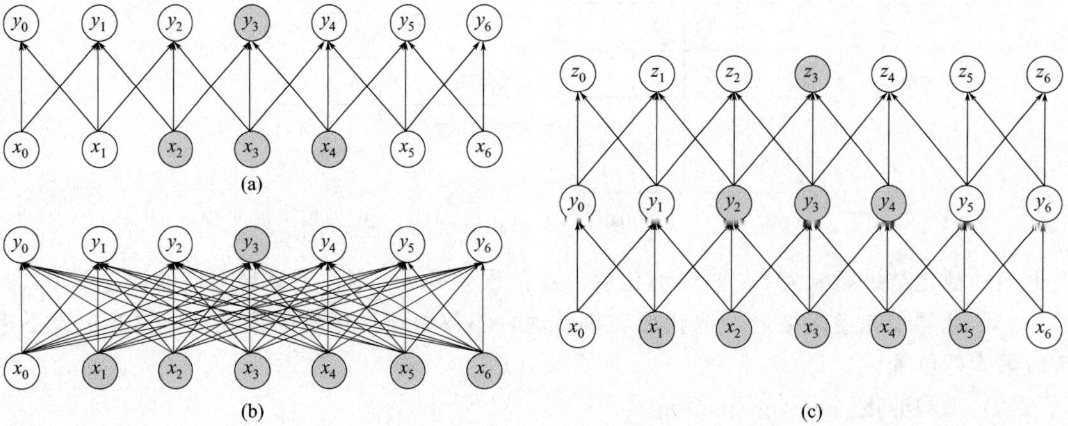

图 11-8　感受野

对于图 11-8 中的一个输出单元 y_3，当 y 是由核宽度为 3 的卷积产生时，如图（a）所示，只有三个输入会影响 y_3。当由全连接层产生时，如图（b）所示，所有的输入都会影响 y_3。但是对于处在卷积网络更深层中的单元，如图（c）所示，它们的感受野往往比处在浅层的单元更大，比如图 11-8 中的输入 x_1,x_2,x_3,x_4,x_5 都会影响到输出 z_3。这意味着尽管在卷积网络中的直接连接都是很稀疏的，但是处在更深的层中的单元可以间接地连接到大部分或者全部输入中。

（2）参数共享

从上文的参数矩阵中可以看出，随着卷积核的滑动，参数作用在输入的每一个位置上，所有的位置共享一套卷积核参数，不必对每一个位置都学习一个参数集合。如图 11-9 所示，卷积操作在计算左上角的输出 F_{11} 和右下角的输出 F_{22} 时，所用的权重是相同的。

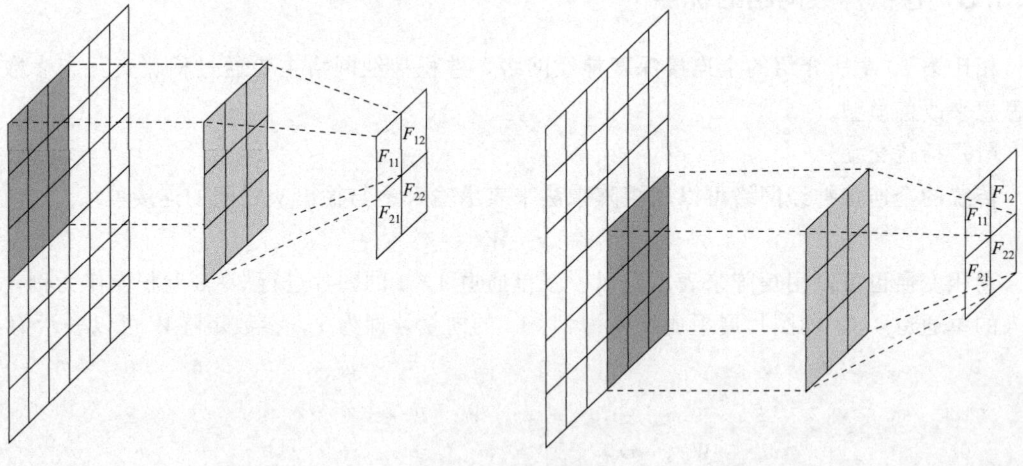

图 11-9　参数共享

11.1.4　LeNet

LeNet 诞生于 1994 年，是最早的卷积神经网络之一，推动了深度学习的发展。自从 1988 年开始，在许多次成功的迭代后，这项由 LeCun 完成的开拓性成果被命名为 LeNet，在 20 世纪 90 年代，美国很多银行都采用了基于 LeNet 的手写数字识别系统来识别支票上的手写数字。尽管 LeNet 是一个非常“古老”的卷积神经网络，目前性能最好的神经网络架构已经与 LeNet 大不相同，但是这个网络是大量神经网络架构的起点，因此深入探究一下 LeNet 的结构有助于我们了解神经网络是怎么工作的。

LeNet 的网络结构如图 11-10 所示，它一共有 7 层，接收的输入图像为 32×32 的灰度图像，对应输出为数字 0～9 十个类别的得分。LeNet 每一层的结构如下：

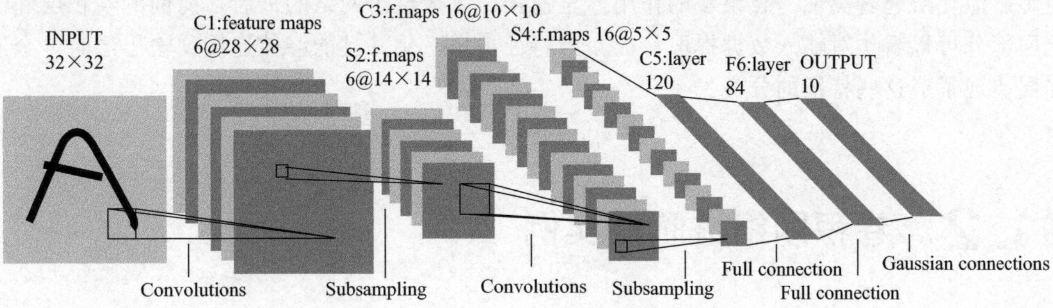

图 11-10　LeNet 网络结构

① C1 层是卷积层，使用了 6 个 5×5 的卷积核，得到 6 组大小为 28×28 的特征图(feature map)。需要训练的参数数量为 6×25+6=156（包括权重和偏置）。

② S2 为池化层，采样窗口设为 2×2，使用平均池化，池化之后使用非线性激活函数，参数数量为 6×(1+1)=12。但是现在的卷积神经网络已经很少使用平均池化了，而且在池化操作之后也不需要进行非线性运算。

③ C3 是卷积层，使用了 16 个 5×5 的卷积核，得到 16 组大小为 10×10 的特征图。这里的多通道卷积受限于当时的计算条件，和现在的多通道卷积有所不同，LeNet 中构建了一张连接表，如表 11-1 所示。

表 11-1　连接表

	0	1	2	3	4	5	6	7	8	9	10	11	12	13	14	15
0	X				X	X	X			X	X	X	X		X	X
1	X	X				X	X	X			X	X	X	X		X
2	X	X	X				X	X	X			X		X	X	X
3		X	X	X			X	X	X	X			X		X	X
4			X	X	X			X	X	X	X		X	X		X
5				X	X	X			X	X	X	X		X	X	X

其中，前 6 个特征图(表中的 0～5 列）与 S2 层的 3 个特征图相连，后面 6 个特征图与 S2 层的 4 个特征图相连（表中的 6～11 列)，后面 3 个特征图与 S2 层的 4 个特征图相连（表中的 12～14 列)，最后一个与 S2 层的所有特征图相连。

6×(3×5×5+1)+6×(4×5×5+1)+3×(4×5×5+1)+(6×5×5+1)=1516 个参数。

④ S4 层是池化层，和 S2 层一样。得到 16 个 5×5 大小的特征映射。

⑤ C5 是一个卷积层，使用 120 个 5×5 大小的卷积核，得到 120 个大小为 1×1 的特征。

⑥ F6 是全连接层，由 84 个神经元组成，参数数量为 84×(120+1)=10164。

⑦ 输出层有 10 个神经元，通过 sigmoid 函数分别输出数字为 0～9 的概率。

通过对 LeNet 的简单介绍可以看到，用于分类任务的卷积神经网络基本上由卷积层、池化层和全连接层组成。如果将卷积神经网络形象地比喻成“人民代表大会制度”，则卷积核的个数相当于候选人，图像中不同的特征会激活不同的“候选人”，不同的候选人对不同的特征有各自的喜好，同时通过卷积层的堆叠，提取的特征从低层次到高层次，不断抽象、提炼。池化层起着类似“投票”的作用。全连接层一般位于网络的最后，前面的卷积层和池化层部分可以看作对输入数据提取特征，当特征被扁平化并且能够被连接到输出层时，全连接层实现了对这些特征的分类。

11.2 卷积网络进阶与实例

在上一节中介绍了标准卷积的工作方式，并结合 LeNet 描述了深度卷积网络是如何工作的，本节将深入介绍一些特殊的卷积核以及不同结构的深度卷积网络。

11.2.1 特殊的卷积核

除了 11.1.1 节中介绍的标准卷积的方式，还有一些特殊的卷积在各种任务中被提出，下面我们介绍几种常用的其他卷积形式。

(1) 1×1 卷积核

1×1 卷积和标准卷积的计算是一样的，只是卷积核的大小为 1×1。1×1 卷积最早是在 2013 年“*Network in Network*”这篇论文中被提出来的，这种卷积核看似只是对每个特征图乘以一个常数，实际上有以下作用：

① 卷积层的输入除了长度和宽度两个维度之外还有一个通道维度，因为是 1×1 卷积，所以可以看成对不同的特征图进行加权组合，实现了跨通道的交互和信息整合。而且 1×1 卷积可以通过控制卷积核的数量达到通道数大小 n_c 的改变，而池化层只能改变高度和宽度。

② 在深度神经网络中，由于需要进行较多的卷积运算，计算量很大，引入 1×1 卷积可以减少计算量，这在下面的深度可分离卷积中我们将详细介绍。

③ 在卷积操作时候会使用非线性函数激活，可以增加网络的非线性性。

由于 1×1 卷积的这些特性，GoogLeNet 等网络中就大量使用了这种卷积核。

(2) 反卷积

反卷积（deconvolution）也被叫做转置卷积（transposed convolution）。通常我们可以通过卷积操作将高维特征变成低维特征，实现特征的进一步抽象。比如输入 5×5 的图片，经过 3×3 卷积操作后，特征图的大小变成了 3×3，如果步长大于 1，可以进一步降低输出特征的维数。但在一些任务中，我们需要将低维特征映射到高维。假设有一个高维特征 $\boldsymbol{x}\in\mathbf{R}^d$ 和一个低维特征 $\boldsymbol{z}\in\mathbf{R}^p$，$p<d$。用矩阵乘法表示高维到低维的映射：

$$\boldsymbol{z}=\boldsymbol{W}\boldsymbol{x} \tag{11-6}$$

式中，$\boldsymbol{W}\in\mathbf{R}^{p\times d}$ 为变换矩阵，可以通过转置 $\boldsymbol{W}$ 来实现低维到高维的反向映射：

$$\boldsymbol{x}=\boldsymbol{W}^{\mathrm{T}}\boldsymbol{z} \tag{11-7}$$

这里的反向映射并不是指逆运算，而是保持参数的对应关系不变，并且还原原来的尺寸。

在全连接神经网络中，忽略激活函数的作用，前向计算和反向传播就是一种转置关系，前向传播时，第 $l+1$ 层的输入为 $\boldsymbol{z}^{l+1}=\boldsymbol{W}^{l+1}\boldsymbol{z}^{l}$；反向传播时，第 l 层的误差为 $\boldsymbol{\delta}^{l}=(\boldsymbol{W}^{l+1})^{\mathrm{T}}\boldsymbol{\delta}^{l+1}$。对于卷积操作也是类似的，假设一个 5 维向量 $\boldsymbol{x}$，经过大小为 3 的卷积核 $\boldsymbol{w}=[w_1, w_2, w_3]^{\mathrm{T}}$ 进行卷积，可以写为：

$$\boldsymbol{z}=\boldsymbol{w}\otimes\boldsymbol{x}=\begin{pmatrix} w_1 & w_2 & w_3 & 0 & 0 \\ 0 & w_1 & w_2 & w_3 & 0 \\ 0 & 0 & w_1 & w_2 & w_3 \end{pmatrix}\boldsymbol{x}=\boldsymbol{C}\boldsymbol{x} \tag{11-8}$$

如果要实现 3 维向量 $\boldsymbol{z}$ 到 5 维向量 $\boldsymbol{x}$ 的映射，可以通过转置变换矩阵 $\boldsymbol{C}$ 来实现：

$$\boldsymbol{x}=\boldsymbol{C}^{\mathrm{T}}\boldsymbol{z}=\begin{pmatrix} w_1 & 0 & 0 \\ w_2 & w_1 & 0 \\ w_3 & w_2 & w_1 \\ 0 & w_3 & w_2 \\ 0 & 0 & w_3 \end{pmatrix}\boldsymbol{z}=\mathrm{rot180}(\boldsymbol{w})\otimes\boldsymbol{z} \tag{11-9}$$

其中，rot180(·) 表示旋转 180 度。因此我们将低维特征映射到高维特征的卷积操作称为转置卷积。在卷积神经网络中，卷积层的前向计算和反向传播也是一种转置关系。在实际应用中，反卷积操作的卷积核参数可以和卷积的参数相关也可以不相关。比如在特征可视化应用中，反卷积层并不是作为一个真正的层存在于网络中，它的权重和卷积的权重共享，只是经过转置之后再进行卷积，用于将特征图还原到原来的像素空间，来观察特征图对哪些特征敏感。而在图像分割、生成模型等一些卷积神经网络中，反卷积层是网络中真实的层，它的权重一般是通过学习得到，与普通的卷积没有太大的区别。

(3) 空洞卷积

空洞卷积（atrous convolution），也称为膨胀卷积（dilated convolution），是一种不增加参数数量，同时增加输出单元感受野的一种方法。顾名思义，空洞卷积通过给卷积核插入“空洞”来变相地增加其大小。这里引入一个参数膨胀率 D（dilation rate），表示卷积核两个元素之间的距离，当 $D=1$ 时，就是一个普通的卷积核，当卷积核每两个元素之间插入 $D-1$ 个空洞时，卷积核的有效大小为：

$$K'=K+(K-1)\times(D-1) \tag{11-10}$$

图 11-11 给出了空洞卷积的示例。空洞卷积的提出是为了解决图像分割领域在池化和上采样操作之后小物体的信息损失问题。在典型的语义分割网络（如 FCN）中，先对图像做卷积再做池化，降低图像尺寸的同时增大了感受野。但是因为语义分割是像素级层面的输出，所以需要将图像恢复到原来的尺寸，在先减小尺寸再增大尺寸的过程中，小物体的信息损失掉了。假设有四个 2×2 最大池化层，则任何小于 16 像素的物体理论上会被忽略掉。而空洞卷积使得卷积神经网络在不需要通过池化损失信息的情况下，也能有较大的感受野。

(4) 可分离卷积（separable convolution）

可分离卷积是将卷积操作分解为两项独立的核再进行操作，它的主要目的是降低计算复

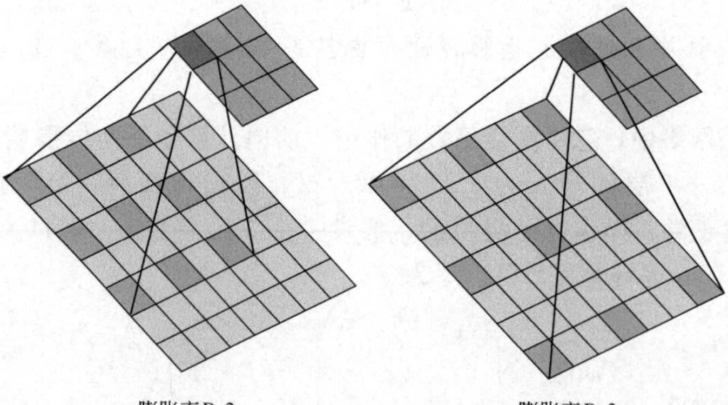

图 11-11　空洞卷积

杂度，主要有空间可分离卷积（spatial separable convolution）和深度可分离卷积（depthwise separable convolution）两种。

空间可分离卷积在空间维度上将卷积核分解为宽度方向和高度方向的两个较小的卷积核。比如可以将下面这个卷积核做分解：

$$\begin{pmatrix} 3 & 6 & 9 \\ 4 & 8 & 12 \\ 5 & 10 & 15 \end{pmatrix} = \begin{pmatrix} 3 \\ 4 \\ 5 \end{pmatrix} \times (1 \quad 2 \quad 3)$$

但是并不是所有的卷积核都可以分离成两个较小的卷积核，所以空间可分离卷积在卷积神经网络中很少使用。

深度可分离卷积则在通道维度对卷积核进行拆分，深度可分离卷积由逐通道卷积（depthwise convolution）和点积（pointwise convolution）两步组成。对于常规的卷积操作，如果输入为 12×12×3 的 RGB 图像，想要得到 8×8×256 的特征图，需要 256 个 5×5×3 的卷积核（最后一个维度指通道），因此需要 256 个 5×5×3 的卷积核移动 8×8 次，要做 1228800 次乘法。

对于上面这个例子，深度可分离卷积的第一步逐通道卷积使用 3 个 5×5×1 的卷积核分别对 3 个通道的图像进行卷积（每个卷积核只有一个通道），和普通的二维卷积不同的是，它最后不合并每个通道的值。图 11-12 是这个过程的示意图。

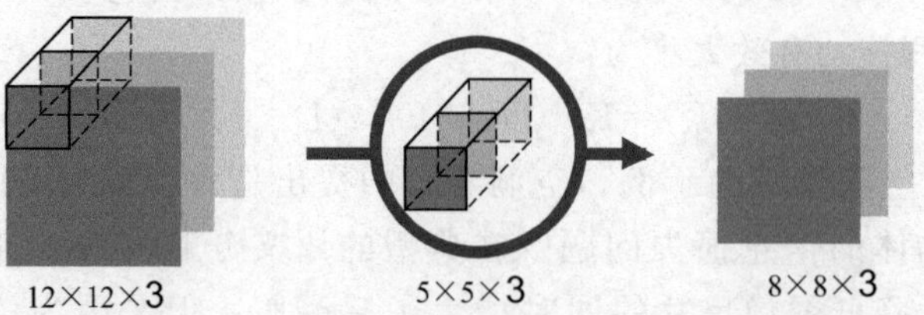

图 11-12　逐通道卷积

第二步逐点卷积使用 256 个 1×1×3 的卷积核（3 个通道）进行卷积，最终得到 8×8×256 的输出。图 11-13 是这个过程的示意图。

深度可分离卷积只需要做 53952 次乘法，也大大减少了卷积核的参数。由于深度可分离卷积的特性，它经常在为移动端和嵌入式端设计的卷积神经网络中应用，比如 MobileNet。

（5）可变形卷积（deformable convolution）

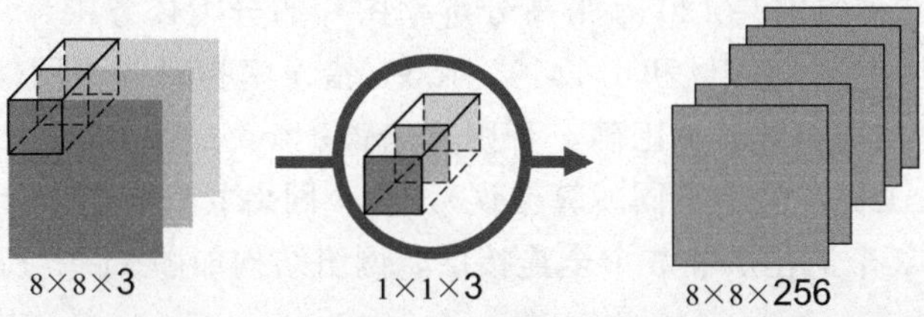

图 11-13　点积

同样的物体在图像中可能呈现出不同的大小、姿态、视角变化甚至非刚体形变，如何适应这些复杂的集合形变是计算机视觉研究的一个主要难点。2017 年微软亚洲研究院的研究员们在论文“*Deformable Convolutional Networks*”中指出，卷积神经网络难以适应几何变形的“罪魁祸首”是卷积操作，因为卷积操作在图像的每个位置都会基于固定的几何结构对图像值进行采样，然后对于采样到的图像值做卷积并作为该位置的输出，这种操作具有固定的几何结构，而由其层叠搭建而成的卷积神经网络几何结构也是固定的，所以不具有对于几何形变建模的能力。

为了削弱这个限制，研究者们对卷积核中每个采样点的位置都增加了一个偏移量，通过这些变量，卷积核就可以在当前位置附近随意采样，而不局限于之前的规则格点。图 11-14 描述了标准卷积与深度可分离卷积之间的区别。

彩图

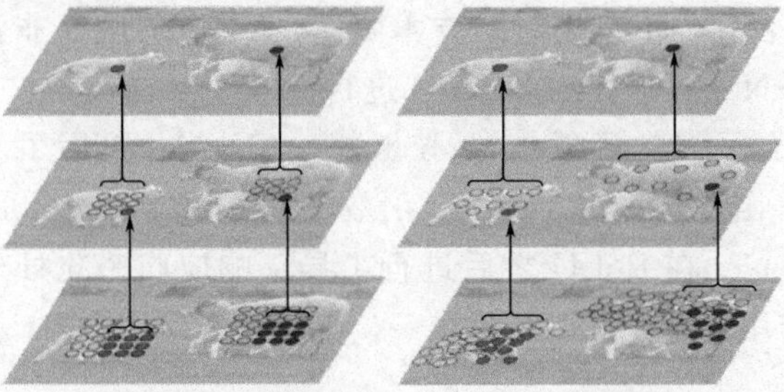

(a) 标准卷积　　(b) 深度可分离卷积

图 11-14　标准卷积和可变形卷积的区别

输入记为 x，卷积核记为 R，标准卷积得到特征矩阵的计算公式为：

$$y(p_0)=\sum_{p_n \in R} w(p_n)x(p_0+p_n) \tag{11-11}$$

可变形卷积核得到的公式为：

$$y(p_0)=\sum_{p_n \in R} w(p_n)x(p_0+p_n+\Delta p_n) \tag{11-12}$$

网络中所增加的偏移量也是网络结构的一部分，通过另外一个平行的单元计算得到，进而也可以通过梯度方向传播进行端到端的学习。通过加上偏移量，可变形卷积的感受野可以根据当前需要识别的图像内容进行动态调整，从而适应不同物体的形状、大小等几何形变。

11.2.2　卷积网络实例

以下介绍几种卷积神经网络发展历史上比较重要的网络结构。

(1) AlexNet

AlexNet 是第一个现代深度卷积网络模型，在 2012 年的 ImageNet 图像分类竞赛中取得了冠军，在包含1000种类别共120万张高分辨率图片的分类任务中，AlexNet在测试集上的top-1和top-5错误率为36.7%和15.4%（top-5错误率指对一张图像预测5个类别，只要有一个和人工标注类别相同就算正确，否则算错误；top-1错误率指对一张图只预测一个类别，如果预测与人工标注类别不同就算错误）。整个网络共有6亿个参数和650000个神经元，共5个卷积层，3个池化层和3个全连接层，网络结构如图11-15所示。

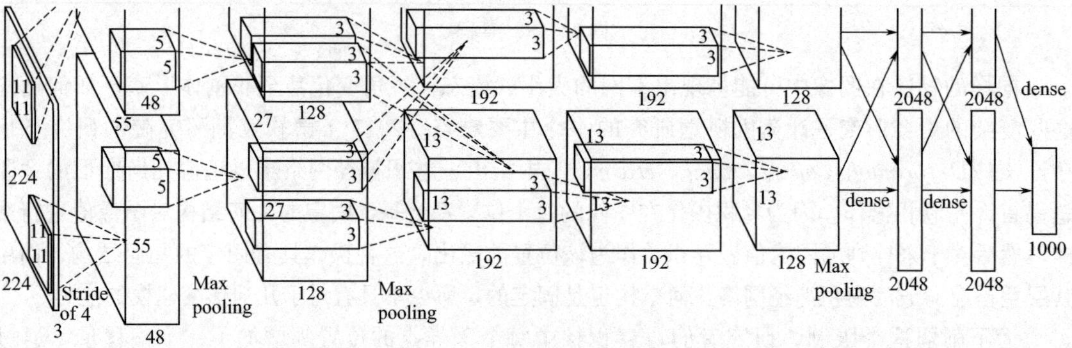

图11-15　AlexNet网络结构

可以看到AlexNet中使用了分组卷积，卷积核被分成不同的组，每组负责对相应的输入层进行卷积，最后再合并。由于当时的技术限制，GPU的内存非常小，无法存放这么多参数，这样做使得AlexNet可以使用多GPU进行训练。

在当时，标准的神经元激活函数是tanh函数，AlexNet采用了ReLU激活函数，在梯度下降的时候要比tanh函数快很多。ReLU函数不像tanh和sigmoid函数一样有一个有限的值域区间，所以AlexNet在ReLU之后进行了局部响应归一化处理来增强泛化性能。设$a^i_{x,y}$表示ReLU函数作用于第i个神经元在(x,y)位置得到的输出，而局部响应归一化之后的输出定义为：

$$b^i_{x,y}=\frac{a^i_{x,y}}{\left(k+\alpha\sum_{j=\max(0,i-n/2)}^{\min(N-1,i+n/2)}(a^j_{x,y})^2\right)^{\beta}} \tag{11-13}$$

为了缓解过拟合，AlexNet使用了数据增强和Dropout。数据增强的第一种包括平移图像和水平翻转，AlexNet在训练时对256×256的图像进行随机翻转，并且从图像中随机提取224×224的图像块，这样使训练集的规模扩大了2048倍。

在测试的时候，通过提取5个224×224的图像块（四个角块和中心块）以及它们的水平翻转（所以一共是10个块）来进行预测，并求网络的softmax层上10个预测结果的均值。第二种数据增强的形式包括改变训练图像中RGB通道的强度，具体来说，训练阶段，在整个ImageNet训练集图像的RGB像素值上使用PCA，对每个训练图像，添加多个通过PCA找到的主成分，大小与相应的特征成比例，并乘以一个随机值，即对于每个图像的RGB像素$\boldsymbol{I}_{xy}=\left[I^{R}_{xy}\quad I^{G}_{xy}\quad I^{B}_{xy}\right]$，加入如下值：

$$\left[\boldsymbol{p}_1\quad \boldsymbol{p}_2\quad \boldsymbol{p}_3\right]\begin{bmatrix}\alpha_1\lambda_1\\ \alpha_2\lambda_2\\ \alpha_3\lambda_3\end{bmatrix} \tag{11-14}$$

式中，$\boldsymbol{p}_i$和λ_i分别是3×3的RGB协方差矩阵的第i个特征向量和第i个的特征值，而α_i是前文所说的随机值。

结合许多不同模型的预测结果是减少错误率的一种有效方法，但是对于 AlexNet 这样的大型神经网络来说，这么做的代价太大了。所以 AlexNet 引入了 Dropout，它也可以看作是一种模型组合方法，每个神经元会以 50%的概率被丢弃，因此，每次给网络提供输入后，神经网络会采用一个不同的结构，这样使得神经元无法依赖于其他特定的神经元而存在，从而被迫学习更鲁棒的功能。

(2) VGGNet

自从 AlexNet 之后，研究者从很多方面尝试对 AlexNet 进行改进，VGGNet 是牛津大学的视觉几何组（Visual Geometry Group）和 Google DeepMind 公司一起研发的深度卷积神经网络，获得 ILSVRC-2014 定位任务第一名和分类任务第二名。VGGNet 的主要特点在于：①它的网络很深；②卷积层中使用的卷积核尺寸很小。VGGNet 强调了卷积神经网络设计中重要的一方面——深度。VGGNet 包含好几种不同深度的网络结构，深度从 11 层到 19 层不等，VGG16 和 VGG19 是较为常用的。其中，所有的网络模型最后三层都是全连接层，其余都是卷积层和池化层，网络结构如图 11-16 所示。

ConvNet Configuration					
A	A-LRN	B	C	D	E
11 weight layers	11 weight layers	13 weight layers	16 weight layers	16 weight layers	19 weight layers
input(224×224 RGB image)					
conv3-64	conv3-64 **LRN**	conv3-64 **conv3-64**	conv3-64 conv3-64	conv3-64 conv3-64	conv3-64 conv3-64
maxpool					
conv3-128	conv3-128	conv3-128 **conv3-128**	conv3-128 conv3-128	conv3-128 conv3-128	conv3-128 conv3-128
maxpool					
conv3-256 conv3-256	conv3-256 conv3-256	conv3-256 conv3-256	conv3-256 conv3-256 **conv1-256**	conv3-256 conv3-256 **conv3-256**	conv3-256 conv3-256 conv3-256 **conv3-256**
maxpool					
conv3-512 conv3-512	conv3-512 conv3-512	conv3-512 conv3-512	conv3-512 conv3-512 **conv1-512**	conv3-512 conv3-512 **conv3-512**	conv3-512 conv3-512 conv3-512 **conv3-512**
maxpool					
conv3-512 conv3-512	conv3-512 conv3-512	conv3-512 conv3-512	conv3-512 conv3-512 **conv1-512**	conv3-512 conv3-512 **conv3-512**	conv3-512 conv3-512 conv3-512 **conv3-512**
maxpool					
FC-4096					
FC-4096					
FC-1000					
soft-max					

图 11-16　VGGNet 网络结构

图 11-16 中，A 网络为 VGG11，有 8 个卷积层和 3 个全连接层，E 网络为 VGG19，有 16 个卷积层和 3 个全连接层，B、C、D 以此类推。

在 LeNet、AlexNet 等更早的卷积神经网络中，使用了很多 7×7，5×5 等比较大的卷积核来获得比较大的感受野，但是 VGGNet 全部使用 3×3 的卷积核和 2×2 的池化核，通过不断增加网络深度来提升性能。假设通道数为 1，两个 3×3 卷积核串联，它的感受野相当于一个 5×5 的卷积核，3 个 3×3 的卷积核串联，感受野大小相当于 1 个 7×7 的卷积层。但是一个 5×5 的卷积核有 25 个权重参数，而两个 3×3 的卷积核只有 18 个权重参数；一个

7×7 的卷积核有 49 个权重参数，而 3 个 3×3 的卷积核只有 27 个参数。通过卷积层数量的增加，小尺寸卷积核的串联有更多的非线性操作，使得 VGGNet 对特征的学习能力更强。虽然与 AlexNet 相比，VGGNet 的参数更多，深度也更深，但是收敛却更快，原因在于：①前面提到的更小的卷积核相当于对网络进行了隐式的正则化；②VGGNet 在训练阶段对某些层进行了预初始化。

对于深度神经网络来说，网络权值的初始化十分重要，为此，VGGNet 在训练时先训练一个浅层的网络结构 A，如图 11-16 VGGNet 网络结构所示，训练这个网络时，随机初始化它的权重。然后当训练深层网络时，前 4 层和最后 3 个全连接层使用训练好的 A 中的参数进行初始化，其余层则随机初始化（随机权重初始化时，权重使用均值为 0，方差为 0.01 的正态分布，偏置都初始化为 0）。

（3）Inception 网络

在卷积神经网络中，如何设置卷积层的卷积核大小是一个比较关键的问题。Inception 网络由很多 Inception 模块和少量池化层组成。Inception 模块为包含多个不同大小的卷积操作，在同一层卷积层中，使用 1×1、3×3、5×5 等不同尺寸的卷积核，并将得到的特征图在深度上拼接起来作为输出特征。图 11-17 是 v1 版本的 Inception 模块结构，采用了四组并行的操作来提取信息，同时为了提高计算效率，减少参数数量，Inception 模块在进行 3×3、5×5 的卷积之前、3×3 的最大池化之后，进行一次 1×1 的卷积来减少特征图的通道数。

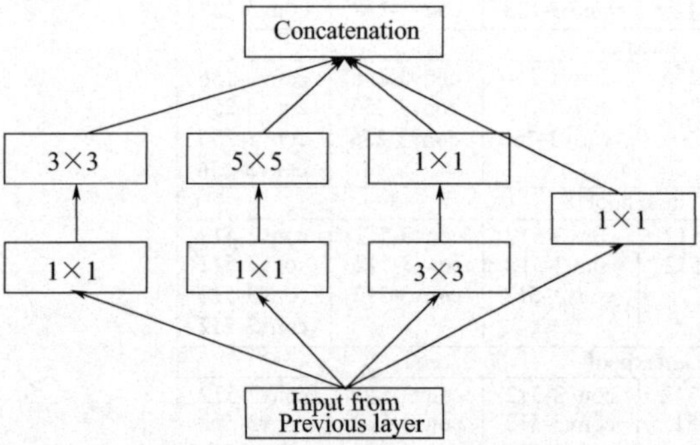

图 11-17　Inception v1 模块结构

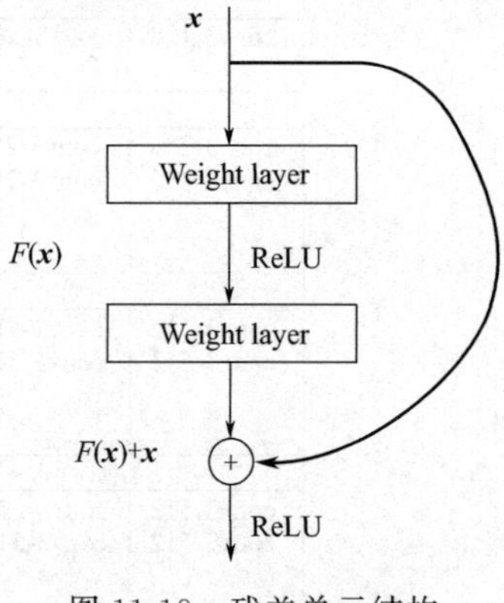

图 11-18　残差单元结构

（4）ResNet

深度卷积神经网络从 LeNet 到 AlexNet，再到 VGGNet，网络深度在不断加深，随着网络的不断加深，卷积神经网络可以提取出图片的低层、中层和高层特征，但是当网络的深度达到一定程度时，继续堆叠会带来很多问题。残差网络通过给非线性的卷积层添加残差连接（shortcut connection），来解决深度神经网络训练中梯度消失的现象，提高信息传播效率。

在一个深度神经网络中，我们期望一个非线性单元 $f(\boldsymbol{x};\theta)$ 去逼近目标函数 $h(\boldsymbol{x})$。残差模块将目标函数拆分成恒等函数 $\boldsymbol{x}$ 和残差函数 $h(\boldsymbol{x})-\boldsymbol{x}$：

$$h(\boldsymbol{x})=\boldsymbol{x}+(h(\boldsymbol{x})-\boldsymbol{x}) \tag{11-15}$$

一个残差单元由多个级联的卷积层和一个跨层的残差连接组成，再经过 ReLU 函数激活后得到输出。图 11-18 为一个典型的残差单元示意图。

本章小结

目前，卷积神经网络已经成为计算机视觉领域的主要模型。11.1 节首先介绍了卷积神经网络中的一些基本概念，然后结合具体的例子——LeNet 在手写数字识别中的应用来说明如何构建一个卷积神经网络，以及它是如何发挥作用的。随着对卷积神经网络研究的不断深入，人们发现最基本的卷积神经网络已经不足以应对日益复杂的需要，在 11.2 节，介绍了除标准卷积之外一些常见的卷积核，比如可以整合通道信息的 1×1 卷积核、用于进行上采样的反卷积、在参数数量不变的情况下有更大感受野的空洞卷积、大大减少参数数量使卷积神经网络更适合嵌入式设备的可分离卷积以及能更好适应几何变形的可变形卷积。在此基础上，介绍了一些卷积神经网络发展过程中比较重要的网络结构和它们的特点：AlexNet 是第一个现代深度卷积网络的模型；VGGNet 用了小尺寸卷积核构建更深的网络彰显了深度学习的魔力；Inception 网络每一个卷积层使用了不同尺寸的卷积核来提取不同尺度的特征；ResNet 引入了残差单元，解决了深度神经网络训练中梯度消失现象，提高了信息传播效率。由于卷积神经网络具有局部连接、权值共享等优良特点，受到研究者的广泛关注，在图像分类、目标检测、语义分割等领域都有广泛的应用，感兴趣的读者可以自己去了解。

习题 11

一、选择题

11-1 ［单选题］关于卷积神经网络 CNN，以下说法错误的是（　　）。

A. CNN 由卷积层、池化层和全连接层组成，常用于处理与图像有关的问题

B. 由于卷积核的大小一般是 3×3 或更大，因此卷积层得到的特征图像一定比原图像小

C. CNN 中的池化层用于降低特征图维数，以避免过拟合

D. CNN 中的全连接层常用 sigmoid 作为激活函数

11-2 ［单选题］图像锐化时常用的一种卷积核是 $\begin{bmatrix} 0 & -1 & 0 \\ -1 & 5 & -1 \\ 0 & -1 & 0 \end{bmatrix}$，假设图像的某一部分可用 $\begin{bmatrix} 0 & 30 & 80 \\ 0 & 30 & 80 \\ 0 & 30 & 80 \end{bmatrix}$ 表示，那么卷积核在图像该处卷积提取到的特征值为（　　）。

A. 0　　B. 10　　C. 30　　D. 80

11-3 ［多选题］卷积神经网络中有哪些参数是需要通过学习得到的？（　　）

A. 卷积核权重参数　　B. 池化层参数　　C. 激活函数　　D. 偏置

11-4 ［多选题］“参数共享”是使用卷积网络的好处，关于参数共享，下列哪些说法是正确的？（　　）

A. 它减少了参数的总数，从而减少过拟合

B. 它允许在整个输入的多个不同位置使用同样的卷积参数

C. 它允许为一项任务学习的参数即使对于不同的任务也可以共享（迁移学习）

D. 它使得连接变得稀疏

11-5 [单选题] 你认为把下面卷积核应用到灰度图像会怎么样？(　　)

$$\begin{bmatrix} 0 & 1 & -1 & 0 \\ 1 & 3 & -3 & -1 \\ 1 & 3 & -3 & -1 \\ 0 & 1 & -1 & 0 \end{bmatrix}$$

A. 检测 45 度边缘　　B. 检测水平边缘

C. 检测垂直边缘　　D. 检测图像对比度

11-6 [多选题] 卷积神经网络中，常用的池化方法有（　　）。

A. 最大池化法　　B. 平均池化法　　C. 概率池化法　　D. 最小池化法

11-7 [多选题] 以下哪些是卷积神经网络？(　　)

A. VGGNet　　B. ResNet　　C. Transformer　　D. BERT

二、判断题

11-8 CNN 常用于序列数据的建模。(　　)

11-9 池化层实际上是一种形式的降采样。(　　)

11-10 卷积神经网络中，同一卷积层所有的卷积核大小必须相同。(　　)

三、简答题

11-11 简要说明什么是 CNN，以 LeNet 为例，说明 CNN 中不同的部分分别起到什么样的作用。

11-12 有哪些增大感受野的方法？简要描述。

11-13 卷积层有哪些基本参数？

11-14 VGGNet 使用小卷积核的优势在哪里？

11-15 尝试使用你熟悉的深度学习框架，实现 mnist 手写数字数据集的分类任务。

参考答案

参考文献

[1] LeCun Y, Bottou L, Bengio Y, et al. Gradient-based learning applied to document recognition [J]. Proceedings of the IEEE, 1998, 86 (11): 2278-2324. DOI: 10.1109/5.726791.

[2] Lin M, Chen Q, Yan S. Network in network [J]. arXiv preprint arXiv: 1312.4400, 2013.

[3] Dai J, Qi H, Xiong Y, et al. Deformable convolutional networks [C] //Proceedings of the IEEE international conference on computer vision.

[4] Krizhevsky A, Sutskever I, Hinton G E. Imagenet classification with deep convolutional neural networks [J]. Advances in neural information processing systems, 2012, 25: 1097-1105.

[5] Simonyan K, Zisserman A. Very deep convolutional networks for large-scale image recognition [J]. arXiv preprint arXiv: 1409.1556, 2014.

[6] 常亮，邓小明，周明全，等. 图像理解中的卷积神经网络 [J]. 自动化学报，2016，42（09）：1300-1312.

[7] 周飞燕，金林鹏，董军. 卷积神经网络研究综述 [J]. 计算机学报，2017，40（06）：1229-1251.

[8] 伊恩·古德费洛，等. 深度学习 [M]. 北京：人民邮电出版社，2017.

[9] Lecun Y, Bottou L. Gradient-based learning applied to document recognition [J]. Proceedings of the IEEE, 1998, 86 (11): 2278-2324.

[10] 邱锡鹏. 神经网络与深度学习 [M]. 北京：机械工业出版社，2020.

12 循环神经网络

上一章介绍了一个经典的神经网络——卷积神经网络，其在图像处理领域被广泛使用。本章将介绍另一种很经典的神经网络，循环神经网络（Recurrent Neural Network，RNN），RNN 多被用于处理时序问题，例如时序数据的预测、自然语言处理等。本章首先介绍 RNN 的基础结构，并引出了其最经典、也是被广泛应用于各种领域的变体——长短期记忆（Long Short-Term Memory，LSTM）网络，然后介绍 RNN 的一些进阶变体版本，例如残差循环神经网络、双向循环神经网络等等，最后为总结和展望。

12.1 循环神经网络基础

循环神经网络是一种强大的时序数据处理网络，其可以考虑到变量在时序方向上的性质。在本节中，首先分析循环神经网络 RNN 独到的特点以及用途，并介绍 RNN 的结构及工作方式，最后针对 RNN 存在的长期依赖问题，介绍 RNN 的一个最经典的变体——长短期记忆网络 LSTM 的结构及计算方式。

12.1.1 RNN 的用途

作为一种经典的网络，RNN 必定有其独到的特点。普通的神经网络可以当作是能够拟合任意函数的黑盒子，只要训练数据足够，给定特定的 x，就能得到期望的 y。但是图像领域存在参数较多、过拟合等问题，于是 CNN 就应运而生。遗憾的是，CNN 包含一个前提假设，样本不同的时序输入需要独立，换言之，它们都只能单独地去处理一个个的输入，前一个输入和后一个输入是完全没有关系的。但是，某些任务需要能够更好地处理时间序列的信息，即需要考虑前面的输入和后面的输入之间的关系。

来思考这样一个问题：如果预测一个地区天气的变化，那么我们可能不仅仅希望输入是一些外部信息比如温度、湿度等，还希望把这个地区之前的天气情况也一并作为参考信息，这时候普通的神经网络就显得有些束手无策。类似地，在现实生活中，这种时序问题比比皆是，例如股票价格的预测、语句的合成翻译等，这一系列的时序问题迫切需要一种能够处理时序数据的解决方案，于是 RNN 就诞生了。之后，Hochreiter S. 提出了 RNN 的改进版本 LSTM，促进了循环神经网络的发展。在深度学习广泛应用的今天，LSTM 网络在语言建模、语音转文本转录、机器翻译和其他应用中优势尤为明显。

12.1.2 RNN 的结构及工作方式

RNN 是一种通过隐层节点周期性的连接，来捕捉序列化数据中动态信息的神经网络，主要用于对序列化的数据进行分类，其主要应用对象就是序列数据，即前后输入间存在密切联系的数据。与一般的神经网络相似，标准的 RNN 结构也由输入层、隐层和输出层这三部分组成，但 RNN 在隐层上有所不同。其隐层单元的输出不仅连接着输出层，还连接回了隐层，如图 12-1 所示。

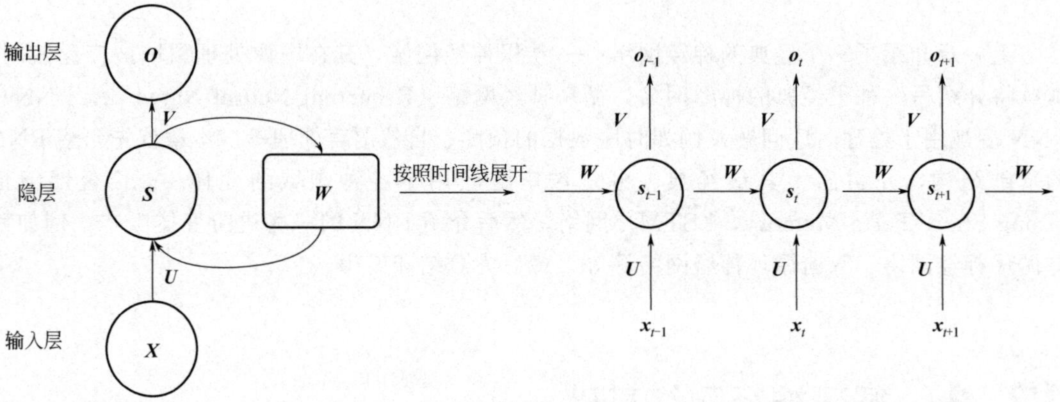

图 12-1　RNN 结构图

实际上，RNN 的“循环”概念就体现在隐层中，每个时刻隐层的输出，都会“循环”作为下一时刻隐层的输入。随着信息的传递，每个单元的输出都包含着其对应时刻之前的所有数据的信息，也正是因为这种机制，RNN 能够很好地处理序列信息。

那么 RNN 的工作方式是怎么样的呢？假设当前时刻 t 的输入为 $\boldsymbol{x}_t$，此时刻隐藏层的状态为 $\boldsymbol{s}_t$，输出为 $\boldsymbol{o}_t$。那么将此时刻的输入 $\boldsymbol{x}_t$ 输入到网络中，经过当前时刻隐层单元，可以计算得到当前时刻的状态与输出，如下式所示：

$$\begin{aligned} \boldsymbol{o}_t &= g(\boldsymbol{V}\cdot\boldsymbol{s}_t) \\ \boldsymbol{s}_t &= f(\boldsymbol{U}\cdot\boldsymbol{x}_t+\boldsymbol{W}\cdot\boldsymbol{s}_{t-1}) \end{aligned} \tag{12-1}$$

这里的 $\boldsymbol{U}$、$\boldsymbol{W}$、$\boldsymbol{V}$ 均为权重矩阵，而 $\boldsymbol{s}_{t-1}$ 代表上一时刻隐层的状态，对于初始时刻，由于不存在上一时刻的状态，所以一般会用初始输入来代替。而对于公式中的 f 和 g 函数，就是深度学习中常用的激活函数，实际应用中，隐层常选用 tanh 函数作为激活函数。

从 RNN 的结构中不难发现，为了简化计算、减少参数数量，RNN 内部采用了权值共享机制，网络中的权重矩阵 $\boldsymbol{U}$、$\boldsymbol{W}$、$\boldsymbol{V}$ 的值都是通用的；此外，RNN 网络输入的线路是唯一的，每个输入值都只与它本身的线路建立权连接，不与其他单元相连，这确保了每个输入只对其对应的状态有直接影响。接下来介绍一下 RNN 的训练方法——时序反向传播算法(Back Propagation Through Time，BPTT)，其算法本质是 BP 算法，即反向传播，但由于 RNN 的结构特性，训练时需要沿时间反向传播。

如果是分类问题，则可以使用常见的交叉熵来定义损失函数，并以损失函数对各参数求偏导的形式来优化参数，损失函数用 L 表示：

$$L^{(t)}(y_t,\boldsymbol{o}_t)=-y_t\log\boldsymbol{o}_t \tag{12-2}$$

对于与输出直接相关的 $\boldsymbol{V}$，其求解偏导式较为简单，利用链式求导法则可以得到：

$$\frac{\partial L}{\partial \boldsymbol{V}}=\sum_{t=1}^{n}\frac{\partial L^{(t)}}{\partial \boldsymbol{V}}=\sum_{t=1}^{n}\frac{\partial L^{(t)}}{\partial \boldsymbol{o}_t}\frac{\partial \boldsymbol{o}_t}{\partial \boldsymbol{V}} \tag{12-3}$$

而对于和输出间接相关的 $\boldsymbol{W}$ 和 $\boldsymbol{U}$，其偏导式就略显复杂，这里不做推导，直接给出表达式：

$$\begin{aligned}
\frac{\partial L^{(t)}}{\partial \boldsymbol{W}}&=\sum_{k=0}^{t}\frac{\partial L^{(t)}}{\partial \boldsymbol{o}_t}\frac{\partial \boldsymbol{o}_t}{\partial \boldsymbol{s}_t}\left(\prod_{j=k+1}^{t}\frac{\partial \boldsymbol{s}_j}{\partial \boldsymbol{s}_{j-1}}\right)\frac{\partial \boldsymbol{s}_k}{\partial \boldsymbol{W}}\\
\frac{\partial L}{\partial \boldsymbol{W}}&=\sum_{t=1}^{n}\frac{\partial L^{(t)}}{\partial \boldsymbol{W}}\\
\frac{\partial L^{(t)}}{\partial \boldsymbol{U}}&=\sum_{k=0}^{t}\frac{\partial L^{(t)}}{\partial \boldsymbol{o}_t}\frac{\partial \boldsymbol{o}_t}{\partial \boldsymbol{s}_t}\left(\prod_{j=k+1}^{t}\frac{\partial \boldsymbol{s}_j}{\partial \boldsymbol{s}_{j-1}}\right)\frac{\partial \boldsymbol{s}_k}{\partial \boldsymbol{U}}\\
\frac{\partial L}{\partial \boldsymbol{U}}&=\sum_{t=1}^{n}\frac{\partial L^{(t)}}{\partial \boldsymbol{U}}
\end{aligned} \tag{12-4}$$

求出权重矩阵的偏导式之后，在反向传播时可以重复进行优化，调整矩阵的值来降低损失函数，最终得到训练好的网络参数。

RNN 的结构很清晰，思想也比较简单，是最为经典的网络结构之一。但其依旧存在着很多的问题，例如长期依赖问题，随着前向传递，长期数据的记忆逐渐丧失，使得 RNN 难以解决长期依赖的相关问题。

12.1.3 LSTM 的结构及计算方式

对于长期依赖的问题，LSTM 给出了很好的解决方案。LSTM 由 Hochreiter S 等人于 1997 年提出，堪称是 RNN 的一个最经典的变体，在后续的研究中被广泛采用来替代 RNN。相较于标准 RNN，LSTM 中的隐层重复单元的形式更加复杂，由输入门、遗忘门、激活函数等部分组合而成，如图 12-2 所示。

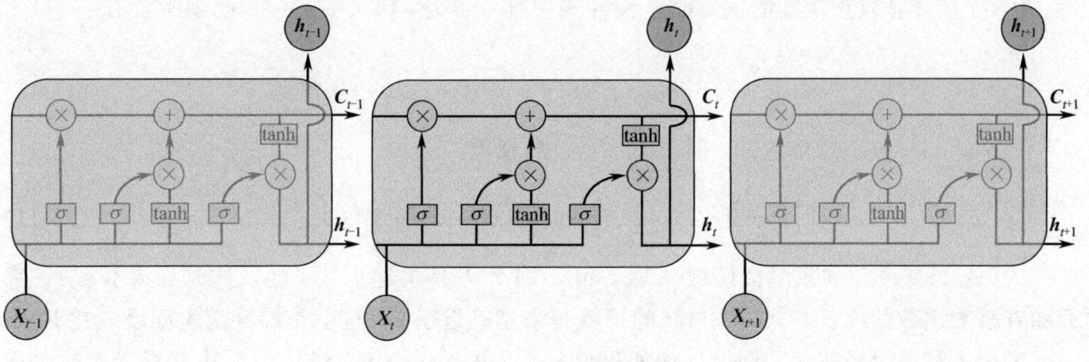

图 12-2　LSTM 结构图

LSTM 上方的这条线是其核心，一般称其为细胞状态（cell state），即一条线穿过图的顶部。细胞状态类似于输送带，它直接在整个链上运行，只有一些小的线性相互作用。信息可以很容易地通过并且保持不变。$\boldsymbol{C}_t$ 代表 t 时刻的细胞状态，其包含了 t 时刻前的输入数据中的大量信息，是预测输出的基础。

LSTM 具有删除或添加信息到细胞状态的能力，这种能力由被称为门的结构调节使用。门是一种可选择的让信息通过的方式，它们由 S 形的神经网络层和点向乘法运算组成。如图所示，门控函数为 sigmoid 函数，其输出值为 0～1，它表示允许多少数据通过。如果值为 0 则表示不允许通过，而值为 1 代表全部允许通过。LSTM 存在三个门来掌控细胞状态。

LSTM 中的第一步是决定从细胞状态中遗忘多少信息。遗忘门会读取隐藏状态 $\boldsymbol{h}_{t-1}$ 和 $\boldsymbol{x}_t$，输出一组 0 到 1 之间的值，并将该组值与细胞状态 $\boldsymbol{C}_t$ 对应相乘。也就是说，$\boldsymbol{f}_t$ 代表了保留比例，1 代表“完全保留”，0 表示“完全舍弃”。其计算方式如下式所示：

$$\boldsymbol{f}_t=\sigma(\boldsymbol{W}_{\mathrm{f}}\cdot[\boldsymbol{h}_{t-1},\boldsymbol{x}_t]+\boldsymbol{b}_{\mathrm{f}}) \tag{12-5}$$

式中，$\boldsymbol{W}_{\mathrm{f}}$ 和 $\boldsymbol{b}_{\mathrm{f}}$ 为遗忘门的权重矩阵和偏置向量。接下来利用新的输入信息对细胞状态进行更新。sigmoid 函数选择更新的内容，tanh 函数创建新的候选值的向量。在下一步中将结合这两点来创建对状态的更新。

其计算方式如下所示：

$$\begin{aligned}\boldsymbol{i}_t&=\sigma(\boldsymbol{W}_{\mathrm{i}}\cdot[\boldsymbol{h}_{t-1},\boldsymbol{x}_t]+\boldsymbol{b}_i)\\ \widetilde{\boldsymbol{C}}_t&=\tanh(\boldsymbol{W}_{\mathrm{C}}\cdot[\boldsymbol{h}_{t-1},\boldsymbol{x}_t]+\boldsymbol{b}_{\mathrm{C}})\end{aligned} \tag{12-6}$$

式中，$\boldsymbol{W}_{\mathrm{i}}$ 和 $\boldsymbol{W}_{\mathrm{C}}$ 代表可学习的权重矩阵；$\boldsymbol{b}_i$ 和 $\boldsymbol{b}_{\mathrm{C}}$ 代表偏置向量。接下来需要更新细胞的状态，使用 $\boldsymbol{f}_t$ 来决定旧状态的遗忘程度，使用 $\boldsymbol{i}_t$ 来决定新状态的记忆程度，然后得到当前时刻细胞状态 $\boldsymbol{C}_t$。其计算方式如下式：

$$\boldsymbol{C}_t=\boldsymbol{f}_t*\boldsymbol{C}_{t-1}+\boldsymbol{i}_t*\widetilde{\boldsymbol{C}}_t \tag{12-7}$$

最后是输出阶段，这里使用一个输出门 $\boldsymbol{o}_t$ 来控制输出的程度，然后，把细胞状态通过 tanh，并将其乘以输出门的输出，以便只输出需要的部分。其计算方式如下式：

$$\boldsymbol{o}_t=\sigma(\boldsymbol{W}_{\mathrm{o}}\cdot[\boldsymbol{h}_{t-1},\boldsymbol{x}_t]+\boldsymbol{b}_{\mathrm{o}}) \tag{12-8}$$

$$\boldsymbol{h}_t=\boldsymbol{o}_t*\tanh(\boldsymbol{C}_t) \tag{12-9}$$

式中，$\boldsymbol{W}_{\mathrm{o}}$ 和 $\boldsymbol{b}_{\mathrm{o}}$ 为输出门的权重矩阵和偏置向量，就完成了 LSTM 在这一时刻的计算。

LSTM 可以减缓 RNN 的梯度消失/爆炸以及长期依赖问题的原因阐述如下。

RNN 在计算权重矩阵的偏导时，偏导式中有一项为 $\prod\limits_{j=k+1}^{t}\dfrac{\partial\boldsymbol{s}_j}{\partial\boldsymbol{s}_{j-1}}$，此项中含有 $\dfrac{\partial\boldsymbol{s}_j}{\partial\boldsymbol{s}_{j-1}}$：

$$\frac{\partial\boldsymbol{s}_j}{\partial\boldsymbol{s}_{j-1}}=\operatorname{diag}\left(f'(\boldsymbol{U}\cdot\boldsymbol{x}_t+\boldsymbol{W}\cdot\boldsymbol{s}_{t-1})\right)\cdot\boldsymbol{W} \tag{12-10}$$

式中，diag 表示对角矩阵。计算 $\boldsymbol{s}_t$ 对 $\boldsymbol{s}_k$ 的梯度：

$$\frac{\partial\boldsymbol{s}_t}{\partial\boldsymbol{s}_k}=\prod_{j=k+1}^{t}\frac{\partial\boldsymbol{s}_j}{\partial\boldsymbol{s}_{j-1}}=\prod_{j=k+1}^{t}\left(\operatorname{diag}\left(f'(\boldsymbol{U}\cdot\boldsymbol{x}_t+\boldsymbol{W}\cdot\boldsymbol{s}_{t-1})\right)\cdot\boldsymbol{W}\right) \tag{12-11}$$

式(12-11) 中，如果激活函数 f 取 tanh，那么 f' 是永远小于 1 的，这时如果 $W<1$，那么随着累乘次数的增长，式(12-11) 的值就越来越趋近于 0，这就是梯度消失问题，在 RNN 中梯度消失是一个最普遍的问题。而如果 $W>1$，并且 $f'\cdot W>1$，那么随着累乘次数的增长，上式的值就越来越趋近于无穷大，这就产生了梯度爆炸的问题。对于梯度 $\dfrac{\partial\boldsymbol{s}_t}{\partial\boldsymbol{s}_k}$，其本质上表示的是当 $\boldsymbol{s}_k$ 有一定的微小变化时，$\boldsymbol{s}_t$ 有多大的变化。如果发生梯度消失问题，梯度

$\frac{\partial \boldsymbol{s}_t}{\partial \boldsymbol{s}_k}$就趋于 0，意味着前面的隐层状态对后面远一些的隐层影响很小，说明没有捕捉到长距离的依赖关系。

而通过 LSTM 引入“三门”机制，可以巧妙地避免这些问题。对$\frac{\partial \boldsymbol{C}_t}{\partial \boldsymbol{C}_{t-1}}$展开梯度表达式，根据链式求导法则可以得到：

$$\frac{\partial \boldsymbol{C}_t}{\partial \boldsymbol{C}_{t-1}}=\frac{\partial \boldsymbol{C}_t}{\partial \boldsymbol{f}_t}\frac{\partial \boldsymbol{f}_t}{\partial \boldsymbol{h}_{t-1}}\frac{\partial \boldsymbol{h}_{t-1}}{\partial \boldsymbol{C}_{t-1}}+\frac{\partial \boldsymbol{C}_t}{\partial \boldsymbol{i}_t}\frac{\partial \boldsymbol{i}_t}{\partial \boldsymbol{h}_{t-1}}\frac{\partial \boldsymbol{h}_{t-1}}{\partial \boldsymbol{C}_{t-1}}+\frac{\partial \boldsymbol{C}_t}{\partial \widetilde{\boldsymbol{C}}_{t-1}}\frac{\partial \widetilde{\boldsymbol{C}}_{t-1}}{\partial \boldsymbol{h}_{t-1}}\frac{\partial \boldsymbol{h}_{t-1}}{\partial \boldsymbol{C}_{t-1}} \tag{12-12}$$

如果要计算 $\boldsymbol{C}_t$ 对 $\boldsymbol{C}_k$ 时刻的梯度，就将上式累乘 $t-k$ 次。这里 LSTM 与 RNN 不同的是，RNN 每一次累乘的 W 都为定值，而 LSTM 这里是通过增加了一个 f 来进行变化，对于每一刻的$\frac{\partial \boldsymbol{C}_t}{\partial \boldsymbol{C}_{t-1}}$都可能是大于 1 或者小于 1 的，所以累乘之后就不会趋于 0 或者无穷大，减缓了 RNN 梯度消失/爆炸的问题。

那么为什么 LSTM 可以处理长时期依赖关系呢？究其根本，是细胞状态 $\boldsymbol{C}_t$ 的功劳，对于下一时刻的 $\boldsymbol{C}_t$，遗忘门可以决定是否将前一时刻的细胞状态 $\boldsymbol{C}_{t-1}$ 传递过来。如果每次都保持传递关系，那么很长时间之前的细胞状态也可以很好地传递；如果选择遗忘之前的信息，也可以学习到更近距离的信息，这就是细胞状态的优势。可以形象地将 LSTM 上方的细胞状态传递线比喻为“高速通道”，信息在上面高速流通而不被破坏，这就使得长期的记忆可以储存以很好地传递。

12.2 循环神经网络进阶

作为一种强大的时间序列建模算法，循环神经网络通过隐层节点周期性的连接，来捕捉序列化数据中动态信息和前后依赖信息。循环神经网络及其各种变体在各应用领域发挥着重要的作用。以循环神经网络为基础的各种时间序列建模算法可用于时间序列预测、时间序列分类、语义识别、自然语言处理、视频行为识别等多种任务。但是，传统的神经网络存在以下几个不可逃避的问题：第一，传统 RNN 方向单一，只能前向传递，如果 t 处之后的数据对 t 处有影响，传统 RNN 是无法对这一点进行学习的；第二，梯度消失/爆炸（vanishing gradient/gradient explosion）同样也是 RNN 难以避免的问题，由于优化算式中出现了隐层函数偏导数的连乘，随着隐层单元数目的增加，常用的 sigmoid、tanh、ReLU 等函数都会出现梯度消失或爆炸的问题；第三，也是 RNN 最为普遍诟病的问题——长期依赖，随着前向传递，长期数据的记忆逐渐丧失，使得 RNN 难以解决长期依赖的相关问题。在上一节中已经介绍了循环神经网络的一种改进版本——长短时记忆神经网络 LSTM，通过引入输入门和遗忘门等结构，LSTM 有效解决了传统 RNN 存在的梯度消失/爆炸以及长期依赖问题。在本节中将继续介绍几种进阶的循环神经网络和时间序列建模算法。

12.2.1 残差循环神经网络

残差学习（residual learning）框架是深度学习模型中广受欢迎的一种架构，在计算机视觉任务中，通过多层神经网络间的残差映射，确保了一个流畅的信息流，并使得神经网络可以更好地进行优化和参数更新，残差学习的结构如图 12-3 所示。

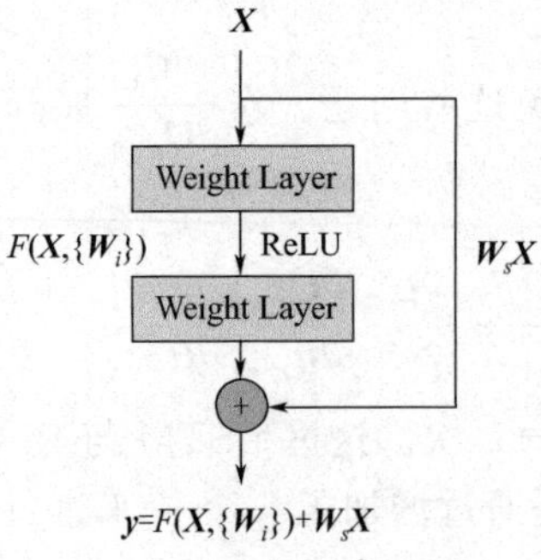

图 12-3 残差学习结构

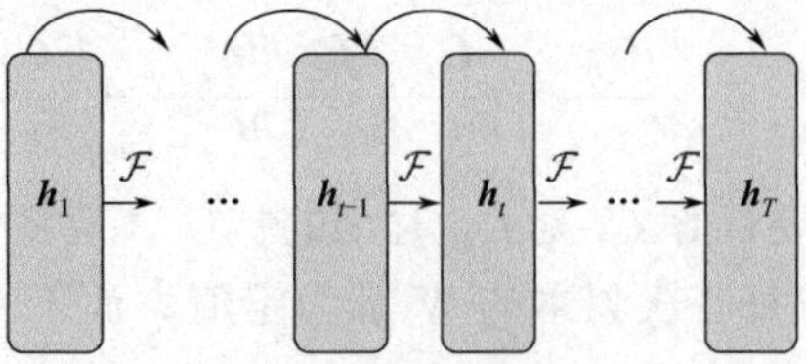

图 12-4 残差循环神经网络结构示意图

Wang 等人将残差学习框架结合到循环神经网络架构中，提出了一种用于时间序列建模学习的残差循环神经网络（Residual Recurrent Neural Network），其基本的结构如图 12-4 所示，其中上方的箭头代表着两个隐藏状态之间的恒等映射；中间的箭头代表循环神经网络的基本计算单元，即以上一个隐藏状态和当前序列状态为输入得到当前隐藏状态的计算过程。

由于残差模块的引入，网络中隐藏状态的更新形式如下：

$$\boldsymbol{h}_t = f(g(\boldsymbol{h}_{t-1}) + \mathcal{F}(\boldsymbol{h}_{t-1}, \boldsymbol{x}_t; \boldsymbol{W})) \tag{12-13}$$

式中，g 代表恒等映射；f 代表激活函数，如 tanh 等。该结构使得隐藏状态信号在每两个连续时间步之间通过恒等连接 g 进行直接传播。此外，多个非线性变换保证了其对复杂递归关系建模的能力。

该思想和模型结构还可以进行进一步的推广，如将基本的循环神经网络单元改为 LSTM，则形成了 Residual LSTM 网络；同时，残差连接跨越的网络层数也可以进行拓展，以捕获不同尺度的时间序列信息，建立更具有针对性的模型。

12.2.2 门控循环单元 GRU

传统的 RNN 会遇到梯度爆炸与梯度消失等问题，催生了 LSTM 的发展，而 GRU（Gated Rucurrent Unit）则又是一种改进和创新。相较于 LSTM，GRU 建模所需的参数更少，对计算能力的要求也就更低，从而提高了效率。GRU 的输入输出结构与普通的 RNN 是一样的。有一个当前的输入 $\boldsymbol{x}_t$，和上一个节点传递下来的隐状态（hidden state）$\boldsymbol{h}_{t-1}$，这个隐状态包含了之前节点的相关信息。结合 $\boldsymbol{x}_t$ 和 $\boldsymbol{h}_{t-1}$，GRU 会得到当前隐藏节点的输出 y_t 和传递给下一个节点的隐状态 $\boldsymbol{h}_t$。

GRU 通过上一个传输下来的状态 $\boldsymbol{h}_{t-1}$ 和当前节点的输入 $\boldsymbol{x}_t$ 来获取两个门控状态：设 r 为控制重置的门控（reset gate），z 为控制更新的门控（update gate）。σ（sigmoid 函数）可以将数据变换为 0～1 范围内的数值，从而来充当门控信号。

$$\begin{aligned} r &= \sigma(\boldsymbol{W}_r[\boldsymbol{x}_t, \boldsymbol{h}_{t-1}]) \\ z &= \sigma(\boldsymbol{W}_z[\boldsymbol{x}_t, \boldsymbol{h}_{t-1}]) \end{aligned} \tag{12-14}$$

得到门控信号之后，首先使用重置门控来得到“重置”之后的数据 $\boldsymbol{h}'_{t-1} = \boldsymbol{h}_{t-1} \odot r$，再

将 $\boldsymbol{h}_{t-1}$ 与输入 $\boldsymbol{x}_t$ 进行拼接，通过 tanh 激活函数来将数据放缩到－1～1 的范围内，即可得到 $\boldsymbol{h}'$：

$$\boldsymbol{h}'=\tanh(\boldsymbol{W}[\boldsymbol{x}_t,\boldsymbol{h}_{t-1}]) \tag{12-15}$$

$\boldsymbol{h}'$主要是包含了当前输入 $\boldsymbol{x}_t$ 的数据。有针对性地对 $\boldsymbol{h}'$添加到当前的隐藏状态，相当于“记忆了当前时刻的状态”，类似于 LSTM 的选择记忆阶段。

最后，GRU 最关键的一个步骤，“更新记忆”阶段：在这个阶段，同时进行遗忘和记忆两个步骤。使用先前得到的更新门控 z。其中，$\odot$是 hadamard product，也就是操作矩阵中对应的元素相乘，因此要求两个相乘矩阵是同型的。

更新表达式为：

$$\boldsymbol{h}_t=(1-z)\odot\boldsymbol{h}_{t-1}+z\odot\boldsymbol{h}' \tag{12-16}$$

式中，门控信号 z 的范围为 0～1。z 越接近 1，代表“记忆”下来的数据越多；而越接近 0 则代表“遗忘”的越多。

GRU 的一个小技巧在于，使用同一个门控 z 就同时可以进行遗忘和选择记忆（LSTM 则要使用多个门控）。其中：

① $(1-z)\odot\boldsymbol{h}_{t-1}$表示对原本隐藏状态的选择性“遗忘”。这里的 $1-z$ 可以想象成遗忘门（forget gate），忘记 $\boldsymbol{h}_{t-1}$ 维度中一些不重要的信息。

② $z\odot\boldsymbol{h}'$表示对包含当前节点信息的 $\boldsymbol{h}'$进行选择性“记忆”。与上面类似，这里的 $1-z$ 同理会忘记 $\boldsymbol{h}'$维度中的一些不重要的信息。或者，此处更应当看做是对 $\boldsymbol{h}'$维度中的某些信息进行选择。

③ $\boldsymbol{h}_t=(1-z)\odot\boldsymbol{h}_{t-1}+z\odot\boldsymbol{h}'$：结合上述，这一步的操作就是忘记传递下来的 $\boldsymbol{h}_{t-1}$ 中的某些维度信息，并加入当前节点输入的某些维度信息。

可以看到，这里的遗忘 z 和选择 $1-z$ 是联动的。也就是说，对于传递进来的维度信息，GRU 会进行选择性遗忘，以保持一种“恒定”状态。

12.2.3 双向循环神经网络

双向循环神经网络（Bi-directional Recurrent Neural Network，BRNN）是循环神经网络的一种变体。在有些时间序列建模任务中，一个时刻的输出不但和过去时刻的信息有关，也和后续时刻的信息有关。比如给定一个句子，其中一个词的词性由它的上下文决定，即包含句子左右两边的信息。因此，在这些情况下，可以增加一个按照时间的逆序来传递信息的网络层，来增强网络当前时刻对后文内容的理解能力。双向循环神经网络由两层循环神经网络组成，它们的输入相同，但是信息传递的方向不同。具体来说，其结构是两个单向 RNN 的结合，包含正序传播和逆序传播。正序和逆序分别产生两个隐藏状态，二者会共同输入到输出层中，共同决定当前时刻的预测结果。这样的操作可以综合利用前后上下文的全局信息进行建模与表征，提供更全面的预测结果。图 12-5 展示了双向循环神经网络的基本结构。

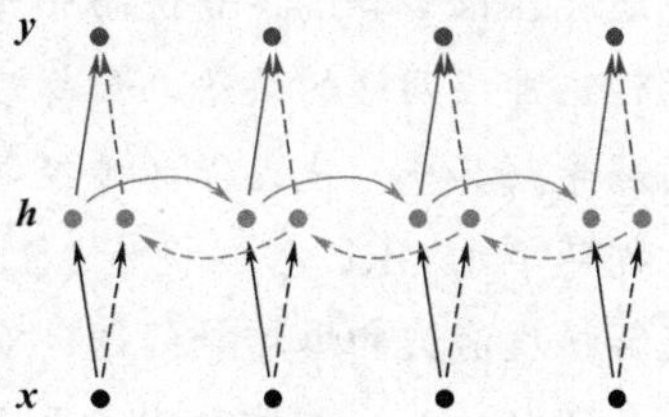

图 12-5　BRNN 基本结构

12.2.4 堆叠循环神经网络

正如普通的神经网络可以通过多层堆叠来增加网络深度，循环神经网络也可以通过构造不同的结构实现多层堆叠，并提取更深层次的信息。一种常见的增加循环神经网络深度的做法是将多个基本的循环神经网络单元的隐藏状态堆叠起来，称为堆叠循环神经网络(Stacked Recurrent Neural Network，SRNN)。一个堆叠的简单循环网络也被称为循环多层感知器（Recurrent Multilayer Perceptron)。图 12-6 给出了按时间展开的堆叠循环神经网络。第 l 层网络的输入是第 $l-1$ 层网络的输出。

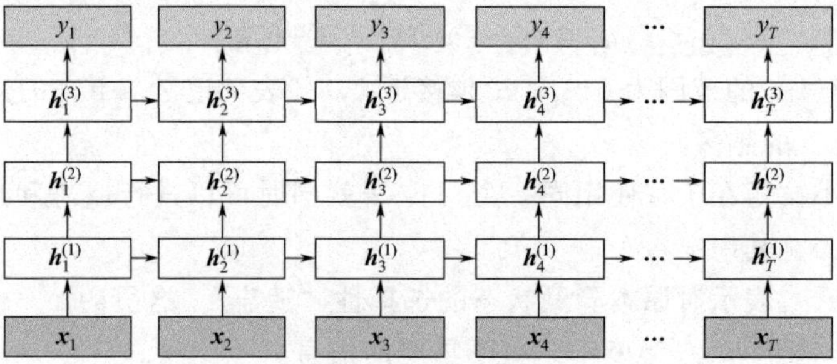

图 12-6　按时间展开的堆叠循环神经网络

我们定义 $\boldsymbol{h}_t^{(l)}$ 为在时刻 t 时的第 l 层的隐藏状态：

$$\boldsymbol{h}_t^{(l)}=f(\boldsymbol{U}^{(l)}\boldsymbol{h}_{t-1}^{(l)}+\boldsymbol{W}^{(l)}\boldsymbol{h}_t^{(l-1)}+\boldsymbol{b}^{(l)}) \tag{12-17}$$

式中，$\boldsymbol{U}^{(l)}$，$\boldsymbol{W}^{(l)}$，$\boldsymbol{b}^{(l)}$ 是输入（即前一刻当前层的输出 $\boldsymbol{h}_{t-1}^{(l)}$、当前时刻上一层的输出 $\boldsymbol{h}_t^{(l-1)}$）的权重矩阵和偏置向量，$\boldsymbol{h}_t^{(0)}=\boldsymbol{x}_t$。

堆叠循环神经网络的训练方式与输入输出等内容和普通的循环神经网络一致。由于深度的增加，堆叠神经网络可以拟合更加复杂的动态依赖关系，但是同样地，堆叠的深度带来了大量参数，网络训练的计算量也会随之提升。在实际使用的过程中，需要根据实际需求和使用效果进行权衡。

本章小结

本章简单介绍了循环神经网络的基本结构及其强大的时序数据处理能力，但是其不可避免地还存在很多弊端，故进而介绍了其他几种前沿拓展性结构，它们分别从不同的角度出发弥补了传统神经网络的缺陷，如梯度消失/爆炸问题、全局前后信息依赖问题、深度复杂信息建模问题等。其中，残差循环神经网络通过引入残差跳变连接以捕获不同时长的时间序列信息；门控循环单元 GRU 可以视为 LSTM 的一种简化版本，在简化了结构和参数的同时保证其功能，缓解梯度消失和爆炸等问题；双向循环神经网络通过分别引入正向与反向的信息流，使得全局信息可以纳入，并辅助建立更准确可靠的模型；堆叠循环神经网络的思想简单直接，通过堆叠深层的网络结构，以捕获复杂的依赖关系，建立具备更加强大表征能力的循环神经网络模型。此外，还可以将卷积神经网络（Convolutional Neural Network，CNN）和 LSTM 进行结合，即 CLSTM（Convolutional-LSTM)，并将其用于自然语言处理领域内的分类任务。CNN 能够提取局部特征，LSTM 能够获取整个句子的上下文语义信息，并且捕获特征序列上的长期依赖。在其它领域中，卷积长短期记忆网络（Convolutional Long Short-term Memory Neural Network，CNNLSTM）将 CNN 和 LSTM 结合用于手势识别，并且通过对比实验证明 CNNLSTM 的表现比单独只使用 CNN 或者 LSTM 的效果更好。此外，也可以将 CNNLSTM 用于计算机视觉中的识别和描述。在第 15 章中也有使用循环神经网络的具体应用案例。

习题 12

一、选择题

12-1 ［多选题］相较于传统 RNN，LSTM 引入了独特的门控机制。以下哪些是 LSTM 中包含的门结构？（　　）

A. 输入门　　B. 输出门　　C. 更新门　　D. 遗忘门

12-2 ［多选题］关于卷积神经网络 CNN 与循环神经网络 RNN，下面说法正确的有（　　）。

A. CNN 适用于图像处理，而 RNN 适用于序列数据处理

B. CNN 和 RNN 都属于神经网络，因此二者的训练方式完全一致，均采用 BP 算法

C. CNN 和 RNN 都采用了权值共享机制以减少网络中的参数量

D. 在同一个网络中，CNN 结构和 RNN 结构不能同时使用

12-3 ［多选题］下列哪些任务会使用多对一的 RNN 结构？（　　）

A. 语音识别（输入语音，输出文本）

B. 图像分类（输入一张图片，输出对应标签）

C. 情感分类（输入一段文字，输出 0 或 1 表示正面或负面情绪）

D. 人声识别（输入语音，输出说话人的性别）

12-4 ［单选题］以下问题中，最适合采用 RNN 解决的是（　　）。

A. 手写文字识别（根据图片识别手写文字）

B. 机器翻译（将一段话翻译成另一种语言）

C. 多标签分类（将样本根据多个标签值进行分类）

D. 样本生成（根据已有样本生成新的类似样本）

12-5 ［单选题］双向 RNN 基于传统 RNN 中存在的（　　）问题提出，并采用了（　　）来解决这种问题。

A. 梯度消失/爆炸；双隐层结构　　B. 梯度消失/爆炸；门结构

C. 只能单向传递；双隐层结构　　D. 只能单向传递；门结构

12-6 ［单选题］LSTM 中共有（　　）个门机制。

A. 1　　B. 2　　C. 3　　D. 4

12-7 ［单选题］GRU 中共有（　　）个门机制。

A. 1　　B. 2　　C. 3　　D. 4

二、判断题

12-8 随着前向传递，RNN 结构不能很好地保持对长期数据的记忆，使得其难以解决

长期依赖的相关问题，这是传统 RNN 的一个致命缺陷。(　　)

12-9　LSTM 是建立在 RNN 基础上的改进结构，通过引入独特的门控机制，有效解决了传统 RNN 存在的梯度消失/爆炸问题。(　　)

12-10　传统 RNN 没有引入门机制。(　　)

三、简答题

12-11　请简述 CNN 和 RNN 的网络结构、工作过程与适用场景。

12-12　试举例说明 RNN 等类似网络结构的应用场景。

12-13　传统的 RNN 有什么缺点?

12-14　请简述 LSTM 相较于 RNN 的不同和优势。

12-15　除了 RNN，GRU，LSTM 外，还有哪些能够建模时序数据的深度神经网络结构?

参考答案

参考文献

[1]　李航. 统计学习方法 [M]. 北京：清华大学出版社，2012.

[2]　周志华. 机器学习与数据挖掘 [J]. 中国计算机学会通讯，2007，3 (12)：35-44.

[3]　杨丽，吴雨茜，王俊丽，刘义理. 循环神经网络研究综述 [J]. 计算机应用，2018，38 (S2)：1-6+26.

[4]　Sherstinsky A. Fundamentals of recurrent neural network (RNN) and long short-term memory (LSTM) network [J]. Physica D：Nonlinear Phenomena，2020，404：132306.

[5]　Schuster M，Paliwal K K. Bidirectional recurrent neural networks [J]. IEEE transactions on Signal Processing，1997，45 (11)：2673-2681.

[6]　Hochreiter S，Schmidhuber J. Long short-term memory [J]. Neural computation，1997，9 (8)：1735-1780.

[7]　Hochreiter S. The vanishing gradient problem during learning recurrent neural nets and problem solutions [J]. International Journal of Uncertainty，Fuzziness and Knowledge-Based Systems，1998，6 (02)：107-116.

[8]　Zhou P，Shi W，Tian J，et al. Attention-based bidirectional long short-term memory networks for relation classification [C]. Proceedings of the 54th annual meeting of the association for computational linguistics (volume 2：Short papers). 2016：207-212.

[9]　He K，Zhang X，Ren S，et al. Deep residual learning for image recognition [C]. Proceedings of the IEEE conference on computer vision and pattern recognition. 2016：770-778.

[10]　Wang Y，Tian F. Recurrent residual learning for sequence classification [C]. Proceedings of the 2016 conference on empirical methods in natural language processing. 2016：938-943.

[11]　Hannun A Y，Maas A L，Jurafsky D，et al. First-pass large vocabulary continuous speech recognition using bi-directional recurrent DNNs [J]. arXiv preprint arXiv：1408. 2873，2014.

[12]　http：//colah. github. io/posts/2015-08-Understanding-LSTMs/

[13]　Fathi Y，Erfanian A. Stacked recurrent neural network for decoding of reaching movement using local field potentials and single-unit spikes [C]. International IEEE/EMBS Conference on Neural Engineering. IEEE，2017：672-675.

13 自编码器

自编码器（Auto-encoder，AE），也称为自动编码器，是一种通过无监督学习，对输入数据进行表征学习（Representation Learning）得到输入数据的高效表示的人工神经网络。常见的自编码器结构是一个输入和输出相同的神经网络，这个网络的目标是使输出是输入的重构。自编码器在其研究早期是为了解决表征学习中的“编码器问题（Encoder Problem）”而出现的，即基于神经网络的降维问题而提出的联结主义模型的学习算法。现在，自编码器结构在降维、降噪、重构、聚类、机器翻译、异常检测等任务中具有广泛的应用。本章13.1节首先对自编码器及各种衍生算法进行简要介绍，衍生算法包括稀疏自编码器、去噪自编码器、变分自编码器等；后续三节会对这三种衍生算法结合具体的实例进行详细介绍。

13.1 自编码器简介

13.1.1 回顾：监督学习、半监督学习、无监督学习

在介绍自编码器之前，首先回顾监督学习、半监督学习与无监督学习的概念。

在监督学习任务中，已有的数据集中包括输入（数据）、输出（标签）以及输入和输出之间的对应关系。根据这种已知的关系，通过训练得到一个最优的模型。也就是说，在监督学习中训练数据是有标签的。以课程的学习过程为例，模型的整个训练过程是一个“做题→对照答案→反思提高”的过程。通过训练，让模型学习到输入数据（题目）和标签（答案）之间的联系，从而在面对没有标签的数据时，可以推理出标签。常见的属于监督学习的任务包括回归、分类等。自监督学习是监督学习的一个特例，其标签产生自输入数据。要获得一个自监督的模型，需要一个合适的目标和一个损失函数。一般来说，自监督的目的并不是要求模型在像素级上精确重构输入，而是学习到高级的抽象特征。

对于半监督学习，部分数据有标签，部分数据没有标签。模型在有标签数据和无标签数据混合成的数据上进行训练，通过引入无标签数据改善模型的训练效果。常见的属于半监督学习的算法包括：自训练算法、基于图的半监督算法等。

对于无监督学习，数据没有标签，是一个模型“自学成才”的过程，模型在没有标签的

数据上发现数据的特点。还是以课程的学习过程为例，无监督学习就是即使我们不懂语文、数学、英语，但是我们还是可以将语文、数学、英语这些题目分开。因为对于同一学科下的题目，表现形式具有一定的相关性，比如全是字母的题目很可能是英语，公式和数字很多的题目很可能是数学。常见的属于无监督学习的任务是聚类，包括第 3 章中的主成分分析（PCA）算法、第 5 章中的 K 均值聚类（K-means）算法、高斯混合模型（GMM）以及等度量映射 ISOMAP 算法等。

13.1.2 生成模型与判别模型

接下来先简要介绍生成模型与判别模型。在这一章节中即将介绍的变分自编码器（Variational Auto-encoder，VAE）就是一种生成模型（generative model）。变分自编码器和生成对抗网络（Generative Adversarial Networks，GAN）是两种常用的生成模型。

在机器学习任务中，我们常常需要解决从属性 X 预测标记 Y 的问题，即求概率 $P(Y|X)$。判别式模型对未见示例 X，根据 $P(Y|X)$，预测标记 Y，即可以直接判别。如图 13-1（a）所示，我们通过学习，得到了判别边界。当判断一个新样本时，可以通过判别边界直接进行判别。线性回归模型、支持向量机等都是判别式模型。而生成式模型的处理方式则不同。生成模型是指在给定某些隐含参数的条件下，能够随机生成观测数据的模型。对于生成式模型，针对未见示例 X，需要求出 X 与不同标记之间的联合概率分布 $P(X,Y)$，最大的即 X 的标记，即：

$$P(Y|X)=\frac{P(X,Y)}{P(X)} \tag{13-1}$$

如图 13-1（b）所示，对于未见示例（黑色的方块），求黑色方块和空心圆、实心圆的两个联合概率分布，比较一下，大的即为黑色的方块所属的类别。高斯混合模型（Gaussian Mixture Model，GMM）、朴素贝叶斯（Naive Bayes）模型、隐马尔可夫模型（Hidden Markov Model，HMM）等都是生成模型。生成模型能够模拟模型中任意变量的分布情况，判别模型只能根据观测变量得到目标变量的采样。接下来要学习的自编码器也是一种生成模型。

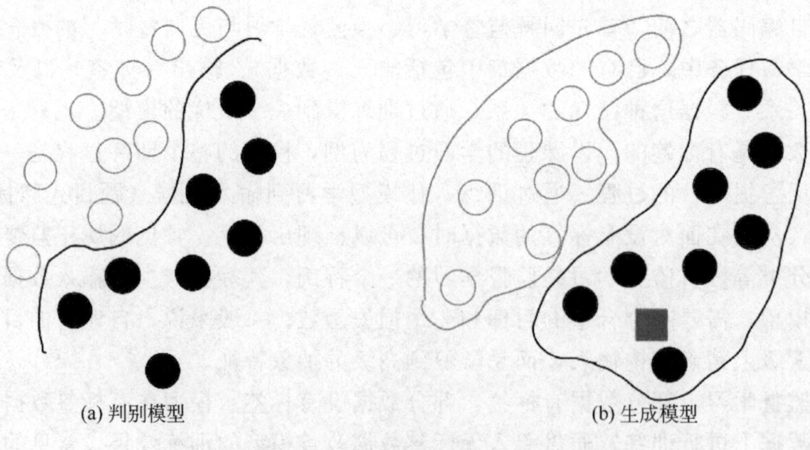

(a) 判别模型　　(b) 生成模型

图 13-1　判别模型和生成模型

13.1.3 自编码器的公式化表述

自编码器是一种自监督的表征学习方法，由编码器和解码器两部分组成。编码器将原始输入压缩成为潜在空间内的特征，解码器以来自潜在空间特征为输入，尝试重构原始输入，通过这一过程学习到输入数据的有效表征。

给定输入空间 $\boldsymbol{X} \in \mathcal{X}$ 和特征空间 $\boldsymbol{H} \in \mathcal{F}$，自编码器求解两者间的映射 f，g，使输入和输出之间的重建误差最小。其中 f 为编码器，g 为解码器。

$$
\begin{aligned}
&f: \mathcal{X} \rightarrow \mathcal{F} \\
&g: \mathcal{F} \rightarrow \mathcal{X} \\
&f, g = \underset{f,g}{\operatorname{argmin}} \| \boldsymbol{X} - g[f(\boldsymbol{X})] \|^2
\end{aligned}
\tag{13-2}
$$

由编码器输出的特征 $f(\boldsymbol{X})$，就是得到的潜在空间内的特征。$f(\boldsymbol{X})$ 是对原始输入 $\boldsymbol{X}$ 的降维和有用信息的提取。与之前的章节中讨论的各种神经网络相同，编码器和解码器的参数可以通过最小化损失函数的方法进行优化，损失函数根据不同的任务需要进行设计。可应用随机梯度下降（Stochastic Gradient Descent，SGD）、Adam 等不同优化算法实现损失函数最小化。

13.1.4 关于自编码器的讨论

自编码器通常具有压缩编码能力。压缩编码起到了“信息瓶颈”的作用。如果没有信息瓶颈，网络就会将输入值通过网络传递，并且只学会记住输入值，这样的编码器没有任何实际意义。压缩编码通过限制完整网络可以传递的信息量，迫使网络学习压缩输入数据，从而获得更有用的更高维的特征表示。从自编码器获得有用特征的一种方法是限制特征 $\boldsymbol{h}=f(\boldsymbol{X})$的维度比输入 $\boldsymbol{X}$ 的维度小，这种编码维度小于输入维度的自编码器，称为欠完备（undercomplete）自编码器。学习欠完备的表示将强制自编码器捕捉训练数据中最显著的特征。需要注意的是，自编码器的压缩属于有损压缩，压缩后的信息少于原始信息，且不可恢复。且自编码器模型只适用于和训练数据相关的数据，比如用人脸数据训练的自编码器通常不能用于植物图像的特征提取任务。

自编码器本质上还是神经网络，神经网络一定要具有充分的“记忆能力”和“特征提取能力”。一般需要使用多层深度神经网络，从而更好地对隐含特征进行提取，根据不同的需要获得更有用的特征。为了获得更深层的架构，有学者提出了堆栈自动编码器（Stacked Auto-encoder，SAE）或者深度自编码器（Deep Auto-encoder）。编码器和解码器均可采用多层神经网络，既可以包含全连接层，也可以根据任务的需要采用卷积神经网络、循环神经网络等。

自编码器通过数据样本自动学习。这是自编码器的一个十分优良的特性，因为带标签的数据通常是比较昂贵的，对数据进行特征工程通常也是费时费力的工作。能自动通过数据样本进行学习意味着算法比较容易部署实现。自编码器在特定类型的输入任务中表现良好，并且不需要任何额外的特征工程工作，只需要适当的训练数据即可直接进行训练。

在前文中，我们提到，常见的自编码器结构通常是一个输入和输出相同或相近的神经网络，任务的目标是重构一样的输入。当输入与输出不完全一致时，网络结构只近似的复制输入，这样可以优先复制数据的部分特征，实现特殊的目的（比如对原始数据进行降噪，或者获取更加鲁棒的特征表示）。

13.1.5 常见的自编码器变体

自编码器本质上是一种通用的思想，进行不同的改动就可以产生许多种不同的变体。下面我们简要介绍三种常见的自编码器的变体：稀疏自编码器、去噪自编码器和变分自编码器，其中前两种为正则化自编码器。正则化自编码器的核心思想不是通过调整编码器和解码器从而限制模型容量，而是使用损失函数鼓励模型学习除了将输入复制到其输出之外的其他属性。

（1）稀疏自编码器（Sparse Auto-encoder）

一般来说，自编码器的隐层节点数小于输入层的节点数，即在训练过程中，自编码器倾向于去学习数据内部的规律，那么自编码器学习的结果很可能类似于主成分分析 PCA，得到的是输入数据的降维表示。如果设定隐层节点数大于输入层节点数，同时又想得到输入数据内一些有用的结构和规律，可以给自编码器加上一个稀疏性的限制，即在同一时间，只有某些隐层节点是“活跃”的，这样整个自编码器就变成稀疏的。在之后的小节中，我们会进一步学习稀疏自编码器。

（2）去噪自编码器（DAE）

和一般的自编码器不同的地方在于，去噪自编码器的训练过程中，输入的数据有一部分是“损坏”的。去噪自编码器的核心思想是，一个能够恢复出原始信号的神经网络表达未必是最好的，而能够对“损坏”的原始数据编码、解码，然后还能恢复真正的原始数据，这样的特征才是好的。如图 13-2 所示，对于输入的数据 $\boldsymbol{x}$，首先按照 q_D 分布进行加噪，破坏数据。从图中可以看出，加噪过程的一种做法是按照一定的概率将输入层的某些节点清零，然后将破坏后的数据 $\tilde{\boldsymbol{x}}$ 作为自编码器的输入进行训练。除了对输入层数据的处理不同，其余部分去噪自编码器与一般的自编码器完全类似。

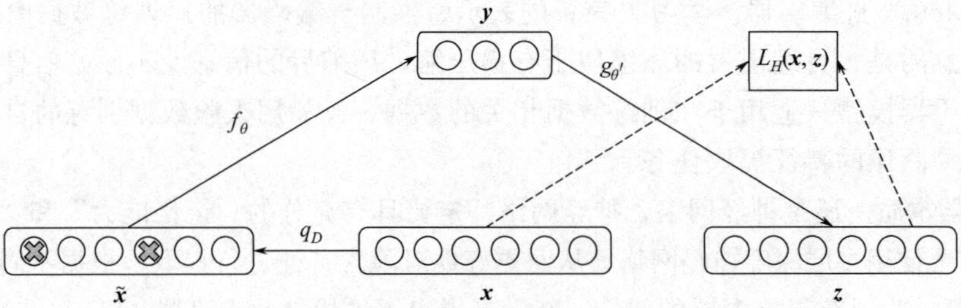

图 13-2　去噪自编码器示意图

（3）变分自编码器（VAE）

变分自编码器是一种非常重要的生成模型，图 13-3 是变分自编码器的示意图，图中，$\mathcal{N}$ 表示正态分布。可以观测到的数据是 $\boldsymbol{x}$，而 $\boldsymbol{x}$ 由隐变量 $\boldsymbol{z}$ 产生。由隐变量 $\boldsymbol{z}$ 到数据 $\boldsymbol{x}$ 是一个生成模型（θ 为生成模型的参数），从自编码器的角度来看，类似于解码器。而由数据 $\boldsymbol{x}$ 到隐变量 $\boldsymbol{z}$ 是一个判别模型（ϕ 为判别模型的参数），从自编码器的角度来看，类似于编码器。变分自编码器现在广泛地用于生成图像，当生成模型训练好了之后，可以用生

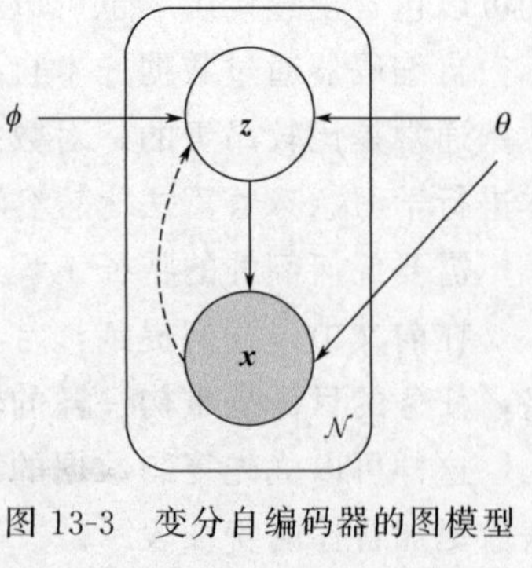

图 13-3　变分自编码器的图模型

成模型来生成图像了。变分自编码器是自编码器的一种非常实用的变体，在之后的小节中，将进一步学习。

13.2 稀疏自编码器

稀疏自编码器（Sparse Autoencoder，SAE）是普通自编码器的一种常见变种，其通过对隐层节点施加稀疏化约束以获得更加鲁棒的特征。在本节中，首先介绍了稀疏自编码器和堆栈自编码器（Stacked Autoencoder，SAE）的结构和工作方式，进而引出堆栈稀疏自编码器（Stacked Sparse Autoencoder，SSAE）。

13.2.1 稀疏自编码器结构

在上一节中，我们简单介绍了自编码器的概念，其结构如图 13-4 所示。自编码器最初提出是基于降维的思想，在训练过程中，自编码器倾向于去学习数据内部的规律，得到输入数据的降维表示，和 PCA 很类似，可将其看作非线性的 PCA 版本。因此一般来说，自编码器的隐层节点数是小于输入层的节点数的。但当隐层节点比输入节点多时，自编码器就会失去自动学习样本特征的能力。

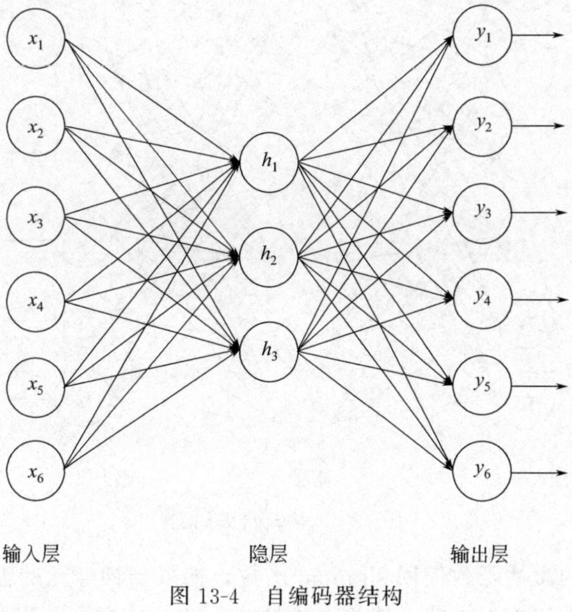

图 13-4　自编码器结构

如图 13-5 所示，某些情况下，我们需要学习高维的表示。这种情况下，普通的自编码器就不太容易工作，需要引入稀疏自编码器。顾名思义，稀疏自编码器就是对隐层节点进行一定的约束，进行一些稀疏性限制，希望尽管在隐层维数较大的情况下，也可以学习到一些有用的信息。这个稀疏性是针对自编码器的隐层神经元而言的，它通过对隐层神经元的大部分输出进行抑制使网络达到稀疏的效果，即在同一时间，只有某些隐层节点是"活跃"的，而其他节点都处于被"抑制"的状态。如图 13-6 所示，灰色的节点代表被"抑制"的状态，白色的节点表示“活跃”的状态。

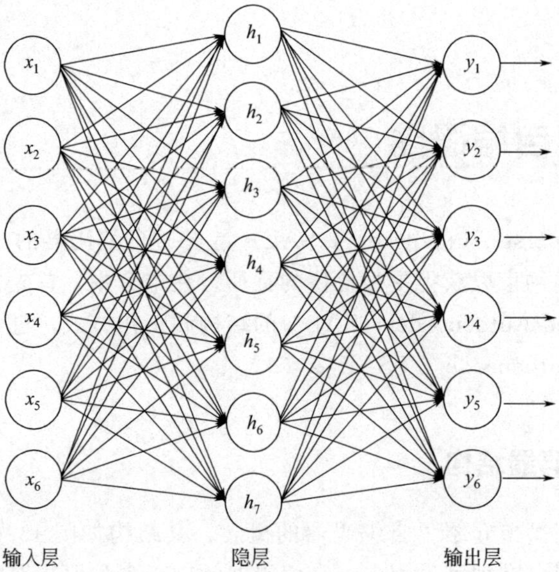

图 13-5　高维隐层自编码器

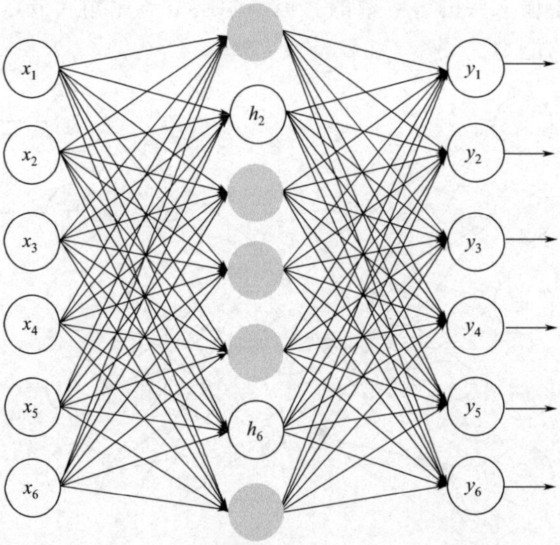

图 13-6　稀疏自编码器

这里假设神经元的激活函数使用 sigmoid 函数，如果当神经元的输出接近于 1 时，认为它被激活；而它的输出接近于 0 时，认为它被抑制。添加这样一个限制，使得任意一个神经元在大部分的时间都处于被抑制的状态，这样的限制就被称作稀疏性限制。需要注意的是，如果使用 tanh 作为激活函数的话，则当神经元输出为接近−1 的时候，认为神经元是被抑制的。

假设只有一层隐层，那么 $a_j^{(2)}$ 代表隐层神经元 j 的激活程度，这里定义 $a_j^{(2)}(\boldsymbol{x})$ 来表示给定输入为 $\boldsymbol{x}$ 的情况下，自编码神经网络的隐层神经元 j 的激活度。进而我们可以定义神经元 j 在训练集不同输入下的平均活跃度 $\hat{\rho}_j$，则有：

$$\hat{\rho}_j=\frac{1}{m}\sum_{i=1}^{m}\left[a_j^{(2)}\left(\boldsymbol{x}^{(i)}\right)\right] \tag{13-3}$$

式中，m 为输入样本数；$\boldsymbol{x}^{(i)}$ 代表第 i 个输入样本，$a_j^{(2)}(\boldsymbol{x}^{(i)})$代表在 $\boldsymbol{x}^{(i)}$ 输入下的隐层神经元 j 的激活度。对所有样本下的神经元 j 的激活度取平均值，就可得到该神经元的平均激活度 $\hat{\rho}_j$。

一般情况下，网络需要增加一条限制约束：

$$\hat{\rho}_j=\rho \tag{13-4}$$

式中，ρ 为稀疏性参数，一般情况下是一个很接近 0 的数（经常取 0.05)。换句话说，我们希望每个隐层神经元 j 的平均激活值接近 0.05。为了满足这个约束，大部分隐层单元的激活度必须接近于 0。

为了实现稀疏性的限制，在训练网络时需要向优化目标函数中加入一个额外的惩罚因子，用于惩罚那些平均激活度 $\hat{\rho}_j$ 和给定的稀疏性参数 ρ 有显著不同的情况，从而使隐层神经元的平均活跃度向给定的 ρ 值靠拢。惩罚因子的具体形式有很多种，而最为常见的选择是用相对熵，即 KL 散度（Kullback-Leibler Divergence）来定义。KL 散度是一种标准的用来测量两个分布之间差异的方法，公式如下：

$$\mathrm{KL}(\rho \parallel \hat{\rho}_j)=\rho\log\frac{\rho}{\hat{\rho}_j}+(1-\rho)\log\frac{1-\rho}{1-\hat{\rho}_j} \tag{13-5}$$

KL 散度可以很好地描述某个隐层节点的平均激活输出和我们设定的稀疏度 ρ 之间的相似性，该值越大代表 ρ 和 $\hat{\rho}_j$ 之间相差越大，而值为零则代表二者完全相等。值得注意的是，KL 散度是非负的，仅在 $\hat{\rho}_j=\rho$ 时取得零值。

自编码器训练的时候需要最小化 KL 散度，则加入了稀疏性惩罚因子的总体代价函数可以表示为：

$$J_{\text{sparse}}(\boldsymbol{W},b)=J(\boldsymbol{W},b)+\beta\sum_{j=1}^{s_2}\mathrm{KL}(\rho \parallel \hat{\rho}_j) \tag{13-6}$$

式中，$J(\boldsymbol{W},b)$代表输出层和输入层之间的误差函数；β 代表稀疏性惩罚因子的权重，是一个超参数。前一项用于最小化输入与输出之间的重建误差，后一项则用于最小化神经元活跃度与预设值之间的差异，约束自编码器的稀疏程度。

实际上，由于稀疏自编码器的主要结构与标准自编码器完全相同，稀疏自编码器只有一个主要变化——增加了 KL 散度损失以确保隐层的稀疏性，如果将两者的重构结果进行比较，即使隐层中的单元数量相同，稀疏自编码器也会比标准自编码器好很多。

对稀疏自编码器做一个总结。由于自编码器的目的是对输入降维并提取特征，其隐层节点数需要小于输入特征数，否则将无法正常提取输入信息中的特征。为了遵循高维、稀疏的原则，想要增加隐层节点数的同时又要较好地提取到输入中的特征，就需要引入稀疏性限制，这就是稀疏自编码器的核心思想。稀疏自编码器在自编码器的基础上加入了稀疏性限制，对隐层的每个神经元进行抑制，使得自编码器可以在隐层神经元数目很大的情况下正常使用，并提取出高维表示下的特征，这种高维的特征往往包含着更多的信息。

13.2.2 堆栈自编码器结构

堆栈稀疏自编码器，是稀疏自编码器的堆叠形式，由稀疏自编码器逐层堆叠而成。

普通自编码器和稀疏自编码器都是整体进行训练的，也就是说搭建完成这样的自编码器的一个整体架构之后，其参数的更新是从输出层一直反向传播到输入层的，当训练完成后，所有层的参数迭代将终止。而堆栈自编码器则不然，其训练方式为“逐层训练”。比如首先训练一个三层的神经网络，等训练结束之后将输出层拿掉，就得到了输出的一个特征表达。这时再将特征表达 $\boldsymbol{h}$ 作为输入层，训练一个新的自编码器，就又可以得到一个新的特征表达，这样就体现了“逐层堆叠”的思想，也就是堆栈自编码器的主体思路，整个训练过程不是一蹴而就的，而是类似于盖房子一样，逐层进行搭建。

下面我们来看一个训练的实例。假设希望训练一个包含若干隐层的堆栈自编码器，来实现一个分类问题。首先要将原始数据输入第一个自编码器中，令其学习到原始数据的一阶特征表达，如图 13-7 所示，自编码器通过对输入层进行重构获得隐层 1。这里 $x_1 \sim x_6$ 表示输入层神经元，$h_1^1 \sim h_5^1$ 表示隐层 1 的神经元，$\hat{x}_1 \sim \hat{x}_6$ 表示输出层神经元。

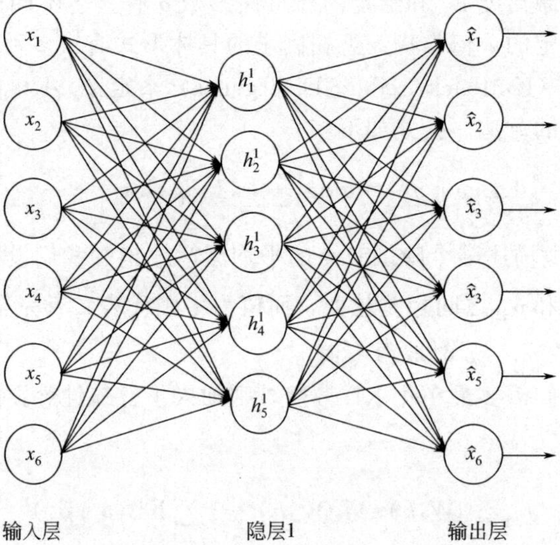

图 13-7　堆栈自编码器隐层 1 训练图

当训练完成后，剔除输出层的神经元，保留隐层 1 的神经元，然后将隐层 1 的神经元作为输入，训练隐层 2，如图 13-8 所示。逐层训练之后，得到隐层 n，这时将隐层 n 的特征作为输入，连接一个 softmax 层来实现分类问题。假设分类问题中类别个数为 3，原理图如图 13-9 所示。其中 $y_1 \sim y_3$ 代表 softmax 的输出，其代表输出为每个类别的概率，总和为 1。

最后将隐层拼接在一起，就可以得到一个堆栈自编码器网络，可以用来处理三分类问题，其结构图如图 13-10 所示。逐层训练的堆栈自编码器具有强大的表达能力及深度神经网络的优点。并且，它通常能够获取到输入的“层次型分组”或者“部分-整体分解”结构。堆栈自编码器的第一层会学习得到原始输入的一阶特征（比如图片里的边缘），第二层会学习得到二阶特征，该特征对应一阶特征里包含的一些模式（比如在构成轮廓或者角点时，什么样的边缘会共现）。堆栈自编码神经网络的更高层还会学到更高阶的特征，比如输入是一张猫狗识别图像，堆栈自编码器的第一层隐层可能会学习到图片的边界，第二层隐层可能会学习到图片的轮廓，更高阶的隐层可能会学习到鼻子嘴巴等更有意义的信息。

对于这样的逐层训练方式，网络的学习会更深入，因为下一层隐层仅仅由上层单层训练，其效率也会更高。另外，这种逐层训练的方式也有一些其他网络会采用，例如深度信念网络（Deep Belief Nets，DBN），也是通过这种逐层训练的方式训练的。

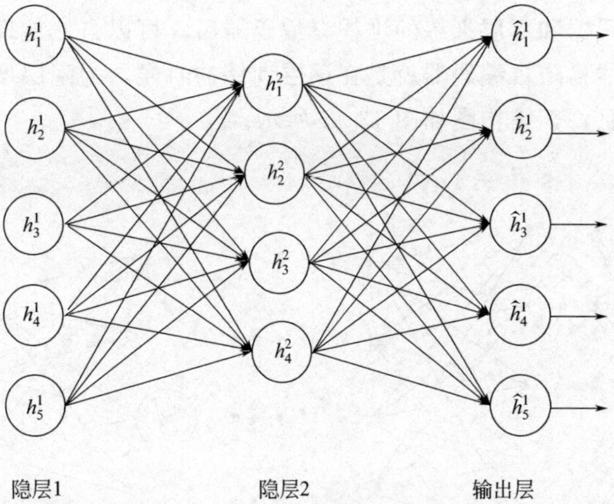

图 13-8　堆栈自编码器隐层 2 训练图

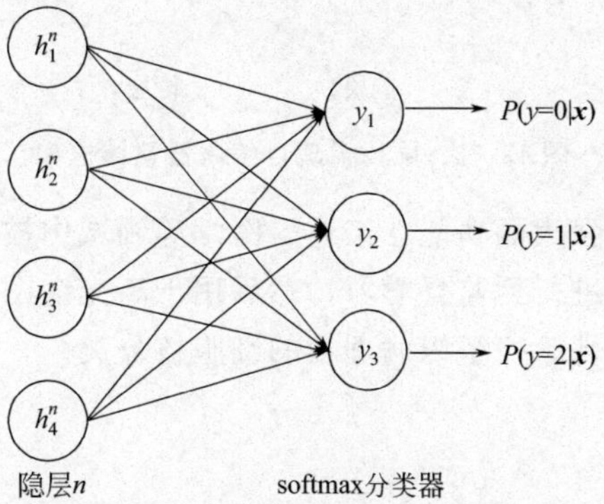

图 13-9　堆栈自编码器分类器训练图

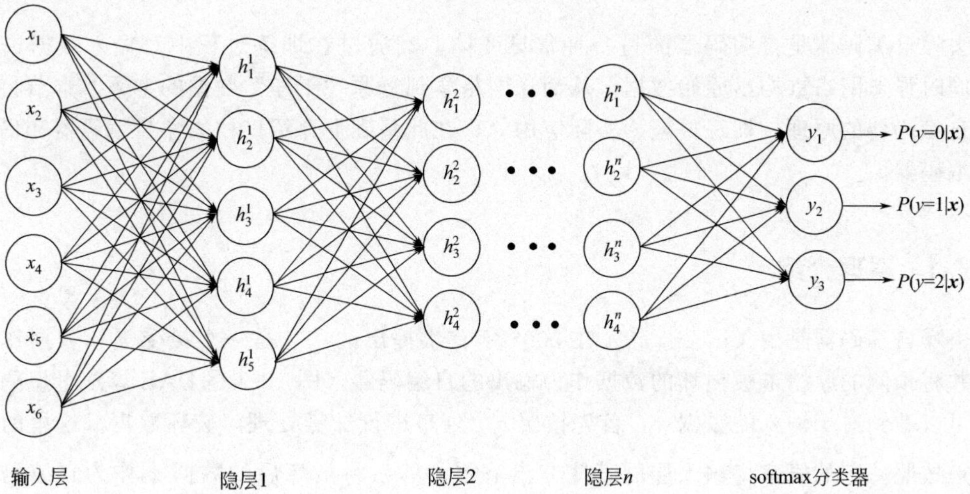

图 13-10　堆栈自编码器整体框架

13.2.3 堆栈稀疏自编码器

了解了稀疏自编码器和逐层训练的堆栈自编码器后，可以自然地理解堆栈稀疏自编码器算法。顾名思义，堆栈稀疏自编码器就是在逐层训练的时候，为隐层增加稀疏化约束，以求学习到更加优秀的信息，其结构图如图 13-11 所示。

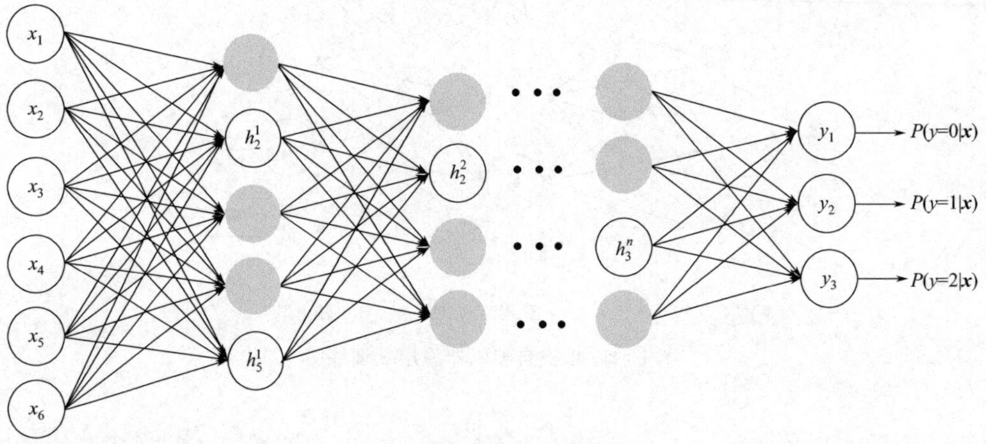

图 13-11 堆栈稀疏自编码器整体框架

堆栈稀疏自编码器因其强大的功能在工业、医学等领域中被广泛使用，可以通过堆栈稀疏自编码器对光谱空间特征进行无监督学习，然后用于高光谱图像分类；也可以应用在旋转机械故障诊断中；或者用于乳腺癌组织病理学的细胞核分类。

13.3 去噪自编码器

去噪自编码器是自编码器的另一种常见变体，其通过在训练过程中对输入数据进行损坏，同时强迫网络重构出原始数据，从而让网络学到复原“干净”数据的本领。本节将介绍去噪自编码器的原理、训练过程、实际应用等，在此基础上介绍堆栈去噪自编码器和稀疏去噪自编码器。

13.3.1 原理介绍

去噪自编码器是由 Vincent 等人在 2008 年首次提出的，它是一类接受损坏数据作为输入，并将预测的原始未被损坏的数据作为输出的自编码器。图 13-2 是 DAE 算法思想的示意图，可以看到对于输入的数据 $\boldsymbol{x}$，首先按照 q_D 分布进行加噪处理，破坏数据。这里的加噪过程是按照一定的概率将输入层的某些节点清零，然后将破坏后的数据 $\tilde{\boldsymbol{x}}$ 作为自编码器的输入数据进行训练。编码器部分对于损坏的输入数据提取隐特征，并交给解码器进行解码，整个过程的优化目标为最小化重构数据 $\hat{\boldsymbol{x}}$ 和原始数据 $\boldsymbol{x}$ 的差异。可以看到这个流程中，除了对输入层数据的处理不同，其余部分去噪自编码器算法与普通的自编码器算法相同。

简单回顾一下自编码器的原理。给定输入空间 $\boldsymbol{X}\in\mathcal{X}$ 和特征空间 $\boldsymbol{H}\in\mathcal{F}$，自编码器求解两者间的映射 f，g，使输入和输出之间的重构误差最小。f 表示输入数据到隐特征的映射，g 表示隐特征到输出重构数据之间的映射。

对于去噪自编码器，设 $\tilde{\boldsymbol{x}}$ 是样本 $\boldsymbol{x}$ 经过损坏过程 $C(\tilde{\boldsymbol{x}}|\boldsymbol{x})$ 产生的损坏数据，f 表示损坏数据到隐特征的映射，g 表示隐特征到重构数据的映射。则编码过程可以表示为：

$$\boldsymbol{h}=f(\tilde{\boldsymbol{x}})=s_f(\boldsymbol{\omega}\tilde{\boldsymbol{x}}+\boldsymbol{b}) \tag{13-7}$$

解码过程表示为：

$$\hat{\boldsymbol{x}}=g(\boldsymbol{h})=s_g(\boldsymbol{\omega}'\boldsymbol{h}+\boldsymbol{b}') \tag{13-8}$$

$\theta=(\boldsymbol{\omega},\boldsymbol{\omega}',\boldsymbol{b},\boldsymbol{b}')$ 是去噪自编码器中需要通过训练得到的参数，由编码器输出的特征 $\boldsymbol{h}$ 就是需要的隐空间内的隐特征，$\hat{\boldsymbol{x}}$ 是重构数据。

与自编码器的原理相比，去噪自编码器与自编码器使用的训练数据不同，根本原因是去噪自编码器引入了加噪声的过程。具体来说噪声可以分为三种。

① 第一种是加性，各向同性的高斯噪声。

② 第二种是掩盖噪声，简单说就是对于每一个样本，随机选取它的一部分，将其值强制变为 0。

③ 第三种是图像处理里面常用的椒盐噪声，即对于每一个样本，随机选取它的一部分，将其值设为最大值，而将另一部分的值设为最小值。在图像中这个操作就是设为灰度值为 255 的黑色或者灰度值为 0 的白色。在去噪自编码器中的椒盐噪声一般用于原始干净数据为二元分布或者近似二元分布的情况。

在本书中主要考虑的噪声是第二种，也就是正如图 13-2 中所画的那样，类似于 dropout 操作。

对于训练样本集 $D=\{\boldsymbol{x}^{(i)}\}_{i=1}^{N}$，DAE 的整体损失函数可具体表示为：

$$L(\theta)=\frac{1}{N}\sum_{\boldsymbol{x}\in D}\frac{1}{2}\|\boldsymbol{x}-\hat{\boldsymbol{x}}\|_2^2+\frac{\lambda}{2}(\|\boldsymbol{\omega}\|_F^2+\|\boldsymbol{\omega}'\|_F^2) \tag{13-9}$$

式中，λ 为权重约束项，其目的是减小权重的幅度，防止过拟合。这里要注意两点：首先，损失函数为重构数据与原始数据之间的差异，而不是重构数据与损坏数据之间的差异；其次，这里假设所有样本的损失过程 $C(\tilde{\boldsymbol{x}}|\boldsymbol{x})$ 都相同。

13.3.2 训练过程

去噪自编码器的训练步骤如下。

① 从输入数据中采样得到一个样本 $\boldsymbol{x}$，这里的输入数据是指没有损坏的原始数据；

② 从 $C(\tilde{\boldsymbol{x}}|\boldsymbol{x})$ 中生成一个损坏样本 $\tilde{\boldsymbol{x}}$；

③ 将 $(\boldsymbol{x},\tilde{\boldsymbol{x}})$ 作为训练样本来估计自编码器的重构分布：

$$P_{\text{reconstruct}}(\boldsymbol{x}|\tilde{\boldsymbol{x}})=P_{\text{decoder}}(\boldsymbol{x}|\boldsymbol{h}) \tag{13-10}$$

训练过程如图 13-12 所示。在训练过程中可以简单地对上面的损失函数进行基于梯度法

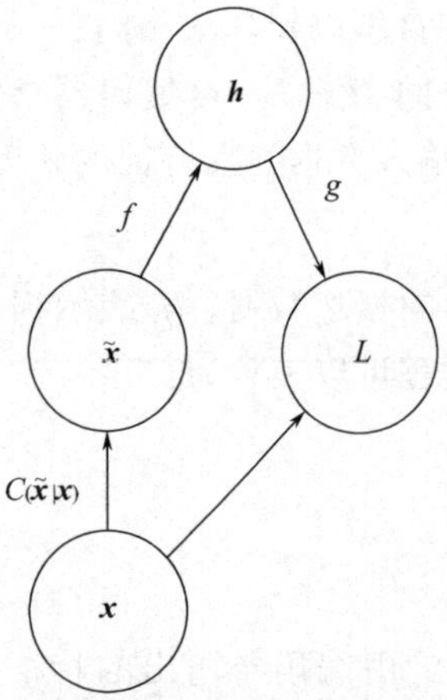

图 13-12　训练过程

（如小批量梯度下降）的近似最小化。只要编码器是确定性的，去噪自编码器就是一个前馈网络，并且可以使用与其他前馈网络完全相同的方式进行训练。

去噪自编码器在实际应用中的效果，如图 13-13 所示，是在 MNIST 的训练集上对去噪自编码器进行训练，对加入高斯白噪声的测试数据进行编码解码恢复的结果。对比输入和恢复的图片，可以看到去噪自编码器有很好的抗噪能力，恢复出的图片比较清晰。去噪自编码器的特征图显示为图 13-14。作为对比，原始的自编码器的特征图是图 13-15。从以上两幅特征图对比可以看出，去噪自编码器确实在训练后学习到了有效的特征提取，例如手写体数字的"转角"，这类特征更有代表性。

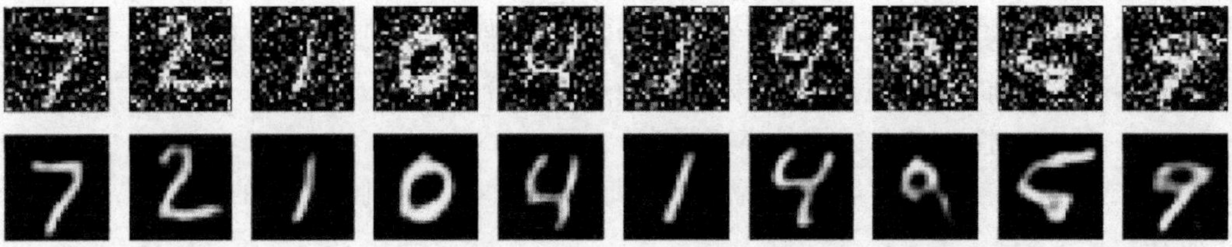

图 13-13　MNIST 数据集训练结果

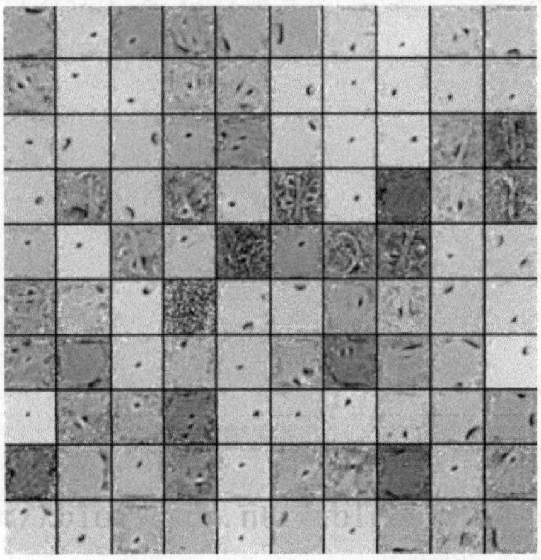

图 13-14　去噪自编码器特征图

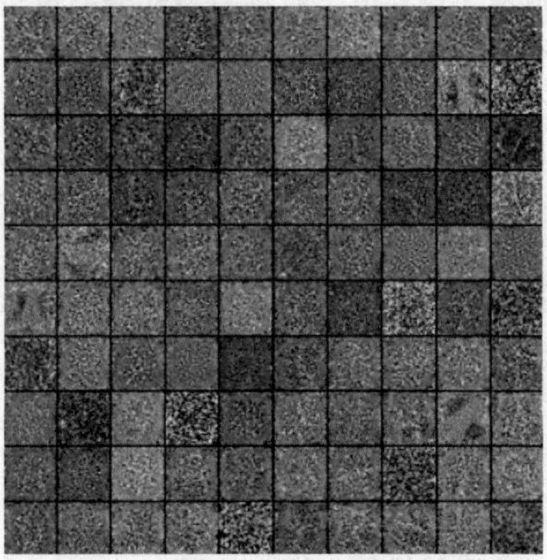

图 13-15　原始自编码器特征图

13.3.3　堆栈去噪自编码器

在深度学习时代有一个共识，随着网络深度的增加，如果参数选择合理，网络的性能很有可能得到一定的提升。那么自然地想到如果把去噪自编码器从一层结构变成多层结构，是否能得到性能更加优秀、更能反映输入数据隐含特征而且对抗噪声能力更强的编码器呢？Stacking DAE（SDAE）算法由此诞生，它是 DAE 算法的扩展，是由 DAE 算法的提出者 Vincent 等人在 2010 年提出，如图 13-16 所示。

SDAE 算法的步骤如下：

① 按照前述去噪自编码器训练流程，利用加噪的输入数据，训练第一级去噪自动编码

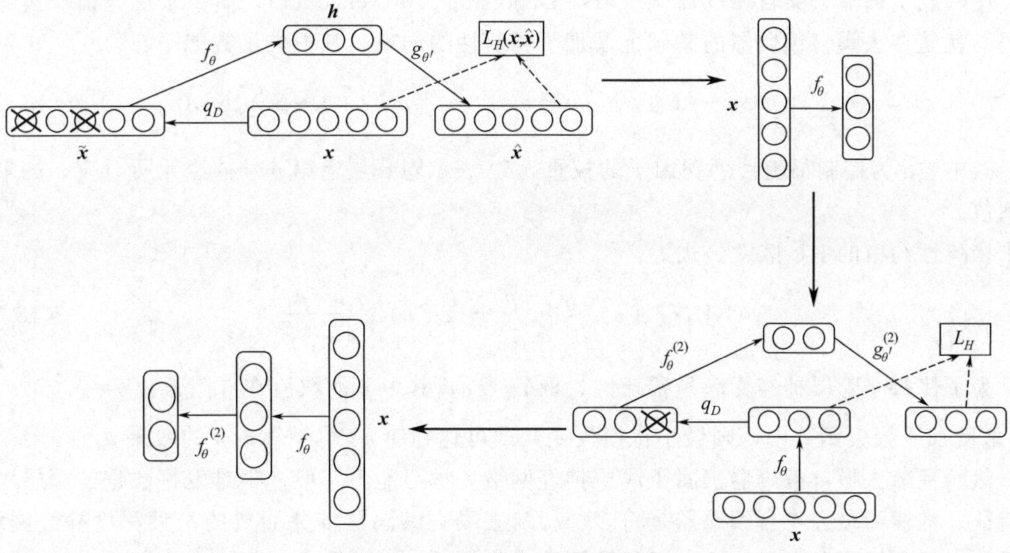

图 13-16　堆栈去噪自编码器

器，其中学习到的编码函数（或者称作编码映射）为 f_θ。

② 将干净的原始输入数据输入到第①步学习到的编码函数 f_θ，得到干净输入数据的隐特征。

③ 将干净数据对应的隐特征作为第二层去噪自编码器的原始干净数据，加上噪声来训练第二层去噪自动编码器，以得到第二层编码函数 $f_\theta^{(2)}$。

④ 将干净的原始输入数据输入 f_θ 和 $f_\theta^{(2)}$，得到第二层去噪自编码器提取的隐特征又可以作为第三层的输入数据。

这个流程可以依此类推重复下去，直到达到预设的编码器数目。这种多层编码器嵌套的结构叫做堆栈自编码器。

训练完堆栈去噪编码器后，还可以在栈顶增加一个输出层，如图 13-17 所示。通过对监督损失进行梯度下降，对整个系统的参数进行微调（fine-tuning），以最小化预测监督目标（如标签类别）的误差。同样以 MNIST 手写数字数据集为例，这里可以训练一个堆栈去噪自编码器，然后在栈顶增加一个输出层，用来进行数字分类任务，进而根据这个任务构造损失函数进行梯度下降，以微调前面整个系统的参数。

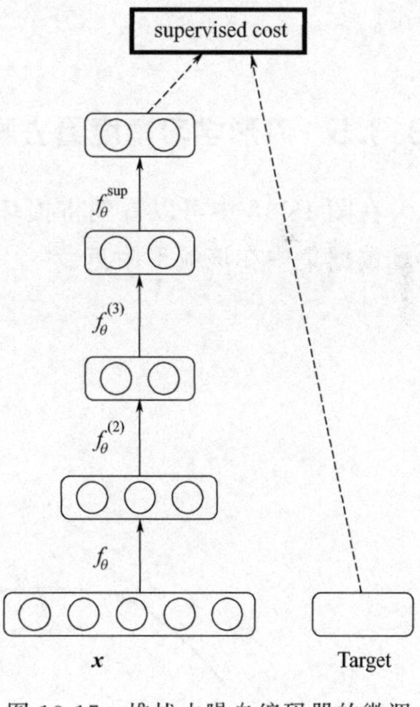

图 13-17　堆栈去噪自编码器的微调

13.3.4　稀疏去噪自编码器

13.2 节中着重介绍了稀疏自编码器，稀疏自编码器的隐藏层满足一定的稀疏性，从而对输入数据进行压缩降维。为使自编码器同时具有稀疏性和鲁棒性，将 SAE 和 DAE 组合起来，便构成了稀疏去噪自编码器（Sparse Denoising Auto-encoder）。简单来说，稀疏去噪自编码器就是在去噪自编码器的基础上添加了稀疏性的约束，其损失函数如下：

$$L=\frac{1}{N}\sum_{x\in D}\frac{1}{2}\|\boldsymbol{x}-\hat{\boldsymbol{x}}\|_2^2+\frac{\lambda}{2}(\|\boldsymbol{\omega}\|_F^2+\|\boldsymbol{\omega}'\|_F^2)+\beta\sum_{j=1}^{k}\mathrm{KL}(\hat{\rho}_j\|\rho) \quad (13\text{-}11)$$

式中，β 为控制稀疏性惩罚因子的权重，$\hat{\rho}_j$ 表示隐藏层上第 j 号神经元所对应 x 的平均激活值。

其中稀疏性约束的 KL 散度公式为：

$$\mathrm{KL}(\hat{\rho}_j\|\rho)=\rho\ln\frac{\rho}{\hat{\rho}_j}+(1-\rho)\ln\frac{1-\rho}{1-\hat{\rho}_j} \quad (13\text{-}12)$$

为了使每个隐层神经元满足稀疏性，取 $\hat{\rho}_j=\rho$，其中 ρ 的取值在 0 附近（$\rho=0.05$）。将 KL 散度加入损失函数中，则最小化损失函数即可达到使 $\hat{\rho}_j$ 尽量靠近 ρ 的效果。

然而稀疏去噪自编码器仍属于浅层神经网络，学习能力一般，很难发掘数据的深层次本质特征。堆栈稀疏去噪自编码器是将多个稀疏去噪自编码器堆叠而成的一种深度神经网络，各稀疏去噪自编码器之间，前一层的隐层输出作为后一层的输入，依次连接至输出层。相比于单个稀疏去噪自编码器，堆栈稀疏去噪自编码器能更好地拟合训练样本，提取出更加抽象的特征，增强网络的学习能力和泛化能力。

总的来说，不论是从名字上，还是损失函数上都可以看出，稀疏去噪自编码器和堆栈稀疏去噪自编码器，相比于去噪自编码器和堆栈去噪自编码器，不同之处就在于稀疏性的约束。

13.3.5 流形学习角度看去噪自编码器

在图 13-18 中可以看到将损坏的样本映射到未损坏的样本的过程，其中具有一个低维流形，数据集中在该流形附近。

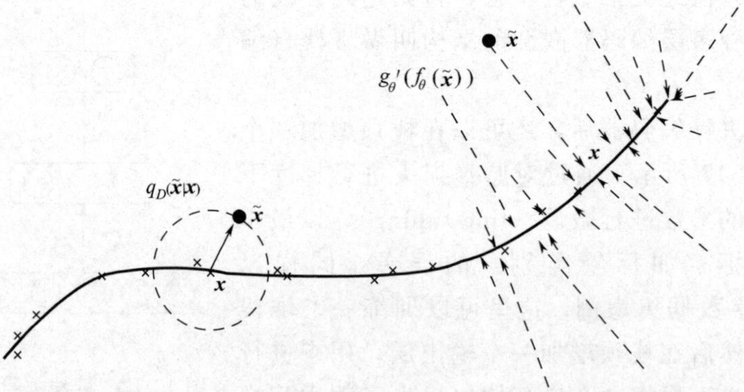

图 13-18 去噪自编码器的流形学习表示

假设训练集数据（用×表示）集中在低维流形附近，通过损坏过程 $q_D(\tilde{\boldsymbol{x}}|\boldsymbol{x})$ 生成的损坏样本（用实心圆点表示）落在离低维流形较远的地方。去噪自编码器模型要学习的就是将这些损坏样本“投射回”低维流形上的随机算子 $P(\boldsymbol{x}|\tilde{\boldsymbol{x}})$。值得注意的是，当 $\tilde{\boldsymbol{x}}$ 离流形较远时，随机算子 $P(\boldsymbol{x}|\tilde{\boldsymbol{x}})$ 应该学会做更大的步长，以到达流形。在极限情况下，可以知道算子

应该将即使是很远处的点也映射到流形附近的一个小体积上。

去噪自编码器因此可以被视为定义和学习流形的一种方式。中间表示 $\boldsymbol{Y}=f(\boldsymbol{X})$ 可以解释为流形上各点的坐标系（这里用 Y 代表经过编码器得到的隐特征，而不是用上述公式中的 $\boldsymbol{h}$，是为了更好地表达坐标系这个概念，直角坐标系一般使用 XY 表示横轴和纵轴）。一般而言，可以将 $\boldsymbol{Y}=f(\boldsymbol{X})$ 视为 $\boldsymbol{X}$ 的表示形式，它非常适合捕获数据中（即流形上）的主要变化。当在学习模型中引入其他条件（例如稀疏性）时，就不能再直接将 $\boldsymbol{Y}=f(\boldsymbol{X})$ 视为流形上点的显式低维坐标系，但是它保留了捕捉到的数据中主要变化因素的特性。

13.3.6 小结

去噪自编码器是在自编码器的基础上，训练数据加入噪声，来训练整个网络。因为在实际的测试数据中，噪声是不可避免的，采用有噪声的训练数据训练网络，神经网络就能够学习到不加噪声的输入特征和噪声的主要特征，能够使网络在测试数据中有更强的泛化能力。当然，也可以理解为：自编码器要学习获得去除噪声、获得无噪声图像的能力，因此，这就迫使编码器去学习输入信号的更加鲁棒的表达，它的泛化能力也就比一般编码器更强。DAE 的核心思想是，一个能够从输入中恢复出原始信号的神经网络表达未必是最好的，能够对“损坏”的原始数据编码、解码，然后还能恢复真正的原始数据，这样的特征才是好的特征。

对 DAE 有如下直观解释：DAE 有点类似人体的感官系统，比如人眼看物体时，如果物体某一小部分被遮住了，人依然能够将其识别出来。比如图 13-19 中，即使汽车被遮挡了一部分，但人眼还是能很好地识别出来。去噪自编码器要实现的也是类似这样的功能。

普通的自编码器的本质是学习一个相等函数，即输入和重构后的输出相等，这种相等函数的表示有个缺点就是当测试样本和训练样本不符合同一分布，即相差较大时，效果不好，去噪自编码器在这方面的处理有所进步。

图 13-19 被遮挡的汽车

13.4 变分自编码器

变分自编码器是另一种自编码器的拓展算法。自编码器分为两个部分：编码器和解码器。编码器可以是多层感知机、卷积神经网络。输入经过编码器得到潜变量，类似于降维，得到输入的主要成分，然后再通过解码网络恢复出原始输入。但是自编码器模型的潜变量不满足特定的分布，我们无法去凭空构造一个维度相同的潜变量让解码器生成一个与输入类似的样本。而变分自编码器在编码的过程中，对潜变量增加了额外约束，使得模型具有了更强的生成能力。

13.4.1 变分自编码器的引出

变分自编码器是自编码器的拓展算法之一，也是一类重要的概率生成模型，我们也可以从概率生成模型的角度认识它。概率生成模型与概率分布密切相关，因此按照是否显式定义概率密度函数，可以将概率生成模型分为显式密度模型和隐式密度模型，如图 13-20 所示。

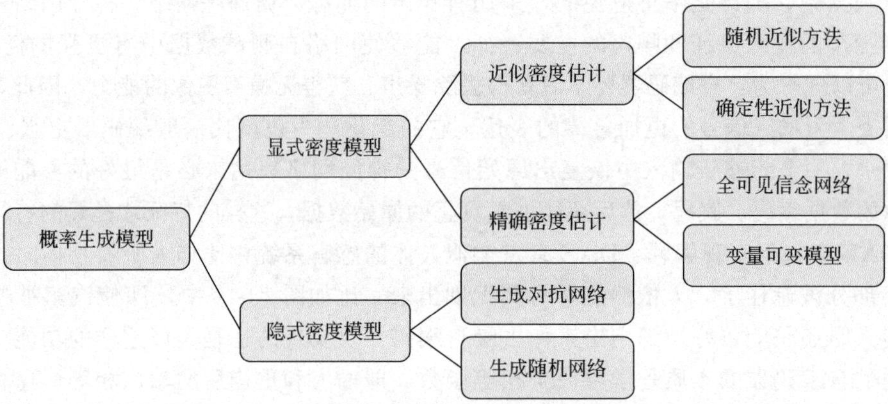

图 13-20　概率生成模型分类

隐式密度的生成模型不需要显式定义密度函数进行训练，从采样中实现模型的训练，典型的模型有生成随机网络（Generative Stochastic Networks，GSN）和生成对抗网络（Generative Adversarial Networks，GANs）。

基于显式密度的生成模型会定义显式的、易于求解计算的密度函数，然后利用最大似然原理来建立模型，这类模型可以分为精确密度估计和近似密度估计。精确密度估计有两种常见的方法，即全可见信念网络（Fully Visible Belief Networks）和变量可变模型（Change of Variables Models）；近似密度估计又可分为确定性近似方法和随机近似方法。随机近似方法多指马尔科夫链蒙特卡洛（Markov Chain Monte Carlo，MCMC）近似，该方法会保证所采样的有用样本被快速重复采样，在样本方差不大的情况下可以表现出较好的性能，但算法具有收敛慢、耗时长的缺点，使用这种近似策略的代表算法有玻尔兹曼机和深度玻尔兹曼机等；确定性近似主要指变分近似，变分自编码器就是变分近似的代表，优化证据下界（Evidence Lower Bound）来使对数似然函数最大。本节重点介绍变分自编码器的相关内容。

13.4.2 变分自编码器的推导

变分自编码器由 Diederik P. Kingma 和 Max Welling 提出。模型假设观测到的数据是

$\boldsymbol{x}$，而 $\boldsymbol{x}$ 由隐变量 $\boldsymbol{z}$ 产生，由 $\boldsymbol{z}\rightarrow\boldsymbol{x}$ 是生成模型 $p_\theta(\boldsymbol{x}|\boldsymbol{z})$，从自编码器（auto-encoder）的角度来看，就是解码器；而由 $\boldsymbol{x}\rightarrow\boldsymbol{z}$ 的过程是识别模型（recognition model）$q_\phi(\boldsymbol{z}|\boldsymbol{x})$，类似于自编码器的编码器。VAEs 现在广泛地用于生成图像，当生成模型 $p_\theta(\boldsymbol{x}|\boldsymbol{z})$ 训练好了以后，我们就可以通过在隐空间对 $\boldsymbol{z}$ 采样来生成图像。

首先，假定所有的数据都是独立同分布的（independently identically distribution，i. i. d），两个观测不会相互影响。利用对数最大似然法对生成模型 $p_\theta(\boldsymbol{x}|\boldsymbol{z})$ 做参数估计，似然函数的形式为：

$$\log p_\theta(\boldsymbol{x}^{(1)},\boldsymbol{x}^{(2)},\cdots,\boldsymbol{x}^{(N)})=\sum_{i=1}^{N}\log p_\theta(\boldsymbol{x}^{(i)}) \tag{13-13}$$

由于假设样本相互独立，所以概率可以拆成概率之积。又由于取了对数，所以变成了对数概率之和。VAEs 用识别模型 $q_\phi(\boldsymbol{z}|\boldsymbol{x})$ 去逼近真实的后验概率 $p_\theta(\boldsymbol{z}|\boldsymbol{x})$，可用 KL 散度来衡量两个分布的相似程度。

$$\begin{aligned}
&\mathrm{KL}(q_\phi(\boldsymbol{z}\mid\boldsymbol{x}^{(i)})\parallel p_\theta(\boldsymbol{z}\mid\boldsymbol{x}^{(i)}))\\
&=\mathbb{E}_{q_\phi(\boldsymbol{z}|\boldsymbol{x}^{(i)})}\log\frac{q_\phi(\boldsymbol{z}\mid\boldsymbol{x}^{(i)})}{p_\theta(\boldsymbol{z}\mid\boldsymbol{x}^{(i)})}\\
&=\mathbb{E}_{q_\phi(\boldsymbol{z}|\boldsymbol{x}^{(i)})}\log\frac{q_\phi(\boldsymbol{z}\mid\boldsymbol{x}^{(i)})p_\theta(\boldsymbol{x}^{(i)})}{p_\theta(\boldsymbol{z}\mid\boldsymbol{x}^{(i)})p_\theta(\boldsymbol{x}^{(i)})}\\
&=\mathbb{E}_{q_\phi(\boldsymbol{z}|\boldsymbol{x}^{(i)})}\log\frac{q_\phi(\boldsymbol{z}\mid\boldsymbol{x}^{(i)})}{p_\theta(\boldsymbol{z},\boldsymbol{x}^{(i)})}+\mathbb{E}_{q_\phi(\boldsymbol{z}|\boldsymbol{x}^{(i)})}\log p_\theta(\boldsymbol{x}^{(i)})\\
&=\mathbb{E}_{q_\phi(\boldsymbol{z}|\boldsymbol{x}^{(i)})}\log\frac{q_\phi(\boldsymbol{z}\mid\boldsymbol{x}^{(i)})}{p_\theta(\boldsymbol{z},\boldsymbol{x}^{(i)})}+\log p_\theta(\boldsymbol{x}^{(i)})
\end{aligned} \tag{13-14}$$

进行移项可得：

$$\begin{aligned}
\log p_\theta(\boldsymbol{x}^{(i)})&=\mathrm{KL}(q_\phi(\boldsymbol{z}|\boldsymbol{x}^{(i)})\parallel p_\theta(\boldsymbol{z}|\boldsymbol{x}^{(i)}))-\mathbb{E}_{q_\phi(\boldsymbol{z}|\boldsymbol{x}^{(i)})}\log\frac{q_\phi(\boldsymbol{z}|\boldsymbol{x}^{(i)})}{p_\theta(\boldsymbol{z},\boldsymbol{x}^{(i)})}\\
&=\mathrm{KL}(q_\phi(\boldsymbol{z}|\boldsymbol{x}^{(i)})\parallel p_\theta(\boldsymbol{z}|\boldsymbol{x}^{(i)}))+\mathcal{L}(\theta,\phi;\boldsymbol{x}^{(i)})
\end{aligned} \tag{13-15}$$

观察式（13-15），第一项可以写成 KL 散度的形式，可衡量近似后验分布与真实后验分布的距离。由于 KL 散度非负，所以有不等式 $\log p_\theta(\boldsymbol{x}^{(i)})\geqslant\mathcal{L}(\theta,\phi;\boldsymbol{x}^{(i)})$ 存在，因此第二项也被称为变分下界。图 13-21 展示了 VAE 的优化过程，目标是最大化似然函数 $\log p_\theta(\boldsymbol{X})$，不断优化变分下界，最后近似后验分布与真实后验分布的 KL 减小，逼近真实后验分布。

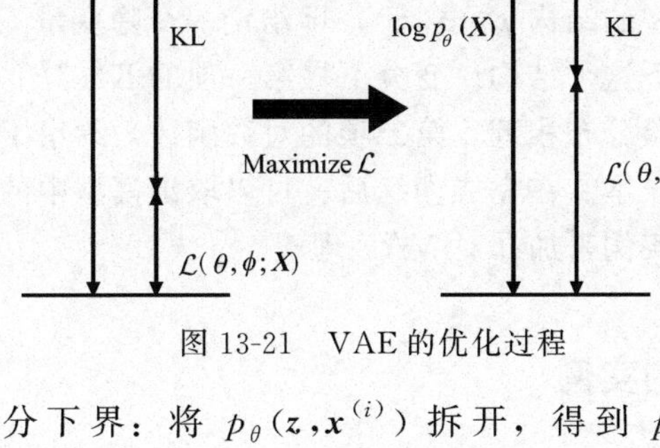

图 13-21　VAE 的优化过程

再来重新审视变分下界：将 $p_\theta(\boldsymbol{z},\boldsymbol{x}^{(i)})$ 拆开，得到 $p_\theta(\boldsymbol{x}^{(i)}\mid\boldsymbol{z})p_\theta(\boldsymbol{z})$，然后将

$p_\theta(\boldsymbol{x}^{(i)} \mid z)$ 分离出来，得到最后的表达式（13-16）：

$$\begin{aligned}\mathcal{L}(\theta,\phi;\boldsymbol{x}^{(i)}) &= -\mathbb{E}_{q_\phi(z|\boldsymbol{x}^{(i)})}\log\frac{q_\phi(z|\boldsymbol{x}^{(i)})}{p_\theta(z,\boldsymbol{x}^{(i)})} \\ &= -\mathbb{E}_{q_\phi(z|\boldsymbol{x}^{(i)})}\log\frac{q_\phi(z|\boldsymbol{x}^{(i)})}{p_\theta(\boldsymbol{x}^{(i)}|z)p_\theta(z)} \\ &= -\mathrm{KL}(q_\phi(z|\boldsymbol{x}^{(i)}) \parallel p_\theta(z)) + \mathbb{E}_{q_\phi(z|\boldsymbol{x}^{(i)})}\log p_\theta(\boldsymbol{x}^{(i)}|z)\end{aligned} \tag{13-16}$$

第一项是 KL 散度，衡量的是识别模型的后验分布与先验分布的距离；第二项表示生成模型的重建误差。最大化变分下界，就是最小化 KL 散度，以及最小化生成模型的重建误差。在后面具体的例子中，读者可以结合例子重新体会变分下界的这两个部分。

变分下界中，含有求解期望的部分，在实际的训练过程中，期望的计算通过蒙特卡洛采样实现，因此变分下界又可以写做：

$$\begin{aligned}&\widetilde{\mathcal{L}}(\theta,\phi;\boldsymbol{x}^{(i)}) \\ &= -\mathrm{KL}(q_\phi(z|\boldsymbol{x}^{(i)}) \parallel p_\theta(z)) + \mathbb{E}_{q_\phi(z|\boldsymbol{x}^{(i)})}\log p_\theta(\boldsymbol{x}^{(i)}|z) \\ &= -\mathrm{KL}(q_\phi(z|\boldsymbol{x}^{(i)}) \parallel p_\theta(z)) + \frac{1}{L}\sum_{l=1}^{L}\log p_\theta(\boldsymbol{x}^{(i)}|z^{(i,l)})\end{aligned} \tag{13-17}$$

对 z 连续采样 L 次，来近似公式中的期望求解。

此外，还需要对以下分布设置先验，才能正式启动算法。通常假设隐变量 z 的先验分布是均值为 $\mathbf{0}$、协方差为单位阵的高斯分布，识别模型的近似后验分布服从均值为 $\boldsymbol{\mu}$，协方差为 $\boldsymbol{\sigma}^2\boldsymbol{I}$ 的高斯分布，其中的 $\boldsymbol{\mu}$ 和 $\boldsymbol{\sigma}$ 由神经网络拟合得到。

$$\begin{gathered}p_\theta(z) = \mathcal{N}(z;\mathbf{0},\boldsymbol{I}) \\ q_\phi(z \mid \boldsymbol{x}^{(i)}) = \mathcal{N}(z;\boldsymbol{\mu}^{(i)},(\boldsymbol{\sigma}^{(i)})^2\boldsymbol{I})\end{gathered} \tag{13-18}$$

神经网络的训练通过反向梯度传播实现，为了保证梯度的回传，VAE 采用了重参数的技巧。

$$z^{(i,l)} = \boldsymbol{\mu}^{(i)} + \boldsymbol{\sigma}^{(i)} \odot \boldsymbol{\varepsilon}_l \tag{13-19}$$

其中，$\boldsymbol{\varepsilon}_l \sim \mathcal{N}(\mathbf{0},\boldsymbol{I})$，即 $\boldsymbol{\varepsilon}_l$ 从标准正态分布中采样得到。

13.4.3 变分自编码器的网络结构

图 13-22 展示了最原始的 VAE 的网络结构，结构图的左半边就是识别模型部分 $q_\phi(z|\boldsymbol{x})$，给定一个样本 $\boldsymbol{x}$ 输出一个隐变量 z，隐变量 z 是通过采样得到的，首先从 $\mathcal{N}(\mathbf{0},\boldsymbol{I})$ 中采样得到一个 $\boldsymbol{\varepsilon}$，然后乘以网络输出的标准差 $\boldsymbol{\sigma}$ 再加上均值 $\boldsymbol{\mu}$，得到隐变量 z。模型图的右半部分就是生成模型的结构 $p_\theta(\boldsymbol{x}|z)$，即给定一个隐变量 z 得到重建的 $\boldsymbol{x}$。

再结合变分下界来看一下这个结构。变分下界第一项的 KL 散度，约束的是识别模型部分，让识别模型的输出与先验分布相近。第二项的对数函数，约束了生成模型部分，让生成模型输出与原始输入相近的样本。在完成训练后就可以取出模型中的生成部分 $p_\theta(\boldsymbol{x}|z)$，进行新样本的生成。以下结合实例来加深对 VAE 理解。

13.4.4 变分自编码器的实例

本节中以 MNIST 作为变分自编码器的实例，使用全连接层对网络进行搭建，在编码器部分使用了两层全连接层，以 ReLU 为激活函数，编码器的隐层是 100 维，编码器的输出是 2 维的均值和 2 维的标准差。解码器的输入维度是 2 维的，通过均值层和标准差层的输出采样得到 2 维的潜变量，输入到解码器，通过两层全连接层输出维度是 784 的数据，也就是 28×28 维度的图片。

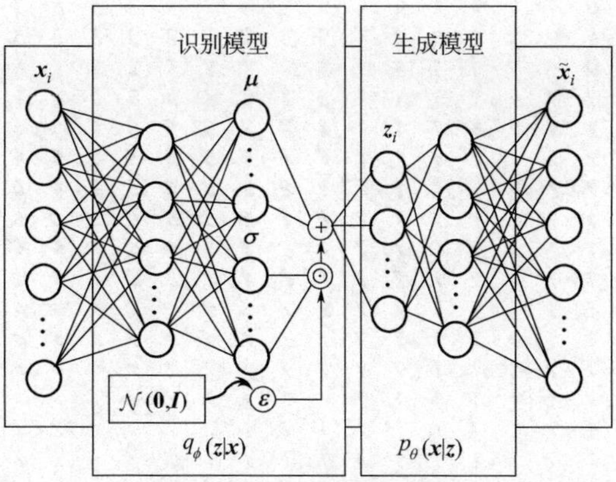

图 13-22　VAE 的网络结构

图 13-23 展示了模型经过 100 轮训练后的结果，虚线分隔线以上的部分表示原始的输入，虚线分隔线以下的部分是模型的对应输出。从结果图来看，模型能够重建出原始的输入。

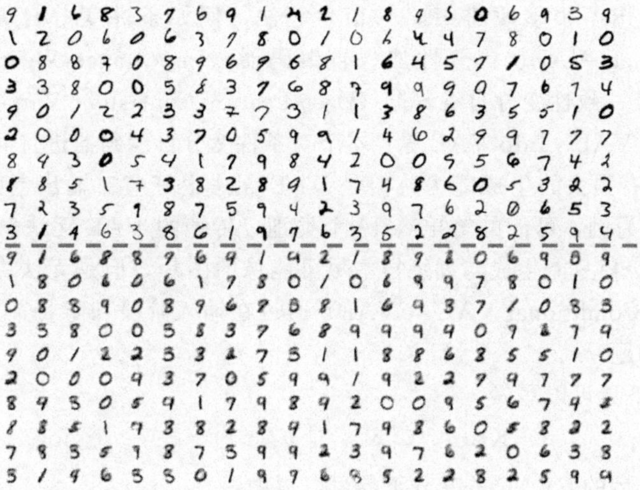

图 13-23　VAE 的重建结果

当然，普通的自编码器也能实现重建的功能，接下来展示变分自编码器的强项——在生成图片方面的表现。在 VAE 完成训练后，取出模型中的生成部分 $p_\theta(\boldsymbol{x}|z)$。由于设定隐空间的维度是 2 维，故在 2 维空间中，沿着 x 轴和 y 轴从 −2 到 +2 取值，取步长为 0.2，因此一共有 20×20 个 z 的采样。将采样得到的 z 输入到生成模型 $p_\theta(\boldsymbol{x}|z)$中，得到图 13-24。

从结果图上看，在隐空间上连续采样，采样区域不同，生成效果也不一样。比如，右上角生成的是不同形态的数字 3，左上角生成的是不同形态的数字 9。而且在部分区域，生成的数字同时具有临近数字的特征，例如左下角的数字在从 7 渐变成 1。这展示了 VAE 强大的生成能力。

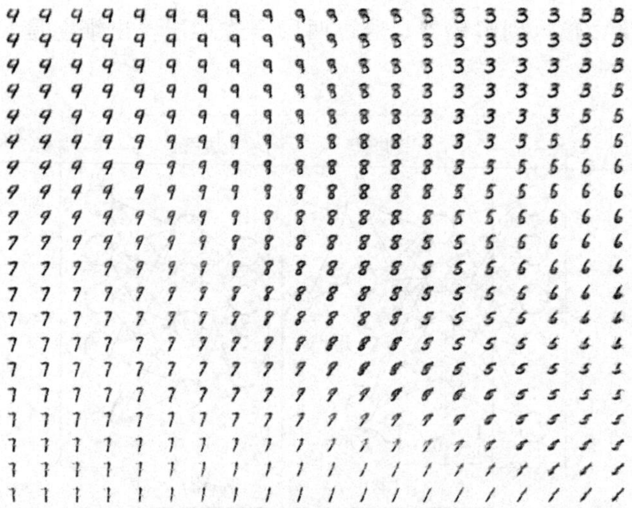

图 13-24　VAE 的生成效果

13.4.5　变分自编码器的拓展

变分自编码器目前得到学者的广泛研究与关注，是生成模型中最受欢迎的模型之一，学者们针对 VAE 提出了很多改进策略与衍生算法，例如条件变分自编码器（Conditional VAE，CVAE）、beta-VAE、重要性加权自编码器（Importance Weighted Autoencoders，IWAE）、深度特征一致性变分自编码器（Deep Feature Consistent Variational Autoencoder，DFCVAE）、Joint VAE、Info VAE 等，本节对条件变分自编码器进行简单介绍。

尽管 VAE 具有强大的生成能力，但是 VAE 无法很好应对输出空间是多模态的问题。以 MNIST 数据集为例，可能的输出有 10 个类别，传统的 VAE 无法解决一对多的映射问题。换句话说，VAE 只能生成与训练样本尽可能像的图片，但是无法决定输出的图片是哪个数字。CVAE（Conditional VAE，CVAE）通过在输入阶段和隐特征重构阶段引入标签，解决了一对多的问题。

VAE 的变分下界可以写做：

$$\mathcal{L}(\theta,\phi;\boldsymbol{x}^{(i)})=-\mathrm{KL}(q_\phi(\boldsymbol{z}|\boldsymbol{x}^{(i)})\parallel p_\theta(\boldsymbol{z}))+\mathbb{E}_{q_\phi(\boldsymbol{z}|\boldsymbol{x}^{(i)})}\log p_\theta(\boldsymbol{x}^{(i)}|\boldsymbol{z}) \tag{13-20}$$

引入标签信息后的 CVAE 的变分下界可以写做：

$$\begin{aligned}&\mathcal{L}(\theta,\phi;\boldsymbol{x}^{(i)}|\boldsymbol{c}^{(i)})\\&=-D_{\mathrm{KL}}[q_\phi(\boldsymbol{z}|\boldsymbol{x}^{(i)},\boldsymbol{c}^{(i)})\parallel p_\theta(\boldsymbol{z}|\boldsymbol{c}^{(i)})]+\mathbb{E}_{q_\phi(\boldsymbol{z}|\boldsymbol{x}^{(i)},\boldsymbol{c}^{(i)})}[\log p_\theta(\boldsymbol{x}^{(i)}|\boldsymbol{z},\boldsymbol{c}^{(i)})]\end{aligned} \tag{13-21}$$

式（13-20）和式（13-21）的区别体现在三个方面：①CVAE 的先验部分也与标签有关，写做 $p_\theta(\boldsymbol{z}|\boldsymbol{c}^{(i)})$；②模型的隐变量 $\boldsymbol{z}$ 的求取，不仅与 $\boldsymbol{x}$ 有关，也与 $\boldsymbol{c}$ 有关，所以模型的后验分布写做 $q_\phi(\boldsymbol{z}|\boldsymbol{x}^{(i)},\boldsymbol{c}^{(i)})$；③在模型的生成部分，生成的样本不仅与隐变量 $\boldsymbol{z}$ 有关，也与标签 $\boldsymbol{c}$ 有关，所以写做 $p_\theta(\boldsymbol{x}^{(i)}|\boldsymbol{z},\boldsymbol{c}^{(i)})$。

CVAE 的网络结构与 VAE 基本相同，只是在输入时把样本和标签拼接，在隐空间采样

出 z 后把 z 与标签拼接，训练按照式（13-21）进行。结果如图 13-25 所示，虚线以上的部分是 VAE 对 z 随机采样 10 次得到的结果图，虚线以下的部分是 CVAE 对 z 随机采样 10 次的结果，在采样时分别融合了 0 到 9 的标签信息。可以看出，虽然 VAE 也能生成图片，但是无法决定输出数字的类别，而 CVAE 可以通过加入标签信息，实现数字类别的准确生成。

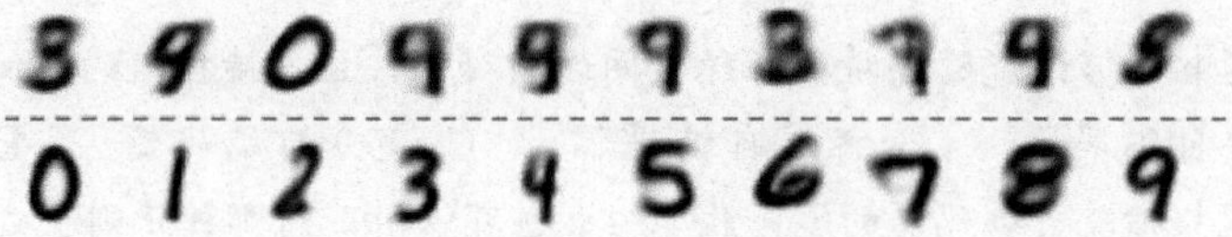

图 13-25　VAE 与 CVAE 的结果对比

13.4.6　小结

本节介绍了变分自编码器，从自编码器和生成模型这两个角度讲起，介绍了生成能力更强的 VAE。对 VAE 进行了简单的推导、网络架构的介绍，通过手写数字数据集展现了 VAE 的生成能力，最后简单介绍了一个 VAE 的拓展算法——条件变分自编码器 CVAE。

本章小结

本章重点介绍了自编码器的相关理论。本章首先回顾了监督学习、无监督学习、半监督学习等范式，又引出生成模型、判别模型两个概念，进而对自编码器展开介绍。首节简要介绍稀疏自编码器、降噪自编码器和变分自编码器，后续三节对这三种算法进行了详细讨论。

本章介绍了使用广泛的“稀疏”技巧和“堆栈”技巧，这些技巧在各种自编码器算法中大放异彩，例如堆栈降噪自编码器、稀疏降噪自编码器都取得了更优的效果。本章最后介绍变分自编码器，变分自编码器推导优美、训练稳定，因而得到学者的广泛研究，不论是 VAE 的理论研究还是落地应用，都具有广阔的研究前景。总的来说，自编码器作为一种无监督学习算法，在不需要标签的情况下能够对输入数据进行高效表征，合理使用该算法能够起到事半功倍的效果。

习题 13

一、选择题

13-1　［单选题］KL 散度的计算公式是（　　）。

A. $D_{\mathrm{KL}}(p \| q)=\sum_{i=1}^{N} p(x_i) \log\left(\frac{p(x_i)}{q(x_i)}\right)$

B. $D_{\mathrm{KL}}(p \| q)=\sum_{i=1}^{N} p(x_i) \log\left(\frac{q(x_i)}{p(x_i)}\right)$

C. $D_{\mathrm{KL}}(p \| q)=$

$$\frac{1}{2}\left(\sum_{i=1}^{N} p(x_i)\log\left(\frac{2p(x_i)}{p(x_i)+q(x_i)}\right)+\sum_{i=1}^{N} q(x_i)\log\left(\frac{2q(x_i)}{p(x_i)+q(x_i)}\right)\right)$$

D. $D_{\mathrm{KL}}(p \| q)=$

$$\frac{1}{2}\left(\sum_{i=1}^{N} p(x_i)\log\left(\frac{p(x_i)+q(x_i)}{2p(x_i)}\right)+\sum_{i=1}^{N} q(x_i)\log\left(\frac{p(x_i)+q(x_i)}{2q(x_i)}\right)\right)$$

13-2 [单选题] 能够保证隐层特征在隐空间连续变化，且支持插值的自编码器是（　　）。

A. 降噪自编码器　B. 稀疏自编码器　C. 变分自编码器　D. 所有自编码器

13-3 [单选题] 稀疏自编码器的 KL 散度约束也可以用下列哪种正则化方法代替？（　　）

A. 一范数正则化　B. 二范数正则化

C. 无穷范数正则化　D. 任意阶次的正则化都可以

13-4 [单选题] 如果想减少变分自编码器生成样本的不确定性，可以使用下列哪种方法？（　　）

A. 增大隐变量先验分布的方差　B. 减小隐变量先验分布的方差

C. 增大变分下界中 KL 散度的权重　D. 减少训练的迭代次数

13-5 [多选题] 下面关于 KL 散度的说法正确的是（　　）。

A. KL 散度是非负的　B. KL 散度是对称的

C. KL 散度满足三角不等式　D. KL 散度又被称为交叉熵

13-6 [多选题] 自编码器可以应用于下列哪些任务中？（　　）

A. 特征提取　B. 无监督预训练　C. 降维　D. 异常检测

13-7 [多选题] 已知 JS 散度的表达式是 $\mathrm{JS}(P_1 \| P_2)=\frac{1}{2}\mathrm{KL}\left(P_1 \| \frac{P_1+P_2}{2}\right)+\frac{1}{2}\mathrm{KL}\left(P_2 \| \frac{P_1+P_2}{2}\right)$，那么下列说法正确的是（　　）。

A. JS 散度是对称的　B. JS 散度是非负的

C. JS 散度最大不超过 1

D. 当两个分布几乎没有重叠时，JS 散度趋于无穷

13-8 [多选题] 假设神经元的激活函数是 sigmoid 函数，则下列关于神经元激活度的描述正确的是（　　）。

A. 当神经元的输出接近 1 的时候，认为它被激活

B. 当神经元的输出接近 0 的时候，认为它被激活

C. 当神经元的输出接近 0 的时候，认为它被抑制

D. 当神经元的输出接近 −1 的时候，认为它被抑制

13-9 [多选题] 下列关于去噪自编码器的叙述正确的是（　　）。

A. 去噪自编码器的重构的是未加噪声的数据

B. 去噪自编码器的思想与 dropout 类似

C. 去噪自编码器中不能使用 dropout 策略

D. 没有去噪需求时不能使用去噪自编码器

13-10 [多选题] 关于变分自编码器（VAE）说法正确的是（　　）。

A. VAE 在优化过程不直接优化对数似然函数，而是优化变分下界

B. 变分自编码器隐空间的先验分布只能指定为标准正态分布

C. 变分自编码器的隐空间每个维度之间的协方差为 0

D. 变分自编码器不支持梯度下降法进行训练

二、判断题

13-11 堆栈自编码器的网络层通过无监督的方式训练，但可以应用到有监督的下游任务中。(   )

13-12 从网络的结构看，稀疏自编码器与普通的自编码器没有本质区别。(   )

13-13 去噪自编码器可以利用含缺失值的样本进行训练，训练出可以用于填补缺失值的模型。(   )

13-14 在 VAE 训练的过程中，我们可以人为调整变分下界中 KL 散度所占的比重系数。(   )

13-15 变分自编码器的推导过程使用了样本的独立同分布假设，因此不能直接处理具有时序相关性的流数据。(   )

三、简答题

13-16 请简述三种自编码器（去噪、稀疏、变分）的原理与适用场景。

13-17 试证明 KL 散度非负。

13-18 试讨论自编码器与 PCA 的异同。

13-19 若自编码器对输入的重建效果非常好，那么它一定是一个很好的自编码器吗？试说明理由。

13-20 VAE 生成的图片与 GAN 相比较为模糊，试分析其原因。

参考答案

参考文献

[1] 边肇祺. 模式识别 [M]. 北京：清华大学出版社，2000.

[2] 周志华. 机器学习 [M]. 北京：清华大学出版社，2016.

[3] [美] 伊恩·古德费洛，约书亚·本吉奥. 深度学习 [M]. 赵沈剑，等译. 北京：人民邮电出版社，2017：1.

[4] 雷明. 机器学习的数学 [M]，北京：人民邮电出版社，2019.

[5] 邱锡鹏. 神经网络与深度学习 [M]，北京：机械工业出版社，2020.

[6] Hinton，Geoffrey E.，and Ruslan R. Salakhutdinov. Reducing the dimensionality of data with neural networks [J]. Science，2006，313 (5786)：504-507.

[7] Vincent P，Larochelle H，Lajoie I，et al. Stacked denoising autoencoders：Learning useful representations in a deep network with a local denoising criterion [J]. Journal of machine learning research，2010，11(12)：3371-3408.

[8] Kingma，Diederik P.，and Max Welling. Auto-encoding variational bayes [J]. arXiv preprint arXiv：1312. 6114，2013.

[9] Ng A. Sparse autoencoder [J]. CS294A Lecture notes，2011，72 (2011)：1-19.

[10] Van Erven T，Harremos P. Rényi divergence and Kullback-Leibler divergence [J]. IEEE Transactions on Information Theory，2014，60 (7)：3797-3820.

[11] Yuan X，Huang B，Wang Y，et al. Deep learning-based feature representation and its application for soft sensor modeling with variable-wise weighted SAE [J]. IEEE Transactions on Industrial Informatics，2018，14 (7)：3235-3243.

[12] Xu J，Xiang L，Hang R，et al. Stacked Sparse Autoencoder (SSAE) based framework for nuclei patch classification on breast cancer histopathology [C]. 2014 IEEE 11th international symposium on biomedical imaging (ISBI). IEEE，2014：999-1002.

[13] Vincent P，Larochelle H，Bengio Y，et al. Extracting and composing robust features with denoising

autoencoders [C]. International Conference on Machine Learning. ACM, 2008.

[14] Chaitanya C R A , Kaplanyan A S , Schied C , et al. Interactive reconstruction of Monte Carlo image sequences using a recurrent denoising autoencoder [J]. ACM Transactions on Graphics, 2017, 36 (4): 1-12.

[15] Sohn K, Lee H, Yan X. Learning structured output representation using deep conditional generative models [J]. Advances in neural information processing systems, 2015, 28: 3483-3491.

[16] Higgins I, Matthey L, Pal A, et al. beta-vae: Learning basic visual concepts with a constrained variational framework [J]. The International Conference on Learning Representations (ICLR), 2017.

[17] Burda Y, Grosse R, Salakhutdinov R. Importance weighted autoencoders [J]. arXiv preprint arXiv: 1509. 00519, 2015.

[18] Hou X, Shen L, Sun K, et al. Deep feature consistent variational autoencoder [C]. 2017 IEEE Winter Conference on Applications of Computer Vision (WACV). IEEE, 2017: 1133-1141.

[19] Dupont E. Learning disentangled joint continuous and discrete representations [J]. arXiv preprint arXiv: 1804. 00104, 2018.

[20] Zhao S, Song J, Ermon S. Infovae: Information maximizing variational autoencoders [J]. arXiv preprint arXiv: 1706. 02262, 2017.

[21] https: //github. com/wblgers/tensorflow _ stacked _ denoising _ autoencoder.

14 集成学习

前面的章节中已介绍了很多机器学习的算法，但大多是针对一个数据集的特定任务训练一个模型。根据日常的生活经验：“一个好汉三个帮”“三个臭皮匠顶个诸葛亮”，那么应用到机器学习的场景中，我们自然而然可以想到，如果针对一个数据集的特定任务使用多个模型来完成，是否可以达到更好的效果呢？这就需要用到集成学习的方法。集成学习是“集大成”的机器学习。何谓“集大成”？在传统的机器学习任务中，针对任务的性质与数据的特性，选择一个合适的模型并训练得到合适的模型参数，最终输出模型结果。而在集成学习中，要使用多个模型去完成一个任务，并将多个模型的输出结果以某种策略进行结合，得到一个整体的模型输出。将建立的多个模型叫做个体学习器，结合后的整体模型叫做集成学习器。那么集成学习器的结果一定好于个体学习器吗？当集成学习器的性能优于个体学习器时，集成又会给个体带来哪些性能方面的提升呢？本章将对集成学习做详细阐述，在这个过程中，上述问题的答案就会自然浮现。根据个体学习器的生成方式，目前的集成学习方法可分为串行训练和并行训练两大类方法，两者的代表分别为 Boosting 算法和 Bagging 算法。本章将首先介绍关于集成学习的基本概念和模型结合策略，然后分别介绍以上两种算法，最后通过介绍两种算法对应的应用实例帮助读者更好地理解集成学习。

14.1 集成学习简介

本节首先介绍集成学习的基本概念，包括个体学习器、集成学习器等，以及模型的结合策略，包括平均法、投票法和学习方法，最后对介绍的内容做简单讨论与总结。本节介绍的内容是本章后续小节的基础性知识。

14.1.1 基本概念与模型结合策略

集成学习（ensemble learning）通过构建并结合多个个体学习器（individual learner）来完成学习任务，也被称为基于委员会的学习（committee-based learning）。由于一般来说，个体学习器相比于集成学习器性能较差，所以又把个体学习器称作弱学习器或初级学习器，

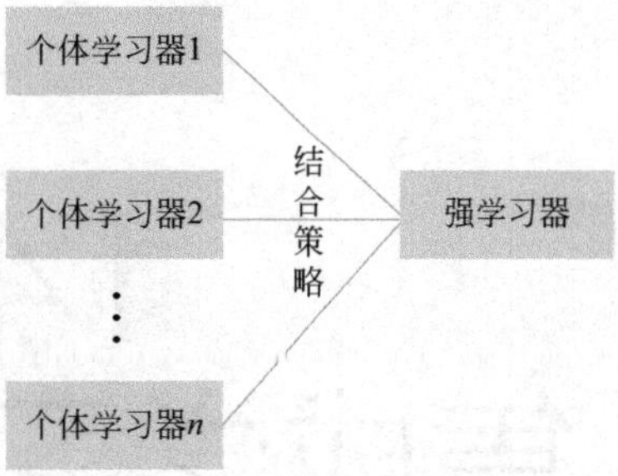

图 14-1 集成学习的一般结构

把集成学习器称作强学习器或次级学习器。简单来说，集成学习是一种比较通用的技术框架或思想，通过按照不同的思路来组合基础模型，从而达到“兄弟齐心，其利断金”“众人拾柴火焰高”的目的。图 14-1 表示了集成学习的一般结构。

在集成学习的学习过程中，首先产生一组个体学习器，再使用某种结合策略将个体学习器结合起来。个体学习器通常是基于一种或多种现有的学习算法（比如神经网络、决策树等，当然也可以自行设计个体学习器），使用训练数据训练得到的。所集成的个体学习器中可以只包含同种类型的个体学习器（同质），也可包含不同类型的个体学习器（异质）。经验告诉我们，把一些性能好坏不同的东西放在一起应用的时候，整体的效果可能有两种情况：一种“木桶效应”，即集成的学习器性能由性能最差的个体学习器决定；另一种是“众人拾柴火焰高”效应，即集成学习器性能强于每一个个体学习器。集成学习的目标自然是实现第二种情况。

在前面已经提到，个体学习器到强学习器需要使用合适的结合策略。常用的结合策略有三种：平均法、投票法和学习法。

（1）平均法

对于个体学习器的输出是连续的数值型输出的情况，一般采用平均法进行模型结合。平均法有两种，分别是简单平均和加权平均。当每个学习器的权重一样时，加权平均就是简单平均。加权平均法的权重一般是从训练数据中学习而得，现实任务中的训练样本通常不充分或存在噪声，这将使得学出的权重不完全可靠。尤其是对规模比较大的集成来说，要学习的权重比较多，较容易导致过拟合。一般而言，在个体学习器性能相差较大时适合使用加权平均法，而在个体学习器性能相近时宜使用简单平均法。

（2）投票法

投票法主要用于分类任务，学习器要从类别标记集合中预测一个类别标签，主要有三种方法：绝对投票法、相对多数投票法、加权投票法。

① 绝对投票法：统计所有的个体分类器对于给定样本的预测结果，如果某一类别的票数超过半数，则集成学习器预测结果即为该类别。

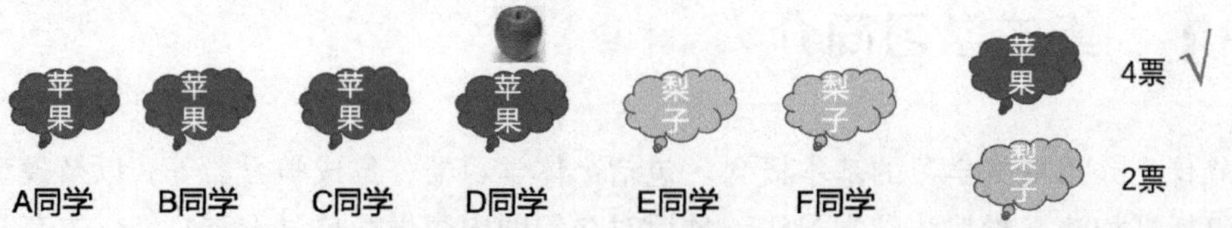

图 14-2 绝对投票法

如图 14-2 中，六个人对给出的水果进行分类，有四个人的分类结果是苹果，两个人的分类结果是梨子，苹果的票数最高且超过了半数，所以综合分类结果就是苹果。但是如果不存在得票数超过半数的类别，则分类器就会拒绝给出分类结果。这在可靠性要求较高的学习任务中是一个很好的机制。但如果学习任务要求必须给出预测结果，则绝对多数投票法将会退化为相对多数投票法。

② 相对多数投票法：相对票数最多的类别即为预测结果，不要求票数一定要超过半数。

如果有多个类别获得最高票数，则从中随机选取一个。

在图 14-3 所示的例子中，同样六位同学对给出的水果进行分类，苹果获得两票，桃子、甜橙、香蕉、梨子各获得一票。虽然苹果的票数没有超过半数，但是它的票数最多，根据相对多数投票法，综合分类结果还是苹果。

图 14-3　相对投票法

③ 加权投票法：与加权平均法类似，加权投票法是对所有个体分类器的输出结果的加权。加权投票法的权重一般是从训练数据中学习而得，比如估计出个体学习器的误差，然后令权重大小与误差大小成反比。

这三种投票法并没有限制个体学习器的输出类型，在实际应用中，不同类型的学习器可能产生两种情况的输出值：第一种称为类标记，如果分类器预测样本为某一类，则输出相应类为 1，其他类为 0；第二种称为类概率，每个分类器输出的都是样本属于各个类别的概率。一般来说基于类概率的结合往往比基于类标记的结合效果更好。如果对于异质集成（即采用了不同种类的个体学习器进行集成学习，反之则为同质集成），类概率不能直接比较，需要把类概率转化成为类标记，然后投票。

（3）学习法

学习法即通过学习获得另一个学习器来进行结合，其典型代表是 Stacking 策略。Stacking 并不人为指定权重，而是使用学习的方式，学习到合适的权重，来决定对于每个个体学习器的采信程度。Stacking 是一种有效的结合策略，在各类大数据竞赛中比较流行，能够通过集成进一步提升原有模型的性能。Stacking 策略包含个体学习器（又称初级学习器）和元学习器（meta-learner，又称次级学习器）。

图 14-4、图 14-5 清晰地展示了 Stacking 算法的流程（以 5 折划分为例）。假设训练集数据总共有 10000 行，测试集数据有 1000 行。数据集中带有标签（label），为 1 列。使用了两种个体学习器，分别记为 A、B。

一开始，将数据集划分为训练集和测试集。将训练集进行 5 折划分，则 1 折有 2000 行数据。

第一阶段训练过程：

① 每次取出其中训练集中的 1 折作为验证集，然后在另外 4 折训练集上分别训练每种个体学习器（初级学习器），再在验证集上进行预测，分别得到预测结果（2000 行，1 列）；

② 由于进行 5 折划分，对于每种个体学习器，都要进行 5 次训练，得到 5 个训练好的模型，将验证集的预测结果进行拼接，就得到了（10000 行，1 列）的数据；

③ 对不同种类个体学习器产生的所有验证集上的结果进行拼接，得到了（10000 行，2 列）数据，作为下一阶段的输入；

④ 对于每种个体学习器，使用全部 5 个训练好的模型对测试集进行预测，预测结果取

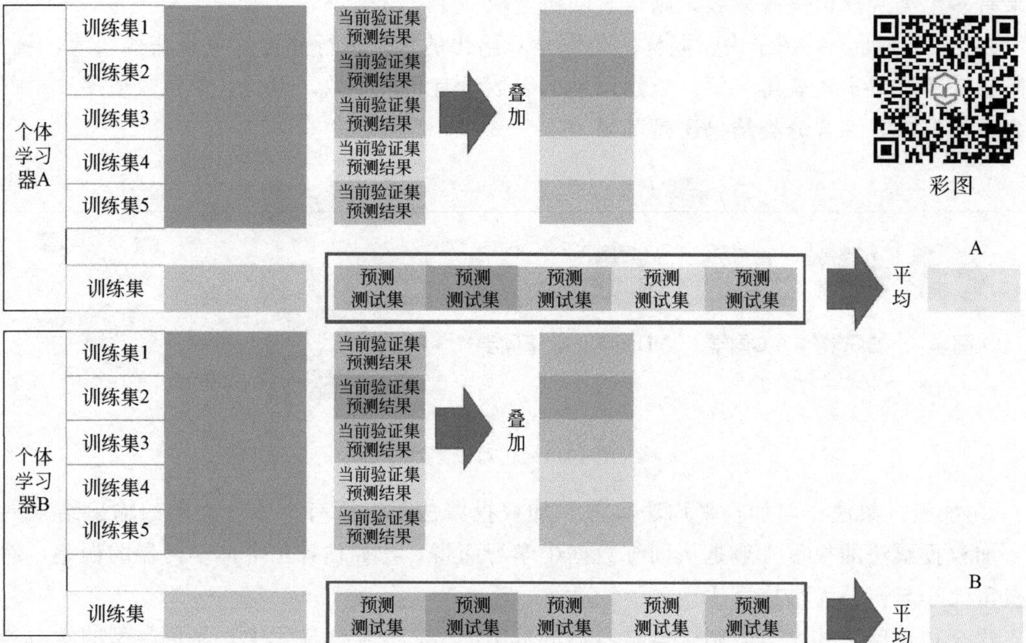

彩图

图 14-4　Stacking 算法（第一阶段）

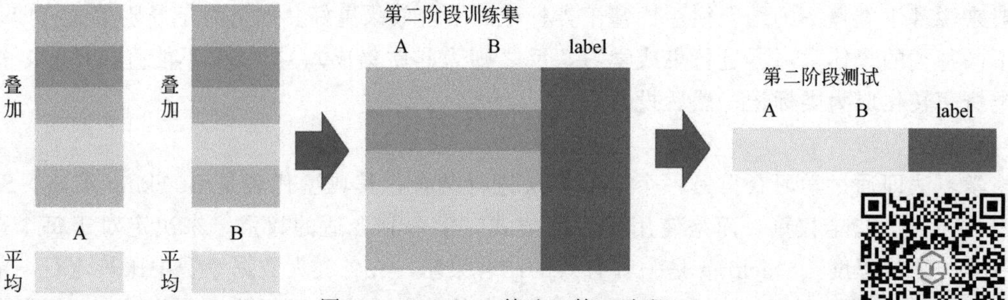

图 14-5　Stacking 算法（第二阶段）

彩图

平均，所有结果拼接起来得到（1000 行，2 列数据）。

第二阶段训练过程：

① 将两种个体分类器对验证集的 5 次预测结果进行拼接作为第二层训练的训练集，共（10000 行，2 列）数据，使用原来训练集中带的标签（10000 行，1 列）作为接下来使用的标签；

② 训练次级学习器（如 Logistic 回归）。

使用训练好的次级学习器，对于初级学习器得到的数据（1000 行，2 列）进行预测，得到的就是最终对于测试集的预测。

我们将每个个体学习器的输出作为次级学习器的输入，标签 Y 还是原来的标签 Y。有了输入输出，就可以对次级学习器进行训练，得到一个好的次级学习器。之所以要使用 K 折验证，主要是为了缓解过拟合现象，从而保证生成的次级学习器的泛化性能。

Stacking 算法通过采用交叉验证方法构造，整体的稳健性强，且效果出色。但是 Stacking 算法的整体训练过程相应也比较复杂，这一点相信读者在阅读的过程中也有所感受。

另外，次级学习器的使用类似于元学习（meta learning）的思想。所谓元学习，即学习如何学习（learning to learn），感兴趣的读者可以自行查阅相关论文。

14.1.2 小结

从理论上讲，使用本身性能较弱的学习器进行集成是可能获得足够好的集成学习器的，但一般来说，出于一些因素的考虑，通常会使用本身性能比较强的学习器作为个体学习器。对于个体学习器，可以从准确性和多样性两个角度评价。准确性指的是个体学习器不能太差，要有一定的准确度，即不能有一个太短的短板。多样性指的是个体学习器之间的输出要具有差异性，这是“各有所长”的意思，也就是不能所有的学习器的优点都是一样的，要“好而不同”。需要注意的是，准确性和多样性本身就存在冲突，所以集成学习研究的核心就在于“好而不同”。

应用集成学习方法，有如下几方面优点：

① 从统计的方面来看，由于学习任务的假设空间往往很大，可能有多个模型在训练集上达到同等性能，此时若使用一个个体学习器可能因误选而导致泛化性能不佳，结合多个学习器则会减小这一风险；

② 从计算的方面来看，学习算法往往会陷入局部极小，有的局部极小点所对应的泛化性能可能很糟糕，而通过多次运行之后进行结合，可降低陷入糟糕的局部极小点的风险；

③ 从表示的方面来看，某些学习任务的真实假设可能不在当前学习算法所考虑的假设空间中，此时若使用一个个体学习器则肯定无效，而通过结合多个学习器，由于相应的假设空间有所扩大，有可能学习到更好的近似。

总的来说，集成学习的核心在于，所采用的个体学习器必须要“好而不同”，并用合适的集成策略将个体学习器集成起来，使得“众人拾柴火焰高”。在后面的小节中，本章还会对集成学习进行更深入的讨论。

14.2 集成学习：Bagging

Bagging 算法简单易行，是机器学习中较普遍使用的算法。本节首先介绍 Bagging 算法的流程，然后对流程中的自助采样和结合策略分别详细介绍，最后从偏差和方差的角度分析 Bagging 集成算法带来的相比于个体学习器的性能上的提升。

14.2.1 算法简介

Bagging（Bootstrap AGGregation）算法，又称引导聚集，是 Breiman 于 1996 年提出的一种最基本的集成学习算法之一。它是一种并行式集成学习的框架，这里的并行是指不同的子模型可以分别在不同的 CPU 或者服务器上进行训练，训练时间得以大大缩短，因此并行化是 Bagging 非常流行的重要原因。其基本框架如图 14-6 所示。

Bagging 实现的基础是统计学中的自助采样法（Bootstrap Sampling），该方法使得评估

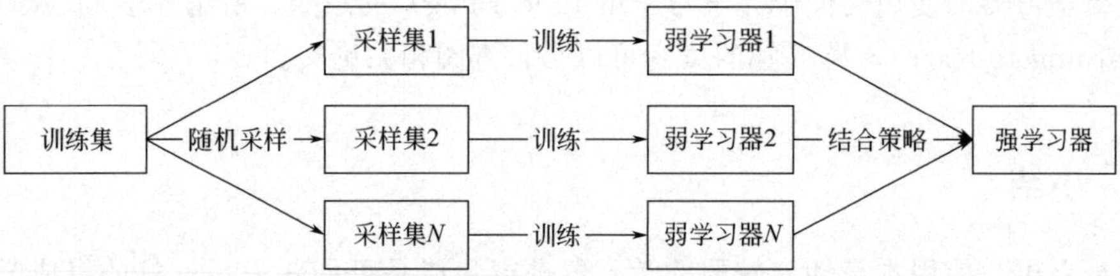

图 14-6 Bagging 算法基本框架

许多复杂模型的统计数据更可行，需要注意的是，采样是有放回的。图 14-6 中的弱学习器可以使用任意种类的个体学习器，比如神经网络、决策树等。对于分类问题，Bagging 的结合策略可以使用简单投票法。对于回归问题，可以使用简单平均法。当使用者觉得不同模型的重要程度不同时，就可以通过加权的方式体现模型的重要性。Bagging 算法的泛化能力很强，有利于降低模型方差，但是对于训练集的拟合程度稍差。

从图 14-6 可以看出，Bagging 算法主要包含自助采样、训练弱学习器以及结合策略三个部分。弱学习器有多种可选择的算法，要根据进行的任务的具体需求进行选择，关于这些算法在前面的章节中已经进行了详细阐述，读者可回顾前面内容，在此不再赘述。而结合策略在 14.1 节中详细介绍了平均法、投票法和学习法，并将在 14.2.3 节中结合案例详细介绍。故本小节对用来产生多个子采样集的自助采样法作详细介绍。

14.2.2 Bagging 算法的自助采样

自助采样法是一个很通用的算法，用来估计标准误差、置信区间和偏差，由 Bradley Efron 于 1979 年提出。术语“Bootstrap”来自短语“to pull oneself up by one’s bootstraps”(源自西方神话故事“The Adventures of Baron Munchausen”，故事中男爵掉到了深湖底，没有工具，所以他想到了拎着鞋带将自己提起来)。在统计学中，自助采样法可以指任何一种有放回的均匀抽样，也就是说，每一个被选中的样本，它等可能地被再次选中并被再次添加到训练集中。自助采样法能对采样估计的准确性（标准误差、置信区间和偏差）进行比较好的估计，它基本上能够对任何采样分布的统计量进行估计。

自助采样法有两种形式：参数化的自助采样和非参数化的自助采样。参数化的自助采样法假设总体的分布函数形式已知，可以由样本估计出分布参数，再从参数化的分布中进行再采样。非参数化的自助采样是直接从样本中再抽样，而不是从总体分布函数中进行再抽样。由此可以总结出：非参数化的自助采样法用于总体的分布函数形式未知的情况，参数化的自助采样法用于总体的分布函数形式已知的情况。图 14-7 是关于自助采样法的示意图。

由于 Bagging 算法中使用的是非参数化的自助采样法，所以本节内容主要介绍非参数化自助采样，关于参数化自助采样法，读者可以自行搜索资料进行学习。非参数化的自助采样法的步骤如下。

① 假设有容量为 N 的样本集 X，从该样本集中有放回地随机均匀抽取 N 个样本，以创建一个新样本集 X_1。简单说，从容量为 N 的原样本集中随机选择一个元素，并重复此过程 N 次。所有元素被选中的可能性是一样的，因此每个元素被抽中的概率均为$\frac{1}{N}$。值得注意的是，因为把抽出的元素放回了，所以新样本集 X_1 中可能有重复的元素；

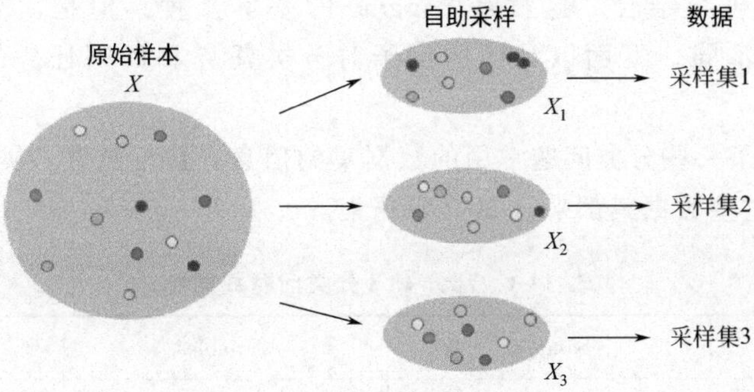

图 14-7　自助采样法示意图

② 重复上述过程 M 次，即可创建 M 个新样本集 X_1，…，X_M；

③ 根据 M 个新样本集的数据与信息，可以计算原始样本集 X 中样本分布的多种统计数据参数，也可以将每个新样本集作为训练集，在其上训练机器学习模型。

由于每个元素被抽中的概率是$\frac{1}{N}$，那么没有被抽中的概率是 $1-\frac{1}{N}$，则 N 次抽样以后还没有被选中的概率是 $P=\left(1-\frac{1}{N}\right)^N$，当 N 趋于无穷时，概率为 $P=e^{-1}\approx 0.368$。这意味着训练集只包含约 63.2%的实例，也就是说模型不会在另外 36.8%的数据上训练，这会为模型的结果带来偏差。解决这个问题的方法是重复这个过程很多次，来观察平均值。这就是要创建 M 个训练集的原因。

Bootstrap 方法生成的新样本集总会包含较多的重复样本，为解决这个问题，Rubin 在 1981 年提出贝叶斯自助采样法（Bayesian Bootstrap），它在新样本生成过程中利用了狄利克雷分布的性质，使得原样本点的重复出现率大大降低。平滑自助采样法（Smooth Bootstrap）是对自助采样的一种改进。平滑的基本思想并不是从样本分布函数 F_n 本身进行重复抽样，而是从 F_n 的平滑化的分布函数 F 进行重复抽样。具体做法是在每个重新采样的样本值上加入少量的（通常是正态分布的）零中心随机噪声，这其实相当于从数据的核密度估计中重采样。当数据或模型中的误差具有相关性时，就会使用块自助采样（Block Bootstrap），在这种情况下，简单的自助采样法将无法实施，因为它无法复制数据中的相关性。块自助采样试图通过在数据块内重采样来复制数据相关性。它主要用于时间上相关的数据（即时间序列），但也可用于空间上相关的数据，或组间相关的数据（即所谓的聚类数据）。

1979 年 Efron 在论文中提出了 Bootstrap 算法后，关于它的应用有许多成果。例如，1996 年 Raviv 和 Intrator 提出把 Bootstrap 采样和给输入特征加噪相结合进行训练。1999 年，Riloff 和 Jones 提出采用多层次的 Bootstrap 算法进行信息提取。2003 年，Riloff 等人提出用 Bootstrap 算法学习主语名词。2010 年，Kalal 等人提出在 P_n 学习中用 Bootstrap 算法提升分类器的性能。

14.2.3　Bagging 算法的结合策略

Bagging 算法实施起来简单易行，在上一节已经使用自助采样法重采样出了 M 个训练集，每个训练集含 N 个样本。在此基础上，基于每个训练集训练出一个弱学习器，再将这些弱学习器进行结合。这就是 Bagging 的基本流程。但是，对于不同的任务类型，结合方式有所不同，下面以具体的例子对分类任务和回归任务的弱学习器结合方式做具体阐述。

表 14-1 是展示了一些分类问题常用的数据集的信息，包括这些数据集的样本数、变量数、类别数信息，这些数据集都来自 UCI 数据集。

表 14-1 部分 UCI 分类问题数据集

Data Set	Samples	Variables	Classes
breast cancer	699	9	2
ionosphere	351	34	2
diabetes	768	8	2
glass	214	9	6
soybean	683	35	19

为了验证 Bagging 算法的集成效果，我们设计对比实验，将集成前的分类器效果与集成后的分类器效果进行对比，以下是实验步骤（以其中一个数据集为例，其他数据集做法相同）：

① 将数据集随机划分为测试集 $\mathcal{T}$ 和训练集 $\mathcal{L}$，其中测试集占所有样本的 10%。

② 在训练集上使用 10 折交叉验证训练出最优的分类模型，然后在测试集上计算出该分类模型的误分率（测试集中分类错误的样本占全体样本数的比例）$e_S(\mathcal{L},\mathcal{T})$。

③ 从训练集 $\mathcal{L}$ 中使用自助采样法得到一个新训练集 $\mathcal{L}_B$，并在此新训练集上训练一个分类器 $\phi_1(\boldsymbol{x})$。重复这个过程 50 次，得到 50 个分类器 $\phi_1(\boldsymbol{x})$，…，$\phi_{50}(\boldsymbol{x})$。

④ 确定测试集 $\mathcal{T}$ 每个样本 $\boldsymbol{x}_n$ 的分类标签。具体做法是将样本 $\boldsymbol{x}_n$ 代入各分类器 $\phi_1(\boldsymbol{x}_n)$，…，$\phi_{50}(\boldsymbol{x}_n)$，$\boldsymbol{x}_n$ 的分类标签就是这 50 个分类器输出结果中出现次数最多的类别标签。例如属于糖尿病的标签出现最多，则 $\boldsymbol{x}_n$ 的最终分类结果就是糖尿病。如果出现几个类别标签出现次数一样多，那么就选择类别序号最小的作为分类结果。对所有测试样本测试后，计算误分率 $e_B(\mathcal{L},\mathcal{T})$。

⑤ 上述①到④重复 100 次，分别计算 100 个 $e_S(\mathcal{L},\mathcal{T})$ 的均值（即平均误分率）$\overline{e}_S$，100 个 $e_B(\mathcal{L},\mathcal{T})$ 的均值 $\overline{e}_B$，以及它们的标准差，结果分别在表 14-2 和表 14-3 中。

表 14-2 Bagging 前后分类模型平均误分率对比

Data Set	$\overline{e}_S$	$\overline{e}_B$	Decrease
breast cancer	5.9	3.7	37%
ionosphere	11.2	7.9	29%
diabetes	25.3	23.9	6%
glass	30.4	23.6	22%
soybean	8.6	6.8	21%

表 14-3　Bagging 前后分类模型平均误分率标准差对比

Data Set	$SE(\overline{e}_S)$	$SE(\overline{e}_B)$
breast cancer	0.3	0.2
ionosphere	0.5	0.4
diabetes	0.4	0.4
glass	1.1	0.9
soybean	0.4	0.3

通过实验结果可以直观地看到使用集成学习 Bagging 算法后的集成模型效果在所有数据集上都优于单个模型效果，实现了“众人拾柴火焰高”。

而 Bagging 算法不仅适用于分类问题，在回归问题上使用集成学习，也可大大提升模型性能。和分类问题一样，下面通过一个简单的实验来介绍下 Bagging 与回归问题。

表 14-4 是本例使用的数据集的样本数、变量数、类别数信息。其中 Boston Housing 数据集通过在 Belsley 等人的书中的使用而广为人知，它有 506 个案例，对应波士顿地区的人口普查区。其中的 y 变量是该地区住房价格的中位数，有 12 个预测变量，主要是社会经济变量。Ozone 数据由洛杉矶盆地一个地点的 366 日最大臭氧读数和 9 个预测变量组成，变量全部是气象变量，即温度、湿度等。剔除一个有许多缺失值的变量和一些其他情况，剩下的数据集有 330 个完整的案例和 8 个变量。其余的 Friedman 数据集是仿真得到的数据。

表 14-4　回归问题数据集

Data Set	Cases	Variables	Test Set
Boston Housing	506	12	51
Ozone	330	8	33
Friedman #1	200	10	1000
Friedman #2	200	4	1000
Friedman #3	200	4	1000

与分类问题如出一辙，为了验证 Bagging 算法的集成效果，我们设计对比实验，将集成前的“回归器”效果与集成后的“回归器”效果进行对比，实验步骤如下：

① 前两个真实数据集每个被随机分为由 10%的数据组成的测试集 $\mathcal{T}$ 和由其他 90%的数据组成的训练集 $\mathcal{L}$。后三个模拟数据集中，生成 1200 个样本，200 个作为训练集，1000 个作为测试集。

② 使用十折交叉验证从训练集 $\mathcal{L}$ 中构建回归模型。在测试集上测试模型，可以得到平方误差 $e_S(\mathcal{L},\mathcal{T})$。

③ 从训练集 $\mathcal{L}$ 中使用自助采样法得到一个新训练集 $\mathcal{L}_B$，并在此新训练集上训练一个回归模型 $\phi_1(\boldsymbol{x})$。重复这个过程 25 次，得到 25 个回归模型 $\phi_1(\boldsymbol{x})$，…，$\phi_{25}(\boldsymbol{x})$。

④ 确定测试集 $\mathcal{T}$ 每个样本 $\boldsymbol{x}_n$ 的预测值。具体做法是将样本 $\boldsymbol{x}_n$ 代入各回归模型 $\phi_1(\boldsymbol{x}_n)$，…，$\phi_{25}(\boldsymbol{x}_n)$，$\boldsymbol{x}_n$ 的最终预测值就是这 25 个回归模型预测值的加权求和 $\hat{y}_n=\sum_{k=1}^{25}\alpha\phi_k(\boldsymbol{x}_n)$。对所有测试样本测试后，计算平方误差 $e_B(\mathcal{L},\mathcal{T})=\sum_{k=1}^{n}\alpha(y_n-\hat{y}_n)^2$，其中 α 表示权重系数。

⑤ 上述①到④重复100次，分别计算100个$e_S(\mathcal{L},\mathcal{T})$的均值（即平均平方误差）$\bar{e}_S$，100个$e_B(\mathcal{L},\mathcal{T})$的均值$\bar{e}_B$，以及它们的标准差，结果分别在表14-5和表14-6中。

表14-5　Bagging前后回归模型平均误差对比

Data Set	$\bar{e}_S$	$\bar{e}_B$	Decrease
Boston Housing	20.0	11.6	42%
Ozone	23.9	18.8	21%
Friedman #1	11.4	6.1	46%
Friedman #2	33.1	22.1	29%
Friedman #3	0.0403	0.0242	40%

表14-6　Bagging前后回归模型平均误差标准差对比

Data Set	SE($\bar{e}_S$)	SE($\bar{e}_B$)
Boston Housing	1.0	0.6
Ozone	0.8	0.6
Friedman #1	0.1	0.06
Friedman #2	300	100
Friedman #3	0.0005	0.0003

根据上述的回归实验，同样可以明显看到，使用Bagging算法集成了各子回归模型之后的总体模型性能明显优于单个子模型。

总结上述两个案例可知，对于分类问题，Bagging通常对每一个学习器的输出使用简单投票法，票数多者的分类器结果作为集成结果。如果分类预测时出现两个类得到同样票数的情形，则最简单的做法是随机选择一个，也可进一步考察学习器投票的置信度来确定最终胜者。对于回归问题，Bagging通常对每一个学习器的输出使用简单平均法，或者加权平均法。

14.2.4　偏差与方差分析

Bagging算法是对不稳定估计器（回归模型）或分类器（分类模型）进行改进的最有效的计算密集型程序之一，特别是对高维数据集问题非常有用。在这里，将模型的不稳定性的概念形式化，主要分为偏差和方差两部分来阐述Bagging算法的优越性，简单来说偏差和方差分别代表“准”和“确”两个概念。硬决策会产生不稳定性，而Bagging被证明可以平滑这种硬决策，产生更小的方差和均方误差。在绪论中，对于方差和偏差问题已经进行了较为详细的阐述，这里简单回顾这两个概念，以帮助读者更好地理解Bagging算法。图14-8以打靶作比喻，直观地展示了什么是偏差小与方差小。

这是一个数次打靶的随机过程，将圆点视为每次打靶结果，而打靶的目标离靶心越近越好。打靶点距离靶心越远代表偏差越大，打靶点分布越散乱代表方差越大。左上角的打靶点都聚集靶心附近，所以偏差小且方差小。右上角的打靶点分散在靶心附近，可以看到这些点的平均结果是很靠近靶心的，但是点之间分散程度较高，所以偏差小但方差大。

图14-9是随着模型复杂度的变化，模型在训练集和测试集上的错误率变化趋势图。蓝

色的线是训练集上的结果，红色的线是测试集上的结果，实线表示平均。

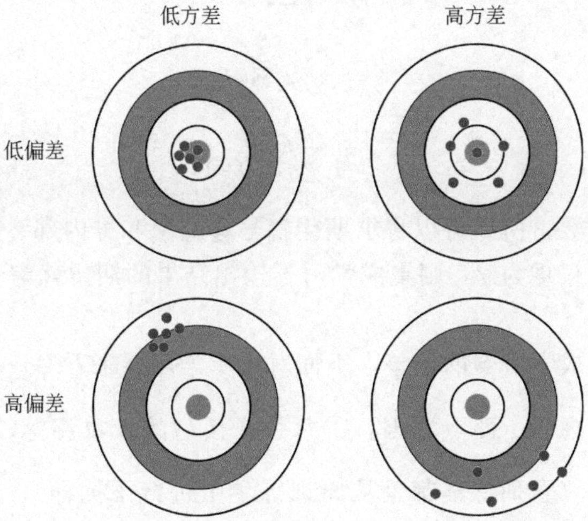

图 14-8　偏差与方差

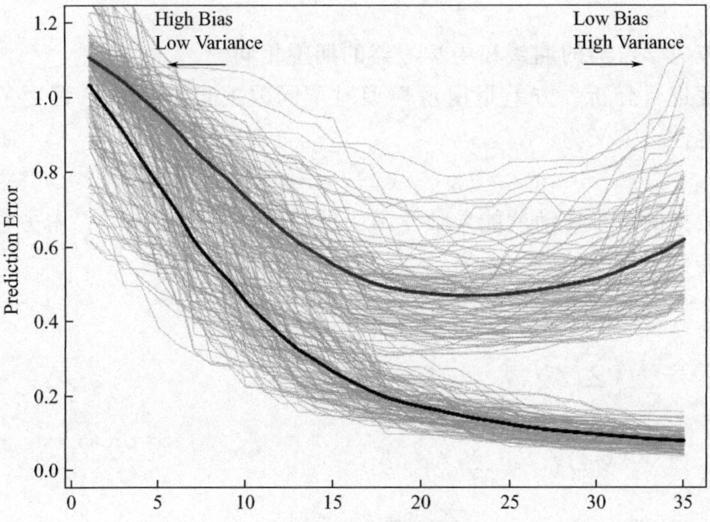

彩图

图 14-9　模型在训练集与测试集上的预测误差变化趋势

图 14-9 直观展示了随着模型复杂度的不断提升，模型在测试集上的预测结果会从高偏差低方差逐步演变成低偏差高方差，下面使用数学的语言分别从偏差和方差角度阐述 Bagging 算法对于模型不稳定性有怎样的优势。

偏差是模型的期望预测与真实值之间的差异，定义为：

$$\text{bias}=\overline{f}(x)-y \tag{14-1}$$

式中，$\overline{f}(x)$ 表示模型输出的期望，y 表示真实值，即样本标签或者样本回归值。

为了简化模型，可假设子模型的权重、方差及两两间的相关系数相等。并作如下符号定义：F 表示集成学习后的强学习器，f_i 表示弱学习器，γ_i 表示每个弱学习器的权重，m 表示弱学习器个数，ρ 表示弱学习器之间的相关系数，σ 表示弱学习器方差。那么集成学习器的期望就等于弱学习器加权求和的期望，可以写成下式：

$$\mathbb{E}(F)=\mathbb{E}(\sum_{i}^{m}\gamma_i f_i) \tag{14-2}$$

$$=\sum_{i}^{m}\gamma_i\mathbb{E}(f_i)$$

$$=\gamma\sum_{i}^{m}\mathbb{E}(f_i)$$

由于权重系数是常数，所以可以将求期望符号移到求和号内部。又由于已经假设了弱学习器的权重都相等，设权重为γ，则集成学习器输出结果的期望就等于权重系数乘以弱分类器输出结果的和。

以上得到了一般集成学习器的偏差，下面对比单学习器来看 Bagging 算法在偏差上相对于单学习器的优势。考虑以下两点原因：①每个子模型的权重相等，则存在 $\gamma_i=\frac{1}{m}$；②每个子模型期望近似相等（子训练集都是从原训练集中进行子抽样），则存在 $\mathbb{E}(f_i)=\mu$。上述偏差公式还可进一步简化：

$$\mathbb{E}(F)=\gamma\sum_{i}^{m}\mathbb{E}(f_i)=\frac{1}{m}m\mu=\mu \tag{14-3}$$

从中可以看出集成学习器的期望和弱学习器的期望相同。

下面从方差角度进行分析。方差是衡量模型对不同数据集$\mathcal{D}$的敏感程度的指标，也可以衡量模型的不稳定性，定义为：

$$\text{variance}=\mathbb{E}_{\mathcal{D}}[(f(x;\mathcal{D})-\bar{f}(x))^2] \tag{14-4}$$

若方差大，则表示数据的微小变动就能导致学习出的模型产生较大差异；若方差小，则表示数据的较大变化才能引起模型的较大差异。

接下来推导集成学习器输出结果的方差：

$$\text{var}(F)=\text{var}(\sum_{i}^{m}\gamma_i f_i) \tag{14-5}$$

$$=\text{Cov}(\sum_{i}^{m}\gamma_i f_i,\sum_{i}^{m}\gamma_i f_i) \tag{14-6}$$

$$=\sum_{i}^{m}\gamma_i^2\text{var}(f_i)+\sum_{i}^{m}\sum_{j\neq i}^{m}\rho\gamma_i\gamma_j\sqrt{\text{var}(f_i)}\sqrt{\text{var}(f_j)} \tag{14-7}$$

$$=m^2\gamma^2\sigma^2\rho+m\gamma^2\sigma^2(1-\rho) \tag{14-8}$$

它等于弱学习器加权求和的方差。写成协方差的形式，再将式子展开就得到式（14-7）。注意这里第一项是相同的弱学习器的协方差，也就是它们各自的方差；第二项是不相同的弱学习器之间的协方差求和，值得注意的是这里使用的是相关系数与协方差成正比、与标准差乘积成反比的公式来计算协方差。接下来再根据方差的性质以及弱学习器的权重都相同的假设，可以将式子化简为式（14-8）。

以上得到了一般集成学习器的方差，对比单个弱学习器来看 Bagging 算法在方差上相对于单个弱学习器的优势。同样由于上述两点原因，方差公式也可进一步简化为下式：

$$\text{var}(F)=m^2\gamma^2\sigma^2\rho+m\gamma^2\sigma^2(1-\rho)$$

$$=m^2\frac{1}{m^2}\sigma^2\rho+m\frac{1}{m^2}\sigma^2(1-\rho)$$

$$=\sigma^2\rho+\frac{\sigma^2(1-\rho)}{m} \tag{14-9}$$

可以看到集成学习器的方差小于等于弱学习器的方差（当相关系数 ρ 为 1 时相等）。随着弱学习器数 m 的增多，整体模型的方差减少，从而防止过拟合的能力增强，模型的准确度得到提高。但是要注意并不是随着 m 的增大，准确度可以一直提升，当 m 增加到一定程度时，式（14-9）第二项的改变对整体方差的作用很小，防止过拟合的能力达到极限。

从偏差的角度看，Bagging 算法得到的集成学习器与个体学习器偏差相同，说明集成能够保证模型的准确性；从方差的角度看，Bagging 算法得到的集成学习器比个体学习器方差小，说明集成能够提升模型的稳定性。

14.3 集成学习：Boosting

Boosting 算法是集成学习中的“明星”算法，受到很多研究的关注。本节首先介绍 Boosting 算法的起源与基本思想，然后对 Boosting 算法中的 AdaBoost 和 GBDT 算法分别详细介绍。

14.3.1 算法简介

Boosting 算法的起源是 Valiant 等人提出的 PAC（Probably Approximately Correct）学习模型，这个模型定义了两个概念——强学习和弱学习，是弱学习器和强学习器的思想来源。Kearns 和 Valiant 提出了强学习与弱学习等价的问题，并证明了只要有足够的数据，弱学习算法就能通过集成的方式生成任意高精度的估计。1990 年，Schapire 首次提出一种多项式级的算法，即最初的 Boosting 算法。这种算法可以将弱分类规则转化成强分类规则。一年后，Freund 提出一种效率更高的 Boosting 算法。1995 年，Boosting 算法有了一次突破性的发展，Freund 和 Schapire 提出了 AdaBoost（Adaptive Boosting）算法，成为 Boosting 算法中最具代表性的算法。

图 14-10 十分类似于控制框图的流程图，简洁地表达了 Boosting 算法的思想：先从初始训练集训练出一个弱学习器，再根据弱学习器的表现对训练样本分布进行调整，使得先前弱学习器做错的训练样本在后续受到更多关注，也可以理解为错误样本的权重将会升高，然后基于调整后的样本分布来训练下一个弱学习器；如此重复进行，直至弱学习器数目达到事先指定的值 T，最终将这 T 个弱学习器进行加权结合得到强学习器。

Boosting 算法涉及两个部分：加法模型和前向分布。加法模型是指 Boosting 算法的强分类器是由一系列弱分类器线性相加而成，如图 14-11 所示。

一般组合形式如下：

$$H(\boldsymbol{x})=\sum_{t=1}^{T}\alpha_t h_t(\boldsymbol{x}) \tag{14-10}$$

式中，$h_t(\boldsymbol{x})$ 就是一个个弱分类器，α_t 就是弱学习器在强分类器中的所占权重。这些弱分类的线性相加组成强分类器 $H(\boldsymbol{x})$。而前向分布是指在训练过程中，下一轮迭代产生的分类器是在上一轮的基础上训练得来的。

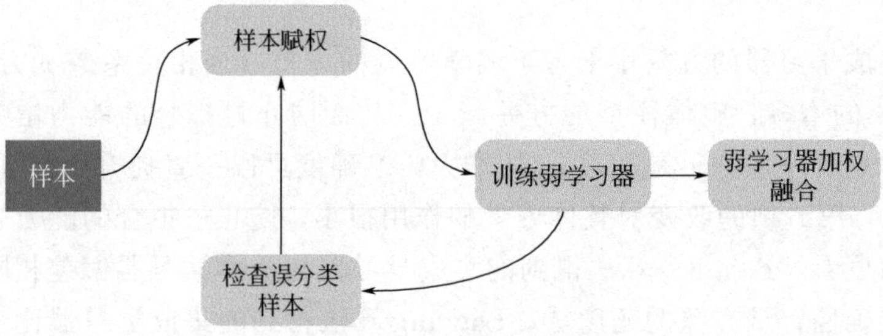

图 14-10　Boosting 算法流程

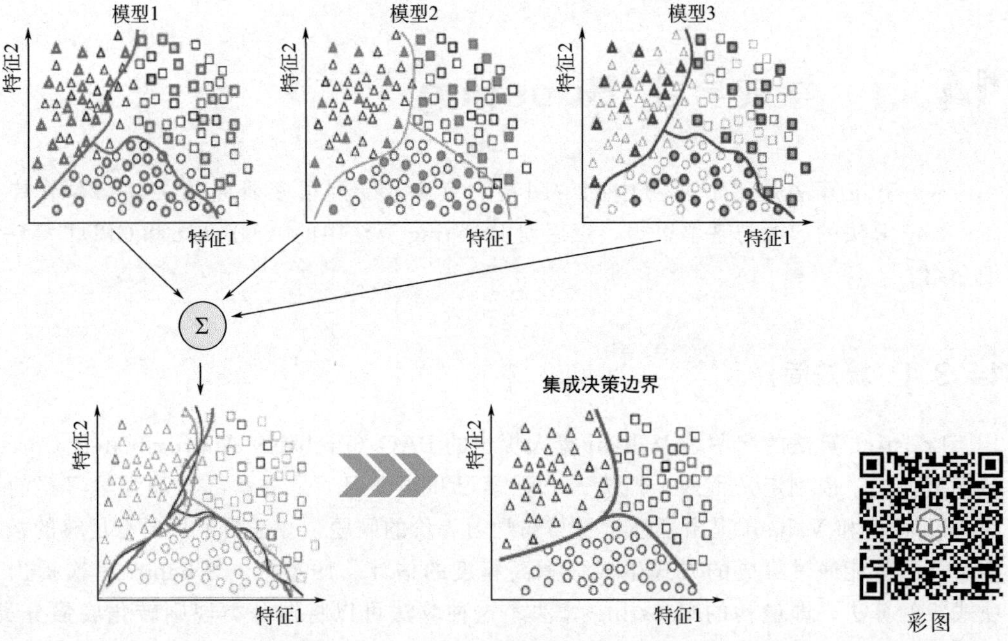

图 14-11　Boosting 分类器

根据采用的损失函数，Boosting 算法有不同的类型，例如：AdaBoost（Adaptive Boosting）、GBM（Gradient Boosting Machine）、GBDT 等。其中最典型的算法——AdaBoost 算法就是损失函数为指数损失的 Boosting 算法。

14.3.2　AdaBoost

AdaBoost 算法的具体步骤：

① 生成一个弱学习器（与弱分类器是相同的概念）对样本执行分类任务，此时每个样本都有相同的权重；

② 生成第二个弱学习器对样本执行分类任务，如果上一个弱学习器存在预测错误的样本（即预测值与标签不符），则这些样本在第二个生成的弱学习器中的权重相较于之前得到提高；

③ 迭代进行第②步，直到达到预定的弱学习器数量或预设的集成学习器预测精度；

④ 将输出的多个弱学习器线性组合成一个强学习器。

图 14-12 以 3 个弱学习器为例展示了 AdaBoost 算法流程，三角形和菱形是不同类别的样本。变大的点表示该点权值增大，虚线表示弱学习器。可以看到右下角的最后一幅小图中，集成了所有的弱学习器进行分类任务达到了 100％的精确度，明显强于前面所有的弱学习器。

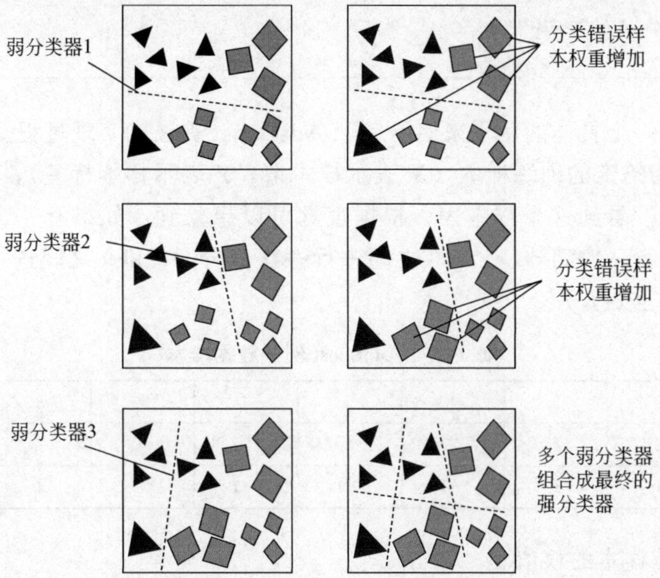

图 14-12　AdaBoost 算法步骤

通过上述算法步骤的描述可以知道，AdaBoost 算法不断调整样本的权重分布，始终将大部分的“关注”放在分类错误的样本上，使得学习到的弱学习器总能针对某些难分类的样本有较好的分类能力，进而结合后的强学习器对所有难分类的样本都有较好分类能力。下面是 AdaBoost 算法的伪代码。

AdaBoost 算法

输入：含有 m 个样本的序列 $(\boldsymbol{x}_1, y_1), \cdots, (\boldsymbol{x}_m, y_m)$，其中 y 表示样本标签，$y_i \in \{1,2,\cdots,k\}$

整数 T——预设弱学习器的个数

初始化：对于所有的样本的权重有初始化 $D_1(i)=\frac{1}{m}$

迭代：$t=1,2,\cdots,T$

① 训练弱学习器 h_t 进行分类任务

② 得到每个样本的预测值，与其标签进行对比 $h_t: X \to Y$

③ 计算该学习器分类误差率 $\varepsilon_t = \sum_{i:h_t(x_i)\neq y_i} D_t(i)$ 。如果 $\varepsilon_t > 0.5$，令 $T=t-1$，结束迭代循环

④ 设 $\beta_t = \dfrac{\varepsilon_t}{1-\varepsilon_t}$

⑤ 更新样本分布 D_t：$D_{t+1} = \dfrac{D_t(i)}{Z_t} \times \begin{cases} \beta_t, h_t(\boldsymbol{x}_i) = y_i \\ 1, 其它 \end{cases}$，$Z_t$ 是规范化常数，使 D_{t+1} 是一个分布

输出：集成学习器 $h_{fin}(\boldsymbol{x}) = \underset{y \in Y}{\operatorname{argmax}} \sum_{t: h_t(\boldsymbol{x}) = y} \log \dfrac{1}{\beta_t}$

接下来，通过一个具体的例子来演示一下 AdaBoost 算法的实现过程。

假设表 14-7 为给定的训练样本（X 表示样本值，Y 表示样本标签），用 AdaBoost 算法训练一个强分类器。看到这个样本表，根据直觉可以想象到：如果有一个学习器可以在 x 等于 2 和 3 之间进行一次划分、5 和 6 之间进行一次划分、8 和 9 之间进行一次划分，那么就能将这些样本完全划分开。

表 14-7　AdaBoost 例子数据样本

序号	1	2	3	4	5	6	7	8	9	10
X	0	1	2	3	4	5	6	7	8	9
Y	1	1	1	−1	−1	−1	1	1	1	−1

① 初始化训练样本的权值。

$$\boldsymbol{D}_1 = (\omega_{1,1}, \omega_{1,2}, \omega_{1,3}, \cdots, \omega_{1,10}), \omega_{1,i} = \frac{1}{N}, i = 1, 2, \cdots, 10 \tag{14-11}$$

这里认为 10 个样本一样重要，所以每个样本的权值都是 0.1。

② 训练第一个弱学习器，这个学习器对样本的划分点 $x=2.5$。

$$h_1(x) = \begin{cases} +1, x < 2.5 \\ -1, x > 2.5 \end{cases}$$

选择 2.5 作为划分点，是因为这样划分可以得到最小的分类误差，同样地在 $x=8.5$ 进行划分也可以得到最小的分类误差，这里选择 $x=2.5$。

③ 计算弱学习器 $h_1(x)$ 在训练数据集上的分类误差率 ε_1，并判断与 0.5 的大小关系。

$$\varepsilon_1 = P\{h_1(x_i) \neq y_i\} = \frac{3}{10} < 0.5 \tag{14-12}$$

分类误差率就是预测标签与实际标签不相同的样本占所有样本的比重，这里 3 表示有三个样本分错了，是序号为 7，8，9 的三个样本。注意计算时要考虑样本的权值。这里训练第一个弱学习器时每个样本的权值都是 0.1，所以计算式中并没有体现出来。和 0.5 进行比较的原因在于，0.5 的准确率是随意进行分类的结果，在 14.1 节集成学习简介中提到过，集成学习中的弱学习器要有一定的准确性，否则集成效果可能会很不好。所以这里与 0.5 比较就是为了确保弱学习器的准确性。类似地，也可以知道伪代码中为什么当误差率大于 0.5 时要将 T 设为 $t-1$，其实是为了舍弃当前第 t 个分类效果极差的分类器。

④ 计算第一个弱学习器 $h_1(x)$ 的系数，即该学习器在最终的强学习器中所占的权重。

$$\alpha_1 = \frac{1}{2} \ln \frac{1-\varepsilon_1}{\varepsilon_1} = 0.4236 \tag{14-13}$$

⑤ 根据第一个弱学习器的分类结果，我们要对样本的权值进行更新，用 $\boldsymbol{D}_2$ 表示。更新公式如下：

$$\boldsymbol{D}_2=(\omega_{2,1},\omega_{2,2},\omega_{2,3},\cdots,\omega_{2,10}) \tag{14-14}$$

$$\omega_{2,i}=\frac{\omega_{1,i}}{Z_1}\mathrm{e}^{-\alpha_1 h_1(x_i)y_i} \tag{14-15}$$

$$Z_1=\sum_{i=1}^{N}\omega_{1,i}\mathrm{e}^{-\alpha_1 h_1(x_i)y_i} \tag{14-16}$$

要注意的是 Z_1 是规范化因子，表示所有样本的更新权值之和，这样处理之后可以使 $\boldsymbol{D}_2$ 成为一个概率分布，即所有样本的更新权值之和为 1。

表 14-8 第一次权值更新表

x	0	1	2	3	4	5	6	7	8	9
权值	0.0715	0.0715	0.0715	0.0715	0.0715	0.0715	0.1667	0.1667	0.1667	0.0715

完成上述 5 个步骤后，第一个弱学习器和样本权值更新就完成了，权值更新结果如表 14-8 所示。接下来需要在新样本权值的基础上训练下一个弱学习器。这一次选择 8.5 作为划分点，原因同上，可以使该弱学习器分类精确度最高。注意这里计算分类误差率的时候使用的样本权值就是更新后的样本权值，如果忘了这一点将会导致错误。

$$h_2(x)=\begin{cases}+1,x<8.5\\-1,x>8.5\end{cases} \tag{14-17}$$

$$\varepsilon_2=P\{h_2(x_i)\neq y_i\}=\frac{3\times0.0715}{7\times0.0715+3\times0.1666}=0.2144<0.5 \tag{14-18}$$

$$\alpha_2=\frac{1}{2}\ln\frac{1-\varepsilon_2}{\varepsilon_2}=0.6496 \tag{14-19}$$

计算得到第二个弱学习器的比重为 0.6496。加入第二个弱学习器后分类精度依然没能达到我们期望的 100%，进而按照上面的步骤我们接着进行弱学习器的训练和样本权值的更新调整。持续这个过程，直到最终生成的强学习器结果如下：

$$\begin{aligned}H(x)&=\mathrm{sign}\left(\sum_{t=1}^{3}\alpha_t h_t(x)\right)\\&=\mathrm{sign}(0.4236h_1(x)+0.6496h_2(x)+0.7514h_3(x))\end{aligned} \tag{14-20}$$

其中三个弱学习器分别是：

$$h_1(x)=\begin{cases}+1,x<2.5\\-1,x>2.5\end{cases} \tag{14-21}$$

$$h_2(x)=\begin{cases}+1,x<8.5\\-1,x>8.5\end{cases} \tag{14-22}$$

$$h_3(x)=\begin{cases}+1,x>5.5\\-1,x<5.5\end{cases} \tag{14-23}$$

我们可以看到此时分类精确度达到了 100%。在其他应用中，如果并不一定要求强学习器的精确度要达到 100%，也可以将终止条件设置为训练规定数目的弱学习器。

我们再来看每次训练弱学习器的过程中样本的权值更新结果，如表 14-9 所示。

表 14-9 权值更新综合表

x	0	1	2	3	4	5	6	7	8	9
1	0.1	0.1	0.1	0.1	0.1	0.1	0.1	0.1	0.1	0.1
2	0.0715	0.0715	0.0715	0.0715	0.0715	0.0715	0.1667*	0.1667*	0.1667*	0.0715
3	0.0455	0.0455	0.0455	0.1667*	0.1667*	0.1667*	0.106	0.106	0.106	0.0455
4	0.125*	0.125*	0.125*	0.102	0.102	0.102	0.065	0.106	0.106	0.0455

带*标注的是每次权值更新前的弱学习器分类错误的样本，可以看到这些样本的权值相比于在上一次弱学习器中的权值都得到了提高，使接下来训练的分类器在这些样本上有更好的表现。

14.3.3 GBDT

GBDT（Gradient Boost Decision Tree）算法是由 Friedman 提出的一种 Boosting 算法，但是却和传统的 AdaBoost 有很大的不同。在 AdaBoost 算法中，利用前一轮迭代弱学习器的误差率来更新训练集的权重，而在 GBDT 算法中，利用前一轮迭代弱学习器的残差来更新。GBDT 每一次的更新是为了减少上一个弱学习器的残差，为了消除残差，在残差减少的梯度方向上建立一个新的模型。所以说，在 GBDT 算法中，每个新的模型的建立是为了使得之前模型的残差往梯度方向减少。GBDT 也是迭代的过程，使用了前向分布算法，但是弱学习器限定了只能使用 CART 回归树模型，同时迭代思路和 AdaBoost 也有所不同。

假设前一轮迭代得到的强学习器是 $h_{t-1}(\boldsymbol{x})$，损失函数是 $L(\boldsymbol{y},h_{t-1}(\boldsymbol{x}))$，则下一轮迭代的目标是找到一个 CART 回归树模型的弱学习器 $h_t(\boldsymbol{x})$，让本轮的损失函数 $L(\boldsymbol{y},h_t(\boldsymbol{x}))=L(\boldsymbol{y},h_{t-1}(\boldsymbol{x})+h_t(\boldsymbol{x}))$最小。GBDT 的思想可以用一个通俗的例子解释，假如有个人 15 岁，首先在第一个弱学习器中用 10 岁去拟合，发现误差为 5 岁，在第二个弱学习器中用 5 岁去拟合这个误差，如果发现学到的误差刚好是 5 岁，则将前两个学习器的结果相加刚好是 15 岁；可是如果发现差距是 4 岁，则第三轮弱学习器中用 3 岁拟合剩下的差距，差距就只有 1 岁了。如果没有达到预设的迭代轮数，则继续迭代下去，直到误差为 0 或者达到规定的迭代轮数。

下面以回归问题为例，使用数学的语言进行描述。需要注意的是，GBDT 算法既可以用在回归问题上，也可以用在分类问题上，两种问题的损失函数不同，在回归问题上称作 GBRT 算法更为合适。

假设有如下样本：

$$(\boldsymbol{X},\boldsymbol{Y})^N=\begin{pmatrix} x_{11} & \cdots & x_{1k} & y_1 \\ x_{21} & \cdots & x_{2k} & y_2 \\ x_{31} & \cdots & x_{3k} & y_3 \\ \vdots & \ddots & \vdots & \cdots \\ x_{N1} & \cdots & x_{Nk} & y_N \end{pmatrix} \tag{14-24}$$

回归问题的数学本质就是需要找到一个回归函数 $F^{*}(\boldsymbol{x})$，使得从样本 $\boldsymbol{X}$ 映射到标签 $\boldsymbol{Y}$ 的值，并且损失函数 $L(\boldsymbol{y},F(\boldsymbol{x}))$ 取最小值，即：

$$F^{*}(\boldsymbol{x})=\underset{F(\boldsymbol{x})}{\operatorname{argmin}} E_{\boldsymbol{y},\boldsymbol{x}}[L(\boldsymbol{y},F(\boldsymbol{x}))] \tag{14-25}$$

损失函数的形式为平方误差：

$$L(\boldsymbol{y},F(\boldsymbol{x}))=(\boldsymbol{y}-F(\boldsymbol{x}))^{2} \tag{14-26}$$

假设：①回归函数 $F(\boldsymbol{x})$ 是参数化的函数，以 $\boldsymbol{P}=\{P_1,P_2,\cdots\}$ 为参数；②回归函数可以写成若干个弱分类器相加的形式，则有：

$$F(\boldsymbol{x};\boldsymbol{P})=\sum_{m=0}^{M}\beta_m h(\boldsymbol{x};\boldsymbol{a}_m) \tag{14-27}$$

其中 $\boldsymbol{P}=\{\beta_m,\boldsymbol{a}_m\}_0^M$。第 m 个弱学习器可表示为 $\beta_m h(\boldsymbol{x};\boldsymbol{a}_m)$，$h(\boldsymbol{x};\boldsymbol{a}_m)$ 表示第 m 个回归树模型（如 CART 算法或者 C4.5 算法）。向量 $\boldsymbol{a}_m$ 表示第 m 棵回归树的参数，β_m 表示第 m 棵回归树在回归函数中的权重。

对于 N 个样本，优化问题（14-26）等价于找到参数 $(\beta_m,\boldsymbol{a}_m)$，$m=0$，1，2，…，$M$，使得：

$$(\beta_m,\boldsymbol{a}_m)=\underset{\boldsymbol{a},\beta}{\operatorname{argmin}}\sum_{i=1}^{N}L(y_i,F_{m-1}(\boldsymbol{x}_i)+\beta h(\boldsymbol{x}_i;\boldsymbol{a})) \tag{14-28}$$

所以 GBDT 算法的整体流程如下。

第一步：定义初始化弱学习器 $F_0(\boldsymbol{x})$ 为常数 ρ，使得初始损失函数达到最小值：

$$F_0(\boldsymbol{x})=\underset{\boldsymbol{a},\beta}{\operatorname{argmin}}\sum_{i=1}^{N}L(y_i,\rho) \tag{14-29}$$

第二步：构造一个基于回归树算法的弱学习器，并设第 m 次迭代后的回归函数 $F_m(\boldsymbol{x})$，相应的损失函数为 $L(\boldsymbol{y},F_m(\boldsymbol{x}))$。为了使损失函数以最快的速度减小，第 m 个弱学习器应该建立在前 $m-1$ 个弱学习器的损失函数的梯度下降方向：

$$-g_m(\boldsymbol{x}_i)=-\left[\frac{\partial L(y_i,F(\boldsymbol{x}_i))}{\partial F(\boldsymbol{x}_i)}\right]_{F(\boldsymbol{x}_i)=F_{m-1}(\boldsymbol{x}_i)},i=1,2,\cdots,N \tag{14-30}$$

$-g_m(\boldsymbol{x}_i)$ 表示第 m 个弱分类器的建立方向，$L(y_i,F(\boldsymbol{x}_i))$ 表示前 $m-1$ 个弱学习器生成后的损失函数，$L(y_i,F(\boldsymbol{x}_i))=(y_i-F(\boldsymbol{x}_i))^2$。基于求得的梯度下降方向 $-g_m(\boldsymbol{x}_i)$，参数 $(\beta_m,\boldsymbol{a}_m)$ 可进行更新：

$$\boldsymbol{a}_m=\underset{a,\beta}{\operatorname{argmin}}\sum_{i=1}^{N}[-g_m(\boldsymbol{x}_i)-\beta h(\boldsymbol{x}_i;\boldsymbol{a})] \tag{14-31}$$

$$\beta_m=\underset{\beta}{\operatorname{argmin}}\sum_{i=1}^{N}L(y_i,F_{m-1}(\boldsymbol{x}_i)+\beta h(\boldsymbol{x}_i;\boldsymbol{a})) \tag{14-32}$$

$\boldsymbol{a}_m$ 是使回归树 $h(\boldsymbol{x};\boldsymbol{a}_m)$ 沿梯度下降方向逼近目标的参数，β_m 是沿此方向的最优步长。

第三步：更新回归函数，即：

$$F_m(\boldsymbol{x})=F_{m-1}(\boldsymbol{x}_i)+\beta_m h(\boldsymbol{x}_i;\boldsymbol{a}_m) \tag{14-33}$$

为了避免过拟合现象，通常在每个弱学习器前乘以学习率 ν：

$$F_m(\boldsymbol{x})=F_{m-1}(\boldsymbol{x}_i)+\nu\beta_m h(\boldsymbol{x}_i;\boldsymbol{a}_m) \tag{14-34}$$

如果回归函数的损失函数满足预设的误差条件，或者弱学习器个数达到预设值，则终止迭代，否则将持续上述三步，直到满足条件。算法伪代码如下：

梯度提升算法
输入：含有 m 个样本的序列 $(\boldsymbol{x}_1,y_1),\cdots,(\boldsymbol{x}_m,y_m)$，其中 y 表示样本标签，$y_i\in\{1,2,\cdots,k\}$ 整数 M——预设弱学习器的个数 初始化：定义初始化弱学习器 $F_0(\boldsymbol{x})=\underset{\boldsymbol{a},\beta}{\operatorname{argmin}}\sum_{i=1}^{N}L(y_i,\rho)$ 迭代：$t=1,2,\cdots,M$ ① 求解梯度方向：$-g_m(\boldsymbol{x}_i)=-\left[\dfrac{\partial L(y_i,F(\boldsymbol{x}_i))}{\partial F(\boldsymbol{x}_i)}\right]_{F(\boldsymbol{x}_i)=F_{m-1}(\boldsymbol{x}_i)},i=1,2,\cdots,N$ ② 更新参数： $\boldsymbol{a}_m=\underset{\boldsymbol{a},\beta}{\operatorname{argmin}}\sum_{i=1}^{N}[-g_m(\boldsymbol{x}_i)-\beta h(\boldsymbol{x}_i;\boldsymbol{a})]$ $\beta_m=\underset{\beta}{\operatorname{argmin}}\sum_{i=1}^{N}L(y_i,F_{m-1}(\boldsymbol{x}_i)+\beta h(\boldsymbol{x}_i;\boldsymbol{a}))$ ③ 更新回归函数： $F_m(\boldsymbol{x})=F_{m-1}(\boldsymbol{x}_i)+\nu\beta_m h(\boldsymbol{x}_i;\boldsymbol{a}_m)$ 输出：集成学习器 $F_m(\boldsymbol{x})$

14.4 应用实例

集成学习作为目前机器学习领域的主流算法之一，在机器学习领域内备受关注。本节中将分别介绍集成学习中 Bagging 和 Boosting 的两个具体应用案例，以便于读者对集成学习的应用场景与算法过程有更加深入的了解。

14.4.1 Bagging 实例：Random Forest

随机森林在本书的第 9 章中曾有介绍，它是 Bagging 的典型应用之一。随机森林是一种包含多个决策树的强分类器集成模型，并且其输出的类别是由个别树输出的类别的众数而定。决策树和随机森林的算法细节可参见本书第 9 章，此处不再赘述。本节中以本课题组一篇使用了随机森林的论文为例，具体说明随机森林的实际实现过程与分类效果。

本案例的名称为“基于动静结点随机森林的故障诊断”，具体参见参考文献 [34]。在介绍算法之前，首先对案例中使用的数据进行简要介绍。本案例中所用数据为 TE 过程数据，它是由美国 Eastman 化学公司开发的具有开放性和挑战性的化工模型-Tennessee Eastman (TE) 仿真平台产生的。其数据具有时变、强耦合和非线性的特征，被广泛用于测试复杂工业过程的控制和故障诊断模型。共有 21 种故障数据，其中 16 种为已知故障，另外 5 种为未知故障，实验中仅使用 16 种已知故障的数据。每类故障样本中包含 480 个训练采样点，800 个测试采样点，每个采样点由 52 个特征组成。如图 14-13 所示是数据采样的工业过程与采样测点示意图。

本案例中的算法流程如图 14-14 所示，算法整体分为过程信息提取和随机森林建模两部分，首先我们会通过慢特征分析来提取过程的动静态信息，然后根据特征的重要性进行排序，选择前 k 个重要的特征来进行建模分析，并将特征作为输入产生分类器，最终实现分类的目的。由于过程信息提取中涉及的慢特征分析与 SDNE（Static and Dynamic Node Extraction，图 14-15）方法并非本节重点，具体计算方法此处不再赘述，读者若有兴趣可自行查阅相关文献。本节中主要对随机森林建模部分进行讨论。

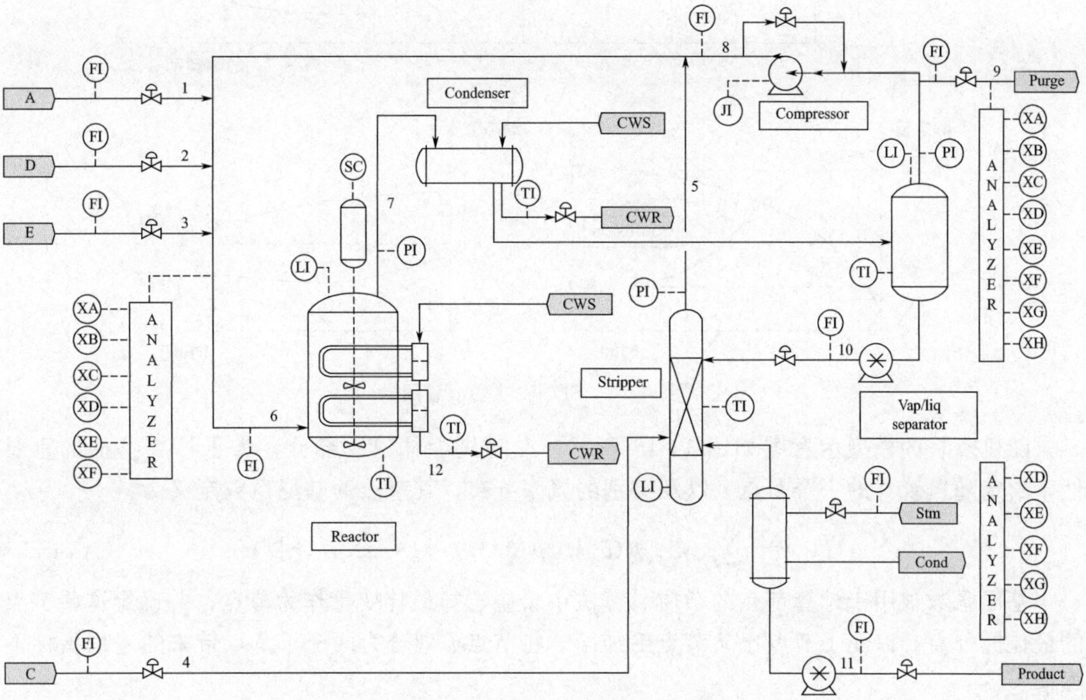

图 14-13　田纳西-伊士曼工业过程与采样测点示意图

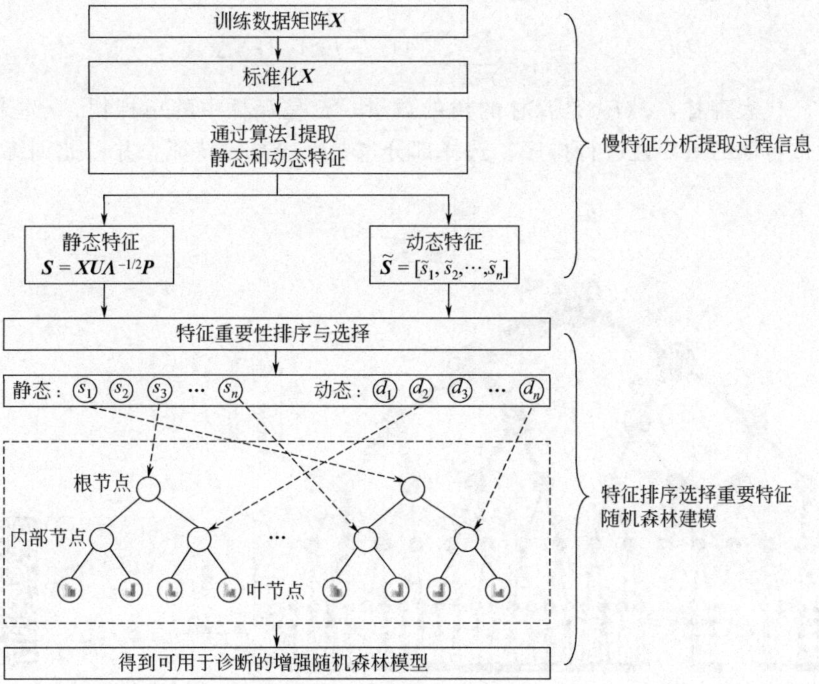

图 14-14　算法整体流程示意图

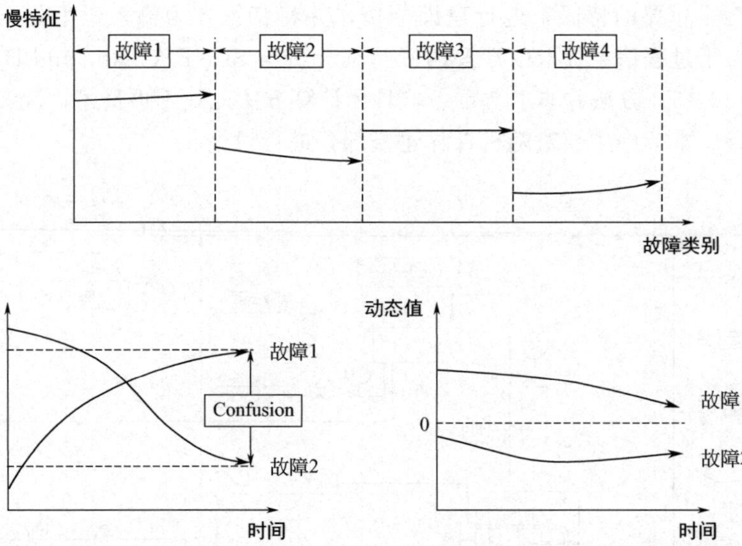

图 14-15　SDNE 方法示意图

随机森林的模型示意图如图 14-16 所示。在随机森林建模部分，为了计算特征的重要性，给定随机森林的一个节点 t 以及类别的概率分布，其节点的基尼系数定义为：

$$G(t)=\sum_{c_1\neq c_2} p(c_1|t)p(c_2|t)=1-\sum_{c=1}^{C} p^2(c|t) \tag{14-35}$$

基尼系数被用于计算节点的杂质。算法中希望选择最佳变量作为节点，并确定这些节点的最佳拆分点，以使子节点比父节点更纯净。将节点 t 划分为两个子节点带来的基尼指标下降值为：

$$\Delta G(s,t)=G(t)-p_R G(t_R)-p_L G(t_L) \tag{14-36}$$

那么特征 s_j 的重要性可由如下公式计算：

$$MDG(s_j)=\frac{1}{\varphi(F)}\sum_{f\in F}\sum_{t\in f} 1(t=j)\ [p(t)\Delta G(s,t)] \tag{14-37}$$

式中，F 代表森林，$\varphi(F)$是森林的树的数量，f 是森林中的单棵树，t 是树 f 中的分裂节点。通过特征的重要性进行排序，选择部分重要性较高的特征，并以此训练分类器。

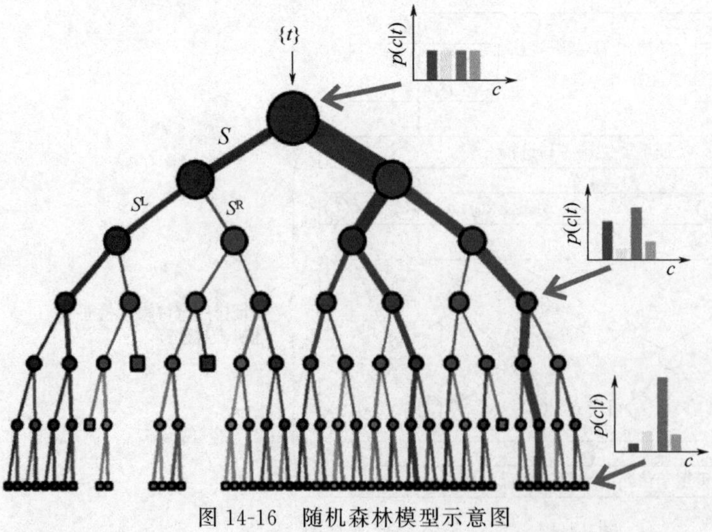

图 14-16　随机森林模型示意图

彩图

为了评价模型的好坏，此处引入两个评估指标：精确度指标（Accuracy）与 F_1 分数指标（F_1 score）。二者的计算方式如下，式中的 precision 和 recall 分别指代分类模型的精确度和召回率。

$$\text{Accuracy}=\frac{\text{预测正确样本数}}{\text{总样本数}} \tag{14-38}$$

$$F_1=2\times\frac{\text{precision}\cdot\text{recall}}{\text{precision}+\text{recall}} \tag{14-39}$$

表 14-10 所示是本案例与其他如 SVM、KNN 等方法在同数据集上的分类结果对比，本案例的算法无论从精确度还是 F_1 分数上都是最优的。图 14-17 所示是本案例的分类模型的混淆矩阵，纵坐标表示正确的标签，横坐标表示预测的标签，对角线则表示此类预测的正确占比，越接近 1 代表分类准确度越高。从图中可见对角线上大部分元素值都十分接近 1，说明分类效果较好，模型能够做出正确的分类判断。

表 14-10　多种模型分类结果对比

方法	精确度/%	F_1 分数/%
Proposed enhanced RF	71.46	70.11
RF with features	70.12	68.83
Standard RF	65.90	65.74
RF with PCA	53.62	52.42
SVM(OVO,polynomial)	39.04	39.85
KNN	41.96	43.27
DCNN	58.44	57.90

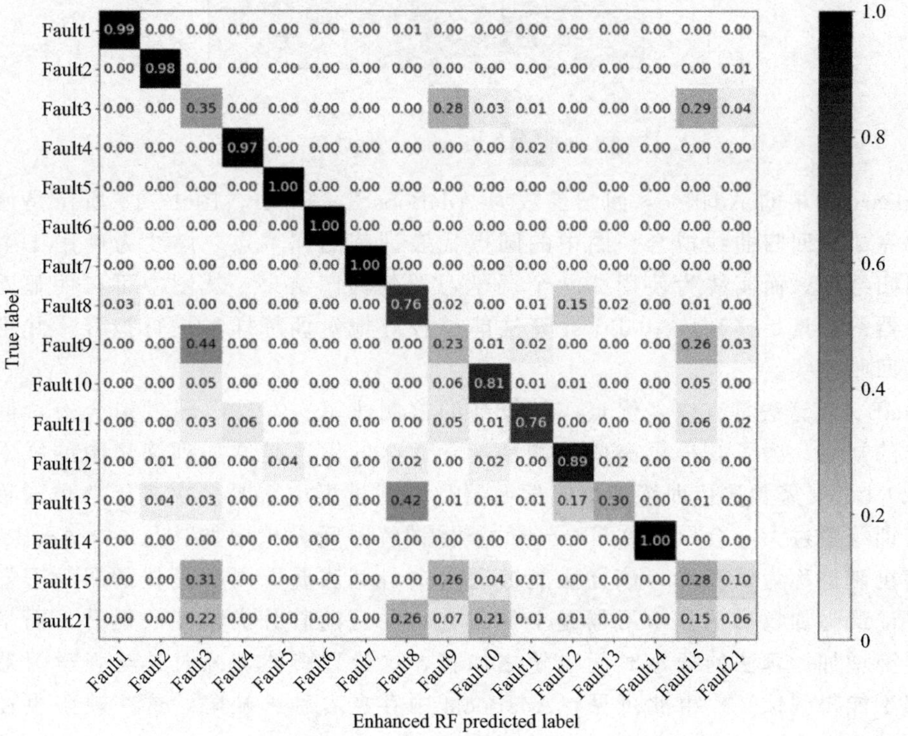

图 14-17　案例模型的混淆矩阵

14.4.2 Boosting 实例：AdaBoost

AdaBoost 是一种 Boosting 的典型代表算法，被评为数据挖掘十大算法之一，其核心思想是针对训练集数据训练多个不同的弱学习器，并将这些弱学习器集合起来，构成最终的强学习器。AdaBoost 算法中采用的一些技巧，如打破原有样本分布等，为其他统计学习算法的设计带来了重要的启示，并且其相关的理论研究成果也极大地促进了集成学习的发展。

对于 AdaBoost 的分类、回归问题，Python 的 sklearn 库中提供了封装好的函数供用户调用。Sklearn 库中的 AdaBoost 分类函数为 AdaBoostClassifier，图 14-18 所示是使用该分类器完成的一个简单二分类问题。浅色圆圈代表类 A，深色三角代表类 B，产生的决策边界如图所示，属于浅色类的被浅色填充，深色亦然。

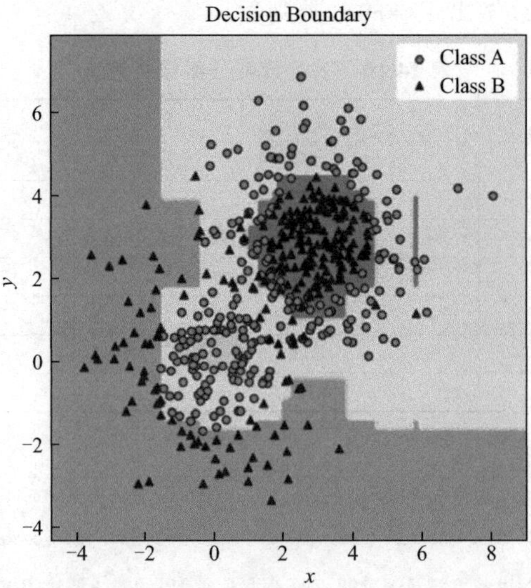

图 14-18　AdaBoost 分类器效果示例

Sklearn 库中的 AdaBoost 回归函数为 AdaBoostRegressor，图 14-19 所示是使用该回归函数完成的回归曲线拟合。图中的圆点代表训练的样本点，虚线为使用 1 个弱学习器的回归结果，而实线为使用 300 个弱学习器的回归结果。从图中可以明显看出，当弱学习器的数量足够时，AdaBoost 算法能够较好地对训练样本进行拟合，并得到精度较高的回归曲线。

AdaBoost 算法具有许多优点，如较高的检测速率、不易出现过拟合等，但其也具有一定的缺陷。为了获得更高的检测精度，通常的做法是增加训练集中的样本数，而由于 AdaBoost 需要迭代训练多个弱学习器，训练过程中需要多次遍历整个训练样本集合，若训练集过大，会导致 AdaBoost 的整体训练时间大幅增加。此外，AdaBoost 采用的搜索机制被称为回溯法，该方法能够通过贪心算法获取局部最佳的弱学习器，但却不能保证最终加权后的强学习器是全局最佳；并且随着分类精度的提升，弱学习器数目会逐渐增加，算法的搜索时间也随之加长，这导致整体训练时长与强学习器的执行效果都不能得到保证。由此可见，AdaBoost 中存在着种种缺陷，这些缺陷也在一定程度上限制了该算法的广泛应用。

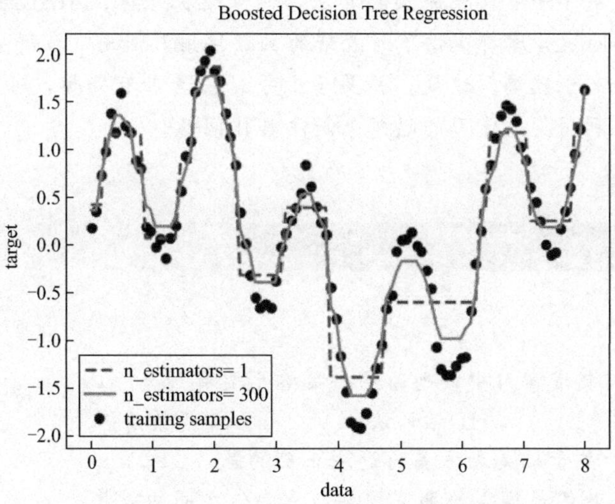

图 14-19　AdaBoost 回归函数效果示例

本章小结

集成学习通过结合多个学习器来为各种机器学习问题提供解决方案，其模型能够解决很多单一模型无法解决的问题。近几十年来，由于集成学习方法能够高效地解决实际应用问题，并且对于诸多成熟的机器学习框架都具有良好的适用性，因此在机器学习领域内备受关注。随着时代的发展，更多的集成学习算法相继提出，并且在诸多领域内都取得了重大突破。由此可见，集成学习作为目前机器学习领域的主流算法之一，仍有着很大的发展潜力。

集成学习有 Bagging 和 Boosting 两种类型的算法。Bagging 算法是一个并行的处理流程，采用的是多个分类器投票或取平均的策略，所以 Bagging 算法可以并行化计算从而加快模型的训练速度；而 Boosting 是一个串行的处理流程，通过加权进行训练。从偏差的角度看，Bagging 算法得到的集成学习器与个体学习器偏差相同，说明集成能够保证模型的准确性；从方差的角度看，Bagging 算法得到的集成学习器比个体学习器方差小，说明集成能够提升模型的稳定性。

Boosting 算法典型的有 AdaBoost 算法和 GBDT 算法。关于 AdaBoost 算法，它的优点在于：不容易发生过拟合；具有相对较高的精度；相比于 Bagging 算法和 Random Forest 算法，AdaBoost 充分考虑每个分类器的权重；参数少，实际应用中不需要调节太多的参数。当然它也有一些缺点：迭代次数也就是弱分类器数目不太好设定（可以使用交叉验证来进行确定）；数据不平衡时会导致分类精度下降；对异常样本敏感，异常样本在迭代中可能会获得较高的权重，影响最终的强学习器的预测准确性。GBDT 算法的优点体现在：预测阶段的计算速度快；在分布稠密的数据集上，泛化能力和表达能力都很好；采用决策树作为弱分类器使得 GBDT 模型具有较好的解释性和鲁棒性，能够自动发现特征间的高阶关系，并且也不需要对数据进行特殊的预处理如归一化等。但也存在缺点：在高维稀疏的数据集上，表现不如支持向量机或者神经网络；在处理文本分类特征问题上，相对其他模型的优势不如它在处理数值特征时明显。

值得一提的是，对于一些比较成熟的算法，例如随机森林、AdaBoost 以及 XGBoost 等算法，Python 中的 sklearn 库都提供了封装好的函数供用户使用，在解决具体问题时直接调用即可，能够有效提高代码编写速度，并易于上手。若读者有兴趣，可自行查阅相关文档，尝试亲自编写代码，利用集成学习的思想来解决具体问题。

习题 14

一、选择题

14-1 ［多选题］集成学习中模型的结合策略主要有（　　）。

A. 平均法　　B. 估计法　　C. 投票法　　D. 学习法

14-2 ［单选题］关于偏差和方差的说法正确的是（　　）。

A. 偏差反映的是模型的期望预测与真实值之间的差异

B. 模型的偏差越大越好

C. 模型的方差越大越好

D. 方差可以衡量模型的泛化性能

14-3 ［多选题］下面关于 Stacking 算法的说法正确的是（　　）。

A. 初级学习器与次级学习器使用的训练集是一样的

B. 初级学习器与次级学习器使用的测试集是不一样的

C. 初级学习器的种类都是一样的

D. 初级学习器的种类可以多样

14-4 ［多选题］对于模型结合策略中的投票法，有以下几种（　　）。

A. 绝对多数投票法　　B. 相对多数投票法

C. 加权投票法　　D. 平均投票法

14-5 ［单选题］Bagging 方法中每个弱学习器的样本来源于（　　）。

A. 相同的数据集　　B. 分布相同但是特征不相同的数据集

C. 特征相同但是分布不相同的数据集　　D. 特征和分布都不相同的数据集

14-6 ［多选题］使用 Bagging 集成学习策略和子模型相比较，如果相关系数不为 1，则（　　）。

A. 集成模型的期望小于子模型　　B. 集成模型的期望等于子模型

C. 集成模型的方差小于子模型　　D. 集成模型的方差等于子模型

14-7 ［单选题］以下模型中使用 Boost 集成策略的是（　　）。

A. 决策树　　B. 随机森林　　C. XGBoost　　D. LSTM

14-8 ［单选题］关于 AdaBoost 算法的优点，下列说法错误的是（　　）。

A. 不容易发生过拟合　　B. 精度较高

C. 充分考虑的每个分类器的权重　　D. 参数多

14-9 ［多选题］下面对 AdaBoost 算法的说法正确的是（　　）。

A. 初始时所有样本的权重都是一样的

B. 每次更新权重关注的是上一次分类正确的样本

C. 初始时样本的权重不一样，有些样本的权重会比较大

D. 每个基学习器在最终集成学习器中的权重与它的错误率有关

14-10 ［多选题］下列关于 AdaBoost 算法的缺点叙述正确的是（　　）。

A. 基分类器数量不太好设定

B. 数据不平衡会导致分类精度下降

C. 训练比较耗时，每次重新选择当前分类器最好切分点

D. 对异常样本敏感，异常样本在迭代中可能会获得较高的权重，影响最终的强学习器的预测准确性

二、判断题

14-11 在集成学习中，随着子模型数的增多，整体模型的方差减少，从而防止过拟合的能力增强，模型的准确度得到提高。（ ）

14-12 相对多数投票法和绝对多数投票法的区别在于，相对多数投票法要求票数最多的类别要有超过半数的票数。（ ）

14-13 对于异质集成，类概率不能直接比较，需要把类概率转化成为类标记，然后投票。（ ）

14-14 对于分类问题的基学习器结果一般用简单平均法，对于回归问题的基学习器结果一般用简单投票法。（ ）

14-15 AdaBoost 算法中每次更新样本权重操作是加大上一次分类正确的样本的权重。（ ）

三、简答题

14-16 请简述 Bagging 和 Boosting 二者之间的联系与区别。

14-17 集成学习中对于不同的目标问题（分类、回归），都有哪些具体的结合策略？有什么优点？

14-18 集成学习的优点有哪些？

14-19 自助采样法有哪些？分别适合用于什么场景？

14-20 简述 Boosting 算法的流程。

参考答案

参考文献

[1] Vanschoren J. Meta-Learning：A Survey [J]. arXiv preprint arXiv：1810.03548，2018.

[2] 焦李成. 自然计算、机器学习与图像理解前沿 [M]. 西安：西安电子科技大学出版社，2008.

[3] Breiman L. Bagging predictors" Machine Learning [J]. Machine Learning，1996，24.

[4] Rubin D B. The bayesian bootstrap [J]. The annals of statistics，1981：130-134.

[5] 邵峰晶. 数据挖掘原理与算法 [M]. 北京：水利水电出版社，2003.

[6] Efron B. Bootstrap Methods：Another Look at the Jackknife [J]. 1992.

[7] Wang S. Optimizing the smoothed bootstrap [J]. Annals of the Institute of Statistical Mathematics，1995，47 (1)：65-80.

[8] Ethem Aipaydin，范明，昝红英. 机器学习导论 [M]. 北京：机械工业出版社，2009.

[9] 谢剑斌. 视觉机器学习 20 讲 [M]. 北京：清华大学出版社，2015.

[10] Kunsch H R. The jackknife and the bootstrap for general stationary observations [J]. The annals of Statistics，1989：1217-1241.

[11] Politis D N，Romano J P. The stationary bootstrap [J]. Journal of the American Statistical association，1994，89 (428)：1303-1313.

[12] Cameron A C，Gelbach J B，Miller D L. Bootstrap-based improvements for inference with clustered errors [J]. The Review of Economics and Statistics，2008，90 (3)：414-427.

[13] Raviv Y，Intrator N. Bootstrapping with noise：An effective regularization technique [J]. Connection Science，1996，8 (3-4)：355-372.

[14] Riloff E，Jones R. Learning dictionaries for information extraction by multi-level bootstrapping [C]. AAAI/IAAI. 1999：474-479.

[15] Riloff E，Wiebe J，Wilson T. Learning subjective nouns using extraction pattern bootstrapping

[C]. Proceedings of the seventh conference on Natural language learning at HLT-NAACL 2003. 2003：25-32.
[16] Kalal Z，Matas J，Mikolajczyk K. Pn learning：Bootstrapping binary classifiers by structural constraints [C]. 2010 IEEE Computer Society Conference on Computer Vision and Pattern Recognition. IEEE，2010：49-56.
[17] Belsley D A，Kuh E，Welsch R E. Regression diagnostics：Identifying influential data and sources of collinearity [M]. John Wiley & Sons，2005.
[18] Breiman L，Friedman J H. Estimating optimal transformations for multiple regression and correlation [J]. Journal of the American statistical Association，1985，80(391)：580-598.
[19] 周志华. 机器学习 [M]. 北京：清华大学出版社，2016：247-266.
[20] Bühlmann P，Yu B. Analyzing bagging [J]. The Annals of Statistics，2002，30(4)：927-961.
[21] http：//scott. fortmann－roe. com/docs/BiasVariance. html.
[22] Friedman J，Hastie T，Tibshirani R. The elements of statistical learning [M]. New York：Springer series in statistics，2001.
[23] Valiant L G . A theory of the learnable [J]. Communication of the ACM，1984，27(11)：1134-1142.
[24] Kearns M J . The Computational Complexity of Machine Learning [M]. The MIT Press，1990.
[25] Kearns M，Valiant L. Cryptographic limitations on learning boolean formulae and finite automata [J]. Journal of the ACM (JACM)，1994，41(1)：67-95.
[26] Schapire R E . The Strength of Weak Learnability [J]. Machine Learning，1990，5(2)：197-227.
[27] Freund Y . Boosting a Weak Learning Algorithm by Majority [J]. Information and Computation，1990，121(2).
[28] Freund Y，Schapire R E . A Decision-Theoretic Generalization of On-Line Learning and an Application to Boosting [J]. Journal of Computer & System ences，1997，55(1)：119-139.
[29] Zhang C. ，Ma Y. ，Eds. Ensemble machine learning：methods and applications [M]. Springer Science & Business Media，2012.
[30] 李航. 统计学习方法 [M]. 北京：清华大学出版社，2012.
[31] Friedman J H . Greedy Function Approximation：A Gradient Boosting Machine [J]. Annals of Statistics，2001，29(5)：1189-1232.
[32] Breiman L，Friedman J H，Olshen R A，et al. Classification and Regression Trees (CART) [J]. Biometrics，1984，40(3)：358.
[33] Quinlan J R . C4. 5：Programs for Machine Learning [M]. 1993.
[34] Chai Z，Zhao C. Enhanced random forest with concurrent analysis of static and dynamic nodes for industrial fault classification [J]. IEEE Transactions on Industrial Informatics，2019，16(1)：54-66.
[35] Ying C，Qi-Guang M，Jia-Chen L，et al. Advance and prospects of AdaBoost algorithm [J]. Acta Automatica Sinica，2013，39 (6)：745-758.
[36] Https：//Scikit-Learn. Org/Stable/Modules/Generated/Sklearn. Ensemble. AdaBoostClassifier. Html # examples-Using-Sklearn-Ensemble-AdaBoostclassifier.
[37] Https：//Scikit-Learn. Org/Stable/Modules/Generated/Sklearn. Ensemble. AdaBoostRegressor. Html # examples-Using-Sklearn-Ensemble-AdaBoostregressor.
[38] 徐继伟，杨云. 集成学习方法：研究综述 [J]. 云南大学学报，2018，40(06)：1082-1092.
[39] Wiskott L，Sejnowski T J . Slow Feature Analysis：Unsupervised Learning of Invariances [J]. Neural Computation，2002，14(4)：715.
[40] Wu C，Du B，Zhang L . Slow Feature Analysis for Change Detection in Multispectral Imagery [J]. IEEE Transactions on Geoscience & Remote Sensing，2014，52(5)：2858-2874.
[41] http：//www. ics. uci. edu/～mlearn/MLRepository. html.
[42] J. J. Downs，E. F. Vogal. A plant-wide industrial process control problem [J]. Computers & Chemical Engineering，1993，17(3)：245-255.

15 案例分析

在前面的章节中，已介绍了大数据分析的基础知识、数据预处理的基本方法和多种类型的数据挖掘算法，正所谓“纸上得来终觉浅，绝知此事要躬行”，“百闻百见不如一练、动手动脑功在实战”。在这一章中，将通过介绍五个来源于实际应用场景的案例，包括二手车交易价格预测、糖尿病的血糖预测、工业蒸汽量预测、双盲降噪自编码器实现降噪、心率异常检测，来展示本书中数据预处理、聚类、回归、分类等多种数据挖掘算法的实际应用方式与应用场景。

15.1 二手车交易价格预测

本节中以二手车交易价格预测问题为例，向读者展示一些基本的数据挖掘方法在实际问题中的应用方式，并结合实验过程与结果说明数据挖掘的有效性。

15.1.1 案例背景

随着汽车产业和互联网产业的不断发展，全国性和地方性的二手车交易网站不断增多，大量的二手车通过互联网进行交易，并留存下了海量的交易记录。如果能够有效地利用这些交易记录，从中挖掘出二手车本身属性与其交易价格之间的联系，就能够有效地帮助车主预估自己旧车的价格，从而更好地完成交易。

本案例是来源于阿里云天池平台的一道经典赛题。本题以二手车市场为背景，要求参赛者针对大量的二手车交易记录进行数据挖掘，建立回归模型来预测二手汽车的交易价格。本道赛题简单明了，解决过程也并不复杂，适合于帮助数据挖掘的初学者对数据挖掘的整体流程进行了解。

15.1.2 数据概览与评测标准

给定的数据中共包含 15 万条训练数据以及 5 万条验证数据，每条数据包含 30 项二手车的相关属性以及二手车的交易价格。数据中包含的所有属性字段如表 15-1 所示。

表 15-1　二手车交易记录属性字段表

字段名称	字段描述
SaleID	交易 ID,唯一编码
name	汽车交易名称,已脱敏
regDate	汽车注册日期,例如 20160101,表示 2016 年 01 月 01 日
model	车型编码,已脱敏
brand	汽车品牌,已脱敏
bodyType	车身类型:豪华轿车—0;微型车—1;厢型车—2;大巴车—3;敞篷车—4;双门汽车—5;商务车—6;搅拌车—7
fuelType	燃油类型:汽油—0;柴油—1;液化石油气—2;天然气—3;混合动力—4;其他—5;电动—6
gearbox	变速箱:手动—0;自动—1
power	发动机功率:范围［0,600］
kilometer	汽车已行驶里程,单位:万千米
notRepairedDamage	汽车有尚未修复的损坏:是—0;否—1
regionCode	地区编码,已脱敏
seller	销售方:个体—0;非个体—1
offerType	报价类型:提供—0;请求—1
creatDate	汽车上线时间,即开始售卖时间
price	二手车交易价格(预测目标)
v 系列特征	匿名特征,包含 v0～14 在内 15 个匿名特征

表 15-1 中有几点需要注意：

① name、model 等字段已进行脱敏，数据脱敏指对某些敏感信息通过脱敏规则进行数据的变形，实现敏感隐私数据的可靠保护，并且一般不会对数据分析本身造成影响；

② power 字段存在范围限制［0，600］，超出该范围的数据如何处理是需要考虑的问题；

③ 给定的数据样本中，包含了 15 个意义不明的匿名特征，这涉及参赛者如何理解、处理这些特征；

④ 训练集中给定了交易价格 price，而验证集中未给出，要求参赛者用自己搭建的模型进行预测并提交结果。

完成模型搭建后，需要对模型的效果进行评测。模型的评价标准为 MAE（Mean Absolute Error），若真实值为 $\boldsymbol{y}=(y_1,y_2,\cdots,y_n)$，模型的预测值为 $\hat{\boldsymbol{y}}=(\hat{y}_1,\hat{y}_2,\cdots,\hat{y}_n)$，那么：

$$\text{MAE}=\frac{\sum_{i=1}^{n}|y_i-\hat{y}_i|}{n} \tag{15-1}$$

MAE 值越小，说明模型预测得越准确。

15.1.3 整体思路

本案例的整体思路如图 15-1 所示。比赛的任务本质上是常规的回归预测任务，其基本流程就是数据分析预处理，之后是最重要的特征工程阶段，最后建立多种不同模型，通过将不同质的模型进行训练之后 Stacking 融合对最终结果也有一定提升。

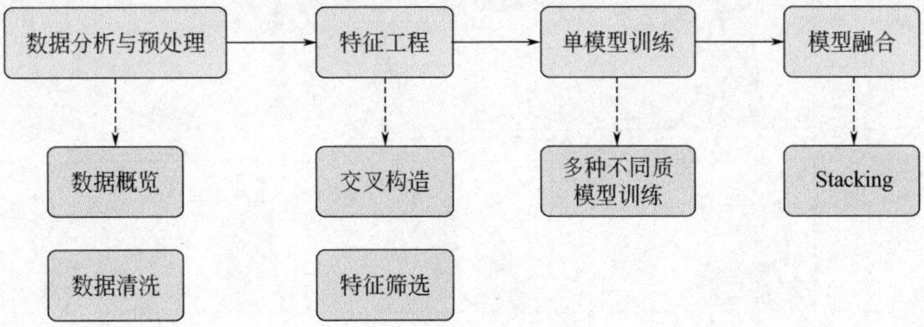

图 15-1　案例整体思路

数据预处理方面，首先要对数据做可视化概览，以便于形象地观察数据特点，此外还要对原始数据中可能存在的异常值、缺失值进行清洗；特征工程是整个流程中的重要环节，需要对原始特征做交叉构造与筛选；最后利用处理后的数据建立多种不同质模型，并采用集成学习的 Stacking 方法对模型进行组合，以提高最终预测结果的精度。在整个流程中，数据预处理与特征工程要更为重要一些，因为数据处理在很大程度上决定了最后预测的准确度，是极为关键的步骤。下面将会对各步骤的具体实现方法及结果进行详细介绍。

15.1.4 数据分析与预处理

按照流程，首先对数据做可视化，利用 Python 的 matplotlib. pyplot 绘图库，分别绘制连续型变量（图 15-2）和类别型变量（图 15-3）的分布概览图，并对绘制结果进行观察。

对于连续型变量，观察到几乎所有变量在训练集与测试集上的分布情况都大致相同，说明基于训练集得到的模型能够较好地应用于测试集上，在一定程度上降低了预测难度；此外，注意到部分样本的 power 属性值（图 15-2）为 0 或超出了 600，此处均可视为异常值；同时，训练集上的 price 等变量具有明显的长尾分布特点，可将其对数化处理。

对于类别型变量，注意到 seller 和 offerType 属性在所有样本上的取值都是一致的，对预测结果无影响，可以直接剔除。

通过可视化大致了解了数据特点之后，就可以进行数据的预处理了。

异常值处理部分，以发动机功率 power 属性为例，题中限制 power 范围为[0,600]，但实际数据总有例外，有许多样本的 power 值为 0 或者超出了 600。由于实际汽车的功率值一般不应当为 0，因此可将所有 0 视为异常值，并用其他样本的 power 值的均值填充；而大于 600 的值则进行截断操作，即无论 power 值有多大，都将其调整为 600。当然，对于异常值的定义也有一定的主观因素，如果认为 power 为 0 代表某种特殊汽车，如电动汽车，那么将 0 视为正常值也是可以的。至于哪种处理方法更好，还需要通过比较最终模型的预测精度来确定。

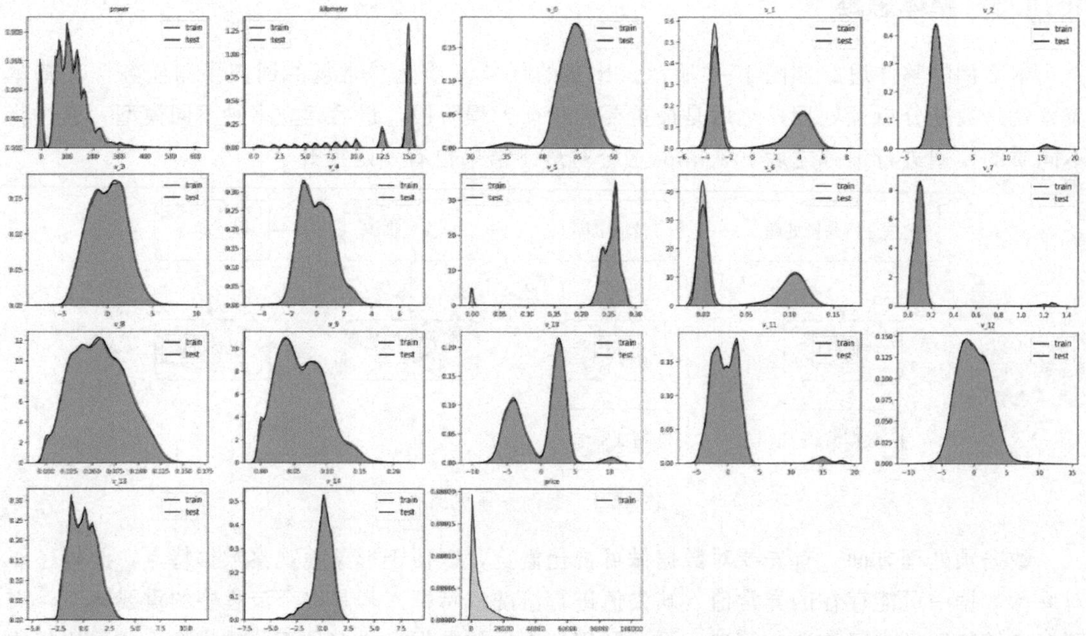

图 15-2　连续型变量概览

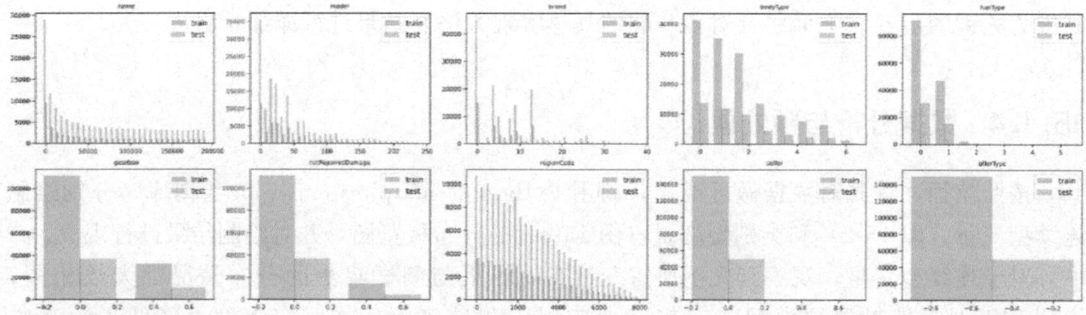

图 15-3　类别型变量概览

缺失值填充部分，为了更好地了解到数据中哪里出现了缺失值，可以采用柱状图的方式将数据可视化：将样本变量作为横坐标，样本编号作为纵坐标，每个变量都以柱状表示，若某个样本的某个变量值缺失，则将对应变量柱的对应位置标为白色，无缺失则标为黑色。依次排列所有样本，就可以清楚地看到哪些变量中包含缺失数据了。包含缺失值的特征有车身类型 bodyType、燃油类型 fuelType、变速箱类型 gearbox 以及是否损坏 notRepairDamage。其中多分类字段（车身类型 bodyType、燃油类型 fuelType）采用众数填充，将未缺失数据中该特征的众数值作为填充值；0-1 分类字段（变速箱类型 gearbox、是否损坏 notRepairDamage）采用中间值 0.5 填充，可以将其理解为“不确定是 0 还是 1”。

至此，数据的预处理就完成了，现在的数据格式统一，不含异常值，已经可以用于特征工程了。

15.1.5 特征工程与特征筛选

图 15-4 所示是本案例的特征工程整体流程。第一期特征工程主要对实名变量进行构造与筛选，第二期特征工程则主要面向匿名变量进行交叉构造。分两期进行特征工程的原因是原始数据中包含意义明确的实名变量和意义不明的匿名变量，对它们的处理方法有所不同；同时，由于模型要求的输入不同，对于后续将要用到的线性模型以及神经网络模型，其输入数据还要做编码与 PCA 降维处理。

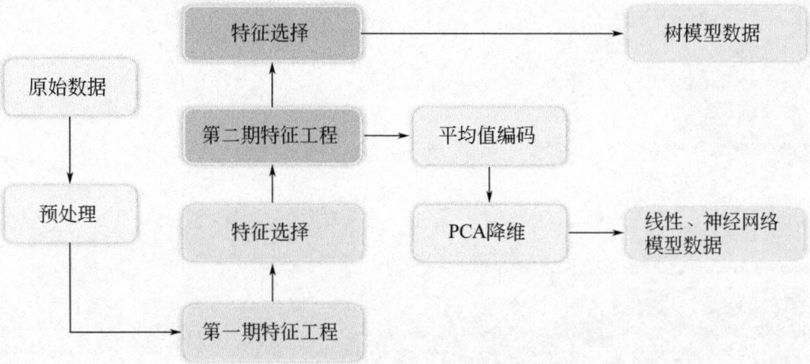

图 15-4　特征工程流程图

在第一期特征工程中，对于含义明确的实名变量，可以做一些意义明确的处理，包括二者取最大值、最小值、中位数、均值、标准差等作为新的变量；而在第二期特征工程中，对于含义不明的匿名变量，为了更大程度地挖掘其中的信息，可以对匿名变量间进行交叉构造，即两两的相加与相乘。由于实名、匿名变量的数目各有 15 个，如果所有变量间都进行两两构造，产生的新特征将会十分多，这会给模型训练带来不必要的负担（实际上，第一期特征工程后共有 175 个特征，而第二期特征工程后共有 252 个特征）。如何从这些特征中寻找真正有效的特征是比较关键的问题。

对于特征筛选问题，可以从以下两方面入手：

首先是相关分析，可以通过做相关系数热力图的方式来寻找相关系数较高的变量对。基于这种变量对产生的新特征，可以认为是不必要的，可将其剔除以缩减特征数。图 15-5 所示是所有变量间的 spearman 相关系数矩阵图，举例来说，匿名变量 v4 与 v9 间的相关系数达到了 0.96，因此可考虑剔除基于这两个变量产生的新特征。

此外，还可以对特征做重要性检验，这也是比较常见且有效的手段。可以利用一些模型的重要性排序（如 LightGBM）来做出重要性排序图，基于排序剔除一些低重要性的特征。图 15-6 所示是第二期特征工程后的 LightGBM 模型下的特征重要性排序图，从中可以清晰地看出哪些特征在模型中的贡献更大。

15.1.6 平均值编码

对于类别特征，一般需要进行编码处理。在使用 Python 对类别特征及逆行编码时，树模型中一些成熟的库对类别特征有较好的支持。但是对于线性模型与神经网络模型而言，需要注意对类别特征的编码方式。一些类别变量（比如车身类型 bodyType），原数据使用标签编码（Label Encoder）的方式进行编码，将离散型的数据转换成互不相同的连续整数，但是这种编码方式隐含了一个假设：不同类别之间存在顺序关系。这对于类别较少的字段可能没有太大影响，但是对于高基数的类别特征，如 name、model 等字段，如使用标签编码，对于目标而言线性不可分，使用简单模型会导致欠拟合，而使用复杂模型则会导致过拟合；如果使用独热编码（One-Hot Encoder），则会导致特征的维度非常大，因此此处使用平均值编码（Mean Encoder）。

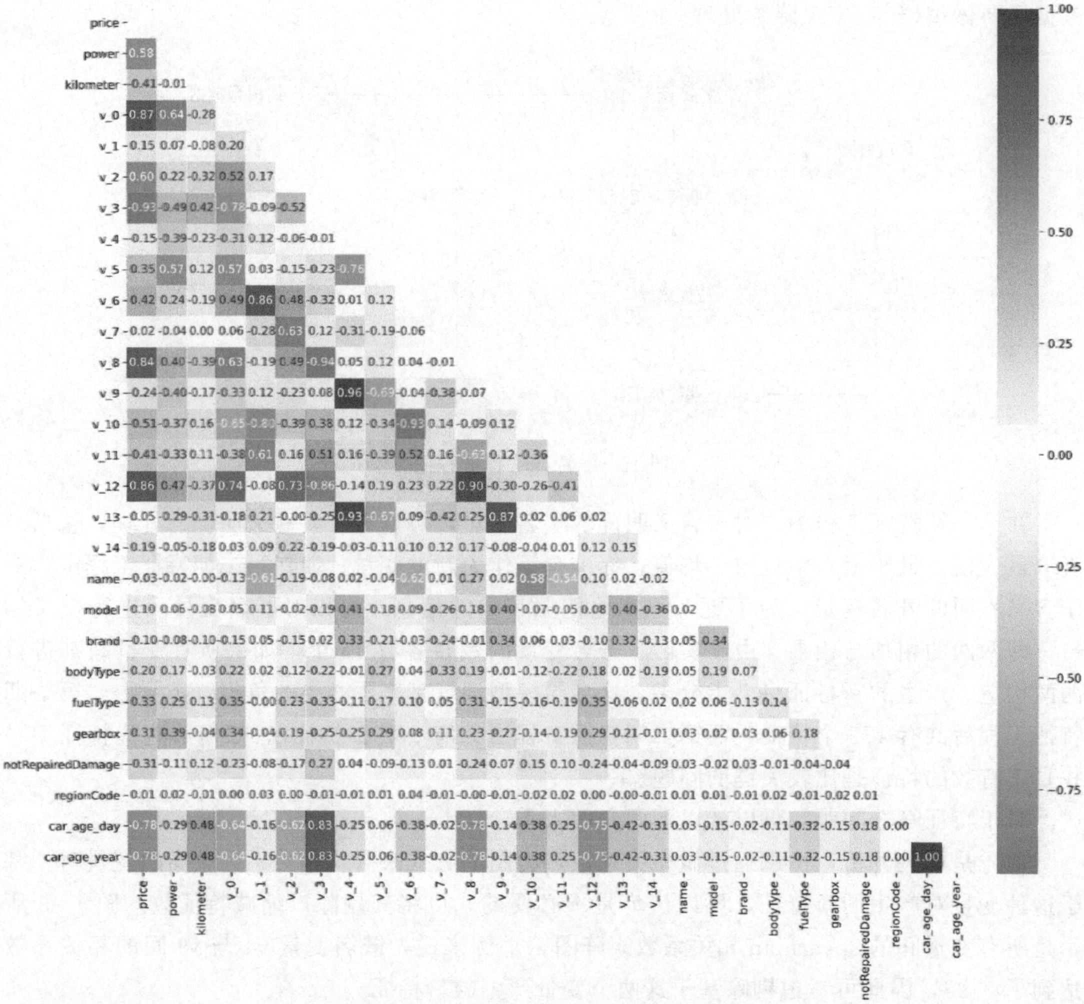

图 15-5　变量间 spearman 相关系数矩阵图

平均值编码是一种针对高基数、定性特征的数据处理方式。假设分类问题中，目标 target 一共有 C 个不同类别，具体的一个类别用 y 表示。某个定性的变量 variable 一共有 K 个不同类别，具体的一个类别用 k 表示。平均数编码的基本思想就是将 variable 中的每一个 k 都表示为目标 y 的概率：

$$\hat{P}(\text{target}=y)=\frac{N(\text{target}=y)}{N} \tag{15-2}$$

$$\hat{P}(\text{target}=y\,|\,\text{variable}=k)=\frac{(\text{target}=y,\text{variable}=k)\text{的数量}}{(\text{variable}=k)\text{的数量}}$$

$$=\frac{N(\text{target}=y,\ \text{variable}=k)}{N(\text{variable}=k)} \tag{15-3}$$

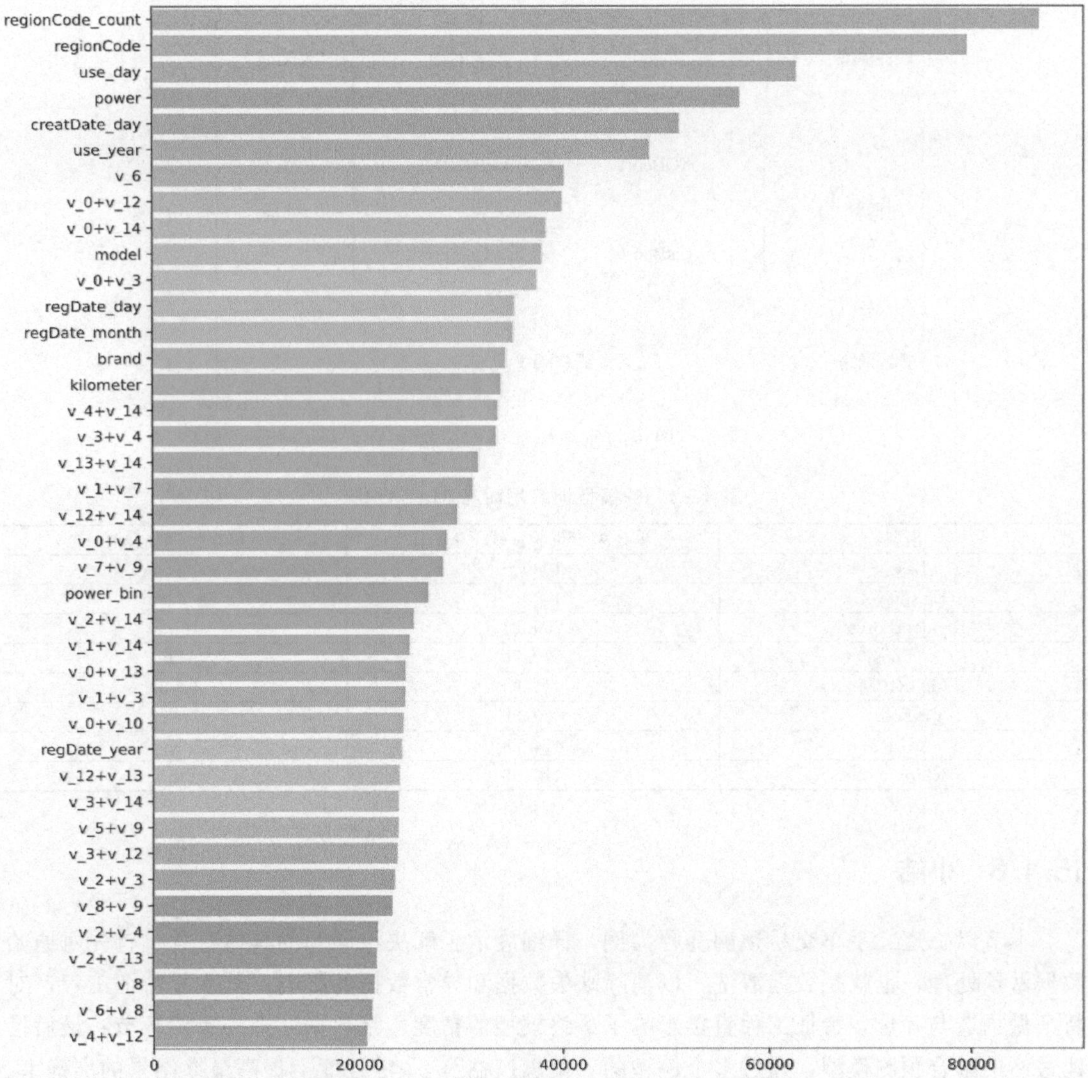

图 15-6　LightGBM 模型下的特征重要性排序图

最终编码所用概率为先验概率与后验概率的加权：

$$\hat{P}=\lambda\hat{P}(\text{target}=y)+(1-\lambda)\hat{P}(\text{target}=y\mid\text{variable}=k) \tag{15-4}$$

式中，λ 是先验概率权重，一个特征类别在训练集内出现的次数越多，后验概率的可信度越高，该权重应当越小。

15.1.7　数据建模与融合

实际应用时，采用多模型按权重加和的方法，对多个模型的结果进行集成。图 15-7 所示是本案例中用到的各种模型，包括了多种不同质的模型，最终通过多模型融合的方式提高融合模型的预测精度。具体编码时，可采用 Python 的 sklearn 中相应的库函数来搭建各种模型。表 15-2 所示是各个模型的训练用时与平均绝对误差 MAE 评价，可见混合模型的 MAE 值小于所有单模型，预测精度有所提升。

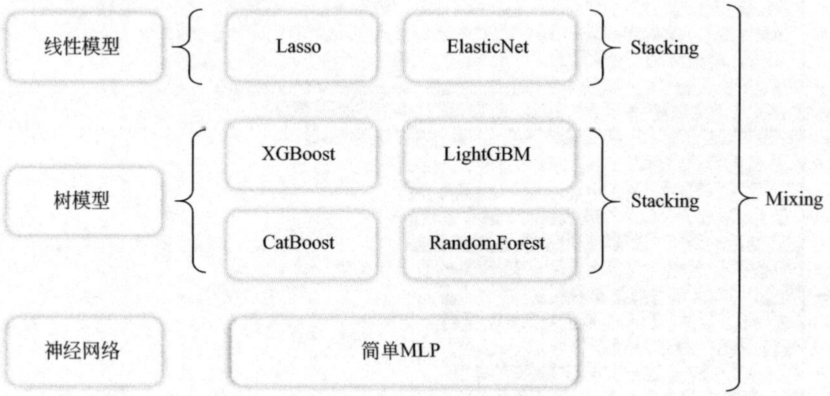

图 15-7　单模型类型汇总

表 15-2　各模型训练用时与 MAE 评价

模型	单模型十折验证线下 MAE	单模型训练耗时
Lasso	1000＋	＜1min
ElasticNet	1000＋	＜1min
RandomForest	550.21	10min
XGBoost	520.76	2h
LightGBM	441.99	4～6h
CatBoost	430.89	7～9h
MLP	414.78	2h
Stacking＋Mix	412.56	/

15.1.8　小结

本节以一道二手车交易预测赛题为例，详细展示了解决该问题的具体过程：首先对原始数据做预处理，也就是数据清洗，以消除缺失数据和异常数据的影响；其次是特征工程，对特征做构造与筛选，特征工程直接影响了最终模型的精度，是数据处理的重要环节；最后搭建最终的融合预测模型，通过多个模型的“集思广益”，一定程度上提高最终结果的准确率。二手车交易价格预测是回归预测的典型问题，通过对本案例整体思路的了解，能够对常规的数据预测问题有更深的理解。有兴趣的读者也可以在掌握一定的 Python 编程基础后，自行尝试解决这道赛题。

15.2　糖尿病的血糖预测

目前，糖尿病的患病人数越来越多，糖尿病已经逐渐成为危害人类生命安全和影响全球经济发展的世界性公共卫生问题之一。传感器技术的提高与计算机技术的快速发展，也使得对病人进行连续血糖监测成为可能，连续血糖监测仪为后续的血糖预测报警和血糖控制提供了数据基础。本节将介绍数据挖掘算法在血糖管理中的重要作用。

15.2.1 背景介绍

随着社会的发展和人们生活水平的提高，人们的生活方式和饮食习惯有了较大的改变，越来越多的人患上了糖尿病。糖尿病也成为一种世界范围内的、非常普遍的慢性疾病。糖尿病按病因可分为1型糖尿病（Type 1 Diabetes Mellitus，T1DM）、2型糖尿病（Type 2 Diabetes Mellitus，T2DM）、妊娠期糖尿病（Gestational Diabetes Mellitus，GDM）和特殊类型糖尿病。健康的人可以通过胰腺产生胰岛素和胰高血糖素来闭环控制血糖水平，然而部分糖尿病病人的胰岛素不能正常分泌，血糖无法得到正常的自主控制，因而需要人为或依靠医疗设备进行血糖管理。为了实现及时有效的血糖控制，需要准确地预测血糖水平，从而提前进行相应的干预，避免病人的血糖含量出现异常，威胁到病人的身体健康。

15.2.2 数据获取

美国弗吉尼亚大学/意大利帕多瓦大学（UVA/Padova）联合开发了1型糖尿病人仿真系统（Type 1 diabetes mellitus system，T1DMS），该系统经过美国FDA批准，是可以成为代替临床试验的仿真器。该仿真包中包含30个不同的仿真对象，包括了10个儿童，10个青少年和10个成人，每个仿真对象对应于不同类型的病人，具有自身的特异性体质特征，因此基于此仿真平台的研究具有较高的可靠性，也被全球多所高校和研究机构用于临床试验前的仿真验证工作。

我们使用T1DMS仿真包，对软件包内置的10名成年人进行了22天（去掉前2天的数据）的仿真。吃饭时间的均值是7：00、12：00、18：00，标准差是1h；食量分别是40g、85g、60g，食量的变化量服从−10%到10%的均匀分布。血糖预测的预测步长（Prediction Horizons，PH）一般是30min或者60min，这里设置为30min。

使用的评价指标是RMSE和MAPE，如式（15-5）所示，其中 g_n 和 $\hat{g}_n$ 分别表示 n 时刻的血糖真实值和血糖预测值，N 为预测序列的长度，$\boldsymbol{g}$ 和 $\hat{\boldsymbol{g}}$ 分别表示血糖真实值和预测值构成的向量。前10天数据以4∶1的比例划分为训练集和验证集，后10天的数据作为测试集。

$$
\begin{aligned}
\mathrm{RMSE}(\boldsymbol{g},\hat{\boldsymbol{g}}) &= \sqrt{\frac{1}{N}\sum_{n=1}^{N}(g_n-\hat{g}_n)^2} \\
\mathrm{MAPE}(\boldsymbol{g},\hat{\boldsymbol{g}}) &= \frac{100}{N}\sum_{n=1}^{N}\left|\frac{g_n-\hat{g}_n}{g_n}\right|
\end{aligned}
\tag{15-5}
$$

15.2.3 数据预处理

为了使读者能够直观理解仿真所获得的数据，本节通过示意图对数据进行展示。本节分析的数据是三维时间序列，三维包括了血糖水平、进食量和胰岛素注入量，如图15-8所示，从左

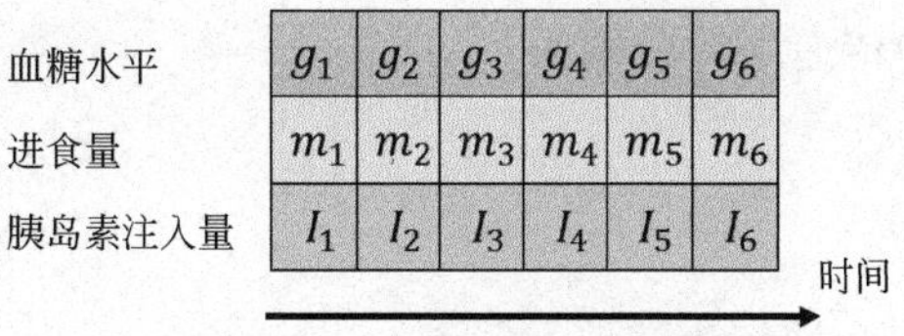

图15-8　血糖数据示意图

到右表示时间轴的推进。

得到仿真数据后还不能够直接使用，需要对数据进行一定的预处理。①对数据进行重采样，仿真平台的输出数据的采样周期是 1min，数据密度过大，因此对输出数据进行了采样周期为 5min 的重采样。②在仿真系统的输出中，胰岛素的值为基础胰岛素（basal）输注速率和大剂量胰岛素（bolus）之和，其中 basal 每一个时刻都在注射，bolus 只有在饮食摄入时才会注射，因此为了提取胰岛素外源输入激励部分，需要将胰岛素值减去 basal。另外，因为对饮食数据进行了重采样，饮食的总量就变成了原来的 1/5，因此需要对重采样后的碳水化合物值乘以 5。③传感器的测量值具有随机扰动，因此得到仿真数据后我们为了模拟这种扰动，添加一些白噪声。

图 15-9 是一个血糖值随时间波动的实例，图中一共展示了两个病人的血糖波动情况，共有约 600 个采样点，时间约为 2 天。从图中可以看出，病人的血糖在一天之中会有三个峰值，分别对应早餐、午餐和晚餐，峰值时间相比进食时间会有所滞后。尽管两个病人的血糖变化呈现出一定的相似性，但是也呈现出一定的差异。例如，病人 1 的血糖水平几乎在每一个时刻都比病人 2 的血糖水平高；再如，病人 2 在每次进食时，血糖都会先上升，再下降，然后再上升、下降，也就是说有两个峰值，而病人 1 这种现象相对不显著。血糖水平的变化在不同病人身上的差异性也增加了模型预测的难度。

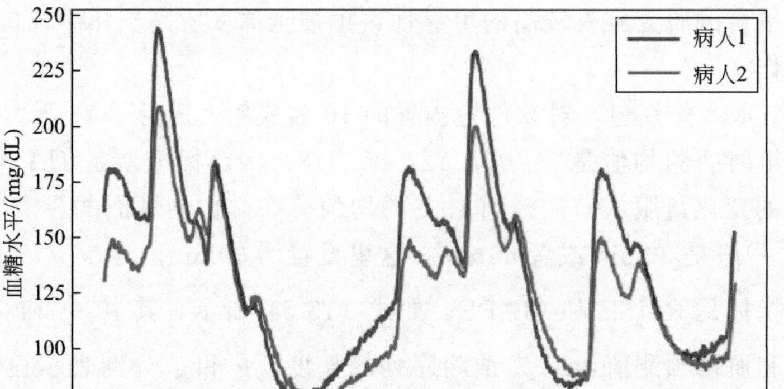

图 15-9　血糖值随时间波动的示意图

有研究已经证明，经过平滑处理后的外源输入（胰岛素、碳水化合物）信号可以提高模型预测的精度。未经平滑的外源输入信号都是脉冲的形式，而在实际的生理过程中，胰岛素和碳水化合物发挥作用都需要时间，所以脉冲形式的信号并不符合实际情况。在数据预处理时，可以将脉冲信号作为输入信号，通过预设的传递函数得到响应信号，从而获得平滑后的信号。这里我们采用二阶传递函数进行平滑处理，其中 s 表示复变量，胰岛素和碳水化合物的传递函数分别为：

$$H_1=\frac{1}{750s^2+55s+1}$$
$$H_2=\frac{1}{450s^2+55s+1} \tag{15-6}$$

15.2.4 算法与实验结果

本节介绍一些血糖预测算法的原理以及实验结果，算法包括 LOCF 算法、ARX 算法、SVR 算法、DNN 模型和 LSTM 模型等，各算法的实验结果汇总在表 15-3 中，括号中的数字表示多次实验下的标准差。

表 15-3 不同模型评价指标的汇总

模型	RMSE/(mg/dL)	MAPE/%
LOCF	11.5347(4.0535)	5.7729(1.6652)
ARX	7.6858(2.8769)	3.4584(1.1227)
SVR	3.3559(1.0875)	1.7842(0.6604)
DNN	2.4555(0.8590)	1.1562(0.3804)
LSTM	2.4293(0.8077)	1.0950(0.3600)

(1) LOCF 算法

LOCF（Last Observation Carried Forward）算法，如式（15-7）所示，直接使用上一采样点作为预测的结果。这个算法可以作为一个基准（baseline），如果所设计的算法性能不如 LOCF 算法，那么就说明算法的实现过程中有些步骤出现了问题。

$$g(k+\mathrm{PH})=g(k) \tag{15-7}$$

如图 15-10 所示，可以看到 LOCF 算法在血糖水平比较平稳的地方表现尚可，但是在血糖水平波动较大的地方结果不是很理想。

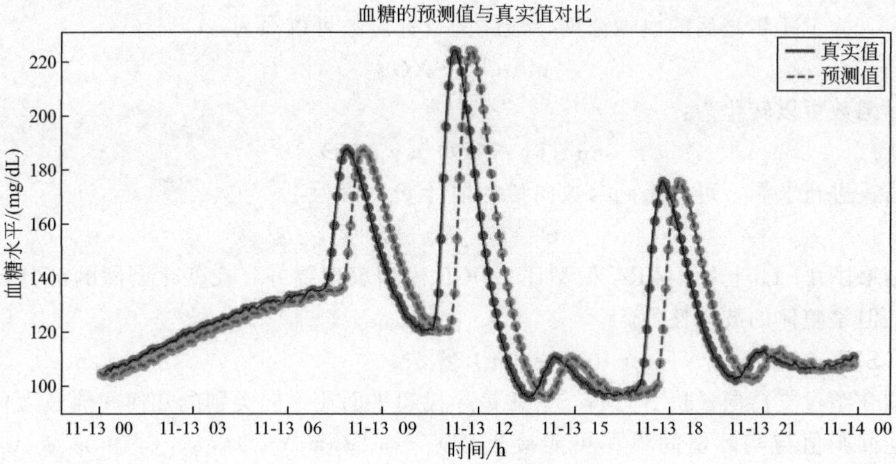

图 15-10 LOCF 算法的预测表现

(2) ARX 算法

ARX 算法全称是 AutoRegressive eXogenous，在自回归模型的基础上引入了外源输入，如式（15-8）所示：

$$A(q^{-1})g(k)=B_{\mathrm{ins}}(q^{-1})u_{\mathrm{ins}}(k-k_{\mathrm{ins}})+B_{\mathrm{meal}}(q^{-1})u_{\mathrm{meal}}(k-k_{\mathrm{meal}})+\beta+\varepsilon(k) \tag{15-8}$$

式中，$g(k)$ 表示第 k 个采样时刻的血糖水平；$u_{ins}(k-k_{ins})$表示在 $k-k_{ins}$ 时刻注射的胰岛素值；$u_{meal}(k-k_{meal})$表示在 $k-k_{meal}$ 时刻摄入的食物中碳水化合物的含量；k_{ins} 和 k_{meal} 表示输入时延，这是因为注射的胰岛素不会立即对血糖产生作用，摄入的食物也不会立即引起血糖的上升；β 是常数偏差；$\varepsilon(k)$ 表示拟合残差。

$A(q^{-1})$，$B_{ins}(q^{-1})$，$B_{meal}(q^{-1})$分别表示血糖浓度、胰岛素、碳水化合物的系数，均表示为后移算子 q^{-1} 的多项式，其中 $q^{-1}g(k)=g(k-1)$。也就是说，$A(q^{-1})$，$B_{ins}(q^{-1})$，$B_{meal}(q^{-1})$可以表示为：

$$
\begin{aligned}
&A(q^{-1})=1+a_1q^{-1}+a_2q^{-2}+\cdots+a_{n_A}q^{-n_A}\\
&B_{ins}(q^{-1})=b_{ins_1}q^{-1}+b_{ins_2}q^{-2}+\cdots+b_{ins_{n_{ins}}}q^{-n_{ins}}\\
&B_{meal}(q^{-1})=b_{meal_1}q^{-1}+b_{meal_2}q^{-2}+\cdots+b_{meal_{n_{meal}}}q^{-n_{meal}}
\end{aligned}
\tag{15-9}
$$

式中，n_A，n_{ins}，n_{meal} 分别表示 $A(q^{-1})$，$B_{ins}(q^{-1})$，$B_{meal}(q^{-1})$多项式的最高阶次。

在建立 ARX 模型时，要预测 PH 步之后的血糖浓度，预测矩阵 $\boldsymbol{X}$ 可以写为：

$$\boldsymbol{X}(N\times J_x)=[\boldsymbol{G}(N\times L_G),\boldsymbol{U}_{ins}(N\times L_{ins}),\boldsymbol{U}_{meal}(N\times L_{meal})] \tag{15-10}$$

式中，饮食矩阵$\boldsymbol{U}_{meal}(N\times L_{meal})$可以表示为下式：

$$\boldsymbol{U}_{meal}(N\times L_{meal})=\begin{bmatrix}\boldsymbol{u}_{meal,1}^{T}(L_{meal}\times 1)\\ \boldsymbol{u}_{meal,2}^{T}(L_{meal}\times 1)\\ \vdots\\ \boldsymbol{u}_{meal,N}^{T}(L_{meal}\times 1)\end{bmatrix} \tag{15-11}$$

每一个行向量 $\boldsymbol{u}_{meal,i}(1\times L_{meal})(i=1,2,\cdots,N)$包含了从采样时刻 i 到 $i+L_{ins}-1$ 时刻的碳水化合物信息。血糖矩阵和胰岛素矩阵也可以类似推导。设模型的输出矩阵为 $\boldsymbol{y}(N\times 1)$，为 PH 步之后的血糖浓度，最终的目标函数可以写为：

$$\min\{\|\boldsymbol{y}-\boldsymbol{X\Theta}\|_2\} \tag{15-12}$$

目标函数可以转化为：

$$\min\{(\boldsymbol{y}-\boldsymbol{X\Theta})^T(\boldsymbol{y}-\boldsymbol{X\Theta})\} \tag{15-13}$$

对公式进行求导，可以得到参数向量的估计 $\boldsymbol{\Theta}$，写为：

$$\boldsymbol{\Theta}=(\boldsymbol{X}^T\boldsymbol{X})^{-1}\boldsymbol{X}^T\boldsymbol{y} \tag{15-14}$$

从结果图 15-11 上看，ARX 模型比 LOCF 模型表现要好，在变化剧烈的部分也能较好地预测，但是整体的波动性大。

(3) SVR (Support Vector Regression) 算法

之前介绍过支持向量机 SVM，SVM 是寻找超平面让不同类别的几何间隔最大化，SVR 算法是让回归值与实际值间隔尽可能接近。$y_i-\boldsymbol{w}^T\phi(\boldsymbol{x}_i)-\boldsymbol{b}\leqslant\varepsilon+\xi_i$ 和 $\boldsymbol{w}^T\phi(\boldsymbol{x}_i)+\boldsymbol{b}-y_i\leqslant\varepsilon+\xi_i^*$ 中，ε 表示算法允许预测值与实际值之间存在一定的宽度，相当于在拟合的函数周围制造了一个宽度为 2ε 的间隔带。对于所有落入间隔带的样本，都不计算其损失；落入间隔带以外的样本，计算其损失。最终通过最小化间隔的宽度和拟合损失来优化参数。此外，ξ_i 和 ξ_i^* 是松弛变量，这使得 SVR 更具有鲁棒性。另外，公式中的 $\phi(\boldsymbol{x}_i)$表示了核函数的引入，这使得 SVR 也能处理非线性的情况。该算法的目标函数如式 (15-15) 所示。从结果图 15-12 以及表 15-3 中显示的定量指标可以看出，SVR 能够更好地预测血糖的变化，比 LOCF 和 ARX 显示出更好的预测精度，即对两个评估指标来说，具有更低的均值和标

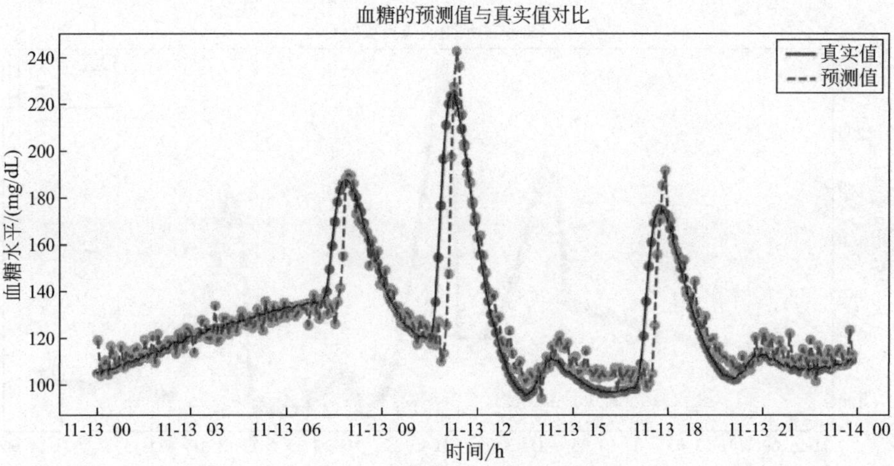

图 15-11　ARX 模型的预测表现

准差。

$$
\begin{aligned}
&\min_{(w,b,\xi)} \frac{1}{2}\boldsymbol{w}^2 + C\sum_{i=1}^{n}(\xi_i + \xi_i^*) \\
&\text{s. t.}\quad y_i - \boldsymbol{w}^{\mathrm{T}}\phi(\boldsymbol{x}_i) - \boldsymbol{b} \leqslant \varepsilon + \xi_i \\
&\boldsymbol{w}^{\mathrm{T}}\phi(\boldsymbol{x}_i) + \boldsymbol{b} - y_i \leqslant \varepsilon + \xi_i^*;\ \xi_i \geqslant 0, \xi_i^* \geqslant 0;\ i = 1,2,3,\cdots,n
\end{aligned}
\tag{15-15}
$$

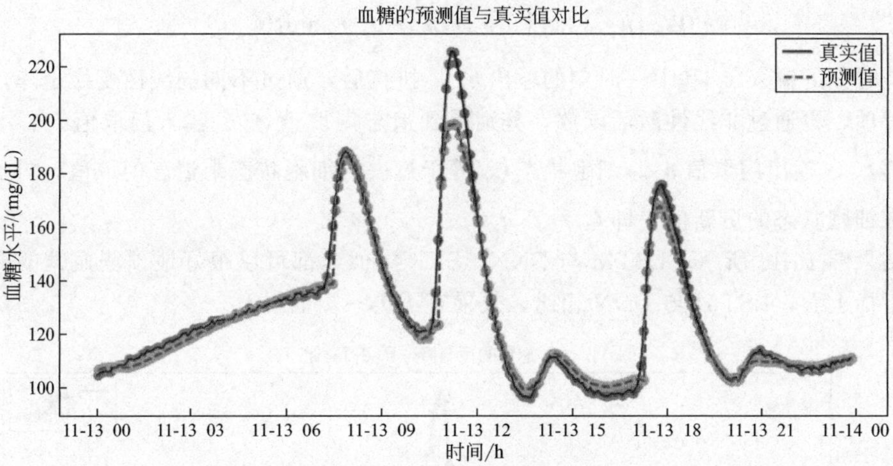

图 15-12　SVR 模型的预测表现

（4）DNN

近年来，深度学习在各种领域大放异彩，深度神经网络也可以用于血糖水平的预测。在深度神经网络（DNN）中，每一层神经网络都会进行一次式（15-16）所示的运算，上一层的输出作为输入经过线性的映射，再加入偏置，通过非线性的激活函数（公式中将激活函数具体为 ReLU 函数），得到该层的输出。通过梯度反向传播计算每一层的权重。从结果图 15-13 上看，DNN 能够很好地预测血糖的变化，从具体的指标上看，比 SVR 的误差更小。

$$\boldsymbol{h}_k = \mathrm{ReLU}(\boldsymbol{W}_k\boldsymbol{h}_{k-1} + \boldsymbol{b}_k) \tag{15-16}$$

（5）LSTM 算法

在之前的章节中我们也介绍了循环神经网络，这是目前处理时序数据非常有效的工具。

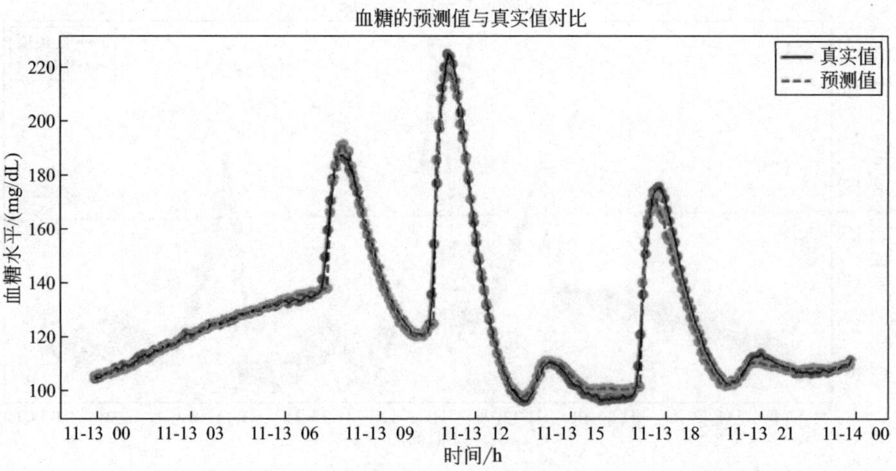

图 15-13　DNN 模型的预测表现

简单来说，LSTM 通过遗忘门 $\boldsymbol{f}_t$、输入门 $\boldsymbol{i}_t$ 和输出门 $\boldsymbol{o}_t$ 来实现细胞状态 $\boldsymbol{C}_t$ 的更新，如下式所示。

$$\begin{aligned}&\boldsymbol{f}_t=\sigma(\boldsymbol{W}_{\mathrm{f}}\cdot[\boldsymbol{h}_{t-1},\boldsymbol{x}_t]+\boldsymbol{b}_f),\boldsymbol{i}_t=\sigma(\boldsymbol{W}_i\cdot[\boldsymbol{h}_{t-1},\boldsymbol{x}_t]+\boldsymbol{b}_i)\\&\widetilde{\boldsymbol{C}}_t=\tanh(\boldsymbol{W}_{\mathrm{C}}\cdot[\boldsymbol{h}_{t-1},\boldsymbol{x}_t]+\boldsymbol{b}_{\mathrm{C}}),\boldsymbol{C}_t=\boldsymbol{f}_t\cdot\boldsymbol{C}_{t-1}+\boldsymbol{i}_t\cdot\widetilde{\boldsymbol{C}}_t\\&\boldsymbol{o}_t=\sigma(\boldsymbol{W}_{\mathrm{o}}[\boldsymbol{h}_{t-1},\boldsymbol{x}_t]+\boldsymbol{b}_{\mathrm{o}}),\boldsymbol{h}_t=\boldsymbol{o}_t\cdot\tanh(\boldsymbol{C}_t)\end{aligned}\tag{15-17}$$

当前时刻的输入 $\boldsymbol{x}_t$ 和上一时刻的输出 $\boldsymbol{h}_{t-1}$ 拼接后，通过不同的线性变换矩阵，加上不同的偏置项，再通过非线性激活函数，分别得到遗忘门取值 $\boldsymbol{f}_t$、输入门取值 $\boldsymbol{i}_t$、细胞状态的更新值 $\widetilde{\boldsymbol{C}}_t$、输出门取值 $\boldsymbol{o}_t$。细胞状态 $\boldsymbol{C}_t$ 等于过去的细胞状态乘遗忘门取值，再加上输入门取值乘细胞状态的更新值，即 $\boldsymbol{C}_t=\boldsymbol{f}_t\cdot\boldsymbol{C}_{t-1}+\boldsymbol{i}_t\cdot\widetilde{\boldsymbol{C}}_t$。

如结果图 15-14 所示，LSTM 与 DNN、SVR 类似，都可以很好地预测血糖的变化。从具体的指标上看，LSTM 与 DNN 相比，效果有了进一步的提升。

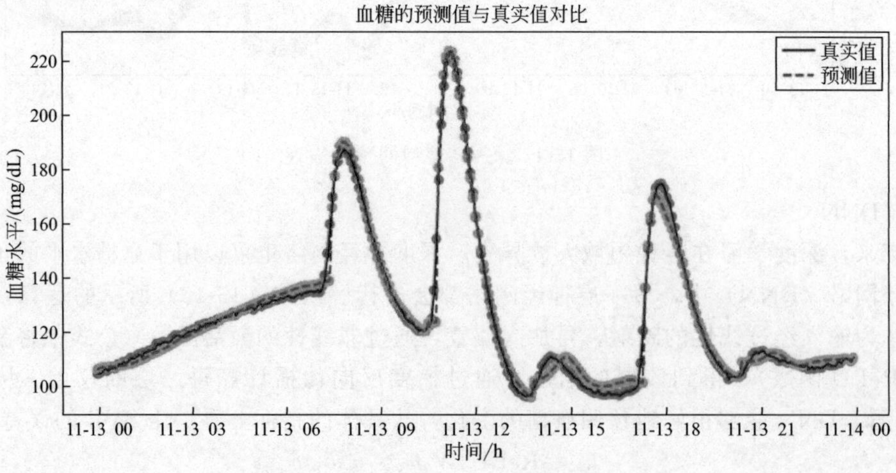

图 15-14　LSTM 模型的预测表现

15.2.5 小结

本节介绍了大数据挖掘算法在糖尿病病人血糖预测上的应用。首先介绍了相关的血糖数据仿真平台，然后给出了数据预处理的关键步骤，之后叙述了多个主流算法的原理，并对实验结果进行了简要的分析。更加准确的血糖预测结果将为血糖管控带来更可靠的依据，随着数据挖掘算法的进步，未来更加强大的血糖预测算法将造福广大糖尿病患者。

15.3 工业蒸汽量预测

在工业过程中，蒸汽量作为一个重要的质量变量，通常难以直接测量获得，因此需要建立有效可靠的预测模型对其进行预测。本节将从数据预处理、特征分析、建模预测等方面介绍来自阿里云天池大赛的工业蒸汽量的预测问题。

15.3.1 数据集介绍

本节从工业蒸汽量预测这个具体问题出发，来介绍使用数据挖掘方法解决实际问题的流程与步骤。工业蒸汽量的预测问题可以视为一个多元回归问题，本例采用的数据集是经脱敏后的锅炉传感器采集的数据，我们需要根据这些数据反映的锅炉的工况来预测产生的蒸汽量。其中变量 V0 到 V37 是模型的输入特征变量，预测目标是蒸汽量。部分变量和值如表 15-4 所示。

表 15-4 不同模型评价指标的汇总

V0	V1	V2	V3	…	V36	V37	target
0.566	0.016	0.143	0.407	…	2.608	3.508	0.175
0.968	0.437	0.066	0.566	…	0.335	−0.73	0.676
1.013	0.568	0.235	0.37	…	0.765	0.589	0.633
…	…	…	…	…	…	…	…

15.3.2 数据清洗与特征工程

由于传感器采集的数据量纲不同，且可能存在一些错误的数据，错误数据的存在会影响模型的效果。因此，需要对原始数据进行数据清洗与预处理，以及构建特征工程。原始数据一共有 38 个特征，其中有些特征对预测有用，而有些特征则用处不大。因此首先通过计算特征与目标之间的两两线性相关系数来进行特征的筛选，通过热力图的形式展示了特征间的相关系数矩阵（包括输入变量与输出变量），如图 15-15 所示。在得到了相关系数之后，剔除与预测目标相关系数的绝对值小于 0.1 的几个特征，从而筛选出重要特征，丢弃不重要的特征。下一步，我们对数据进行归一化处理，归一化的具体做法是将每个特征所对应的数据减去其均值，除以其方差，使每个特征都尽量符合一个零均值、单位方差的高斯分布。这一步的目的是消除量纲带来的影响，保证变量间的公平性，同时促进模型的收敛。

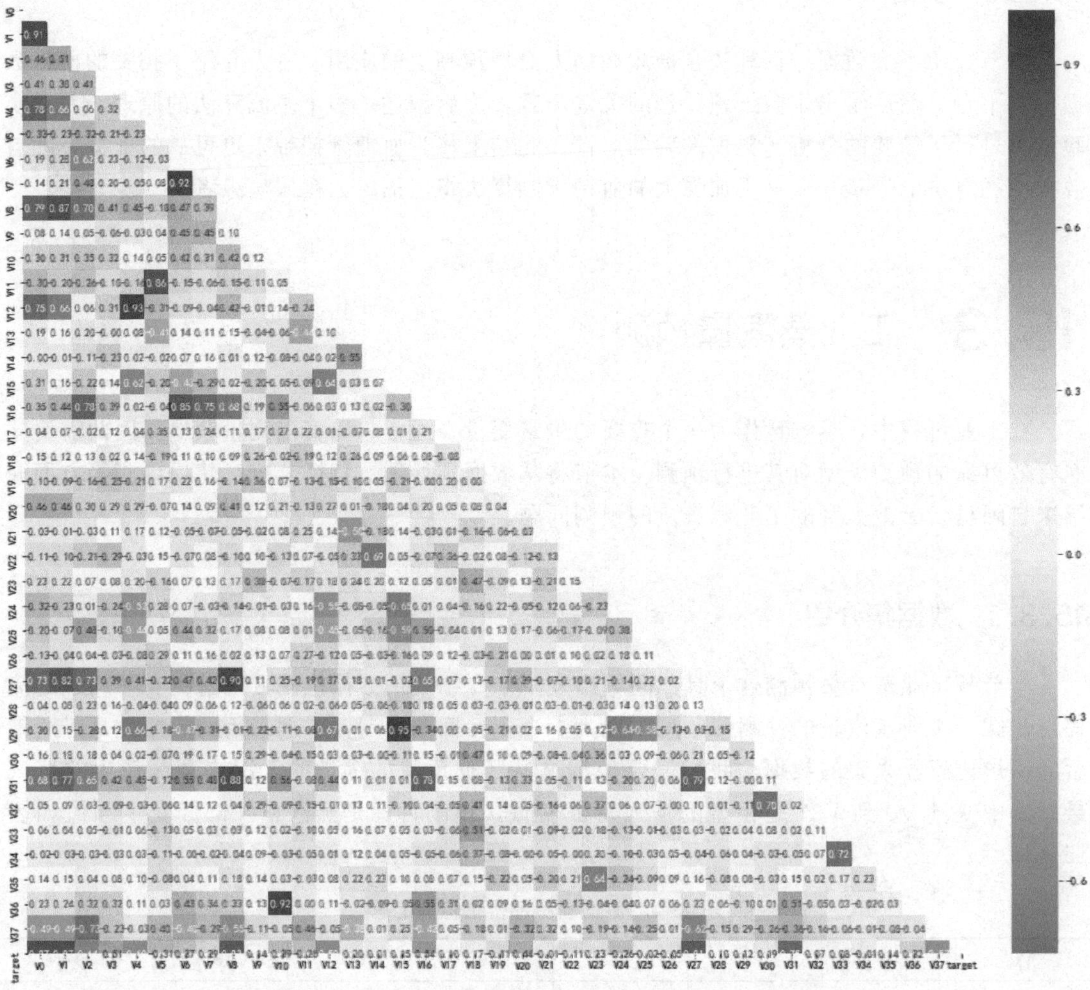

图 15-15　工业蒸汽量预测问题的变量相关系数矩阵（包括输入变量与输出变量）

除了分析特征的影响，异常样本的存在同样也会影响模型的准确性，使模型偏离理想的预测效果。因此，接下来进行样本维度的筛选，以剔除一些异常的样本，建立更加准确鲁棒的预测模型。

首先使用一种简单的算法去训练模型，并利用训练好的模型对原始数据进行再一次的预测，此时，由模型输出的预测值可能会与真实值产生一定的偏差，这个偏差在一定范围内是可以接受的，而当超过一定范围时，则将其视为异常样本，并进行剔除。在异常样本剔除的环节中，可使用岭回归模型去训练，异常点的排除条件为真实值与预测值的差距超过了 0.8 倍的真实值。图 15-16 展示了一个异常样本与正常样本的可视化结果。

15.3.3　基本回归模型训练与分析

在特征工程的工作完成之后，可以搭建模型来进行训练和预测了。首先将训练数据按 7∶3 的比例划分为训练集和验证集。其中，训练集用于训练样本，得到预测模型的参数；而验证集用于衡量训练得到模型的效果与泛化能力。在这里，我们选择了多个经典以及前沿的回归模型来求解本问题，其中包括最简单的多元线性回归、岭回归、Lasso 回归以及 KNN 聚类、支持向量机，以及一些集成学习的方法。这些方法可以分为以下几类。

（1）线性回归类方法

该类方法包括基本线性回归（Linear Regression）、岭回归（Ridge Regression）、Lasso 回归和弹性网回归（Elastic Net Regression）。其中，岭回归可视为带有 L2 正则化约束的多元线性回归，L2 正则化的加入可以缓解多元共线性问题，使得到的模型更加鲁棒，增强泛化能力；Lasso 回归则是引入了 L1 正则化约束的线性回归，L1 正则化有稀疏性选择变量的功能，能够将对模型预测贡献不大的变量，即在回归模型中对应系数较小的直接收敛为 0，从而达到简化模型和选择关键预测变量的功能；而弹性网回归则是两者的综合版本，结合了 L1 正则和 L2 正则的优势，使得模型更好地选择关键变量并避免多重共线性问题。以上三种带正则化约束的线性回归方法特别适用于高维数据的回归问题。特别地，正则化系数的选择可以通过交叉验证（cross validation）的方法来确定。

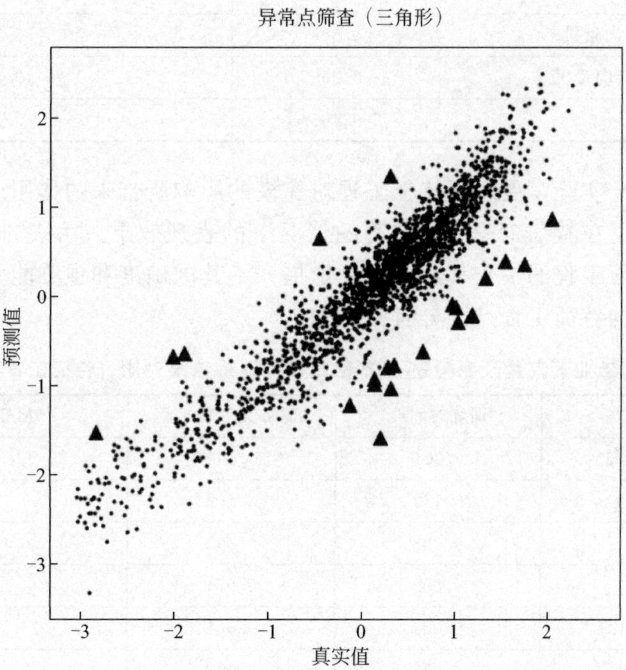

图 15-16　工业蒸汽量预测问题异常点筛查情况

（2）决策树和集成学习方法

该类方法包括随机森林（Randomforest）、GBDT、Adaboost 和 XGBoost，均是以决策树为基分类器，结合前沿集成学习思想进行改进的算法。

（3）支持向量机系列方法

该类方法包括 RBF 核支持向量机（RBF-based SVM）与多项式核支持向量机（Polynomial-based SVM），两者均是在基础支持向量机（SVM）算法的基础上引入不同的核函数从而实现非线性。其中，RBF 核支持向量机引入的是高斯核，而多项式核支持向量机引入的为多项式核。

将不同模型求解得到的结果进行对比，并使用均方误差作为指标进行衡量，如表 15-5 所示，最简单的线性回归和岭回归模型就可以取得较好的预测效果，且这两个回归模型的表现效果最佳。

表 15-5 工业蒸汽量预测问题-基本回归模型训练结果对比

训练模型	训练时间/s	测试误差 MSE
Linear 多元线性回归	0.004	0.082
KNN　K 近邻聚类	0.139	0.154
Ridge 岭回归	0.002	0.082
Lasso 回归	0.002	0.930
Lasticnet 弹性网回归	0.002	0.549
Randomforest 随机森林	3.067	0.093
GBDT	1.449	0.085
Adaboost	0.508	0.116
RBF 核支持向量机	0.308	0.104
多项式核支持向量机	0.365	0.184
XGBoost	0.465	0.098

这里还通过一个实验，展示了特征工程对建模的影响所带来的作用。对于上面的多个回归模型，我们分析了在特征工程进行与否的情况下的表现效果。由表 15-6 可见，对于大多数的回归模型，特征工程的工作都或多或少地提升了其准确度和预测能力。因此，对数据进行有效而有针对性的特征工程是十分有必要的。

表 15-6 工业蒸汽量预测问题-基本回归模型训练结果对比（特征工程建立与否）

训练模型	训练时间/s	MSE/无特征工程	MSE/特征工程之后
Linear 多元线性回归	0.004	0.095	0.082
KNN　K 近邻聚类	0.120	0.199	0.154
Ridge 岭回归	0.002	0.095	0.082
Lasso 回归	0.002	0.974	0.930
Elasticnet 弹性网回归	0.003	0.581	0.549
Randomforest 随机森林	4.356	0.118	0.093
GBDT	1.975	0.107	0.085
Adaboost	0.621	0.169	0.116
RBF 核支持向量机	0.407	0.115	0.104
多项式核支持向量机	0.522	0.172	0.184
XGBoost	1.424	0.122	0.098

15.3.4 XGBoost 模型训练与结果分析

在集成学习的章节中介绍过 Boost 算法的思想，本节对 XGBoost 算法进行介绍与研究。

基于 Boost 的提升树算法的核心思想是采用加法模型与前向分步算法，将弱分类器组合成为强分类器。而 XGBoost 则是近年来非常火热的一种算法，它在 GBDT 的基础上，给优化目标函数加了正则项，用于控制模型的复杂度，防止过拟合，从而得到更好的泛化能力。同样是作为一种集成学习的树模型，XGBoost 将 K（树的个数）个树的结果进行求和，作为最终的预测值。图 15-17 展示了从基本的决策树，到前沿的 XGBoost 算法的发展过程。

图 15-17　从决策树到 XGBoost 发展过程

在机器学习中，一些需要事先人工指定的参数称为超参数，比如随机森林中决策树的个数、人工神经网络模型中隐藏层层数和每层的节点个数、正则项中常数大小等。这些参数的选择往往会影响模型的性能和表达能力。如果超参数选择不恰当，就会出现欠拟合或者过拟合的问题。我们可以凭经验微调来选择超参数；也可以通过网格搜索的方法，事先选定多个不同大小的参数，进而挑选在模型中表现最好的参数作为最终的超参数。

在 Python 的机器学习库 sklearn 中，有一个工具包 GridSearchCV，用于机器学习模型的超参数选择与调优。具体来讲，它的实现过程分为两步：首先是 gridsearch，通过网格划分来获得不同超参数的各种组合训练不同的模型；接着是 validation，通过交叉验证，选出其中表现最好的模型，并获得其对应的超参数。在这个问题中，我们对于 XGBoost 模型，设置均方误差 MSE 为评分标准，设置不同的超参数与对应的值如表 15-7 所示，包括模型收缩更新步长、树的最大深度、迭代次数等，通过 Gridsearch 的方法找出最优的一个超参数组合，并返回结果。值得一提的是，这种网格搜索的超参数选择方法虽然有效，但是需要将所有情况都遍历一遍，比较费时，读者在实操过程中可以按需选择。

表 15-7　工业蒸汽量预测-XGBoost 算法和超参数选择

超参数含义	超参数名	设置的值
用于收缩更新的步长，得到新特性的权值，防止过拟合	learning_rate/eta	[0.06,0.07,0.08,0.1,0.2]
每棵树的最大深度：太大会过拟合，太小会欠拟合	max_depth	[2,3,4,5]
迭代次数	n_estimator	[500,1000,1500,2000]
当准确率不再提高时，停止迭代。为了减小偶然性，进行 N 次检验	early_stopping_rounds	[2,3,4]
…	…	…

除了训练回归模型，XGBoost 还能对训练集的特征重要性进行排序，其重要性衡量指标有三种，可以通过指定不同的参数来实现，各种排序的依据与指标具体如表 15-8 所示。图 15-18 展示了针对工业蒸汽量预测这个数据其特征重要性排序的结果。

表 15-8　基于 XGBoost 的特征重要性排序的三种方法

特征重要性指标	描述与计算方法
gain	importance_type＝gain【Loss 的平均降低量】
cover	importance_type＝cover 【使用特征在作为划分属性时对样本的覆盖度】
freq/weight	importance_type＝weight(默认值) 【使用特征在所有树中作为划分属性的次数】

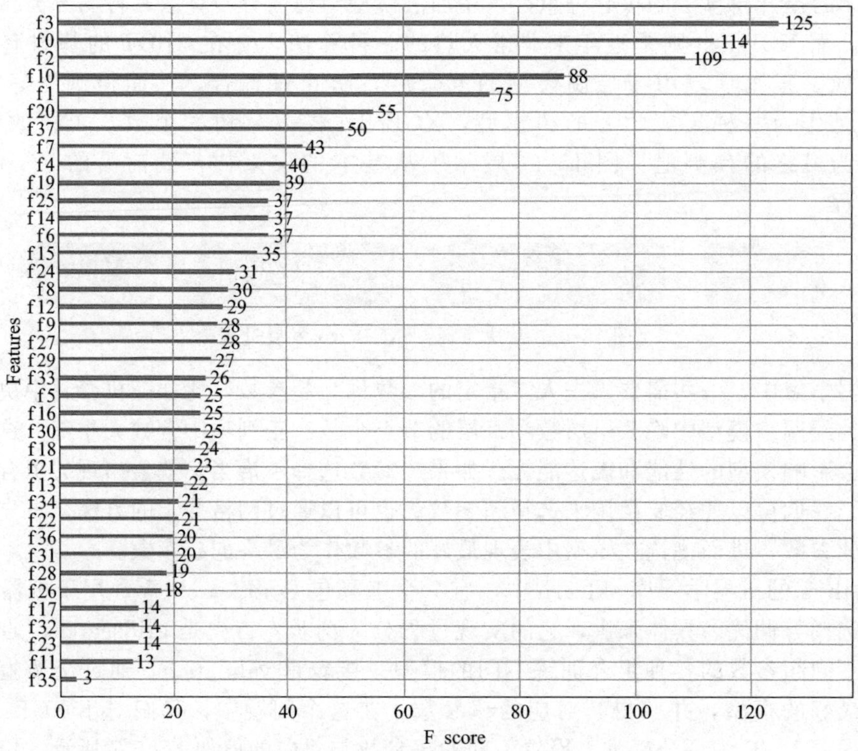

图 15-18　工业蒸汽量预测-基于 XGBoost 的特征重要性排序

15.3.5　小结

由前面的分析结果可见，特征工程对于数据分析和建模十分重要，事实上，特征工程会决定后续模型表达效果的上限，而设计的算法只是不断地去逼近这个上限。此外，复杂的算法不一定更好，在实际应用中，往往是最简单的线性模型有着最佳的表现能力，同时也具备好的泛化能力和鲁棒性。我们要学会根据问题本身和实际需求来选择算法和模型。

15.4　双盲降噪自编码器实现降噪

本节中将结合一个实际的工业软测量预测场景介绍 Langarica 等人提出的一种新颖的降噪方法——双盲降噪自编码器（Dual Blind Denoising Autoencoders，DBDAE），该方法同时利用变量间的空间相关性和时序相关性进行降噪，展现了优秀的降噪效果。

15.4.1　软测量任务需求

考虑一个实际的工业场景，为了讲解方便，在此部分细节作简化处理。图 15-19 是工业现场传感器实际测量变量随时间变化的结果，假设任务是软测量，也就是希望可以用图中电流和频率的值来预测流量的值。

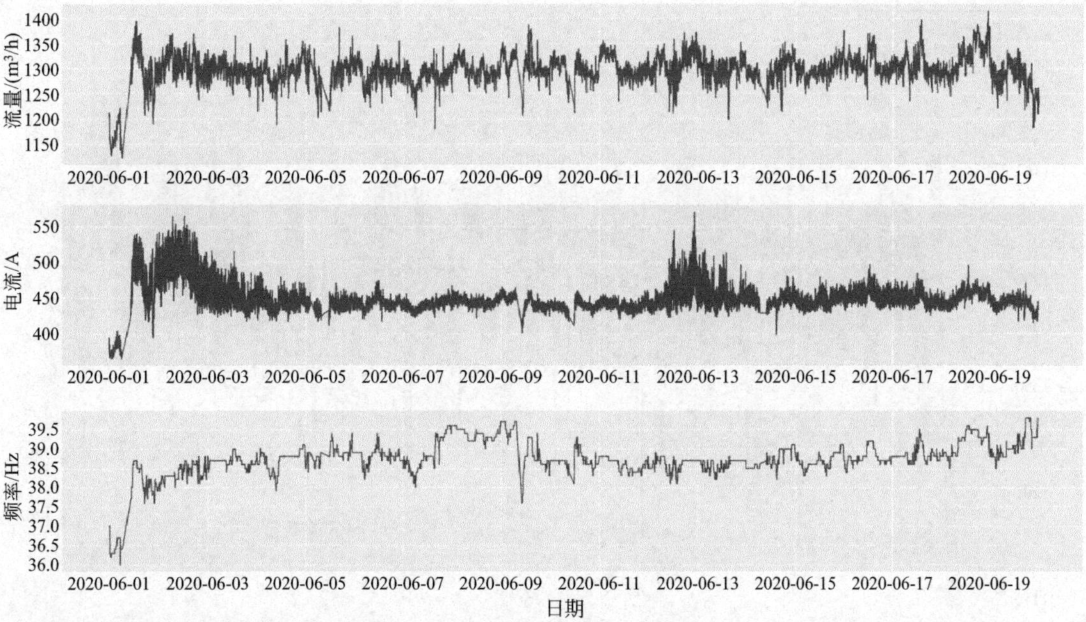

图 15-19　工业现场传感器时序信号图

15.4.2　问题分析

从本质上讲，这是一个回归问题，使用两个变量预测另一个变量，并且标签已经给出。首先观察变量间的关系，进行相关性分析。图 15-20 是相关性的一个可视化体现，用热力图的形式给出。可以看到，流量和其余变量之间的相关性较高，而频率和电流间的相关性较低。

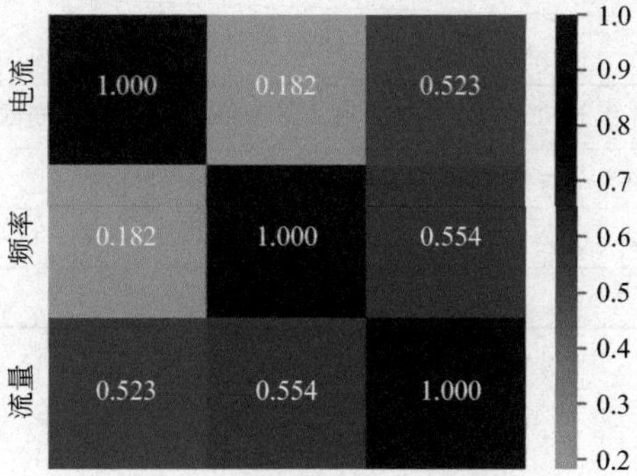

图 15-20　变量相关性热力图

既然变量间有一定的相关性，首先应尝试一些常用的回归方法，比如 XGBoost、LSTM 等。图 15-21 就是使用 XGBoost 回归方法产生的结果，其中蓝色的线代表真实值，而橙色的线代表预测值。可以初步观察到，有很多预测结果都与实际值不相符，并且如果将图片放大的话，局部区域的预测很糟糕。

这里使用 MSE、RMSE 和 R^2 三个指标来进行性能的评估，如表 15-9 所示。可以看到表格中最后一列，测试集的 R^2 返回的值都是负数（R^2 指标越接近 1 表明预测结果越好），这说明分析效果很不理想。这可能是由于该案例中工业现场传感器直接测量得到的数据中包

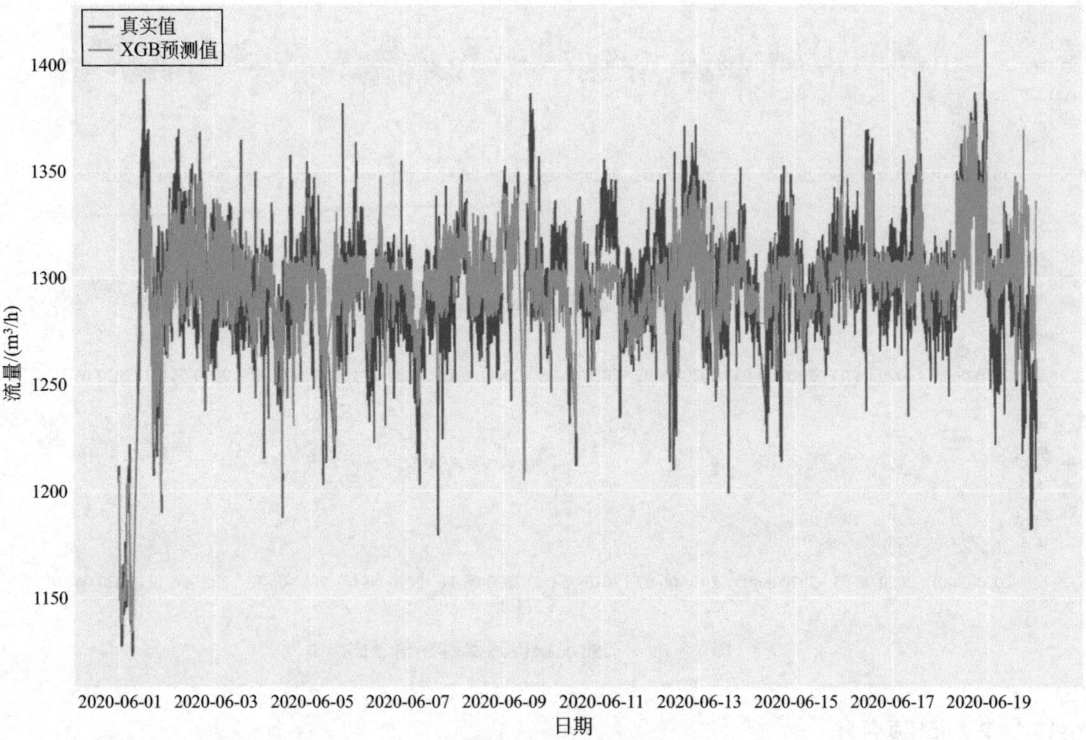

图 15-21　XGBoost 预测结果

含很多噪声，噪声太大会影响建模性能。因此，需先想办法进行降噪处理，然后再进行回归预测。如该例所示，在数据分析中，特别是工业数据分析中，往往是夹杂噪声的，如何去除噪声是需关注的问题。

表 15-9　回归算法性能

算法	训练集 MSE	测试集 MSE	测试集 RMSE	测试集 R^2
XGBoost	362.46	2939.93	54.22	−0.21
随机森林	294.08	3023.24	54.98	−0.25
LSTM	—	2939.47	54.21	−0.20

15.4.3　去噪算法概述

比较流行的降噪方法主要分为两大类：

一类是基于一些滑动滤波器的算法，例如 Savitsky-Golay（SG）滤波器和 exponential moving average（EMA）滤波器，但是这些滤波器都没有考虑到变量间的相关性，都是分别对单一变量进行滤波；此外有代表性的还有著名的卡尔曼滤波器，但是卡尔曼滤波器需要很好地估计先验参数，如协方差矩阵等，如果协方差矩阵的估计出现了问题，最后的滤波效果也会大打折扣。

另一类降噪方法可以统称为基于机器学习/深度学习的降噪算法，有代表性的有主成分分析法（Principal Components Analysis，PCA），它是一种常用的降维方法，在降维的同时也可以滤除一定的噪声信息；还有核主成分分析法（Kernal Principal Components Analysis，KPCA），是 PCA 的非线性版本，这两种方法和 SG 滤波器、EMA 滤波器相反，都只考虑到了变量间的相关性，而并没有考虑到变量的时序性。此外，还可以使用自编码器进行降噪，例如去噪自编码器（Denoising Autoencoders，DAE），虽然它叫“去噪自编码器”，但其为原始信号加噪的初衷是希望提取到更优秀的特征，如果使用其进行降噪的话必须保证添加的噪声和真实工业现场的数据噪声一致，同时也要求给出不含噪声的原始信号进行训练，这在现实中是难以满足的。

15.4.4 双盲降噪自编码器

双盲降噪自编码器是一种较新颖的降噪方式。其相比于之前介绍的降噪方法有以下优势：去噪的同时考虑到了变量间的空间相关性和时序性，并且不用提前得知信号的纯净版本以及噪声信息，也就是说整个降噪状态是无监督的，这对于数据的处理无疑是降低了很多要求，特别是对于工业数据，得知噪声的信息往往是不太现实的，所以这种去噪算法的出现对于工业数据处理有着很重要的价值。

DBDAE 的结构如图 15-22 所示，输入的是有噪声的原始数据，将多个传感器的数据堆叠在一起，视为多个通道，然后通过几个卷积层提取空间的相关性；另一方面，同时使用几层的 RNN 来提取时序的相关性，然后通过全连接层拼接在一起，作为隐层，这就是编码部分。解码部分是使用了几层 RNN 和全连接层进行解码，输出层的维度和输入层一致。

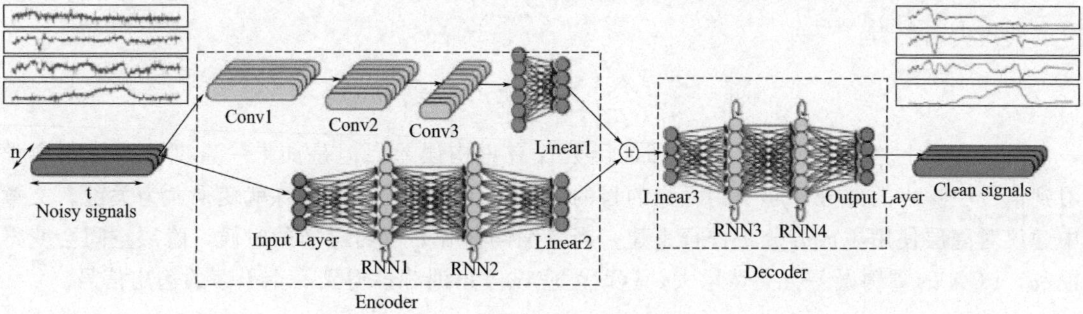

图 15-22　DBDAE 结构

考虑多维时间信号 $\tilde{\boldsymbol{y}}(n)$，每次通过一个长度为 T 的滑窗进行截取，截取后信号为 $\widetilde{\boldsymbol{Y}}(n)$。其中 N 代表传感器数量，则有：

$$\tilde{\boldsymbol{y}}(n)=[\tilde{y}^1(n),\tilde{y}^2(n),\cdots,\tilde{y}^N(n)]^{\mathrm{T}}\in\mathbf{R}^N \tag{15-18}$$

$$\widetilde{\boldsymbol{Y}}(n)=[\tilde{\boldsymbol{y}}(n-T+1),\tilde{\boldsymbol{y}}(n-T+2),\cdots,\tilde{\boldsymbol{y}}(n)]^{\mathrm{T}}\in\mathbf{R}^{N\times \mathrm{T}} \tag{15-19}$$

通过 DBDAE，重构出 $\widetilde{\boldsymbol{Y}}(n)$ 中干净的信号，去除噪声。首先信号通过一系列 RNN 网络，其中 ${\boldsymbol{h}_R}^{L_R}$ 代表隐层，f_{RE} 代表 RNN 网络，其有 L_R 层，第 l 层有 Q_l 个神经元：

$${\boldsymbol{h}_R}^{L_R}(j)=f_{RE}(\widetilde{\boldsymbol{Y}}_j(n),{\boldsymbol{h}_R}^{L_R}(j-1)) \tag{15-20}$$

然后再经过一层线性全连接层 S1，获得 Q 维的隐层 $\boldsymbol{h}_R(n)$：

$$\boldsymbol{h}_R(n)=\boldsymbol{W}_{S1}{\boldsymbol{h}_R}^{L_R}(T)+\boldsymbol{b}_{S1} \tag{15-21}$$

式中，$\boldsymbol{W}_{S1}$ 代表权重矩阵；$\boldsymbol{b}_{S1}$ 代表偏置向量，后续均使用相同的表示方式。

同时为了获得空间相关性，将每一条时间序列作为一个通道，使用卷积进行操作。f_C

代表卷积，其有 L_C 层：

$$\boldsymbol{h}_C{}^{L_C}(n)=f_C(\widetilde{\boldsymbol{Y}}(n)) \tag{15-22}$$

每层的卷积如下式所示：

$$\boldsymbol{C}^I_{out_k}(n)=\boldsymbol{b}^I_k+\sum_{i=1}^{I}\boldsymbol{W}^I_k(i)*\boldsymbol{P}^I_i(n) \tag{15-23}$$

式中，$\boldsymbol{C}^I_{out_k}(n)$ 代表第 I 层第 k 个通道的输出；$\boldsymbol{P}^I_i(n)$ 代表第 I 层第 i 个通道的输入；$*$ 代表互相关算子。再经过两个全连接层：

$$\hat{\boldsymbol{h}}_C(n)=(\boldsymbol{h}_C{}^{L_C}(n))^{\mathrm{T}}\boldsymbol{W}_{S2}+\boldsymbol{b}_{S2} \tag{15-24}$$

$$\boldsymbol{h}_C(n)=\boldsymbol{W}_{S3}\hat{\boldsymbol{h}}_C(n)+\boldsymbol{b}_{S3} \tag{15-25}$$

最终的隐层是循环层和卷积层相加：

$$\boldsymbol{h}_E(n)=\boldsymbol{h}_R(n)+\boldsymbol{h}_C(n) \tag{15-26}$$

现在就完成了编码部分。对于解码部分，首先经过一个全连接层：

$$\hat{\boldsymbol{h}}_E(n)=\boldsymbol{W}_{S4}\boldsymbol{h}_E(n)+\boldsymbol{b}_{S4} \tag{15-27}$$

再经过一系列循环神经网络产生时间序列，其中 $\boldsymbol{h}_D{}^{L_D}$ 代表隐层，f_{RD} 代表 RNN 网络，其有 L_D 层：

$$\boldsymbol{h}_D{}^{L_D}(j)=f_{RD}(\boldsymbol{h}_E(n),\boldsymbol{h}_D{}^{L_D}(j-1)) \tag{15-28}$$

最终经过全连接层进行输出：

$$\hat{\boldsymbol{Y}}_j(n)=\boldsymbol{W}_{S5}\boldsymbol{h}_D{}^{L_D}(j)+\boldsymbol{b}_{S5} \tag{15-29}$$

其损失函数为：

$$\text{loss}=\frac{1}{N}\frac{1}{T}\sum_{k=1}^{N}\sum_{j=1}^{T}(\hat{\boldsymbol{Y}}^k_j(n)-\boldsymbol{Y}^k_j(n))^2 \tag{15-30}$$

由于本质上是自编码器，并且 loss 函数仅有重构误差，但是如果一直训练，势必会学习到信号中噪声的部分，起不到降噪的目的，所以什么时候停止训练就变得尤为关键。文章中建议对隐层使用主成分分析进行重建，当自编码器开始学习噪声的时候，隐层空间会变得混乱，PCA 的重构误差会突然增大，这时就应该停止训练，得到一个干净的输出信号。

15.4.5 DBDAE 降噪与软测量

在展示实验结果之前，先简单地对代码部分进行讲解。在整个项目中主要的核心代码就是降噪部分，由于不知道应该何时停止迭代，需要通过观察 PCA 的重构误差来决定。为了保证每次重复实验结果相同，需要设置相同的随机种子。

```
seed = 1
np.random.seed(seed)
torch.manual_seed(seed)  # 为 CPU 设置随机种子
torch.cuda.manual_seed(seed)  # 为当前 GPU 设置随机种子
torch.cuda.manual_seed_all(seed)  # 为所有 GPU 设置随机种子
cudnn.benchmark = False
torch.backends.cudnn.deterministic = True
```

下面再展示一下 DBDAE 搭建的代码：

```python
class DBDAE(nn.Module):
  def __init__(self,seq_length,latent_number):
    super(DBDAE,self).__init__()
    self.n_features = 3
    self.seq_len = seq_length
    self.lstm1 = nn.LSTM(input_size=3,
                         hidden_size=20,
                         num_layers=2,
                         batch_first=True,
                         dropout=0.1)
    self.lstm1_linear = nn.Linear(20 * self.seq_len,latent_number)

    self.cnn_layer = nn.Sequential(
        nn.Conv2d(3,8,kernel_size=(1,6)),
        nn.ReLU(),
        nn.Conv2d(8,20,kernel_size=(1,6)),
        nn.ReLU(),
        nn.Conv2d(20,50,kernel_size=(1,6)),
        nn.ReLU())
    self.cnn_fc1 = nn.Linear((seq_length-15) * 50,500)

    self.cnn_fc2 = nn.Linear(500,latent_number)
    self.mid_linear = nn.Linear(latent_number,latent_number)

    self.lstm2 = nn.LSTM(input_size=1,
                         hidden_size=seq_length,
                         num_layers=2,
                         batch_first=True,
                         dropout=0.1)
    self.last_linear = nn.Linear(latent_number,3)

  def forward(self,x,latent_number):
    batch_size,seq_len,_ = x.size()  # 1*100*3

    lstm_out,_ = self.lstm1(x)
    x1 = lstm_out.contiguous().view(batch_size,-1)
    x1 = self.lstm1_linear(x1)
    x1 = F.relu(x1)  # 1*latent_number
    x2 = x.permute(2,0,1)
    x2 = x2.unsqueeze(0)  # 1*3*1*100
    x2 = self.cnn_layer(x2)
    x2 = x2.contiguous().view(batch_size,-1)
    x2 = self.cnn_fc1(x2)
    x2 = F.relu(x2)
    x2 = self.cnn_fc2(x2)
    x2 = F.relu(x2)  # 1*latent_number
    latent = x1+x2  # encoder
    x3 = self.mid_linear(latent)
    x3 = F.relu(x3)  # 1*latent_number
    x3 = x3.unsqueeze(2)  # 1*latent_number*1
    x3,_ = self.lstm2(x3)  #
    (batch_size,seq_len,hidden_size)
    x3 = x3.contiguous().view(latent_number,seq_len)
    x3 = x3.t()  # 100*latent_number
    x3 = self.last_linear(x3)

    return x3,latent
```

将数据代入网络中进行训练，训练的 loss 函数如图 15-23 所示。

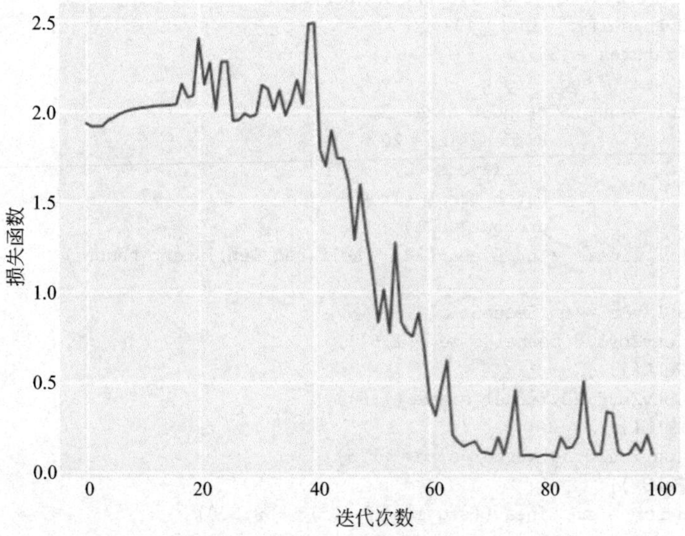

图 15-23 loss 函数迭代值

隐层的 PCA 重构误差图和重构误差的差分图如图 15-24 所示，可以看到，在第 56 次迭代时，重构误差出现了一个陡增，这时有理由认为是开始学习到了噪声的信息，从而停止迭代。接下来观察降噪的实际效果，图 15-25 中，蓝色的是原始信号，橙色的是降噪处理后的信号，可以很直观地看出，降噪之后信号的毛刺减少了很多，表明去掉了很多噪声信号。

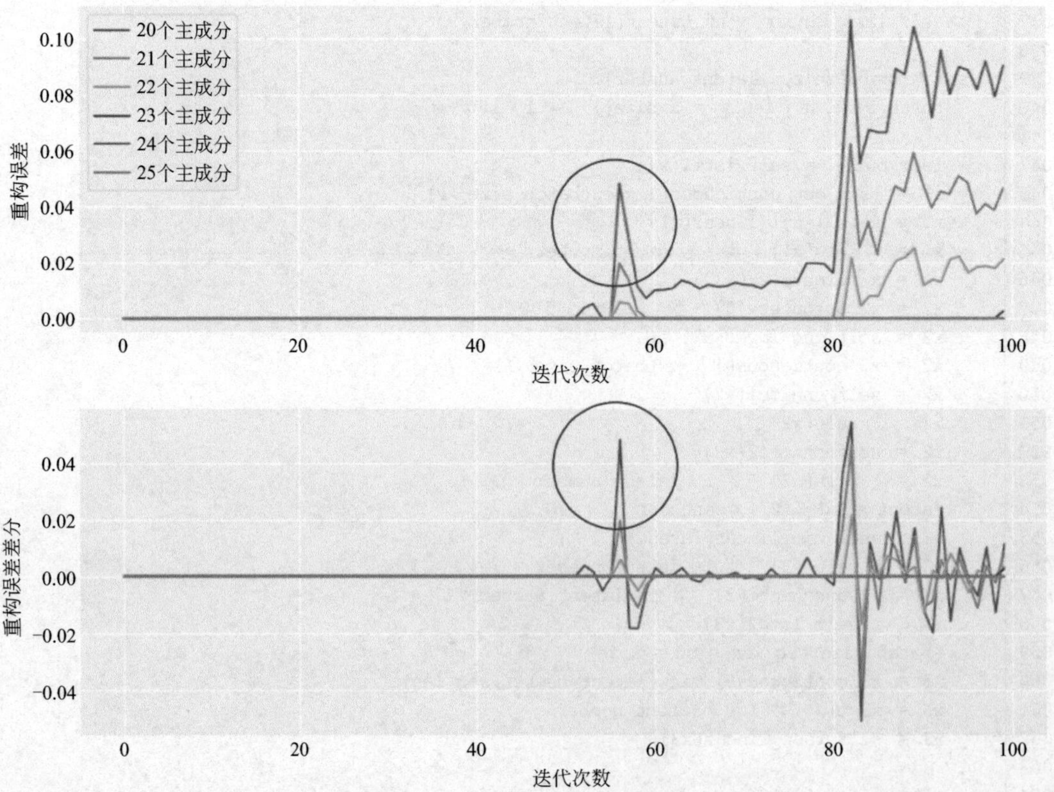

图 15-24 PCA 重构误差及差分图

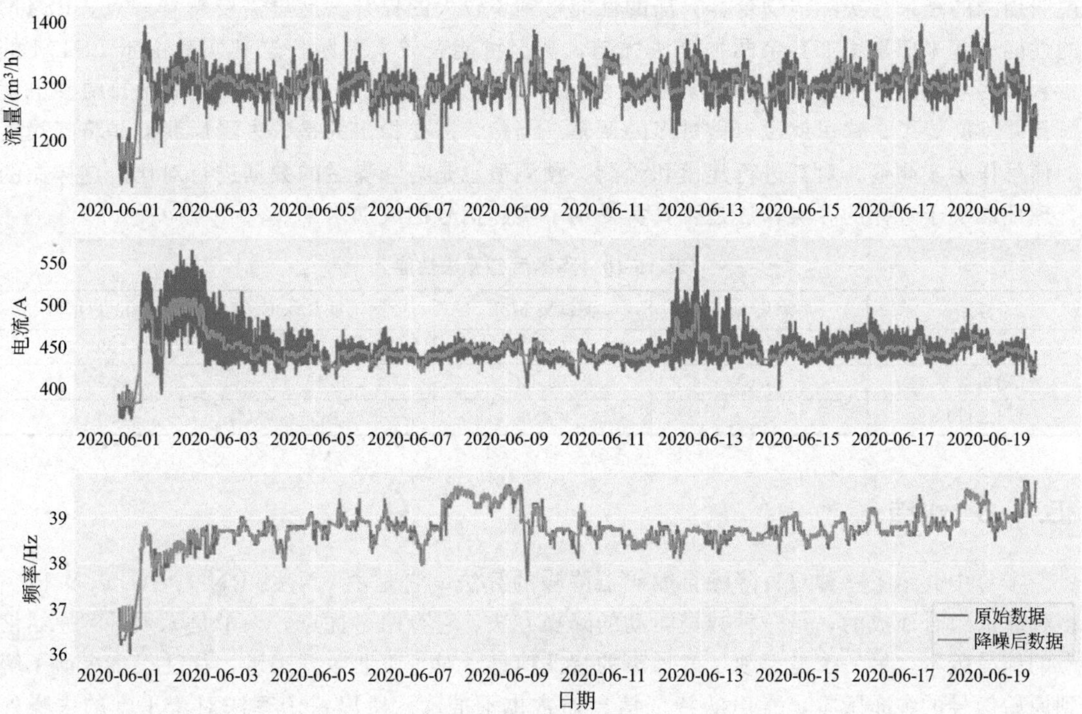

图 15-25　降噪后效果对比图

接下来再进行回归处理，图 15-26 是使用 XGBoost 算法在降噪后数据上的一个回归效果，很明显降噪之后的效果要比降噪前的预测结果（图 15-21）好很多。从表 15-10 中的评估指标也可以看出，在降噪之后使用回归算法预测，测试集的 R^2 最高可以达到 0.9 左右，

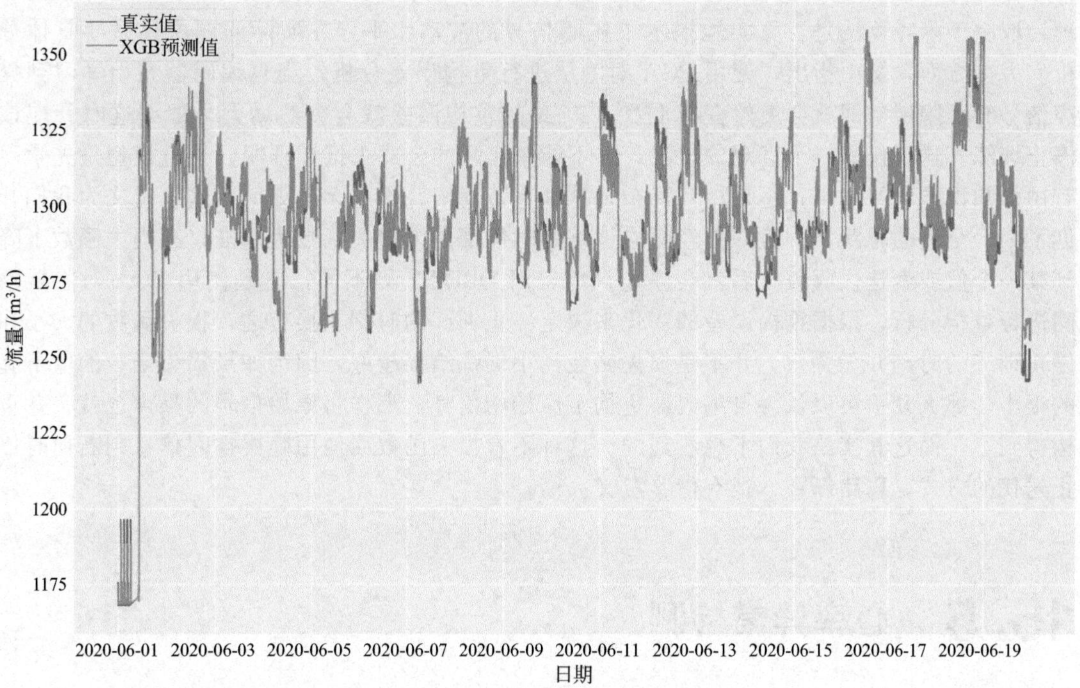

图 15-26　降噪后 XGBoost 预测效果图

说明预测的结果与实际很吻合，算法的性能得到了较大的提升。这里需要解释一点，LSTM的性能看起来似乎不如其余两种算法优越，甚至可能有较大差距，这其实是由于LSTM的参数较多导致的。考虑到简单的算法已经可以很优秀地拟合原始信号，LSTM的调参也就显得并不必要了，这里就没有做过多的调整。当然，需要指出的是，去噪后我们是将降噪后的信号作为实测值，对其进行建模和预测，预测值也是与降噪后的数据进行对比。这样做的合理性取决于选择的降噪算法是否真实揭示了实际信号的波动水平。

表 15-10　降噪后各算法性能

算法	训练集 MSE	测试集 MSE	测试集 RMSE	测试集 R^2
XGBoost	38.24	63.03	7.93	0.93
随机森林	13.01	89.52	9.46	0.90
LSTM	—	464.83	21.56	0.50

15.4.6　小结

本节中介绍了一种双盲降噪自编码器降噪的算法，它是由CNN、RNN、AE以及PCA多种算法组合而成的，是一种数据驱动的降噪方法。它有两个优点，一个是无须了解原始信号的纯净版本，另一个是无须了解噪声的特征信息。对于工业数据来讲，往往很难提前了解到原始信号的纯净版本，噪声的特征信息通常也不准确。所以这个算法对于平常的去噪处理，特别是对于工业数据的去噪处理，有很好的理论和实际指导意义。感兴趣的同学也可以阅读这篇文献，自己尝试复现这个去噪算法。

最后进行一些延展讨论。在DBDAE结构中的RNN网络，其实原文中使用的是GRU，而笔者使用的是LSTM，当然这都是大同小异，本质的思想不会改变。这里是将降噪后的信号作为实测值，对其进行建模和预测，预测值也是与降噪后的数据进行对比。这样做的合理性取决于降噪算法是否真实地揭示了实际信号的波动水平，在实际问题中还是要具体分析。另一方面，文中指出，使用PCA对隐层进行重构误差分析，当自编码器开始学习到噪声信号时，隐层空间就会突然变得混乱，PCA的重构误差就会突然增大，那么这时就应该停止训练。这仅仅是一个直观的想法，并不能用实际的公式去推导证明，并且模型是先学习有用的知识再学习噪声，还是相互混杂，这都有待商榷。不过无论如何，这篇论文为我们开创了一个全新的思路，一般的神经网络训练的时候都是以损失函数为基准，当损失函数下降到某一个值或者迭代收敛之后就会停止训练，而DBDAE则不同，它是使用PCA对隐层空间进行重构分析，根据重构误差的变化来决定停止训练的时刻。换言之，损失函数的大小和停止训练的时刻并无关系，并不是损失函数越小训练结果越好，因为如果损失函数的值下降的很小，那么几乎可以认为自编码器重构了原始的信号，那样将原始信号的噪声也就一并重构得到了，而这其实是我们不想看到的。这种不看损失函数而使用隐层空间信息判断何时停止迭代的方式，思路新颖，很有借鉴意义。

15.5　心率异常检测

本节介绍一个基于心电图数据处理实现心率异常检测的案例。心率是指正常人安静状态下每分钟心跳的次数，心率变化与心脏疾病密切相关。心率异常检测对大家来说并不陌生。随着当下人们健康意识的增强，智能手环等设备许多已经具备了心率异常检测的能力；而在医院检查心脏功能时做的心电图检查同样能够获得心率。在这一小节中，我们将基于心电图数据，实现一个心率异常检测的案例。

15.5.1 心电图数据

心电的可视化就是心电图，心电图是心律失常等疾病问题的基本检查指标。心电图由于价格低、无创等特性被广泛用于心脏疾病的预筛查以及体检中，每天的检测量巨大。因此，如果能够通过合适的数据分析手段辅助医生进行诊疗，可以大大减少医生的工作量。心电图中，有 P 波、T 波、QRS 波群等。这涉及医学知识，感兴趣的读者可以查阅相关资料。本例中分析心电图数据的每个样本有 8 个导联，采样频率为 500Hz，长度为 10s，单位电压为 4.88μV。每个样本共有 5000 行，8 列，代表 8 个导联的采样数据，包含正常、心率过快、心率过缓、心律不齐等标签。

通过对数据的分析，数据中有两个影响任务性能的关键点。

① 样本分布不均。个别类别的样本在数据集中不到 100 个，这可能会导致模型在某些样本充足的标签上性能很好、样本不足的标签上性能会很差。

② 训练集和测试集内的标签分布不同。如窦性心律在两个数据集内比例不同。

15.5.2 基于残差神经网络的心电诊断

基于人工分类的传统机器学习方法在心电图分类诊断时，需要心内科专家的全程参与，特征选取过程需要专业的医疗知识，比较烦琐复杂。因而，在心电图数据量激增的条件下，由数据驱动的深度学习模型在心电图分类时越发受到重视。神经网络相较于传统机器学习算法的一大优势在于非常适合处理图像数据。图像数据的最大特点在于，低层次特征组合后形成高层次特征，由局部和整体之间的关系，可以得到不同特征的空间相关性。而心电图 ECG 信号的特性与之极为相似。诊断疾病，实质上就是用低层次的波形变化抽象为高层次的疾病信息。而神经网络可以提取数据局部特征，多层次的结构和池化操作可以实现数据降维，低层次的局部特征组合即可得高层次特征。

本次处理的 ECG 数据，各导联表示的心拍均为一维时间序列信号。如果将不同的导联看作列方向，将时间段看作行方向，那么，就可以像处理图片数据那样，对 ECG 进行卷积计算和卷积维度的正则化处理。考虑到所使用的设备的计算能力，在送入神经网络模型前，对数据进行了重采样，并采用缩放、竖直反转、上下平移等常用数据增强方法来实现数据的增强。数据预处理过程使用的工具包如表 15-11 所示，整个处理流程包括：准备数据集、定义网络结构、选择合适的损失函数和优化算法、再进行迭代训练。运用 Python 里字典这一数据结构，建立异常事件 label 和数字索引 index 的一一映射关系。数据由 txt 文件保存，每个 txt 文件含有导联的数据并对应相应的心率异常事件。之后，遍历训练集的所有文件，统计每个 txt 文件对应的所有异常事件，建立文件 id 和异常事件 index 的双向对应关系。最后，将数据划分为训练集、验证集和测试集，要注意的是，要保证每类事件在每个样本集中都存在。

表 15-11 数据预处理过程使用的主要工具包

工具包	作用
Sklearn. preprocessing. scale	数据标准化
Scipy. signal	数据重采样
os	读取数据集

模型选择基于残差神经网络（Resnet）结构的 Resnet34 模型，使用 Pytorch 实现，将心率异常监测视为二分类问题进行处理。采用神经网络方法训练时，随着深度的增加，会出现梯度消失、梯度爆炸等问题。一个解决方案是，在一个浅层网络的基础上叠加 $y=x$ 的恒等映射层，可以让网络随深度增加而不退化，这就是残差结构。Resnet34 模型可在 github 等渠道找到大量的参考实现，这里不再详述。

图 15-27 为残差神经网络中的基本结构。通过跳跃式传递连接残差块，将此残差块的输入输出进行 element-wise 的加叠，从而大大增加训练速度，提高训练效果。在上述过程中，原始所需要学的函数 $H(\boldsymbol{x})$ 转换成 $F(\boldsymbol{x})+\boldsymbol{x}$。$\boldsymbol{x}$ 是所示结构的输入，$F(\boldsymbol{x})$ 是卷积分支的输出，$H(\boldsymbol{x})$ 是整个结构的输出。整个结构朝着恒等映射的方向收敛。

在训练过程中，可以使用一些小技巧，比如动态调整学习率、*Dropout*、批正则化（*Batch Normalization*，*BN*）等来改善模型性能。训练流程如图 15-28 所示。

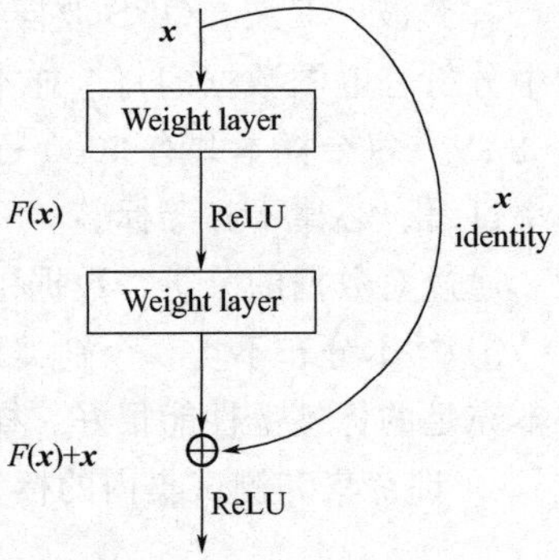

图 15-27 残差块结构

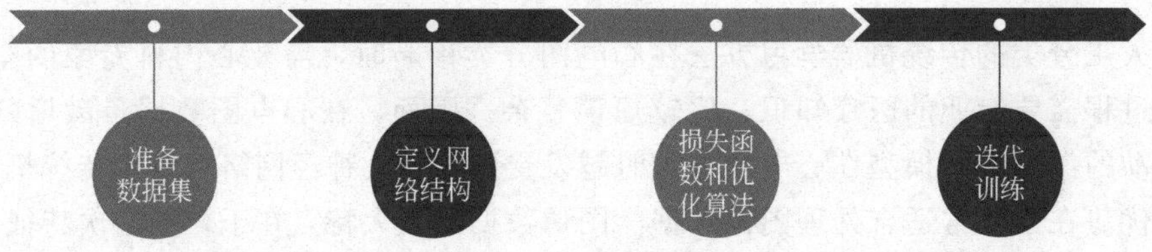

图 15-28 整体流程

① 批正则化可以加快模型的收敛速度，在一定程度上缓解深层神经网络中“梯度弥散”的问题，从而使得训练深层网络模型更加容易和稳定。顾名思义，批正则化即对每一批数据进行归一化。实际上，除了归一化外，*BN* 层还对归一化的数据进行了尺度缩放和平移。

② 动态调整学习率即根据训练的 *epoch* 数目划分不同的阶段，每当到达新的阶段时，更新学习率，一般训练到较多的轮数时，会使学习率适当减小。

③ *Dropout* 可以简单理解为，在前向传播的时候，让某个神经元的激活值以一定的概率 p 停止工作，这样可以使模型泛化性更强，因为它不会太依赖某些局部的特征。*Dropout* 是一种比较通用的缓解网络过拟合的方法。

激活函数使用常用的激活函数即可，比如 *ReLU*。使用 *Adam* 优化算法优化网络参数。*Adam* 利用梯度的一阶矩估计和二阶矩估计动态调整每个参数的学习率。在优化过程中，经过偏置校正后，每一次迭代学习率都有个确定范围，使得参数比较平稳。损失函数使用二值交叉熵 *BCELoss*。使用的评价标准是 F_1-*score*，其含义为精确率和召回率的调和平均数，兼顾模型的召回率和准确率。

$$F_1 = 2 \cdot \frac{\text{precision} \cdot \text{recall}}{\text{precision} + \text{recall}} \tag{15-31}$$

训练过程中，每隔一定周期，就用当前训练模型去测试校验集，将测试结果最好的模型保存下来，而不是等训练结束后再进行保存。这是因为使训练集误差小的模型不一定就是真实所需要的模型（可能存在过拟合问题），而只有准确预测未见样本的模型才是有意义的。测试样本分类结果示意图如图 15-29 所示。注意，本例中心电图横坐标均为采样点，纵坐标均为相对振幅。

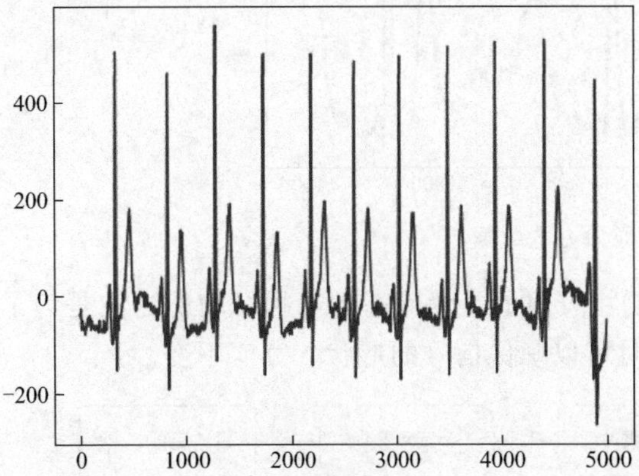

(a) 正常心率

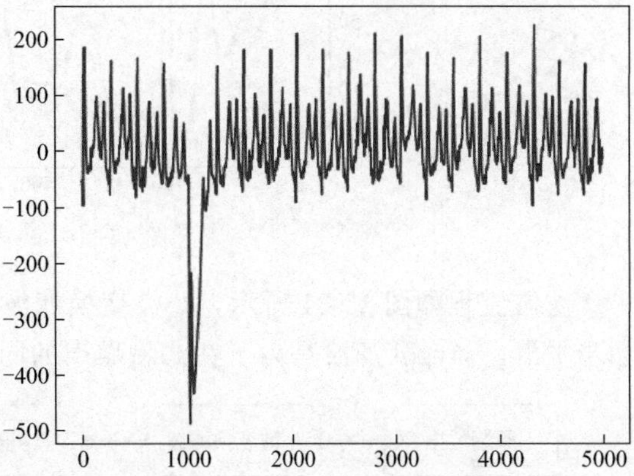

(b) 异常心率

图 15-29　正常心率和异常心率

在全部数据中，使用 90% 的数据进行训练，10% 的数据进行测试，模型的 F_1 值达到 0.732。这里并没有将模型调整到最优状态，可以调整网络结构、划分阶段的 epoch 数目、学习率变化规律、改变优化器和损失函数等来训练效果更好的模型。

15.5.3　基于知识+ 特征工程的心电诊断

还有一种解决问题的思路，是采用医学知识结合特征工程进行心电异常诊断。

在之前的章节中曾经介绍过深度学习方法的两方面问题：深度学习方法常常存在训练集上性能良好、在测试集或其他数据集上出现性能下滑的现象，即发生了过拟合；深度学习方法可解释性通常不太好。

在医学应用中，方法的可解释性还是比较重要的。可解释性良好的方法更容易被一线医护人员接受。对于心电图这一对象，事实上医生诊断时往往是根据一些人类可以理解的特征进行分析的。因此，可以尝试采用特征工程的方法提取出人类可以理解的特征（如心率、PR 间期），从而根据医学知识做出分类判断。由于这种方法对于专业知识的高度依赖性，其实更适合具有专业知识的医生和数据科学家合作完成。这一方法工作量较大，需要根据不同的异常相关知识进行相应的特征工程，不同导联还有所不同。这里对样本中其中一个导联，即心率异常，进行分析，来体现该方法的思想。其数据处理的过程如下。

图 15-30 是一段节选的原始心电数据，可以发现存在许多不光滑、毛噪的部分。有的数据样本更加恶劣，存在非常多的噪声。这主要是由于肌电干扰和工频干扰（相对心电信号属于高频信号）、基线漂移（属于低频信号）等因素导致的。这些干扰十分不利于数据进一步处理，需要进行滤波。这里的滤波主要是为了提取 R、T、U 波的位置。滤波不可避免地会

造成某些有用信号的损失，因此涉及三种波的幅值时，还是从原信号提取。

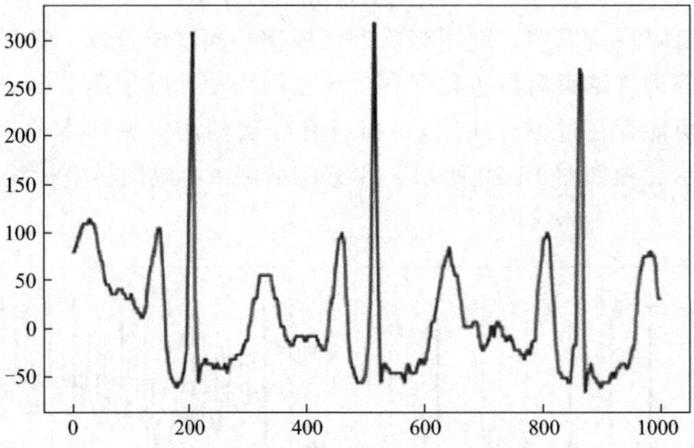

图 15-30　一段原始心电数据

滤波流程如图 15-31 所示，小波变换滤波的主要目的是消除高频干扰，均值滤波是为了初步平滑，savgol 滤波是为了在滤除噪声的同时可以确保信号的形状、宽度不变。

图 15-31　滤波流程

选用这种组合方式，是通过实验不断调整确定的。滤波结果如图 15-32 所示，深色线为原始信号，浅色线为滤波后的信号。可以发现，滤波前后信号显著光滑了，且各信号的宽度几乎没有变化。因为主要目的是为了提取信号位置，因此信号幅度的下降程度是可以接受的。到这里为止，可以使用 K-means 聚类，对于所有波峰尝试进行聚类。首先提取最高的波峰，从而得到 R 波的位置，R 波后面较高的波峰就是 T、U 和 P。再以波峰为中心向两侧延伸，若斜率几乎为零就能确定出波谷位置，从而获得了各个波峰的位置，从原波形就可以得到各个波的强度。

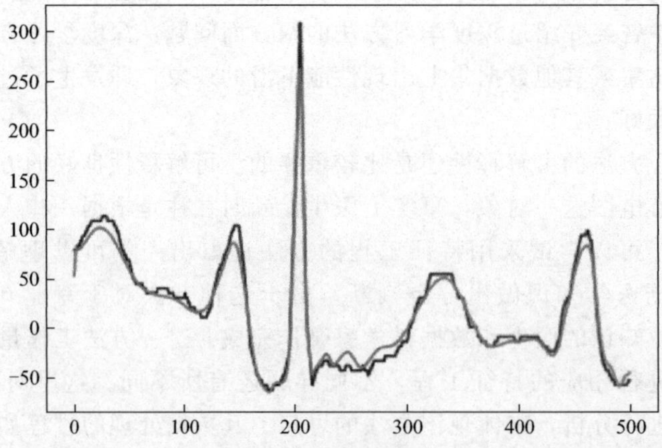

图 15-32　滤波结果

采用形态学方法提取 P 波、R 波位置。P 波位置在两个 R 之间后半段最高的峰，T 波为两个 R 之间前半段最高的峰。但是有的时候，面对一些病例样本，该简单的形态学方法的效果可能会不太好。因此，可以尝试对原始数据进行滤波后再提取特征。根据医学知识，R波的能量在20Hz以上，T波的能量在10Hz以下。图15-33为原始信号通过一个10Hz低通滤波器的结果。可以发现，T波保存的最为完整。图15-34为经过20Hz高通滤波器的结果。可见，P波和R波的能量几乎都保留了下来。因此，可以通过低通滤波器提取T波位置，高通滤波器提取R波位置。实验发现基于形态学特征的方法在样本相对正常时比较准确，基于频率的方法在样本相对异常时效果较好。最后，结合滤波前后的结果，考虑到心跳通常是周期性的，我们从中选择间隔更均匀、且提取出的数量更多的结果。医学上描述心率常常用P波，但R波幅度更强，更容易提取，所以采用R波进行判断。判断房颤时计算R波的标准差之前要去掉最大最小值。基于之前的数据预处理与特征工程相关工作，根据网上收集到的标准，查阅相关的医学文献，参照金林鹏、董军等人的研究，整理与实现如表15-12所示。针对不同的窦性心律类型，有不同的判断标准以及具体实现。

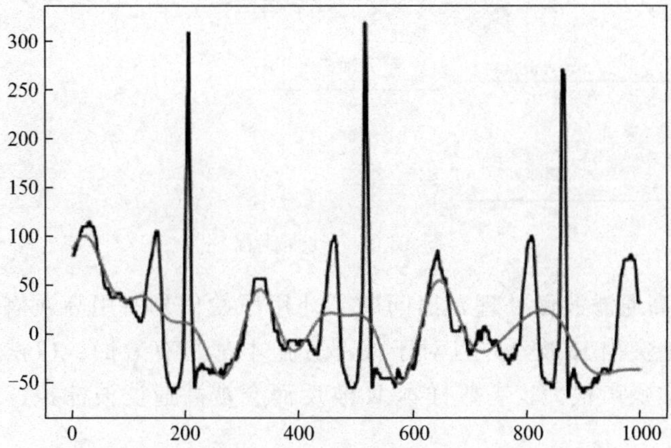

图15-33　低通滤波结果

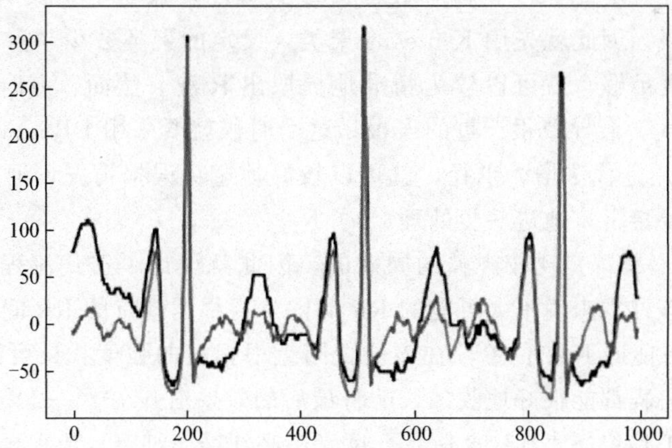

图15-34　高通滤波结果

表15-12　判断准则

类型	标准	实现
窦性心律/正常ECG	正常心电图	没有异常就是正常
窦性心动过缓/慢心室率	心率＜60/min	60s内R波个数＜60
窦性心动过速/快心室率	心率＞60/min	60s内R波个数＞60

续表

类型	标准	实现
窦性心律不齐	通过查阅文献得到下面的精化规则： H2：连续三个 RR 间期超过平均 RR 间期的 15％； H3：1 个 RR 间期超过平均 RR 间期的 15％，并且相邻 RR 间期整体变化率的标准差大于 0.05； H4：平均 RR 间期整体变化率的标准差大于 0.05	

以心率异常为例，设计处理流程如图 15-35 所示。

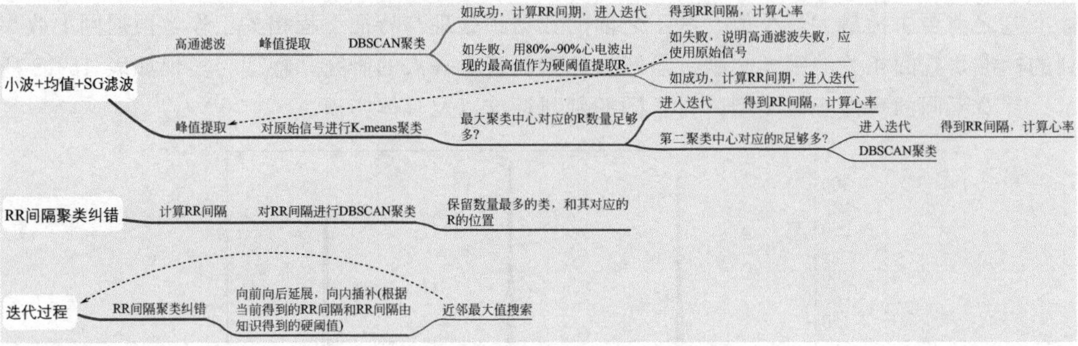

图 15-35　处理流程

① 为什么先用高通滤波做处理，出问题了才用原始信号？用高通信号的好处在前文已经说过，能够很好地突出 R 波，并且对于大部分样本都是有效的。但是并不是所有样本都是这样的，有些样本噪声很大，有些样本 R 波反而会被高通滤波滤掉，这时候就需要使用原始信号重新处理了。

② 为什么先采用 K-means，后使用 DBSCAN 聚类？这是因为 K-means 需要预先确定聚类数，一般来说，在聚类结果中，样本数量最多的簇代表 R 波。但聚类数太多容易漏报，聚类数太少容易误报。因此就先用 K-means 聚类，设定的聚类数少一点，如果样本本身质量好，R 波本身强度足够，就可以较为精准地提取出 R 波。然而，有时候 R 波强度不大，或者 P 波等强度太大，会导致很严重的误报。这个时候就要采用 DBSCAN 进行聚类。通过使用 DBSCAN，采用迭代法增大半径，就可以较好地避免误报情况，但是这样难免会出现漏报的问题，就需要接下来地进一步处理。

③ 一般来说，心跳都是比较规整的周期的，因此就设计了迭代流程。通过对 RR 间隔的聚类，滤掉对于该样本来说不太可能的 RR 间隔，再根据现有的 RR 间隔进行插值，即根据 RR 间期推测出可能的 R 波位置，在该位置附近根据波的强度找最可能 R 波的位置。对于大多数样本，该流程都能很好地收敛，能将最后的效果提升 10％～20％的水平。

所使用的主要工具包如表 15-13 所示。读者不必纠结于细节，流程再复杂本质也就是特征工程，很多流程都是通过不断地实验，发现问题再不断进行改善优化的。最终的目的是提取出特征后，使用医学知识对特征做出判断。具体来讲，其中每一个环节的设计目的都是为了尽可能准确地提取出心电图中的 R 波，从而计算出心率。其中涉及的 DBSCAN 聚类算法是一种基于密度的聚类算法，基于密度的聚类算法弥补了层次聚类算法和划分式聚类往往只能发现凸形的聚类簇的缺陷，能发现各种任意形状的聚类簇，很适合当前任务。在整个流程中，利用了 Kmeans 和 DBSCAN 的不同特性进行互补，改善了任务性能。感兴趣的读者可以自行查阅 DBSCAN 的相关资料。各种类型的样本及 R 波位置检测结果如图 15-36 所示(其中“×”表示检测出的 R 波位置)，包括正常心率、心动过缓、心动过速以及心律不齐的样本。

表 15-13 使用的主要工具包

工具包	作用
PyWavelets	小波滤波
Scipy. signal	savgol 滤波器、高通滤波器
Peakutils	波形峰值提取
Sklearn. cluster	DBSCAN 聚类、K-means 聚类

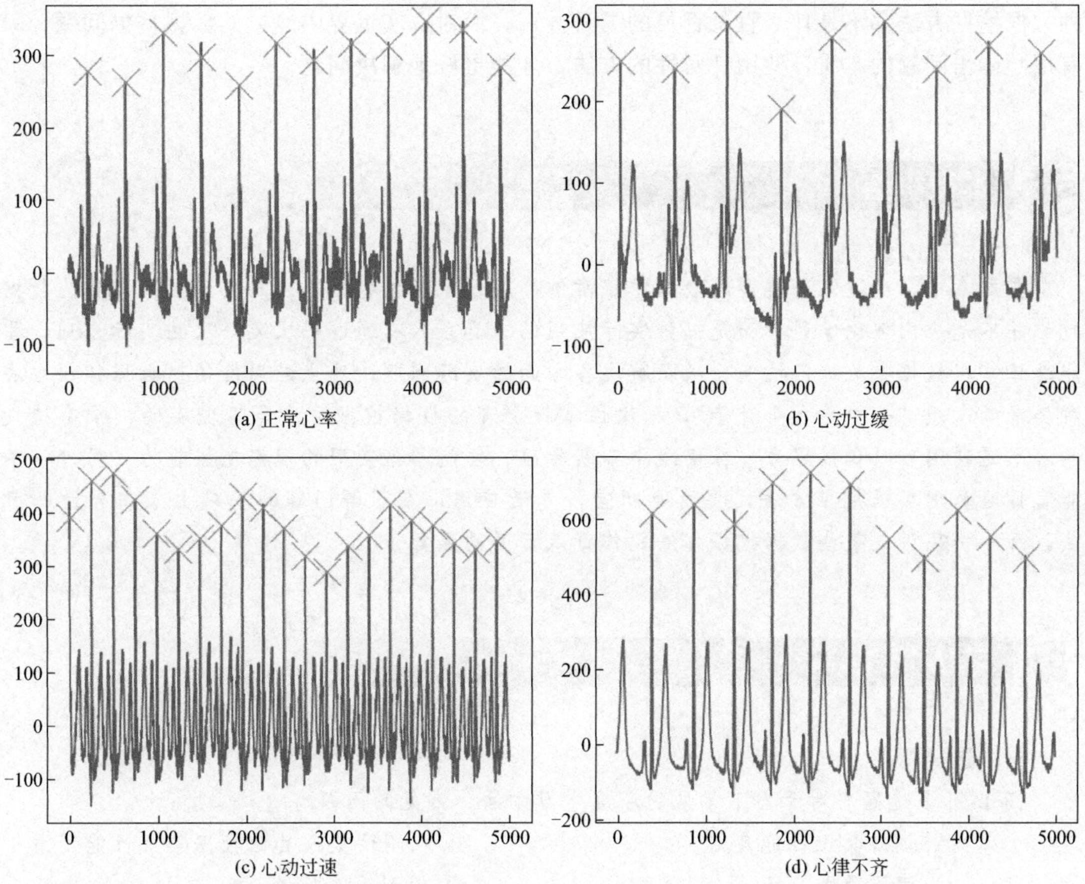

图 15-36 不同心率样本 R 波位置检测结果

心率异常判断的结果如表 15-14 所示。

表 15-14 心率异常检测结果

模型	建模依据	测试数据	F_1 值
Resnet34	0.9×全部数据	0.1×全部数据	0.73
知识＋特征工程	人类专家知识	全部数据	0.93

15.5.4 小结

由本节中的案例可见，如果能精心设计特征工程，通过简单的规则判断，效果有时是可以超过一般的深度学习方法的。

当然本节中描述的方法也存在以下三方面的问题，实际应用时需要加以考虑。

① 工作量大、针对性设计、耗时；

② 效果和使用的医学规则是否准确有很大的关系，需要专业知识支撑；

③ 特征工程设计过程复杂，需要专业人员支持。

在本小节中介绍了一个心电数据分析的案例，其中既使用了神经网络方法，也使用了专业知识和特征工程相结合的方法。在本书的最后，希望读者通过这个案例，意识到解决问题之前首先要一定程度上了解问题，从而采取合适的手段解决问题。在本书中所提到的任何一种数据挖掘方法都不是什么百试百灵的灵丹妙药，面对真实世界中复杂的数据挖掘问题，只有用心体悟问题的本质，使用针对性的方法，才能更好地解决问题。

本章小结

在本章中，通过五个典型的数据挖掘案例，展示了数据挖掘算法的实际应用流程。数据挖掘并不是一门理论学科，而是一种实际应用的工具。只有通过一次又一次的实际应用，才能真正掌握数据挖掘这门技能，从而解决各方面的实际问题，产生应用价值。数据挖掘方法种类繁多，想“一口吃成个胖子”，一次性掌握全部的数据挖掘方法是不现实的，唯有持续学习，遇到困难时积极思考，在实践中不断学习，才能掌握实用的数据挖掘能力。另外，不能盲目地套用数据挖掘方法，要因地制宜，灵活应用，在了解问题的基础上采用合适的方法，而非将某种或某些数据挖掘方法视作百试百灵的黑盒子。

习题 15

一、选择题

15-1 ［多选题］对于当下常见的深度学习方法，常见的问题有（　　）。

A. 训练集上性能良好　　B. 在测试集或其他数据集上性能下滑

C. 可解释性不好　　D. 模型无法收敛

15-2 ［单选题］在下面列举的方法中，引入哪种方法常常能在已有基础上提升各种问题的建模效果（　　）。

A. 基于弹性网络的线性模型　　B. 树模型

C. 神经网络　　D. 集成学习

15-3 ［多选题］一般来说，对样本数据进行降噪的主要目的包括（　　）。

A. 能使用一种复杂的算法训练模型　　B. 去除数据中包含的噪声

C. 获得不含噪声的数据　　D. 节约数据的存储空间

15-4 ［多选题］对于糖尿病的血糖预测，可以考虑使用（　　）方法。

A. LSTM　　B. DNN　　C. SVM　　D. SVR

15-5 ［单选题］LSTM 适合于血糖预测的原因是（　　）。

A. LSTM 内部结构足够复杂　　B. LSTM 能捕捉时序关系

C. LSTM 能够对时间序列进行卷积　　D. LSTM 适合各种预测任务

15-6 ［单选题］工业蒸汽量预测是一个（　　）问题。

A. 自回归　　B. 多元回归　　C. 二分类　　D. 聚类

15-7 ［多选题］双盲降噪自编码器中的“双盲”是指（　　）。

A. 无须了解信号的纯净版本　　B. 无须训练中加入范数约束

C. 无须训练至 Loss 最小　　D. 无须得知噪声的特征信息

15-8 ［单选题］DBDAE 降噪，训练过程中停止训练是因为（　　）。

A. 节省训练时间　　B. PCA 的重构误差已经最小

C. 防止进一步学习噪声的信息　　D. 训练的 Loss 已经达到最小值

15-9 ［单选题］在双盲降噪自编码器实现降噪一节中，编码器中包含 RNN 和一维卷积，如此设计的原因是（　　）。

A. 因为 RNN 模型、一维卷积模型足够通用

B. 因为所处理的数据是时序数据

C. 因为 RNN 模型、一维卷积模型提取的特征适合用 PCA 处理

D. 因为这两个模型工程上容易实现

15-10 ［多选题］使用卷积神经网络处理心电图的原因是（　　）。

A. 心电图中心电数据是一种时间序列数据

B. 心电图中不同导联数据有相关性

C. 卷积神经网络相比其他方法能够捕获更多细节信息

D. CNN 模型在工程上容易实现

二、判断题

15-11 在机器学习模型中，需要通过训练学习到的参数称为超参数。（　　）

15-12 加入残差模块可以让网络随深度增加而不退化。（　　）

15-13 LSTM 中隐状态的计算公式是 $\boldsymbol{h}_t=(1-\boldsymbol{u}_t)\odot\boldsymbol{h}_{t-1}+\boldsymbol{u}_t\odot\boldsymbol{c}_t$。（　　）

15-14 血糖预测中，预测步长不会影响血糖预测的精度，因此预测步长可以随意设置。（　　）

15-15 对波动程度不同的不同类型数据进行归一化，往往能得到更好的预测效果。（　　）

三、简答题

15-16 简述二手车交易价格预测案例中使用到的经典算法，以及涉及的集成学习方法。

15-17 简述双盲降噪自编码器中涉及哪些经典算法，并叙述双盲降噪自编码器中“双盲”的含义。

15-18 简述血糖预测任务中采用的数据预处理策略及原因。

15-19 简述岭回归、Lasso 回归和 ELasticnet 弹性网回归。

15-20 简述基于知识＋特征工程的心率异常检测方法。

参考答案

参考文献

[1] https://tianchi.aliyun.com/competition/entrance/231784/introduction.

[2] Kovatchev B P, Breton M, Dalla Man C, et al. In silico preclinical trials: a proof of concept in closed-loop control of type 1 diabetes [M]. SAGE Publications Sage CA: Los Angeles, CA, 2009.

[3] Dalla Man C, Breton M D, Cobelli C. Physical activity into the meal glucose—Insulin model of type 1 diabetes: In silico studies [M]. SAGE Publications Sage CA: Los Angeles, CA, 2009.

[4] Finan D A, Palerm C C, Doyle F J, et al. Identification of empirical dynamic models from type 1 diabetes subject data [C]. 2008 American Control Conference. IEEE, 2008: 2099-2104. DOI: 10.1109/ACC.2008.4586802.

[5] Grosman B, Dassau E, Zisser H C, et al. Zone model predictive control: a strategy to minimize hyper-and hypoglycemic events [J]. Journal of diabetes science and technology, 2010, 4 (4): 961-975. DOI: 10.1177/193229681000400428.

[6] https://xgboost.readthedocs.io/en/latest/.

[7] https://tianchi.aliyun.com/competition/entrance/231693/introduction? spm=5176.12281973.1005.8.3dd53eafy6doj7.

[8] https://scikit-learn.org/stable/modules/generated/sklearn.model_selection.GridSearchCV.html.

[9] Savitzky A, Golay M J. Smoothing and differentiation of data by simplified least squares procedures. [J]. Analytical chemistry, 1964, 36 (8): 1627-1639. DOI: 10.1021/ac60214a047.

[10] Alexander B, Ivan T, Denis B. Analysis of noisy signal restoration quality with exponential moving average filter [C] //2016 International Siberian Conference on Control and Communications (SIBCON). IEEE, 2016: 1-4.

[11] Welch G, Bishop G. An introduction to the Kalman filter [J]. Chapel Hill, NC, USA, 1995.

[12] Dunteman G H. Principal components analysis [M]. Sage, 1989.

[13] Schölkopf B, Smola A, Müller K R. Kernel principal component analysis [C]. International conference on artificial neural networks. Springer, Berlin, Heidelbery, 1997: 583-588.

[14] Vincent P, Larochelle H, Lajoie I, et al. Stacked denoising autoencoders: Learning useful representations in a deep network with a local denoising criterion. [J]. Journal of machine learning research, 2010, 11 (12).

[15] Langarica S, Núñez F. Dual blind denoising autoencoders for industrial process data filtering [J]. arXiv preprint arXiv: 2004.06806, 2020.

[16] He K, Zhang X, Ren S, et al. Deep residual learning for image recognition [C]. Proceedings of the IEEE conference on computer vision and pattern recognition.

[17] Hinton G E, Srivastava N, Krizhevsky A, et al. Improving neural networks by preventing co-adaptation of feature detectors [J]. arXiv preprint arXiv: 1207.0580, 2012.

[18] Ioffe S, Szegedy C. Batch normalization: Accelerating deep network training by reducing internal covariate shift [C] //International conference on machine learning. PMLR, 2015: 448-456.

[19] 董军.心迹的计算（隐性知识的人工智能途径）[M].上海：上海科技出版社，2016：75-108.

[20] 金林鹏，董军.面向临床应用的心电图分类方法研究 [D/OL].中国科学院大学，2015. http://www.wanfangdata.com.cn/details/detail.do?_type=degree&id=Y3152297.